KB057081

안경사를 위한

기하광학

Geometrical and Visual Optics

김영철 지음

<제목 차례>

서 론

Part Ⅰ 빛(Light)

1장 빛의 본성(Nature of Light)

4장 프리즘(Prism)

5장 구면(Spherical Surface)

Part II 광학계(Optical System)

7장 얇은 렌즈(Thin Lens)

8장 두꺼운 렌즈(Thick Lens)

9장 난시 렌즈(Astigmatism Lens)

10장 비정시(Ametropia)

13장 색수차(Chromatic Aberration)

서 론

이 책은 안경사가 되기를 희망하는 학생들을 위해 쓰였다. 안경 광학을 전공하는 학생들은 안 질환은 물론 눈의 광학적 작용, 시력과 관련된 측정 및 이론, 그리고 안경 렌즈와 콘택트렌즈 역할의 이해와 조제 가공 실무 등을 공부한다. 매우 다양한 내용을 공부하는 셈이다. 더욱이 실무는 물론 실무의 기초가 되는 기본 이론까지 학습해야 한다.

다양한 학습 과정에서 모든 학생들이 크고 작은 여러 가지 어려움을 겪겠지만, 특히 저학년 과정에서 배우는 이론 과목 학습에서 많이 힘들어 하는 것을 오랫동안 지켜봐 왔다. 이 어려움은 중·고등학교 교육 과정에서 수학과 과학 과목의 학습 정도와 밀접하게 연관되어 있다. 하지만 과거 교육 과정을 반복할 수는 없기에, 조금이라도 수월하게 기초 과목 중 하나인 기하 광학을 학습할 수 있기를 바라는 마음을 담아 이 책을 집필하였다. 이에 따라 이 교재를 집필하는 동안 가능한 범위 내에서 원리 위주로 자세히 설명하려고 노력하였다. 즉 광학적 현상, 실무에 연관된 현상들의 기본 원리가 무엇인지 설명하고자 하였다.

책을 저술하는 초기에는 책 자체에 많은 내용을 담을 수 있고, 책만으로도 다소나마 학습하는 학생들에게 도움이 될 수 있을 것으로 판단했다. 하지만, 시간이 지날수록 한계가 있음을 깨닫게 되었다. 책과 관련된 내용에 대한 학습 과정에서 학생들의 호기심과 교수님들의 강의, 그리고 책의 내용이 잘 융화되어야만 이 책의 목적을 달성할 수 있다는 것을 다시 한번 확인하는 기회가 되었다.

이 책을 활용한 강의가 학생들의 호기심 및 탐구 의욕이 융합되어 안경광학 이론을 이해 하는데 작은 도움이라도 되기를 희망 한다.

2021년

김 영 철

3판을 출간하며

3판은 이전 판의 내용을 수정 보완하였으며 새로운 내용을 추가하였다. 내용 보완 측면에서는 이전 판에서의 오타를 바로잡고 설명이 미진하거나 오역될 수 있는 부분을 수정하였다. 3판에서는 안광학 기기에 관한 내용을 16장에 추가하였으며, 각 장의 본문과 부록에 새로운 내용을 추가하였다.

새롭게 추가된 부분은 다소 수준이 높은 내용을 포함하고 있다. 우선 16장 검안기기가 추가 되었다. 안경사들이 많이 사용하고, 안경광학과 학생들이 교육 과정에서 배우는 몇몇 기기에 대한 내용이 포함되었다. 본 교재에서는 안광학 기기의 광학적 작동 원리에 대하여 설명하였다. 그리고 Appendix G와 F가 추가되었다. Appendix G는 환산 시스템에 대한 것이고, Appendix F는 콘택트렌즈에 관한 내용이다. 환산 시스템에서는 굴스트란드 모형안과 같은 복잡한 광학계를 공기 중에 놓인 다수의 얇은 렌즈 시스템으로 바꿔서 분석하는 것이다. 이로써 복잡한 광학계를 좀 더 쉽게 이해할 수 있음을 보여주기 위해 추가하였다. Appendix F의 콘택트렌즈 부분에서는 콘택트렌즈를 얇은 렌즈로 취급할 수 있는지를 포함하여 각막과의 곡률반경 차이로 인한 눈물층 효과를 설명하였다.

이밖에도 각 장에 세부적인 내용이 다소 추가 되었다. 새로 추가된 부분들은 보다 분석적이고 심화 내용을 포함하고 있어서, 높은 수준의 학문을 이어가는 대학원 학생들에게도 도움이 될 수 있을 것으로 기대한다.

2023년

김 영 철

Part Ⅰ 빛(Light)

사람은 감각 기관을 통하여 다양한 정보를 얻는다. 다섯 가지 감각은 시각, 청각, 후각, 촉각, 그리고 미각을 일컫는데, 각각의 감각은 서로 다른 형태의 정보를 다른 방법으로 받아들인다. 사람이 얻는 정보 중 시각을 통하여 얻는 정보가 가장 많다.

시각을 통하여 정보를 얻기 위해서는 광원, 눈의 광학적 작용, 광 정보 인지 과정을 거친다. 광원으로부터 빛이 방출되고, 빛이 물체의 표면에서 반사 또는 산란 됨으로써 그 물체에 대한 정보를 갖게 된다. 정보가 담겨있는 빛은 눈을 구성하는 각막과 수정체에 의해 망막에 모인다. 망막 표면에 있는 시 세포에 의해 빛이 흡수되면 광 활성화로 뇌로 정보가 전달되고 뇌에서 정보를 분석함으로써 물체를 인식할 수 있다.

우리는 물체의 정보를 정확히 인식하기 위하여 빛 자체의 성질을 이해해야 하고, 빛과 광학계와의 작용으로 나타나는 현상을 알아야 한다. 사람 눈은 매우 민감한 광학계이므로, 눈에서 일어나는 광학적 현상을 이해함은 물론 렌즈와 같은 부가적인 광학계를 적절하게 활용할 수 있어야 시력과 관련된 삶의 질을 높일 수 있다.

뉴턴의 『OPTIKS』 표지

OPTICKS:

OR, A

TREATISE

OF THE

REFLEXIONS, REFRACTIONS,

INFLEXIONS and COLOURS

OF

LIGHT.

ALSO

Two TREATISES

OF THE

SPECIES and MAGNITUDE

OF

Curvilinear Figures.

LONDON,

Printed for SAM. SMITH, and BENJ. WALFORD, Printers to the Royal Society, at the *Prince's Arms* in St. *Paul's* Church-yard. MDCCIV.

CHAPTER

01

빛의 본성(Nature of Light)

빛은 우주의 시작과 동시에 존재해 왔고, 인류의 문명은 빛의 역사와 함께 발전해 왔다. 빅뱅 직후 빛이 생성되었고 아직도 태초의 빛이 우주를 떠돌고 있어 이를 관측함으로써 태초의 정보를 얻고자 하는 시도가 현재까지도 계속되고 있다. 그 이후에도 빛은 끊김 없이 생성되어 졌고 지구상의 모든 생명체와 물체는 빛의 영향을 받고 있다.

이에 따라 인류도 빛을 이해하고자 지속적인 노력을 하고 있다. ``빛은 어떻게 생성되고 어떤 과정을 거쳐서 공간으로 퍼져 나가는가?'' 빛의 기본적인 성질 즉, ``빛은 입자인가, 파동인가?''에서부터 ``빛의 전파 속력은 얼마인가?'' 그리고 빛과 물체와의 상호 작용으로 나타나는 현상을 이해하고자 하는 시도가 끊임없이 이어져 왔다. 또한, 빛을 보다 더 잘 활용할 수 있는 방법을 찾고 있다. 이러한 노력이 현재에 와서는 빛을 이용한 첨단 기기 등장을 가능하게 하였고, 미래의 인류 문명의 발전에 크게 기여 할 수 있을 것이다.

1.1 역사(Brief History)

빛은 고대 그리스의 철학자들의 관심사 중의 하나였고, 이에대한 내용의 일부가 전해져 오고 있다. 고대 그리스 시대에 사용된 볼록 렌즈가 발견되었고, 수학자 알렉산드리아 유클리드(Euclid of Alexandria, 기원전 4세기 중반 ~ 기원전 3세기 중반)가 기원전 300여 년 경에 저술한 『반사광학(Catopics)』에는 빛의 직진성과 반사 법칙에 관한 내용이 기술되어 있다. 또한 아리스토텔레스에 의한 백색광과 빛의 스펙트럼에 관한 내용이 전해지고 있다.

기원후 이븐 알하이삼 (Ibn al-Haytham, 965~1040)은 구형 거울 등을 이용하여 빛의 직진, 분산, 반사, 굴절 등과 같은 현상을 기록한 『광학의 서(Book of Optics)』를 출판하였다. 17세기 이후 빛에 관한 연구가 체계적으로 이루어졌다. 한스 리퍼세이 (Hans Lippershey, 1570~1619)가 최초로 발명한 것으로 알려진 망원경이 천문학 관측에 사용될 수 있도록 개선되었다. 광학의 체계적 연구의 선구자는 아이작 뉴턴을 들 수 있다. 아이작 뉴턴 경(Sir Isaac Newton, 1643~1727)은 프리즘에 의한 분광 현상을 명확하게 설명하였으며, 빛의 현상에 대한 논의에 그치지 않고 1704년 『광학(Opticks)』을 출판하면서 빛의 본성인 입자성, 파동성 논쟁의 발판을 마련하였다. 크리스티안 호이겐스 (Christianus Hugenius, 1629~1695)는 파동성으로서의 빛의 전파 원리를 설명하였고, 토머스 영은 이중 슬릿 실험으로 간섭 효과를 확인함으로써 빛이 파동이라는 것을 뒷받침하였다. 또한 제임스 클러크 맥스웰(James Clerk Maxwell, 1831~1879)의 전자기파 이론은 광학이 새로운 단계로 발전하였다.

19세기 후반 빛이 입자가 아닌 파동으로 논란이 정리된 이후, 20세기에 들어서면서 알베르트 아인슈타인(Albert Einstein, 1879~1955), 막스 카를 에른스트 루트비히 플랑크(Max Karl Ernst Ludwig Planck, 1858~1947) 등에 의해 빛의 입자성이 입증되어 빛의 본질에 대한 논의가 새로운 국면으로 전개되었다. 빛은 이중성을 갖는 것이 정설로 굳어졌으며, 빛을 이용한 새로운 시대가 열리게 되었다.

1.2 빛의 이중성(Duality of Light)

1.2.1 입자성

입자의 의미는 물체가 자신만의 고유의 공간을 점유하고, 정적인 에너지와 동적인 에너지를 가진다는 것이다. 다른 입자와의 상호 작용 결과로 힘을 가함으로써 에너지를 전달할 수 있다. 거시적으로 물체는 당구공처럼 자신만의 공간을 점유하고 있으며, 다른 물체가 접근하면 공간의 겹침이 발생하지 않도록 반발력이 작용하여 튕겨낸다. 이 과정에서 작용하는 힘은 뉴턴의 역학 법칙에 의하면 서로 영향을 미치고, 각각의 정적인 고유 에너지는 유지되는 반면 동적인 에너지는 변화되고 다른 물체로 전달될 수 있다.

전자와 같은 아주 작은 입자는 그 성질을 분석할 때, 조심스럽게 접근해야 한다. 양자 세계에서 발생하는 현상을 거시적인 직관력으로 이해하려 들면 오류에 빠질 수 있기 때문이다. 다만 전자와 같은 미시적 존재의 입자적 성질을 거시적인 역학적 상호 작용과 관련된 현상으로 설명하려는 시도의 예가 바로 광전효과와 콤프턴 전자 산란 실험이다. 즉 입자인 전자와 빛이 상호 작용함으로써 에너지 전달을 초래한다고 인식할 수 있는 현상을 관측함에 따라 빛의 입자성을 확인한 것으로 받아들여졌다.

빛의 입자성에 대하여는 오랫동안의 직관적 통찰에 의한 주장이 있던 시대와 현대 과학을 이끄는 발견이 있었던 시대로 나뉜다. 첫 번째 시대는 고대 그리스에서 중세 시대인 17세기까지의 기간이다. 기원전인 고대 그리스의 데모크리토스는 빛이 입자의 흐름이라고 주장하였고, 기원후 알하이삼은 빛의 굴절과 반사 등의 현상에 기반한 입자설 주장을 펼쳤다. 17세기에는 빛은 작은 입자의 흐름이라는 미립자설로 역학적 상호 작용에 의한 광학적 현상을 설명하려 시도한 뉴턴의 주장이 있었다. 20세기에는 아인슈타인, 콤프턴 등에 의하여 명백한 실험 결과를 근거로 입자설을 뒷 받침 하였다.

1.2.2 파동성

파동은 입자와는 다르게 자신만의 공간을 점유할 수 없는 존재이므로 무한히 많은 파동이 동시에 한 점에 모일 수 있다. 이로 인하여 각각의 파동이 갖는 성질들이 결합되어 새로운 현상이 발현될 수 있다. 주기적인 변화는 파동의 특성 중 하나인데, 파동들의 겹침에 의하여 고유 주기성과는 다른 주기성이 나타날 수 있다. 하지만 파동은 독립성이 있어, 겹쳐지는 순간이 지나고 나면 각자의 특성이 훼손되지 않고 그대로 유지된다.

빛의 파동성에 대한 주장은 당시 입자성의 입증되지 않은 모호성에 비하면 보다 구체적인 실험 결과를 동반하고 있었다. 이는 입자의 성질이 관념적으로 이해할 수 있는 현상들을 기반한 주장을 반박하기 위해서는 객관적으로 입증할 수 있어야 했기 때문이다.

호이겐스는 파동으로서의 빛 전파이론을 발표하였으며, 로버트 훅은 빛을 향해 빛을 쏘아도 충돌하지 않고 통과한다는 실험 결과를 통해 빛은 파동이어야 한다고 주장하였다. 또한, 1801년에 토머스 영이 이중 슬릿 실험을 성공적으로 해냄으로써 빛의 파동성을 입증해 보였다. 이후 프레넬의 회절 이론이 있었고 마침내 맥스웰 방정식으로 전자기파 이론과 루돌프 헤르츠의 실험으로 파동성은 부인할 수 없는 확고한 자리를 잡게 되었다.

1.2.3 다시 입자성 그리고 이중성

빛의 파동성이 입증된 19세기가 지나고 20세기가 도래함과 동시에, 빛에 대한 논쟁은 다시 한번 격동의 시대를 맞이해야만 했다. 알베르트 아인슈타인은 광전효과를 설명한 빛의 광양자 이론에 대한 논문을 1905년에 발표하였으며 1922년에 아서 콤프턴은 엑스선 산란 연구를 한 뒤 그 결과를 분석하여 엑스선은 입자와 같다는 논문을 1923년에 발표하였다.

이로써 빛에 대한 파동성과 입자성이 모두 확인됨으로써 이중성은 정설이 되었다. 그 과정에서 아주 작은 물질도 파동성을 동시에 갖는다는 **물질파** 이론이 확인되었으며, 양자 역학 태동의 발판이 되었다. 빛에 관한 연구는 빛 자체에 대한 이해와 빛과 물체와의 상호 작용으로 발생하는 많은 자연 현상을 이해할 수 있는 계기가 되었을 뿐만 아니라, 새로운 과학 발전에 크게 기여하였으며 인류 문명의 발전을 이끌어 오고 있다.

1.3 전자기 스펙트럼(Electromagnetic Spectrum)

전자기파는 전기장과 자기장이 상호 작용하면서 공간상으로 전파되는 파동이다. 영국의 물리학자 제임스 클러크 맥스웰이 맥스웰 방정식을 유도하면서 전자기파의 존재를 예측하였고, 1887년 독일의 물리학자 하인리히 루돌프 헤르츠가 실험으로 그 존재를 확인하였다.

전자기파는 전하를 띠는 입자의 가속 운동 또는 원자를 구성하는 속박전자의 궤도 변화에 의해 발생한다. 맥스웰 방정식으로부터 유도된 전자기파의 속력이 빛의 속력과 정확히 일치하면서 전자기파에 대한 이해가 변화되었다. 즉, 그림 (1.1)의 전자기파는 모든 파장을 포함하고 빛은 그 일부이다.

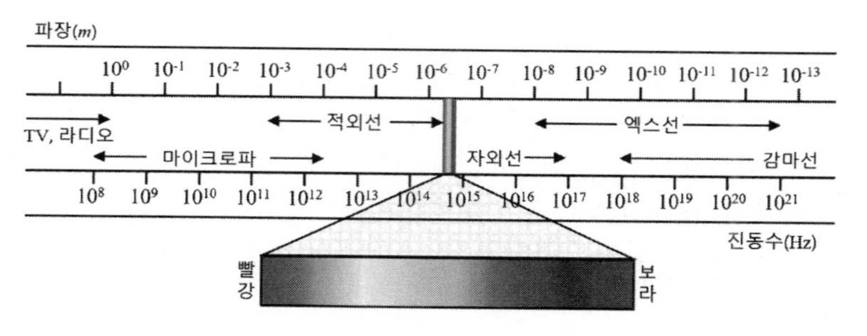

그림 1.1 전자기 스펙트럼

빛은 일반적으로 가시광선 영역에 있는 전자기파를 일컫는데, 가시광선보다 파장이 큰 전자기파에는 적외선을 비롯하여 마이크로파, 전파(라디오파와 TV파)가 있다. 반대로 가시광선보다 파장이 작은 전자기파에는 자외선, 엑스선, 감마선이 있다. 전자기파의 진동수는 파장에 역 비례하여 파장이 크면 진동수는 작고, 파장이 작으면 진동수가 크다. 파장이 짧을수록 에너지는 커서 가시광선보다 자외선의 에너지가 크고, 엑스선과 감마선의 에너지는 더욱 크다.

자외선은 가시광선보다 에너지가 커서 살균 및 소독하는데 이용될 수 있지만, 자외선에 장시간 노출되면 피부 및 눈 등에 해롭다. 더욱이 엑스선과 감마선은 자외선보다 에너지가 커서 이에 노출되면 생체 조직 및 DNA까지 영향을 받을 수 있다.

반면 가시광선보다 파장이 큰 적외선은 열작용으로 열선으로 불리기도 하고, 전자기기의 리모컨 및 적외선 카메라 등에 쓰인다. 파장이 더 큰 마이크로파는 전자레인지로 음식물을 데우는 데 쓰이거나 파장이 크기 때문에 먼 곳으로 통신하는 레이더와 위성 통신 등에 활용된다.

표 (1.1)과 같이 가시광선은 파장이 큰 빨간색부터 파장이 가장 짧은 보라색을 포함하고, 파장 700~380 nm 영역의 전자기파를 일컫는다. 일반적으로 우리 생활에 주로 쓰이는 조명이나 디스플레이 장치에서 사용되는 빛은 모든 가시광선이 포함된 백색광이고, 필요에 따라 선택적인 파장의 빛이 활용된다. 모든 가시광선이 섞이면 백색광이 되는데 이를 가산 혼합이라고 한다. 물감의 여러 색이 섞이면 검은색이 되는 감산 혼합과는 차이가 있다.

색(Color)	파장 $\lambda(nm)$	진동수 f(THz)	광자 에너지 $E(eV)$
보라색(Violet)	380-420	710-790	2.93-3.26
인디고(Indigo)	420-450	670-710	2.76-2.93
파란색(Blue)	450-485	620-670	2,56-2,76
시안(Cyan)	485-500	600-620	2,48-2.56
초록색(Green)	500-565	530-600	2.19-2.48
노란색(Yellow)	565-590	510-530	2.10-2.19
주황색(Orange)	590-625	480-510	1.98-2.10
빨간색(Red)	625-700	400-480	1.65-1.98

[예제 1.3.1]
파장(λ), 진동수(f)는 서로 역수 관계에 있다. 빛의 속력과의 관계는 $c=\lambda f$이다. 진공 중 빛의 속력은 $c=2.99\times10^8\ m/s$로 변하지 않는 상수이다. 노란색 영역에 있는 빛 $\lambda=589.0\ nm$에 대한 진동수를 계산하시오. 또 파란색 영역에 있는 빛 $\lambda=485.0\ nm$에 대한 진동수를 계산하시오. ($1\ nm=10^{-9}\ m,\quad 1/s=Hz$)

풀이: 빛의 속력, 파장과 진동수 관계식을 이용한다.
(노란색)

$$f=\frac{c}{\lambda}=\frac{2.99\times10^8\ m/s}{589.0\times10^{-9}\ m}=5.08\mathrm{times}10^{14}\ \mathrm{s}^{-1}=5.08\times10^{14}\mathrm{Hz}$$

(파란색)

$$f = \frac{c}{\lambda} = \frac{2.99 \times 10^{8}\ m/s}{485.0 \times 10^{-9}\ m} = 6.16 \times 10^{14}\ s^{-1} = 6.16 \times 10^{14} Hz$$

[예제 1.3.2]
빛 알갱이 하나의 에너지 (E)는 진동수에 비례한다. 즉, $E = hf$이다. 여기서 h는 플랑크 상수로 $6.626 \times 10^{-34}\ J \cdot s$이다. 노란색 영역에 있는 빛 $\lambda = 589.0\ nm$에 대한 에너지를 계산하시오. 또 파란색 영역에 있는 빛 $\lambda = 485.0\ nm$에 대한 에너지를 계산하시오.

풀이: 에너지-진동수 관계식을 이용한다.

(노란색)

$$E = hf = (6.626 \times 10^{-34}\ J \cdot s)(5.08 \times 10^{14} s^{-1}) = 3.36 \times 10^{-19}\ J = 2.10\ eV$$

여기서 J (주울)과 eV (전자볼트)는 모두 에너지 단위로 $1\ eV = 1.602 \times 10^{-19}\ J$이다.

(파란색)

$$E = hf = (6.626 \times 10^{-34}\ J \cdot s)(6.16 \times 10^{14} s^{-1}) = 4.08 \times 10^{-19}\ J = 2.54\ eV$$

1.4 광원(Light Source)

우리가 보는 물체는 빛을 방출하는 발광체이거나 빛을 받아 반사 또는 산란시키는 반사체로 구분할 수 있다. 물체가 발광체로서 발광시키는지 또는 반사체로서 반사시키는지 구분하지 않고 눈은 물체로부터 오는 빛을 인식하기 때문에 물체를 광원으로 취급하기도 한다.

자연에 존재하는 대표적인 광원은 태양이 있고, 생물은 반딧불이 등이 있다. 사람이 만든 인공 광원은 백열등, 손전등, 형광등, 발광다이오드(LED; Light Emitting Diode), 그리고 레이저가 있다. 최근 디스플레이 장치에 가장 많이 쓰이는 LED는 발광다이오드의 약자로 절전형 광원이면서 수명이 길고 색 재현성이 좋기 때문에 많은 장점이 있다.

레이저(LASER: Light Amplification by Stimulated Emission of Radiation)는 복사의 유도 방출을 통한 증폭된 빛을 의미한다. 레이저 빛은 퍼짐성이 적어 멀리 전달되고 편광되어 장점이 많은 광원으로 단색성, 직진성, 가간섭성, 고출력, 편광의 특징을 가진다.

1.4.1 백열 광원

물체를 구성하는 분자들의 열적 작용으로 백열광을 방출한다. 백열 광원에서 방출된 빛은 연속적인 띠 스펙트럼을 보이는데, 일정한 온도를 유지하는 물체 내 분자들의 움직임에 의해 모든 파장의 빛을 방출하기 때문이다. 각각의 분자들의 속력분포는 확률적으로 결정되는데, 모든 속력이 가능하므로 백열광을 방출할 수 있다.

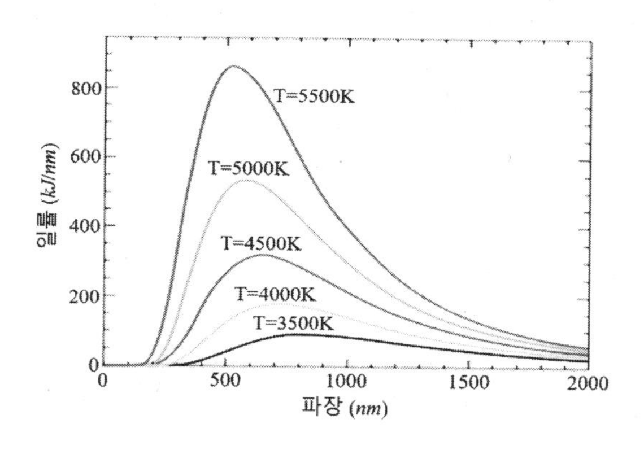

그림 1.2 흑체 복사 스펙트럼

물체에 입사하는 모든 전자기파를 흡수하고, 물체 온도에 맞는 전자기파를 방출하는 이상적인 물체를 흑체라고 한다. 흑체에서 방출되는 파장별 세기 분포는 그림 (1.2)와 같다. 백열광은 흑체에 의한 스펙트럼과 유사하다. 백열 광원 또는 흑체에 의해 방출되는 전자기파의 세기 분포는 온도에 의해 결정되고, 온도가 높을수록 세기가 강하고 짧은 파장의 빛이 많이 방출된다. 태양의 표면 온도는 대략 6000 K 정도로 출력 분포에서 가시광선의 세기가 가장 강하고 적외선 영역에서는 세기가 서서히 감소한다. 반면, 자외선 영역의 세기는 급격히 약해진다. 사람의 체온은 약 300 K으로 사람 몸에서 방출되는 전자기파 대부분은 적외선 영역에 분포된다. 이에 따라 사람 눈에는 보이지 않고, 적외선 카메라를 통해서만 인체에서 방출되는 전자기파를 확인할 수 있다.

1.4.2 형광등

형광등에서 빛이 방출되는 과정은 그림 (1.3)의 여러 단계를 거친다. 전극 사이의 전압 차에 의해 전자가 방출되고, 방출된 전자들은 형광등 내부에 삽입된 원자들과의 충돌로 인하여 자외선이 방출된다. 자외선은 형광등 내부 표면에 있는 형광 물질을 자극하여 가시광선을 형광등 밖으로 방출한다. 이런 과정으로 방출된 빛은 다양한 파장의 빛을 포함하고 있지만 형광 물질의 특성을 내포하므로 연속 스펙트럼이 될 수 없다.

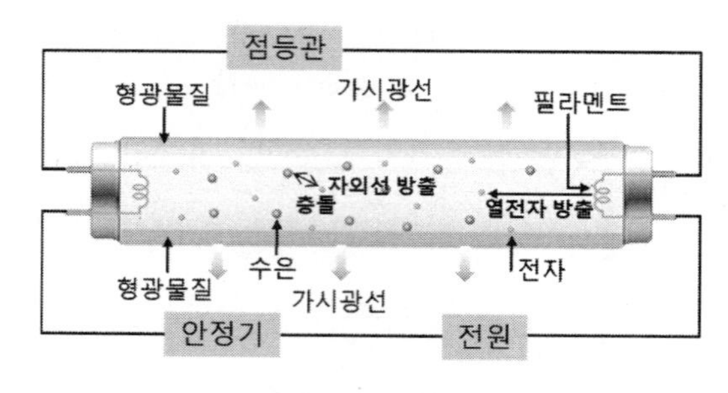

그림 1.3 형광등

1.4.3 레이저

레이저 빛은 매우 독특한 특성을 가지는데, 이는 빛이 생성되는 과정이 다르기 때문이다. 원자를 구성하는 전자들은 정해져 있는 특정한 궤도에만 존재할 수 있다. 낮은 에너지 상태에 있던 전자들은 외부로부터 에너지를 받으면 높은 에너지 상태로 올라간다. 낮은 에너지 상태를 바닥 상태, 높은 에너지 상태를 들뜬 상태라고 한다. 들뜬 상태는 불안정 상태이기 때문에, 전자기파 형태의 에너지를 방출하고 전자는 바닥 상태로 되돌아온다. 이를 **자발 방출**이라고 하는데, 전자기파의 방출 순간, 위상 및 방향 등은 완전히 무작위적이어서 레이저의 특징을 갖지 못한다.

들뜬 상태에 있는 원자가 전자를 자발 방출하기 전에, 들뜬 상태와 바닥 상태의 에너지 차와 일치하는 파장의 전자기파를 입사시키면 들뜬 원자와 상호 작용이 발생하여 **유도 방출**이 일어난다. 유도 방출에 의한 전자기파는 입사 전자기파와 방향, 위상과 파장이 모두 동일하여 레이저만의 특징인 가간섭성, 단색성, 직진성을 갖게 된다. 따라서 레이저의 작동 원리에서 유도 방출이 가장 중요한 요소이다.

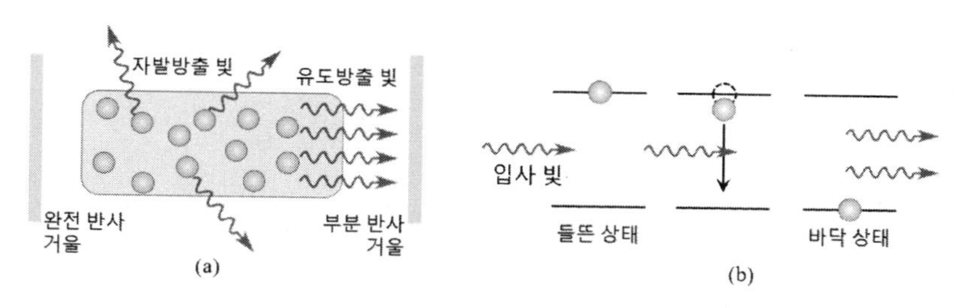

그림 1.4 레이저 (a) 개념도 (b) 유도 방출

1.5 빛의 속력(Speed of Light)

1.5.1 갈릴레이 광속 측정 시도

빛의 속력을 최초로 측정하려고 했던 사람은 갈릴레오 갈릴레이(Galileo Galilei, 1564 ~ 1642)였다. 컴컴한 밤에 갈릴레이와 그의 조수는 각각 램프와 램프 덮개를 하나씩 들고 약 1.6 km 정도 떨어진 산봉우리에 올라갔다. 갈릴레이가 램프 덮개를 열면 빛이 세어 나가게 되고, 그의 조수는 그 빛을 보는 순간 즉시 그의 램프 덮개를 열었다. 갈릴레이는 조수가 보낸 빛을 확인하고 빛의 왕복 시간을 측정하였다. 두 사람 사이의 왕복 거리를 측정된 시간으로 나눠서 빛의 속력을 측정하고자 하였다.

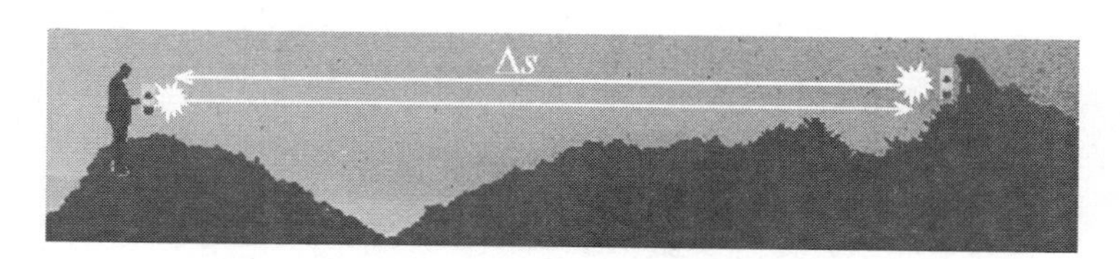

그림 1.5 갈릴레이 광속 측정

빛의 속력이 매우 빠른 것에 비하여, 두 사람이 측정한 시간 간격은 두 사람이 빛을 인식하고 동작하는 과정에서 발생하는 시간 오차가 상대적으로 너무 커서 유의미한 빛의 속력을 얻을 수 없었다. 다만 갈릴레이의 시도는 빛의 속력을 측정하려는 노력의 시발점이 되었다는 점에서 큰 의의가 있다.

[예제 1.5.1]
갈릴레이의 측정 방법으로 빛의 속력을 계산하시오. 시간 간격은 0.23 s, 두 지점

사이 간격은 20 km이다.

풀이: 이동 거리, 소요 시간과 속력 사이 관계를 이용한다.

$$v = \frac{\Delta s}{\Delta t} = \frac{2(20 \times 10^3)\ m}{0.23\ s} = 173.9 \times 10^3\ m/s$$

측정된 시간 간격에는 사람의 반응 시간이 포함되어 있으므로 오차가 너무 커서 빛의 속력을 측정할 수 없다는 결론에 도달하였다.

1.5.2 뢰머 광속 측정

덴마크의 천문학자 올레 뢰머(Ole Christensen Rømer, 1644 ~1710)는 최초로 과학적인 방법으로 빛의 속력을 측정하려고 시도하였다. 그는 목성의 위성, 이오의 공전으로 인하여 목성의 그늘에 숨는 시간이 일정하지 않은 현상을 이용해 빛의 속력을 측정하였다. 뢰머는 지구와 목성 사이의 거리가 목성에 가려지기 시작하는 이오의 월식 시간에 영향을 미친다고 생각했다. 즉, 지구와 목성은 각각 태양 주위를 공전하기 때문에 지구-목성 간 거리가 변하고, 목성의 위성 이오의 월식 주기가 달라진다.

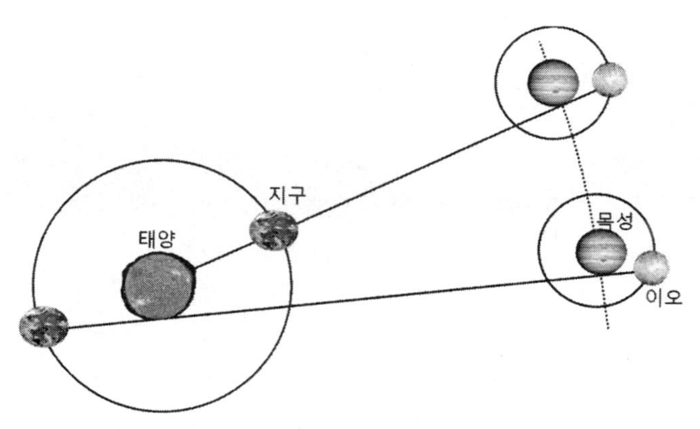

그림 1.6 뢰머 광속 측정

그의 관측 결과에 의하면 이오의 월식은 지구와 목성의 거리가 멀 때보다 가까울 때 약 22분 빨랐다. 이 시간은 지구의 공전 궤도 지름만큼 빛이 이동하는 데 걸리는 시간임을 깨달았고 이를 이용하여 계산한 빛의 속력은 약 220,000,000 m/s이었다. 이 속력은 실제 빛의 속력과 대략 30 % 정도의 오차를 보였지만 당시 천문 관측의 정확도가 지금보다 낮았다는 것을 고려하면, 그의 측정 결과는 실로 대단한 것이다.

[예제 1.5.2]
뢰머에 의한 빛의 속력 측정 방법으로 빛의 속력을 계산하시오. 목성의 위성 이오의 공전 시간 차이는 22분이고, 지구-태양 사이 거리 즉, 공전 궤도 반지름은 $1.49\times10^{8}\ km$이다.

풀이: 이동 거리, 소요 시간과 속력 사이 관계를 이용한다.

$$v=\frac{\Delta s}{\Delta t}=\frac{2(1.49\times10^{11})\ m}{22.0\times60\ s}=2.26\times10^{8}\ m/s$$

실제 광속에 비하여 상대 오차는 대략 24 %로 작았다.

1.5.3 피조 광속 측정

실험 장치를 이용해 빛의 속력을 측정한 최초의 사람은 프랑스 물리학자 아르망 이폴리트 피조(Armand Hippolyte Louis Fizeau, 1819~1896)였다. 피조는 회전하는 톱니바퀴의 톱니 틈으로 빛이 통과하게 한 후, 멀리 있는 거울에 부딪혀 되돌아오게 하였다. 빛이 두 지점 사이를 왕복하는 데 걸린 시간을 측정하여 이동 거리, 속력과의 관계로부터 빛의 속력을 계산하였다. 피조가 측정한 빛의 속력은 313,000,000 m/s로 실제 값에 비하여 오차가 10 % 이내로 당시 상황을 고려하면 매우 놀랍도록 정확한 결과를 얻었다.

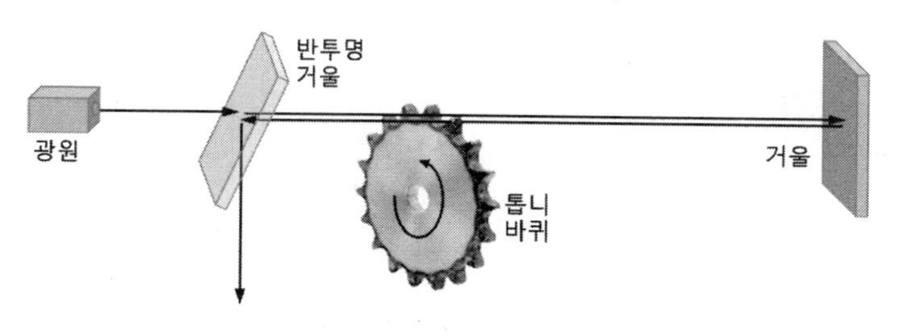

그림 1.7 피조 광속 측정

[예제 1.5.3]
피조 광속 측정 실험에 사용된 톱니바퀴는 720개이고, 초당 12.6 회전한다. 반사 거울까지의 거리가 8.63 km인 경우 광속을 계산하시오.

풀이: 이동 거리와 소요 시간을 계산하여 이동 거리, 소요 시간과 속력 사이 관계를 이용한다.

$$\Delta s = 2(8.63 \times 10^3)\ m$$
$$\Delta t = \frac{1}{12.6 \times (2 \times 720)}\ s$$
$$v = \frac{\Delta s}{\Delta t} = 3.13 \times 10^8\ m/s$$

실제 광속에 비하여 상대 오차가 대략 4.7 %로 크게 측정되었다. 여기서 톱니바퀴 수 720 앞에 2를 곱한 것은 톱니바퀴 사이 공간 수는 톱니바퀴 수와 같은 720개이기 때문이다.

1.5.4 피조-푸코 광속 측정

빛의 속도를 측정하기 위해 폴-미셸 푸코(Paul-Michel Foucault, 1926~1984)가 구상한 그림 (1.8)의 피조-푸코 장치는 빛이 회전하는 거울에 반사되어 35 km 뒤에 고정된 거울을 향하도록 설치되었다.

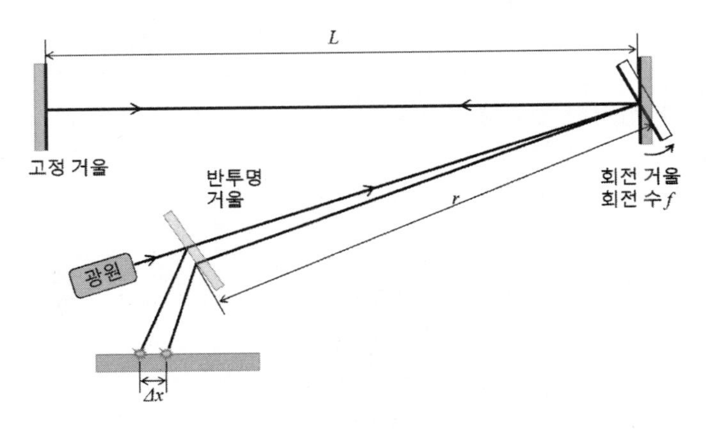

그림 1.8 피조-푸코 광속 측정

빛이 정지 거울로부터 반사되어서 되돌아오는 지점이 거울의 회전에 의해 약간씩 변화됨에 따라 원래의 방향에서 미세한 각도의 차이가 발생한다. 두 정지 거울을 사용한 피조의 실험 장치를 토대로 푸코가 구상한 장치이므로 피조-푸코 장치로 불린다.

피조에 의한 새로운 장치로 측정된 빛의 속력은 이전의 피조 장치의 결과에 비하여 정밀도가 높아졌다. 또한, 피조에 의해 측정된 물속에서 빛의 속력이 공기 중에서의 속력보다 느리다는 결과는 뉴턴이 주장한 빛의 입자설로는 설명할 수 없는 것이어서 빛의 파동성을 뒷받침하는 결과로 받아들여졌다.

[예제 1.5.4]
피조-푸코 광속 측정 실험에 사용된 회전 거울의 회전수는 초당 210회이다. 반사 거울까지의 거리가 35 km인 경우 광속을 계산하시오. ($r = 2\ m$, $\Delta x = 1.25\ m$)

풀이 : 여기서 시간 간격 Δt의 수식 유도 과정은 자세한 설명 없이 결과 식을 이용하여 광속을 계산하기로 한다.

$$\Delta s = 2(35.0 \times 10^3)\ m$$
$$\Delta t = \frac{\Delta x}{4\pi r f} = \frac{1.25}{4\pi \times 2 \times 210} = 2.368 \times 10^{-4}\ s$$
$$v = \frac{\Delta s}{\Delta t} = 2.96 \times 10^8\ m/s$$

실제 광속에 비하여 상대 오차가 대략 1.1 %에 불과하여 매우 정확한 결과를 얻었다.

1.5.5 마이켈슨 광속 측정

앨버트 에이브러햄 마이컬슨(Albert Abraham Michelson, 1852~1931)은 윌슨 천문대(캘리포니아주 로스앤젤레스)에서 회전하는 8각 거울을 이용하여 광속을 측정하였다. 광원에서 빛이 나와서 회전하는 8각 거울의 한 면에서 반사되고 반대편에 있는 타원형 거울에서 되반사한다. 빛은 디텍터에서 관측되는데, 빛이 관측되는 시간 간격은 $\Delta t = T/8$이다. 여기서 T는 회전 거울의 주기이다. 따라서 빛의 속력은 빛의 이동 거리 $2L$를 시간 간격 Δt로 나눈 값이다.

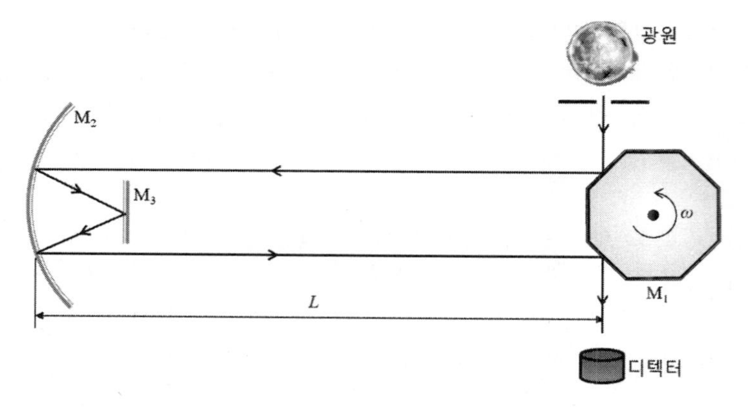

그림 1.9 마이켈슨 광속 측정

[예제 1.5.5]
마이켈슨 광속 측정 실험에 사용된 회전 거울의 회전수는 초당 528회이다. 반사 거울까지의 거리가 35 km인 경우 광속을 계산하시오.

풀이: 우선 시간 간격 Δt를 계산한다. 1회전 시간은 T이고, 면과 다음 면 사이 회전 시간 간격은 $\Delta t = T/8$이다.

$$\Delta t = \frac{1}{528} \times \frac{1}{8} = 2.37 \times 10^{-4}\ s$$

위 결과로부터 측정된 빛의 속력은

$$v = \frac{\Delta s}{\Delta t} = \frac{2L}{\Delta t} = 2.96 \times 10^{8}\ m/s$$

광속 측정 결과는 피조-푸코 측정 결과와 거의 같은 수준으로 매우 정확한 결과를 얻었다.

1.5.6 마이켈슨-몰리 실험

앨버트 마이컬슨(Albert Abraham Michelson)과 에드워드 몰리(Edward Morley, 1838~1923)는 1887년에 미국의 케이스 웨스턴 리저브 대학교에서 물리학의 역사상 가장 중요한 실험 중 하나의 실험을 하였다. 이 실험의 결과는 에테르 이론을 부정하는 최초의 유력한 증거가 되었다.

광원에서 방출된 빛을 반투명 거울을 이용해 직각으로 나누어 각각 거울로 향하게 하였다. 거울에 의해 반사되어 되돌아오는 빛은 다시 반투명 거울을 지나면서 중첩되어 간섭무늬를 만든다. 이로써 간섭계로 불리기도 하는데, 두 거울 중 하나는 움직일 수 있도록 제작되어, 거울의 움직임에 따라 간섭무늬의 변화가 생긴다. 거울의 이동 거리와 간섭무늬의 변화로부터 매우 정확하게 빛의 속력을 측정할 수 있었다.

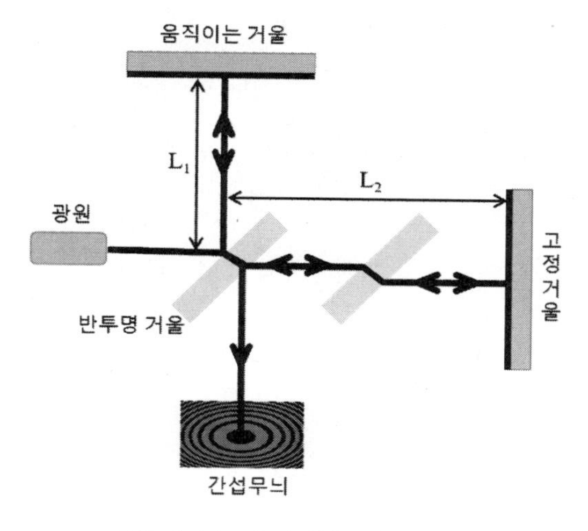

그림 1.10 마이켈슨 광속 측정

이렇게 측정된 빛의 속력은 지구 자전 방향과 상관없이 동일한 값으로 밝혀졌다. 당시에는 빛의 전파에 필요한 매질로 여겨졌던 에테르의 존재가 부정되는 것이어서 역사적으로 빛을 이해하는 데 매우 중요한 결과였다. 이후 빛을 포함한 전자기파는 역학적인 파동과는 달리 매질 없이 전파해 갈 수 있으며, 그 속력은 관측자의 운동 상태에 상관없이 항상 일정하다는 결론에 도달하게 되었다. 마이켈슨 간섭계는 매우 정밀한 장치로 현재에도 광학 요소 및 물질 테스트에 다양하게 활용되는 중요한 장치이다. 마이켈슨-몰리 실험 결과는 아인슈타인 특수상대성의 기본 가정으로 쓰였으며, 최근에는 중력파를 검출하기 위한 간섭계 LIGO(Laser Interferometer Gravitational-Wave Observatory)에 활용되었다.

1.5.7 현대 광속 측정

현대에 들어서는 빛의 속력을 측정하는 데 정밀한 장비들이 활용된다. 계측 장치로는 오실로스코프가 널리 쓰이고 있다. 레이저 빛을 광섬유에 입사시켜서 내부 전반사로 전달된 빛의 신호를 오실로스코프로 감지하는 방식이다. 광섬유의 굴절률이 공기의 굴절률 보다 크기 때문에 광섬유 내부에서 빛의 속력이 감소된다. 광섬유의 길이 차에 따른 빛의 전파 시간의 미소한 차이를 오실로스코프로 정밀하게 측정하면 빛의 속력을 계산할 수 있다.

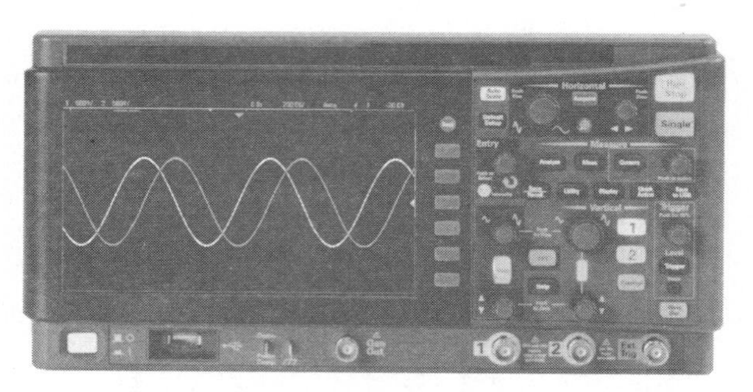

그림 1.11 오실로스코프를 이용한 광속 측정

1.6 빛의 전파(Propagation of Light)

전자기파는 다른 역학적인 파동과는 구별되는 특징을 가진 독특한 파동이다. 다른 파동과는 다르게 전자기파는 빈 공간에서도 전파된다. 역학적인 파동은 매질의 탄성에 의해 매질의 진동이 주변으로 전파되지만, 전자기파는 구성 요소인 전기장과 자기장이 상호 변화를 유발하면서 전파하기 때문이다. 전파 속력은 관측자의 운동 상태에 상관없이 $c = 2.99 \times 10^8 m/s$로 늘 일정하다. 이 속력은 아인슈타인 표현에 의하면 **궁극적인 속력**으로 그 어떤 물체도 이 속력보다 빠르게 움직일 수 없다. 진공이 아닌 공기나 물, 안경 렌즈와 같은 매질 내에서도 전파해 갈 수 있는데, 굴절률이 1보다 큰 매질 내에서는 전기장과 자기장의 변화율이 떨어지면서 전파 속력이 느려지고 파장별 전파 속력도 달라진다.

1.6.1 호이겐스 원리

호이겐스 원리는 빛의 파동성을 근거로 빛의 전파 원리를 설명한 것이다. 점 광원은 모든 방향으로 빛을 방출하므로 광선을 방사선 모양으로 발산하고, 파면은 점 광원을 중심으로 하는 동심원으로 그려진다. 파면이 구 모양이므로 점 광원은 구면파를 발생시킨다. 호이겐스 원리는 *``광원으로부터 생성된 파면상의 모든 점이 새로운 점 광원이 되어 각각의 점에서 구면파가 발생된다''*는 것이다. 각각의 점 광원에서 발생된 파동들이 겹쳐져 새로운 파면을 형성하면서 공간에서 전파해 간다.

점 광원으로부터 발생된 파동이 광학계를 통과하거나 물체를 지나쳐 전파될 때, 광학계나 물체의 모양이나 크기에 따라 파면의 일부가 제한되어 회절과 같은 광학 현상이 발생한다. 광선들이 수렴하여 한 점에서 서로 교차할 수도 있고, 다시 발산할 수 있다. 하지만 파면은 서로 교차할 수 없다.

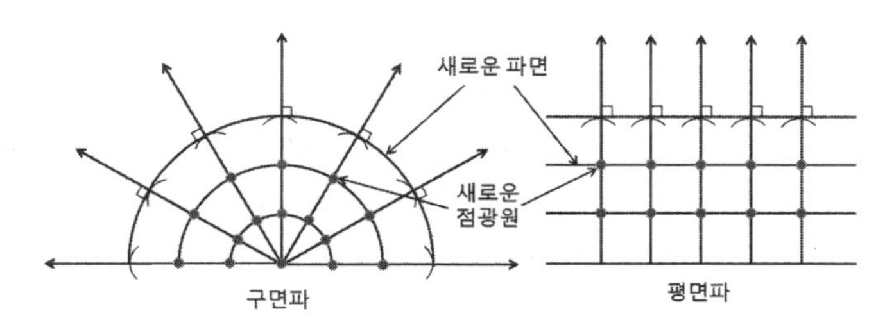

그림 1.12 호이겐스 원리

1.6.2 직진성

밀도가 일정한 공간을 전파해 갈 때, 빛은 직선 경로를 따라 진행하는데 이를 빛의 직진성이라고 하고, 기하 광학에서는 빛의 경로를 광선으로 표기한다. 진공은 완전히 균일한 매질이므로 진공에서 빛은 직선 경로로 진행한다. 또한, 밀도가 일정한 안경 렌즈 내에서도 직진한다.

그림 1.13 빛의 직진성

공기와 같은 액체, 기체 매질은 주변의 상황 변화에 반응하므로 엄격하게는 직진하지 않는다. 대표적인 예가 사막에서 주로 발생하는 신기루 현상이다. 위치에 따른 밀도의 변화가 있는 매질 내에서 빛의 전파 및 물질과의 상호 작용을 다루는 것은 매우 복잡하고 어려운 문제이다. 따라서 기하 광학에서는 공기, 안경 렌즈, 물과 같은 매질의 밀도가 일정한 경우에 국한하여 논의한다. 이로써 빛의 진행 경로를 직선으로 표현하고, 굴절 및 반사에 따른 경로 변화는 진행 방향이 꺾인 직선으로 표기하여 결상, 발산, 수렴 현상을 분석한다.

1.6.3 역진성

빛의 역진성은 가역성이라고도 불리는데, 엄격하게는 물리 현상에서의 가역성 의미와는 사뭇 다르므로 역진성으로 불리는 것이 타당하다. 역진성은 용어가 시사하는 바와 같이 매질의 조건이 일정하게 유지하는 상태에서 '*빛을 반대 방향으로 입사시키면, 지나온 경로를 따라 역방향으로 진행한다*'는 것이다.

굴절률이 n인 매질에서 굴절률이 n'인 다른 매질로 전파해 갈 때, 입사각 θ에 대하여 굴절각 θ'(진행 경로)은 **스넬의 법칙**에 의해 결정된다.

$$\theta' = \arcsin\left(\frac{n}{n'}\sin\theta\right) \qquad (1.1)$$

그림 (1.14)에서 광선이 점 A에서 점 B로 광축에 대하여 θ방향으로 입사하면 굴절 후 점 C로 굴절각 θ'방향으로 진행한다. 매질의 광학적 특성이 변하지 않고 일정하게 유지되면 매질의 굴절률 n과 n'이 변하지 않는다. 광선을 점 C에서 점 B로 역방향으로 입사시키면, 입사각은 광축에 대하여 θ'가 되고, 점 B에서 굴절된 광선은 스넬의 법칙에 의하여

$$\theta'' = \arcsin\left(\frac{n''}{n'}\sin\theta'\right) \qquad (1.2)$$

이다. 굴절률은 처음 값과 같으므로 $n'' = n$이고, 굴절각 θ''는

$$\theta'' = \theta \qquad (1.3)$$

이 된다. 따라서 점 B에서 굴절된 광선은 점 A를 향하게 된다. 즉, 반대 방향으로 입사된 빛은 지나온 경로를 되짚어 진행하므로 빛은 역진성을 갖는다.

단일 매질은 굴절률 변화가 없고, 굴절도 발생하지 않기 때문에 한 점에서 다른 한 점으로 진행하는 빛에 대하여 굴절률과 각은 각각 $n=n'$, $\theta=\theta'$ 관계에 있으므로, 단일 매질에서의 빛 경로에 대한 역진성은 당연히 만족된다.

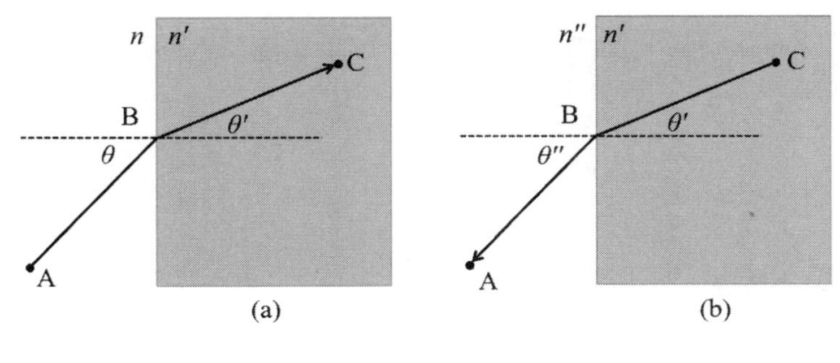

그림 1.14 빛의 역진성

1.6.4 불균일한 매질에서의 전파

빛은 직진성이 있어, 한 점에서 다른 점으로 전파해 갈 때 직선 경로로 진행한다. 하지만 직진성은 매질이 균일해야 한다는 전제 조건이 따른다. 매질이 균일하다는 것은 광학적으로는 모든 점에서 매질의 **굴절**이 일정한 값을 갖는다는 것을 의미한다. 만일 매질의 굴절률이 위치마다 다른 값을 갖는다면, 그 매질을 통과하는 빛은 어떤 경로로 전파해 가는가? 이에 대한 해답은 **페르마의 원리**로 설명된다. 빛은 ``시간이 가장 적게 드는 경로로 전파''된다. 즉, 빛은 직선 경로를 고집하지 않고 휘어진 경로를 따라갈 수 있다는 것이다.

예로 신기루 현상을 들 수 있다. 사막에서는 햇빛이 비치는 낮에 모래의 온도 변화가 빠르기 때문에 지면과 상층부와의 온도 차가 발생하고, 공기 밀도는 높이에 따라 달라진다. 아랫부분의 온도가 높기 때문에 공기 밀도는 낮다. 이에 따라 빛이 진행하는 경로는 밀도가 낮은 아랫부분으로 휘어져 가는 현상이 나타난다. 또한, 물과 같은 액체도 부분적으로 온도 차로 인한 밀도 차가 발생하거나 물의 흐름이 일정하지 않을 수 있으므로, 이런 조건의 매질에서는 빛의 경로가 직선이 되지 못한다.

그림 (1.15)와 같이 여름에 아스팔트 표면 온도가 빠르게 상승하면 높이에 따라 공기 밀도가 달라져서 사막에서의 신기루 현상과 같은 현상을 목격할 수 있다.

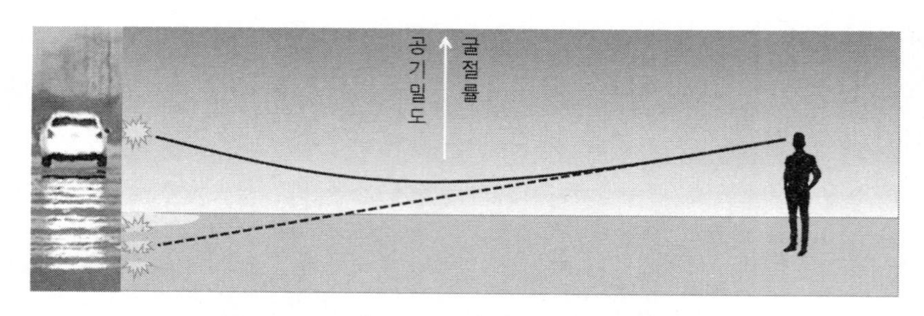

그림 1.15 신기루 현상

[예제 1.6.1]
신기루와 같은 원리로 빛의 경로가 휘어지는 현상에 대한 예를 들어 보시오.

풀이: 루밍, 타워링 현상 등

1.7 빛과 물체(Light and Object)

빛은 광원으로부터 방출되어 공간을 전파하다가 물체 표면에 닿으면 반사, 굴절, 흡수와 같은 광학적 작용이 발생한다. 광학적 작용의 결과로 상이 맺히는데, 상은 광학계의 특징을 반영한다.

1.7.1 물체와 상

물체가 렌즈와 같은 광학계 앞에 있으면 굴절 또는 반사에 의하여 상이 맺힌다. 물체와 상의 특징을 규정하기 위하여 실물체/허물체, 실상/허상으로 구분한다. 그림 (1.16)의 한 점으로부터 방출된 발산 광선이 광학계로 입사할 때, 그 점에 **실물체**가 있다고 한다. 만일 수렴 광선이 광학계에 입사할 때, 그 입사 광선의 연장선들이 만나는 점에 **허물체**가 있다고 한다.

광학계를 지나온 광선들이 수렴하여 한 점에서 만날 때, 그 점에 **실상**이 맺힌다. 반면, 광학계를 통과한 광선들이 발산하여 서로 만나지 않는 경우 뒤쪽으로 연장선을 그어 광축과 만나는 점에 **허상**이 맺힌다.

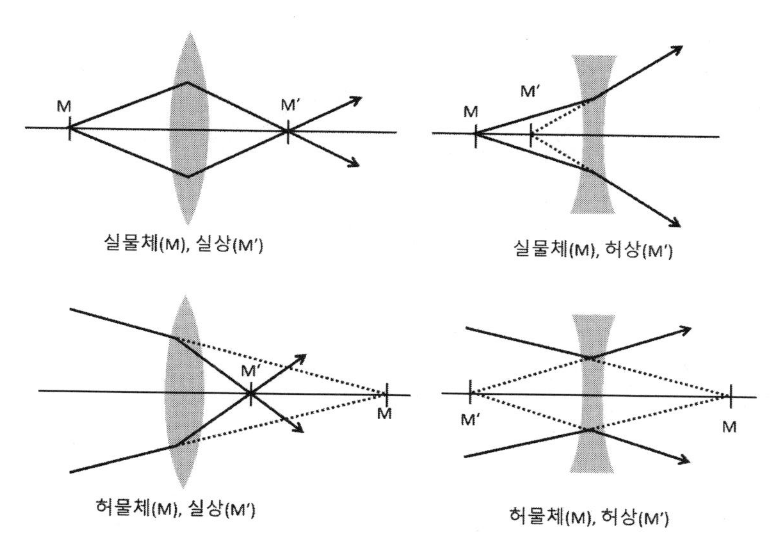

그림 1.16 실물체와 허물체, 실상과 허상

1.7.2 디옵터와 버전스

광학계의 광학적 특성을 나타낼 때 초점 거리, 곡률 반경, 물체 거리 및 상 거리 등의 길이로 나타낸다. 길이의 단위는 미터(m), 센티미터(cm), 밀리미터(mm)를 주로 사용한다. 또한, 시력 및 굴절력을 표현할 때는 버전스를 사용한다. 버전스는 길이의 역수와 굴절률의 곱이고, 단위는 디옵터(D)이다. 이때 길이의 단위는 반드시 미터(m)를 사용해야만 한다.

구면파의 반지름은 길이의 단위를 가지며, 곡률은 반지름의 역수이다. 따라서 곡률도 버전스의 단위인 디옵터를 쓴다.

[예제 1.7.1]
공기 중에 있는 점 광원으로부터 광선이 발산한다. 다음 위치에서 곡률(R)과 버전스(S) 크기를 계산하시오. (a) 50 cm 지점 (b) 4 m 지점

풀이: (a) 0.5 m 지점에서의 곡률과 버전스

$$R = \frac{1}{r} = \frac{1}{0.5} = 2.00 \ D, \qquad S = \frac{n}{s} = \frac{1}{0.5} = 2.00 \ D$$

(b) 4 m 지점에서의 곡률과 버전스

$$R = \frac{1}{r} = \frac{1}{4.0} = 0.25\ D \qquad S = \frac{n}{s} = \frac{1}{4.0} = 0.25\ D$$

[예제 1.7.2]
위 예제에서 광원이 물($n = 1.33$)속에 있는 경우에 대하여 반복하시오.

풀이: (a) 0.5 m 지점에서의 곡률과 버전스

$$R = \frac{1}{r} = \frac{1}{0.5} = 2.00\ D \qquad S = \frac{n}{s} = \frac{1.33}{0.5} = 2.66\ D$$

(b) 4 m 지점에서의 곡률과 버전스

$$R = \frac{1}{r} = \frac{1}{4.0} = 0.25\ D \qquad S = \frac{n}{s} = \frac{1.33}{4.0} = 0.33\ D$$

1.7.3 조리개

조리개는 광량을 제한하는 데 사용되는 개념이다. 렌즈는 크기가 유한하므로 렌즈를 통과하는 빛의 양은 제한적일 수밖에 없다. 따라서 렌즈도 조리개로 취급할 수 있다. 카메라 셔터는 그 크기에 따라 빛의 양을 조절할 수 있으므로 역시 조리개이다. 일반적으로 모든 광학계는 크기가 유한하기 때문에 조리개로 볼 수 있다.

여러 조리개로 구성된 광학계에서, 빛의 양을 가장 많이 제한하는 광학 요소를 **개구조리개**라고한다. 사람 눈도 광학계로 볼 수 있는데, 동공이 작아서 망막에 도달하는 빛의 양을 조절하는 기능을 하기 때문에, 일반적으로 동공이 개구조리개가 된다.

시야조리개는 볼 수 있는 영역, 즉 시야를 제한하는 광학 요소를 말한다. 예를 들어, 창문의 크기에 따라 밖을 볼 수 있는 영역이 제한되기 때문에 창문이 시야조리개가 될 수 있다.

광학계를 구성하는 광학 요소들 중 개구조리개와 시야조리개는 광학적 구성(광학요소 크기, 간격 등)과 물체의 위치에 따라서 어떤 요소가 될 것인지 결정된다.

1.7.4 광선 펜슬

기하 광학에서는 빛이 지나가는 경로를 광선으로 표시한다. 광선을 이용하여 매질 내에서 빛의 진행, 굴절과 반사 및 물점과 결상점 등을 나타낼 수 있다. 빛의 특성 및 빛과 광학계와의 상호 작용에 의한 현상을 온전히 표현하기 위해서는 여러 개의 광선, 즉 광선 다발로 나타내야 한다. 광선 다발을 **광선 펜슬**이라고 부른다. 광선 펜슬로 발산광, 평행광, 수렴광을 구분한다.

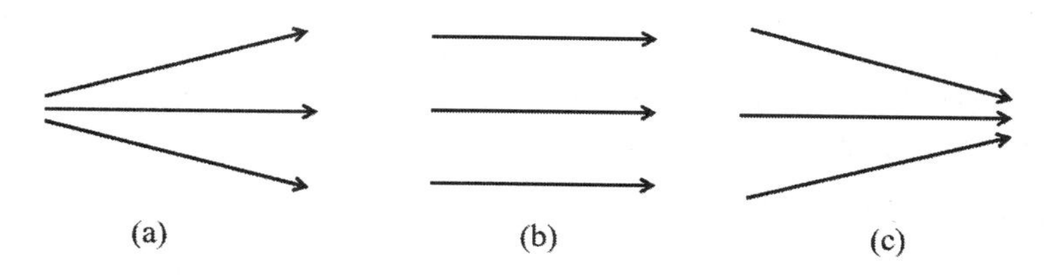

그림 17 광선 펜슬 (a) 발산 광 (b) 평행 광 (c) 수렴 광

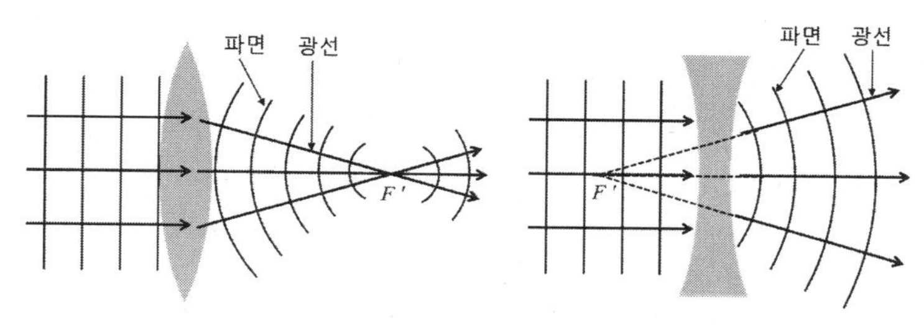

그림 18 광선 펜슬과 파면

요약

1.2 빛은 이중성 (입자성과 파동성)을 갖는다.

1.3 전자기파는 가시광선을 포함한 모든 파장의 집합체이다.

전자기파의 전파 속력, 진동수와 파장은 $v=f\lambda$관계에 있다.

전자기파의 에너지와 진동수는 $E=hf$관계에 있다.

1.6 호이겐스 원리

광원으로부터 생성된 파면상의 모든 점이 새로운 점 광원이 되어 각각의 점에서 구면파가 발생된다.

빛은 진진성과 역진성을 갖는다.

1.7 상은 실상과 허상으로 구분할 수 있다.

버전스는 거리의 역수이다.

파면과 광선은 항상 수직하다.

연습 문제

1-1. 파장이 560 nm인 노란 빛의 진동수는 얼마인가? (빛의 속력은 $2.99 \times 10^8\ m/s$이다.)
답] $5.34 \times 10^{14} Hz$

1-2.태양과 지구 사이 거리는 $1.50 \times 10^8\ km$이다. 빛이 태양에서 지구까지 도달하는 시간은 얼마인가? (빛의 속력은 $2.99 \times 10^8\ m/s$ 이다.)
답] 8.36 분

1-3. 마이켈슨 실험 방법으로 빛의 속력을 계산하시오. 8면체 거울의 회전 속도가 530 rps라고 가정하였을 때 빛의 속력을 계산하시오. (8면체 거울과 반사 거울 사이 간격은 36.5 km이다.)
답] $3.10 \times 10^8\ m/s$

1-4. 유리를 통과하는 빛의 흡수율은 두께 1 cm당 1 %이고, 유리-공기의 경계면에서 반사율은 5 %이다. 2 cm 두께의 유리판 두 개가 맞닿아 있다. 빛이 두 개의 유리판을 연속으로 투과할 때 빛 투과율은 얼마인가?
답] 86.69 %

1-5. 높이가 300 m인 에펠탑의 겉보기 각의 크기가 5°이면, 에펠탑은 관측자로부터 얼마나 멀리 떨어져 있는가?
답] 3429.02 m

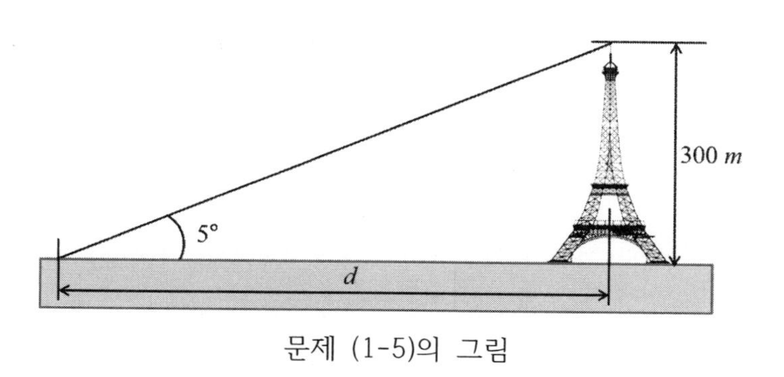

문제 (1-5)의 그림

1-6. 빛의 버전스를 디옵터(D)로 나타내어라.

(a) 실물체가 4 m 떨어져 있을 때

(b) 빛이 평행하게 진행할 때

(c) 실상이 50 cm 떨어져 있을 때

(d) 허물체가 200 mm 떨어져 있을 때

(e) 허상이 25 cm 떨어져 있을 때

답] (a) -0.25 D (b) 0.00 D (c) +2.00 D (d) +5.00 D (e) -4.00 D

CHAPTER

02

평면에서의 반사(Reflection on Plane)

1. 평면 거울
2. 상의 반전
3. 입자설과 파동성에 의한 반사
4. 평면 거울의 조합

빛이 매질의 경계면에서 반사될 때, 입사각과 반사각이 서로 같다. 이를 **반사 법칙**이라고 한다. 그림 (2.1)에서와 같이 반사 법칙은 반사면이 매끄러운 평면에서 정반사될 때뿐만 아니라 곡면에서의 반사, 그리고 울퉁불퉁한 면에서 난반사될 때에도 항상 만족된다.

각을 측정하기 위한 기준선은 법선이다. 반사면의 한 점에서 반사되는 경우, 그 점을 지나는 법선으로부터 입사 광선까지 측정된 각이 입사각이고, 반사 광선까지 측정된 각이 반사각이다. 반사 법칙은 각각의 점에서 정의되기 때문에 반사면의 상태에 상관없이 항상 만족된다.

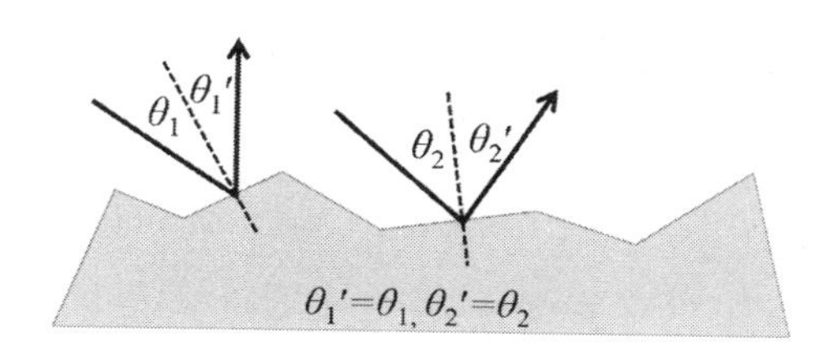

그림 2.1 반사 법칙

2.1 평면 거울(Flat Mirror)

물체는 스스로 빛을 내는 발광체와 광원으로부터 방출된 빛을 반사 시키는 반사체로 구분할 수 있다. 사람이 물체를 보는 것은 물체로부터 나온 빛이 가지고 있는 물체의 정보를 인식하는 것이다. 빛이 눈으로 입사할 때, 그 빛이 제3의 광원으로부터 발생되어 물체에 의해 반사된 빛인지, 아니면 물체 자체가 발광체로서 발생시킨 빛인지 우리는 구분할 수 없다. 따라서 물체를 광원으로 취급해도 무방하다.

2.1.1 점광원

평면 거울에 의해 생성되는 상의 특징을 알아보자. 물체를 구성하는 각각의 모든 점은 점 광원으로 취급할 수 있다. 평면 거울에 의해 맺히는 각각의 점에 대한 상점의 관계를 이해해야 물체 전체에 대한 상의 특징을 알 수 있다.

평면 거울의 한 점을 지나는 법선을 광축이라고 한다. 한 쌍의 물점과 상점은 서로 공액 관계에 있다. 광축상에 있는 점 광원은 모든 방향으로 빛을 방출한다. 입사각이 다른 몇 개의 광선들은 그림 (2.2)와 같이 거울의 표면에서 반사 법칙에 따라 반사된다. 광선들은 반사된 후 발산하여 서로 교차하지 않는다. 상점을 찾기 위하여 반사된 광선들의 연장선을 뒤쪽으로 긋는다. 연장선들은 광축상의 한 점에서 만나게 되는데, 그 점에 허상이 맺힌다. 광축 위에 있는 물점 M과 상점 M'는 서로 공액이다.

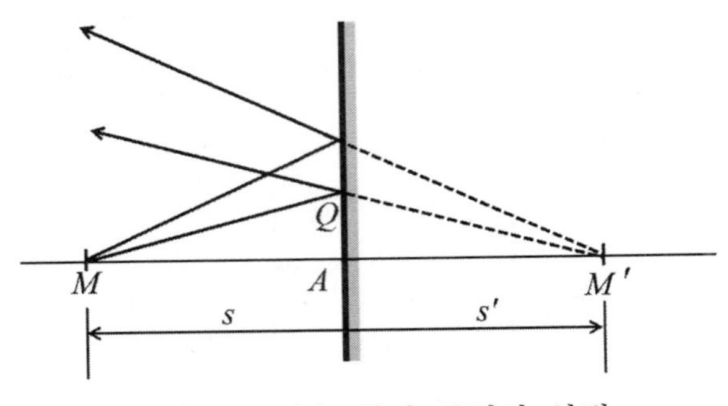

그림 2.2 광축 위의 물점과 상점

[예제 2.1.1]
그림 (2.2)의 정점 A에서 물점 M 까지의 거리를 물체 거리 s, 상점 M'까지의 거리를 상거리 s'이라고 한다. 직각 삼각형 $\triangle MAQ$, $\triangle M'AQ$를 비교하여 물체 거리와 상 거리 비를 구하시오.

풀이: 점 Q에서 반사되는 빛은 반사의 법칙에 의하여 입사각과 반사각이 같기 때문에 두 직각 삼각형 $\triangle MAQ$와 $\triangle M'AQ$는 합동이다. 따라서 물체 거리 MA와 상거리 AM'는 같다. 즉

$$s' = -s \tag{2.1}$$

따라서 상 거리와 물체 거리의 비율은 1이다. (-)의 부호는 상이 거울 면으로부터 반대 편에 있다는 것을 의미한다.

상의 특징을 정의하는 방법 중 하나는 실상과 허상이다. 실상은 그림 (2.3a)와 같이 광선들이 서로 교차한 점에 생기는 상을 의미하고, 허상은 그림 (2.3b)와 같이 광선들이 교차하지 않는 경우, 뒤쪽으로 그어진 연장선들이 교차하여 생성된 상을 말한다. 광선 또는 연장선이 광축과 만나는 점에 실상 또는 허상이 맺힌다.

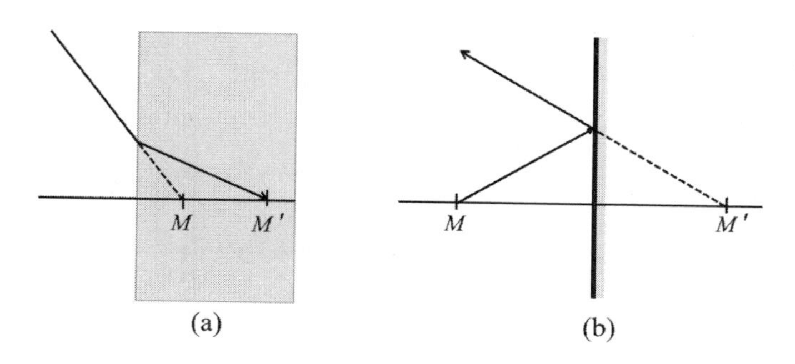

그림 2.3 (a) 평판에 의한 실상 (b) 평면 거울에 의한

2.1.2 확대된 물체에 의한 상

상의 특징을 정의하는 여러 방법 중 하나는 정립과 도립이다. 평면 거울에 의해 생성되는 상은 정립상으로, 평면 거울 앞에 있는 물체에 대한 상은 똑바로 서 있는 것으로 보이기 때문이다. 반면 오목 거울에 비친 물체의 상이 뒤집어져 보이는 경우 이를 도립상이라고 한다.

거울, 렌즈와 같은 광학계에 의한 상이 정립인지 도립인지 예측해 보기 위해서는 광선을 추적하면 된다. 평면 거울에 의한 상을 예측하는 것은 앞의 점 광원의 경우와 같이 몇 개의 광선들을 그려보면 된다. 그림 (2.4)는 평면 거울 앞에 크기를 무시할 수 없는 물체, 즉 확대된 물체를 보여준다. 확대된 물체는 수많은 점광원들의 집합체로 볼 수 있다. 따라서 물체의 모든 점에서 여러 방향으로 광선을 방출한다.

상이 정립 또는 도립인지를 알아보기 위해서는 비축상의 한 점에서 방출되는 광선들을 그려보면 된다. 그림 (2.4a)와 같이, 비축점인 위쪽 끝점에서 방출된 광선들은 거울에서 반사되어 발산한다. 광선들의 연장선은 한 점에서 서로 교차한다. 그 교차점이 바로 물체 비축점에 대한 공액 상점이다. 상이 위쪽에 맺혔기 때문에 거울에 의한 상은 똑바로 서 있는 것으로 보이고, 이는 **정립상**이 맺히는 것을 의미한다.
공액 상점은 식 (2.1)로부터 거울면 반대쪽에 물점-정점과 정점-상점까지의 거리가 같다. 그림 (2.4b)와 같이 물체 거리 d_i와 이에 대한 공액 상 거리 d_i'의 크기는 모두 같다. 따라서 확대된 물체의 각각의 물점에 대한 공액 상점을 찾으면 평면 거울에 의해 맺힌 물체의 모양과 크기를 알 수 있다. 물체 거리와 상 거리가 같기 때문에 상의 크기는 물체의 크기와 같다. 상의 크기와 물체 크기의 비를 배율이라고 하는데, 평면 거울에 의한 상의 배율은 1이다.

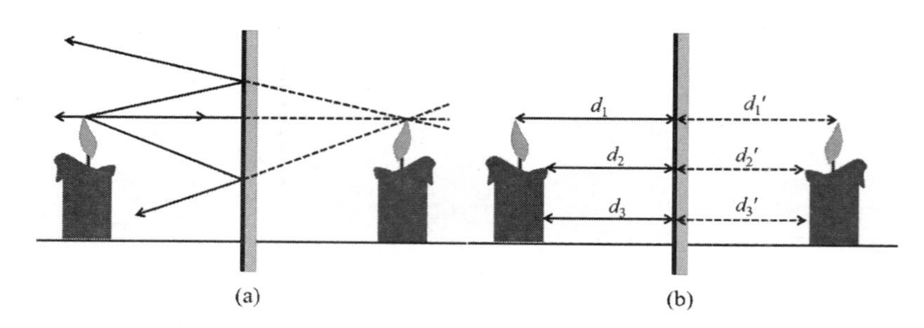

그림 2.4 비축 물점에 대한 상 (a) 공액 상점 (b) 물체 거리, 상 거리

2.1.3 상의 이동

평면 거울에 의해 맺힌 상은 그림 (2.4b)와 같이 물체 거리와 상 거리가 같다. 물체가 움직일 때에도, 매 순간 물체 거리와 상 거리는 같다. 만일 물체가 일정 거리만큼 평면 거울에서 멀어지거나 가까워 지면, 상은 같은 거리로 멀어지거나 가까워진다. 그러므로 물체의 위치가 변하면, 물체와 상 사이 거리는 움직인 거리의 2배이다. 즉 물체가 평면 거울로부터 d_2만큼 멀어지면, 물체와 상 사이 거리는 $2d_2$만큼 멀어진다. 반면에 물체가 평면 거울에 d_2만큼 가까워지면 물체와 상 사이 거리는 $2d_2$만큼 가까워진다.

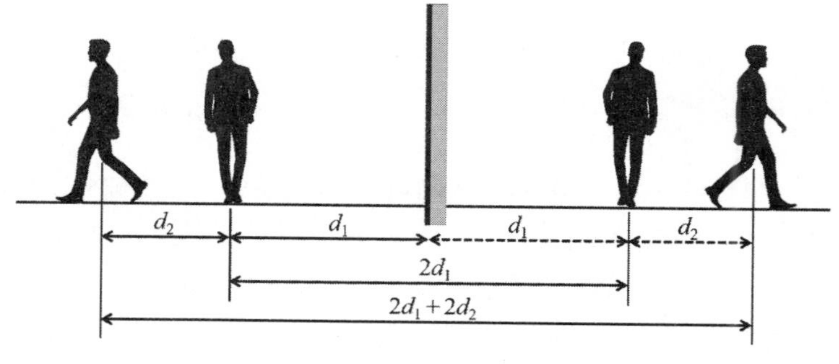

그림 2.5 평면 거울로부터 움직이는 물체

거리는 움직이는 속도에 비례하므로, 물체가 평면 거울로부터 속도 v로 움직이면 물체에 대한 상의 상대 속도는 $2v$가 된다. 즉, 움직이는 물체와 상 사이에는 2배 속도로 변한다.

2.1.4 거울의 회전

그림 (2.6)은 평면 거울의 회전에 따른 반사 광선의 회전각을 보여준다. 거울이 각 θ로 기울어지면, 법선도 θ만큼 회전한다. 따라서 입사각과 반사각이 각각 θ만큼 증가한다. 결과적으로 그림 (2.6b)와 같이 거울 회전 후 반사 광선(실선)은 이전 반사 광선(점선)에 비하여 2θ 회전한다. 즉 반사 광선의 회전각은 거울 회전각의 2배이다.

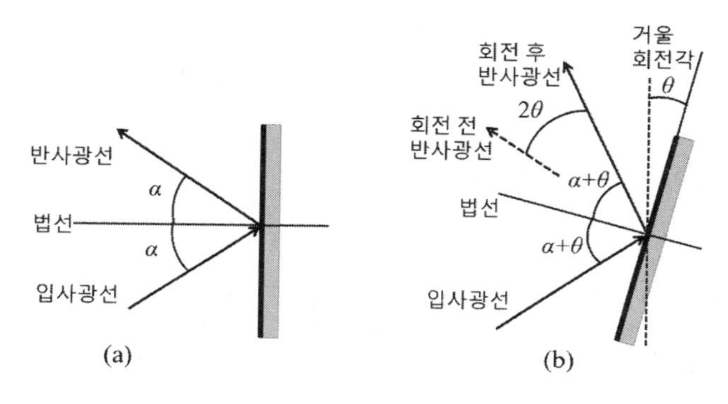

그림 2.6 평면 거울의 회전에 따른 반사각 변화

2.1.5 전신 거울

거울의 크기에 따라 그 거울을 통해 볼 수 있는 영역이 제한된다. 즉 평면 거울이 크면 넓은 영역을 비춰볼 수 있다. 사람의 전신을 비출 수 있는 평면 거울의 최소 크기는 신체 크기의 몇 배일가?

그림 (2.7)은 전신 거울의 최소 크기를 나타낸다. 눈을 중심으로 신체를 윗부분과 아랫부분으로 구분하면, 위로는 눈과 머리 정수리의 중심을 지나는 수평선이 거울면과 만나는 점이 거울이 위쪽 끝이다. 아래로는 눈과 발 끝의 중심을 지나는 수평선이 거울면과 만나는 점이 거울의 아래 끝이다. 따라서 거울의 크기는 신체의 위쪽과 아래쪽 끝의 중심을 잇는 크기로 전신의 1/2이다.

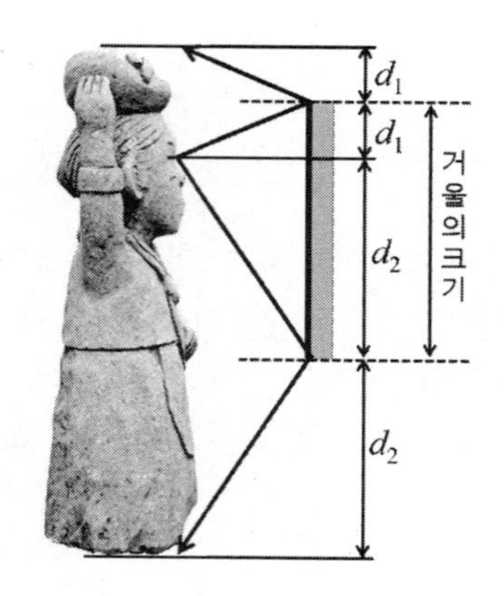

그림 2.7 전신 거울

2.2 상의 반전(Image Inversion)

앞 절에서 평면 거울에 의한 상은 정립상임을 설명하였다. 정립상은 상·하 반전이 일어나지 않는다는 것을 의미한다. 하지만 우리는 거울을 볼 때, 거울에 비친 얼굴은 좌·우가 반전된 것처럼 보인다. 이런 현상은 매우 이상한 결과이다. 왜냐하면, 상·하 반전은 없는데, 좌·우 반전이 발생한다는 것이기 때문이다. 결론적으로 말하면 *상·하 반전이 없을 뿐만 아니라 좌·우 반전도 일어나지 않는다. 다만 앞면과 뒷면이 반전되어 발생하는 착각에 불과하다.*

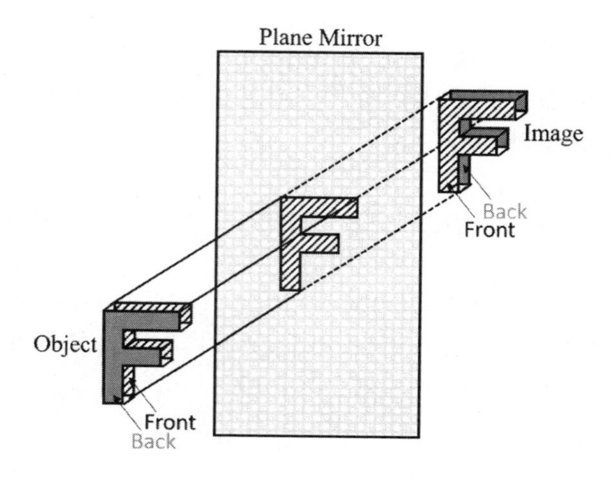

그림 2.8 앞면과 뒷면의 반전

그림 (2.8)은 입체적인 물체의 앞면과 뒷면의 반전을 보여준다. 물체와 상의 전면이 모두 거울을 바라보고 있다. 물체가 사람 얼굴이라면, 사람은 거울 면을 바라보는 반면 거울에 비친 사람은 거울에서 사람을 바라보게 되므로, 거울에 비친 얼굴은 오른쪽 눈과 왼쪽 눈이 반전된 것으로 착각하는 것이다. 얼굴은 좌·우가 대칭이기 때문에 이런 착각을 일으킨다. 만일 그림 (2.8)과 같이 좌·우가 비대칭인 물체를 비춰보면 좌·우 반전이 없음을 확인 할 수 있다.

2.3 입자설과 파동설에 의한 반사(Reflection Theory)

1장에서 설명한 바와 같이 오랜 기간 빛의 입자성과 파동성에 대한 논쟁이 있었다. 입자성과 파동성을 주장하는 과학자들은 자신의 주장을 뒷받침하기 위하여 각자의 방식으로 광학적 현상을 설명하고자 하였다.

2.3.1 뉴턴의 입사설에 따른 반사

잘 알려진 바와 같이 뉴턴은 입자의 운동 법칙을 체계화하였다. 그것이 바로 뉴턴의 제1, 2, 3 운동 법칙이다. 제3 법칙은 작용과 반작용 법칙이다. 뉴턴은 빛의 입자설을 주장한 대표적인 과학자이다. 뉴턴은 작용과 반작용 법칙을 적용하여 빛의 반사 법칙을 설명하였다.

그림 2.7은 빛의 입사설을 이용한 반사의 법칙을 설명한 것이다. 빛이 입자라면 빛은 운동량을 갖는 빛 알갱이 (또는 광자)로 취급할 수 있다. 빛 알갱이가 거울 표면으로 속력 v로 입사 한다. 속도는 벡터이기 때문에 방향과 크기를 가지므로, 크기는 v이고 방향은 그림에서와같이 법선 N과 각 θ를 이루는 방향이다. 빛 알갱이의 속도를 법선 방향 성분 v_N과 접선 방향 성분 v_T로 분해할 수 있다. 마찬가지로 반사되는 빛 알갱의 속도 역시 법선 방향 성분 v'_N과 접선 방향 성분 v'_T로 분해할 수 있다.

빛 알갱이가 거울 표면과 충돌 할 때, 빛 알갱이는 거울 표면에 법선 방향으로 충격을 가한다. 작용과 반작용 법칙에 의하여 거울 표면은 똑같은 크기의 충격량으로 빛 알갱이를 밀친다. 따라서 빛 알갱이의 법선 방향 속력은 보존된다. 즉 $v'_N = v_N$이고 방향만 바뀌어서 v'_N은 왼쪽 방향이다. 접선 방향으로는 아무런 작용이 없으므로 크기와 방향이 보존된다. 즉 $v'_T = v_T$이고 방향은 충돌 전과 같은 위쪽 방향이다.

속력 성분 관계 $v'_N = v_N$와 $v'_T = v_T$으로부터, 그림 (2.9)의 음영 처리된 두 삼각형은 서로 합동이다. 따라서 충돌 전·후의 속도 벡터와 법선 사이의 각은 같다. 즉 $\theta' = \theta$이다. θ와 θ'은 각각 입사각과 반사각이다. 입사각과 반사각의 크기가 같으므로 반사 법칙이 성립한다. 이로써 뉴턴은 입사설을 이용하여 반사의 법칙을 설명할 수 있음을 보였다.[1]

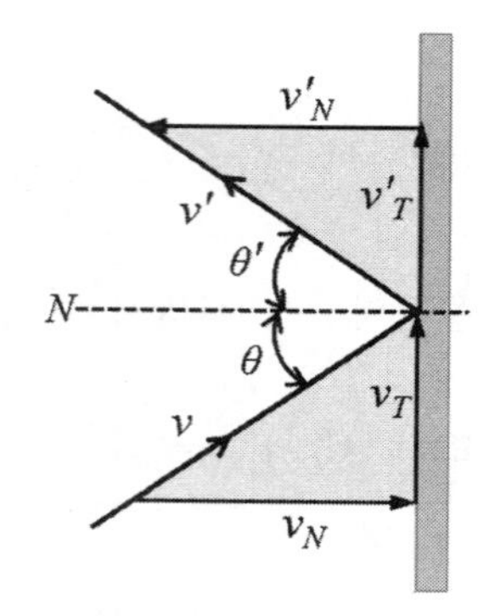

그림 2.9 입사설을 이용한 반사 법칙 유도

2.3.2 호이겐스 파동설에 따른 반사

호이겐스는 빛의 파동설을 주장한 대표적인 과학자이다. 파동의 중요한 성질에 대하여는 물리 광학에서 다루므로 여기서는 자세한 설명 없이 파동설을 이용한 반사 법칙의 증명에 집중하기로 하자.

그림 (2.10a)는 세 개의 광선 1, 2, 3이 거울면에 반사되는 것을 나타낸다.[2] 가장 먼저 광선 1이 거울면에서 반사되고, 2번과 3번 광선이 순차적으로 반사된다. 광선에 수직선 $\overline{A_1A_3}$와 $\overline{B_1B_3}$는 모두 파면을 나타낸다.[3]

1) 뉴턴은 빛의 입사설로 반사 법칙을 설명할 수 있었지만, 스넬의 법칙으로 알려진 굴절 법칙을 설명하는 데는 실패하였다. 따라서 빛은 입자설로는 설명할 수 없는 형상을 나타내므로 입자설은 한계가 있음을 입증한 것이기도 하다.
2) 광선은 빛 파동이 지나가는 경로를 선으로 표시한 것이다.
3) 파동은 물리량 (예컨대, 압력, 밀도, 세기 등)이 주기적으로 변하면서 (또는 진동하면서)

파면은 항상 모든 광선에 수직하다. 그리고 파면과 파면 사이를 진행하는 시간이 모두 동일하다. 만일 파동인 지나가는 공간이 균일한 매질이라면, 파면과 파면 사이 거리 역시 모두 동일하다. 즉 거리 $\overline{A_3B_1}$와 $\overline{A_1B_3}$는 같다.

그림 (2.10b)에서 두 직각 삼각형 $\triangle B_1A_3A_1$과 $\triangle B_1B_3A_1$의 빗면을 공유한다. 그리고 각 $\angle B_1A_3A_1$과 $\angle B_1B_3A_1$는 직각이므로 두 삼각형은 합동이다. 따라서 각 $\angle A_3B_1A_1$과 $\angle B_3A_1B_1$은 같아야 한다. 그러므로

$$90^\circ - \theta = 90^\circ - \theta' \rightarrow \quad \theta' = \theta \tag{2.2}$$

이다. 따라서 반사 법칙이 만족 된다. 이로써 빛의 파동성과 연관된 파면을 이용하여 반사 법칙을 유도하였다.

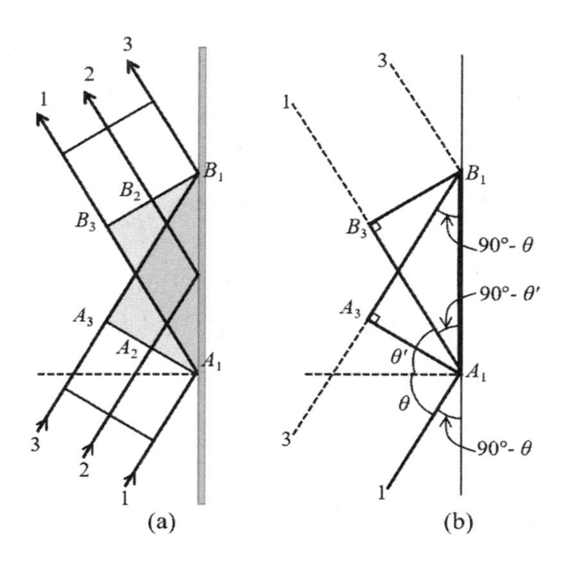

그림 2.10 파동설을 이용한 반사 법칙 유도

주변으로 퍼져 나가는 것을 의미한다. 파면이란 주기적으로 변하는 값을 사인(sine) 함수 또는 코사인(cosine) 함수로 표시할 때, 각에 해당하는 위상이 같은 점을 이은 면 (2차원적으로는 선)이다.

2.4 평면 거울의 조합(Combination of Flat Mirrors)

평면 거울은 물체와 크기가 같은 하나의 정립 허상을 만든다. 만일 평면 거울 두 개 또는 여러 개의 조합에 의한 상은, 거울들의 구조나 거울 사이 각에 따라 상의 위치와 개 수가 달라진다.

2.4.1 경사진 두 개의 거울에 의한 꺽임각

그림 (2.11)과 같이 두 개의 평면 거울이 경사를 이루며 한쪽 끝이 맞닿아 있는 경우를 고려해 보자.[4] 하나의 광선이 경사진 거울에 입사하면, 광선은 각각의 거울에 의해 한 번씩 반사된 후 출사된다. 이 경우, 입사 광선과 출사 광선이 이루는 꺽임각은 두 거울의 경사각에 의존한다. 두 거울의 경사각이 γ인 경우, 첫 번째 거울과 두 번째 거을에 대한 반사의 법칙은 각각

$$\alpha_1 = \alpha_1{}', \quad \alpha_2 = \alpha_2{}' \tag{2.3}$$

이 된다. 입사 광선과 반사 광선들이 만든 삼각형 $\triangle$ABC에서, 입사 광선에 대한 출사 광선의 꺽임각은 삼각형의 외각이므로 두 내각의 합과 같아서

$$\delta = 2\alpha_1 + 2\alpha_2 \tag{2.4}$$

이고, 삼각형 $\triangle$ASB의 내각의 합이 180°이므로

$$(90^\circ - \alpha_1) + (90^\circ - \alpha_2) + \gamma = 180^\circ \tag{2.5}$$

따라서 경사각 γ는

$$\gamma = \alpha_1 + \alpha_2 \tag{2.6}$$

이므로

$$\delta = 2\gamma. \tag{2.7}$$

---

4) 여기서 다루는 모든 각은 (+, -) 부호 없이 크기만을 다룬다

따라서 두 개의 경사진 거울에 의한 꺾임각 δ은 입사 광선의 입사각에 관계없이 항상 경사각 γ의 2배이다.

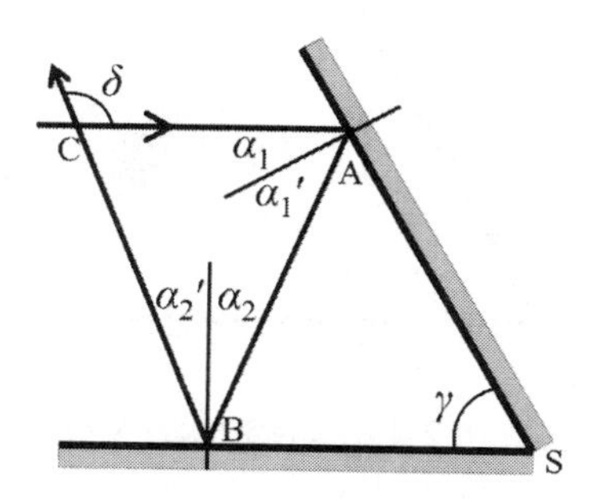

그림 2.11 두 개의 경사진 거울에 의한 꺾임각

2.4.2 경사진 두 개의 거울에 의한 상

한쪽 끝이 맞닿아 있고 경사를 이루는 두 개의 거울 사이에 물체가 놓이면, 경사각 및 물체의 위치에 따라 상의 위치 및 상의 개수가 달라진다. 그림 (2.12)에서 두 거울의 경사각이 c이고, 물체로부터 두 거울 표면까지의 각을 각각 a, b라 하면

$$c = a + b \tag{2.8}$$

이다. 그림 (2.13)에서와 같이 첫 번째 거울에 의해 물체가 상이 맺히면, 그 상은 두 번째 거울의 물체가 되어 또 다른 상을 맺는다. 이 과정에서 연속으로 생성된 상의 무리를 J-시리즈 상이라고 한다. 역으로 두 번째 거울에 의해 물체의 상이 맺히면, 그 상은 첫 번째 거울의 물체가 되어 상을 맺는다. 이 과정에서 생성된 상의 무리를 K-시리즈 상이라고 하자. J-시리즈 상의 수 α와 K-시리즈 상의 수 β는 각각

$$\alpha = \left[\frac{180^\circ - a}{c}\right], \quad \beta = \left[\frac{180^\circ - b}{c}\right] \tag{2.9}$$

여기서 대괄호는 괄호 안의 소수보다 큰 최소 정수임을 의미한다. 만일 괄호 안의

수가 정수라면 그 자신이 된다.

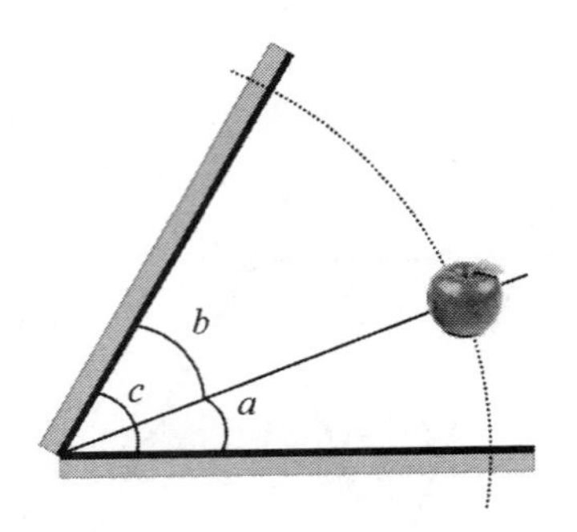

그림 2.12 두 개의 경사진 거울에 의한 상

두 개의 경사진 거울에 의한 상의 수는 J-상의 수 α와 K-상의 수 β의 합 $\alpha+\beta$이다. 만일 $180^\circ/c$가 정수이면, J의 마지막 상과 K의 마지막 상이 겹쳐서 최종 상의 수는 $(\alpha+\beta-1)$이다. 특히 두 거울이 마주 보고 있는 경우에는 경사각은 $c=0$이므로, J-상의 수 α와 K-상의 수 β 모두 무한대가 된다. 즉 마주 보고 있는 두 거울에 의한 상의 수는 무한대이다. 아파트 엘리베이터 내부의 서로 마주 보는 면에 설치된 거울을 보면 무한히 많은 내가 서 있는 것을 확인할 수 있다.

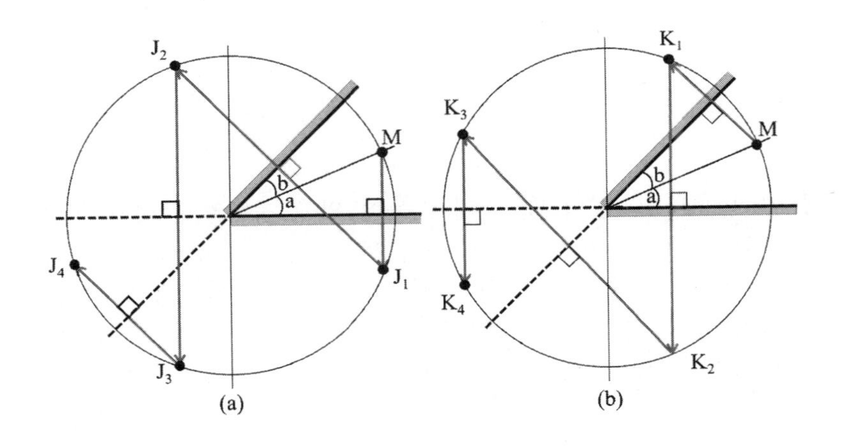

그림 2.13 두 개의 경사진 거울에 의한 상 (a) J-상 시리즈 (b) K-상 시리즈

[예제 2.4.1]

$\left[\frac{180}{55}\right]$의 값은? 또 $\left[\frac{180}{60}\right]$의 값은?

풀이: 대괄호 규칙을 적용하여 계산한다.

$$\left[\frac{180}{55}\right] = [3.27] = 4, \qquad \left[\frac{180}{60}\right] = [3.00] = 3$$

[예제 2.4.2]
두 거울의 사잇각이 60° 이고, 작은 공이 첫 번째 거울로부터 20° 위치에 있다. 전체 상의 개수는 몇 개인가?

풀이: J-시리즈, K-시리즈 상의 개수 식 (2.9)를 적용하여 계산한다.

$$\alpha = \left[\frac{180-20}{60}\right] = [2.67] = 3$$

$$\beta = \left[\frac{180-(60-20)}{60}\right] = [2.33] = 3$$

(180° /60°)가 정수이므로, 상의 수는

$$\alpha + \beta - 1 = 3 + 3 - 1 = 5$$

요약

2.1 반사 법칙

입사각과 반사각이 같다

반사 법칙은 각각의 점에서 정의되기 때문에 반사면의 상태에 상관없이 항상 만족된다.

평면 거울의 물체거리와 상거리가 같다.

물체가 평면 거울로부터 이동하면 물체-상 거리 거리는 2배이다.

반사 광선의 회전각은 거울 회전각의 2배이다.

전신 거울의 크기는 물체 크기의 1/2이다.

2.2 평면 거울에 의한 상은 앞·뒤 반전이 있지만, 좌·우, 상·하 반전은 없다.

2.4 두 개의 평면 거울로 이루어진 광학계의 경우 입사 광선에 대한 출사 광선의 꺽임각은 두 거울 사잇각의 2배이다.

두 개의 평면 거울에 의한 상의 개수는 $\left[\frac{180^{\circ}-a}{c}\right]+\left[\frac{180^{\circ}-b}{c}\right]$

$180^{\circ}/c$가 정수이면 $\left[\frac{180^{\circ}-a}{c}\right]+\left[\frac{180^{\circ}-b}{c}\right]-1$

연습 문제

2-1. 평면 거울이 수평면에서부터 20° 기울어져 있다. 수직 아래 방향으로 이동하는 평행 광선이 거울 면에 입사한다. 이때 (a) 입사각은? (b) 반사 광선과 거울 면 사이의 각은? (예각으로 답하시오.)
답] (a) 20° (b) 70°

2-2. 첫 번째 평면 거울이 수평 방향으로 놓여 있고, 두 번째 평면 거울은 수평면에 대하여 두 거울이 서로 20° 기울어져 있다. 두 거울은 오른쪽 끝이 맞닿아 있다. 광선이 왼쪽에서 오른쪽 방향으로 첫 번째 거울과 평행하게 입사한다. 광선이 두 번 반사한 후 반사각은?
답] 50°

2-3. 한 쪽 끝이 맞닿아 있고, 사잇각이 60° 인 두 거울이 있다. 점 물체가 한 거울로부터 10° 위치에 있다. 상의 수는?
답] 5개

2-4. 사잇각이 60° 인 두 개의 거울이 놓여있다. 다음 물음에 답하여라.

(a) 여섯 개의 상이 생기는 각의 범위는?
답] 없음

(b) $a = 20°$ 일 때, J_2 상이 보이도록 물체로부터 눈까지의 광선 경로를 작도하여라. (눈의 위치는 각이 40° 인 점에 있다.)
답] 해답 참고

CHAPTER

03

평면에 의한 굴절(Refraction by Plane)

사람 눈의 동공 지름은 3~5 mm 정도로 작아서 눈으로 입사하는 빛 중 일부만 동공을 통과하고 망막까지 도달하여 상을 맺는 데 기여 한다. 예를 들어, 눈으로부터 50 cm 앞에 있는 책에 쓰여진 글자를 읽는 경우를 고려해 보자. 글자에서 산란되어 눈으로 입사하는 빛 중에서 수평 방향에서 대략 0.23° ($=\arctan(2/500)$) 이내에 있는 빛만이 동공을 통과할 수 있다(동공의 직경을 4 mm로 가정했을 때). 즉, 수평선을 광축이라고 하는데, 광축에 가까이 붙어서 입사하는 빛만 동공을 통과할 수 있고, 광축으로부터 각이 조금만 빗나가도 망막까지 도달할 수 없다. 이렇게 광축에 가까운 영역을 지나는 광선을 **근축 광선**이라고 한다. 우리는 한동안 근축 광선만을 다룬다.

3.1 굴절률(Refractive Index)

빛이 공간을 전파해 갈 때, 매질의 특성에 따라 속력이 저하되기도 하고 매질 내에서 흡수와 산란에 의해 세기가 약해지거나 매질의 경계면에서 굴절과 반사된다. 흡수와 산란은 다소 복잡한 현상이어서 기하 광학에서는 다루지 않는다.

3.1.1 절대 굴절률

기하 광학에서 가장 빈번하게 사용되는 매질의 광학 특성은 굴절률이다. 굴절률은 해당 매질 내에서 빛의 속력과 진공 내에서의 속력 비로 정의된다. 굴절률이 서로 다른 매질의 경계면에서 스넬의 법칙으로 굴절각을 결정할 수 있다. 굴절률은

$$n=\frac{c}{v} \tag{3.1}$$

으로 정의된다. n은 해당 매질의 굴절률이고, c는 진공 중에서 빛의 속력으로 변하지 않는 값 $c=299{,}792{,}458\ m/s$인데 단순화하여 $3.0\times10^{8}\ m/s$ 값을 사용 한다.

v는 해당 매질 내에서 빛의 전파 속력이다. 위 관계식에 의하여 주어진 매질에서 빛의 전파 속력을 알면 그 매질의 굴절률을 도출할 수 있고, 반대로 매질의 굴절률을 알면 그 매질 내에서 빛의 전파 속력을 알 수 있다.

매질 내 빛의 전파 속력 v는 c보다 작은 값으로 굴절률은

$$n \geq 1 \tag{3.2}$$

이다. 따라서 굴절률은 1보다 작은 값을 가질 수 없다. 다만, 진공 상태에 대해서는 $v=c$이고 진공의 굴절률은 1이다.

물질	절대 굴절률 ($\lambda=589\ nm$)
진공	1.000
공기	1.0003
얼음	1.310
물	1.333
다이아몬드	2.419
BK7 유리	1.517
아크릴	1.490

* 공기의 굴절률은 일반적으로 근삿값 1을 사용함
* 굴절률은 빛의 파장에 따라 값이 다름
* 별도의 언급이 없으면 파장 589 nm에 대한 값을 의미함

3.1.2 상대 굴절률

앞에서 정의된 굴절률을 **절대 굴절률**이라고 한다. 절대 굴절률은 진공의 굴절률 1을 기준으로 정의된 값이다. 진공이 아닌 매질을 기준으로 정의된 굴절률을 **상대 굴절률**이라 한다. 상대 굴절률은 서로 다른 매질이 맞닿아 있을 때, 굴절률 비로 정의된다. 예를 들어 BK7 유리($n=1.517$)가 물($n=1.333$)속에 놓여 있을 때, 물에 대한 BK7 유리의 상대 굴절률은 1.138 (=1.517/1.33)이다.

서로 다른 매질의 경계면에서, 상대 굴절률에 의하여 굴절각이 결정된다. 예를 들어, 입사 매질의 굴절률과 입사각이 각각 n_a, θ_a이고 굴절 매질의 굴절률이 n_b일 때, 스넬의 법칙

$$n_a \sin\theta_a = n_b \sin\theta_b \tag{3.3}$$

으로부터 굴절각 θ_b는

$$\theta_b = \arcsin(\frac{n_a}{n_b}\sin\theta_a) = \arcsin(n_{ba}\sin\theta_a) \tag{3.4}$$

이다. 여기서 ($n_{ba} = n_a/n_b$)가 굴절 매질의 굴절률 n_b에 대한 입사 매질의 굴절률 n_a의 상대 굴절률이다.

[예제 3.1.1]
사람 눈의 수정체 핵의 굴절률은 $n_C = 1.406$이고 수정체 주변 방수의 굴절률은 $n_A = 1.336$이다. 수정체와 방수의 절대 굴절률은 각각 얼마인가? 또 방수에 대한 수정체의 상대 굴절률은 얼마인가?

풀이: 절대 굴절률은 일반적으로 사용하는 값으로 진공($n = 1.000$)에 대한 상대 굴절률이다. 즉, $n_C = 1.406$, $n_A = 1.336$

방수에 대한 수정체 핵의 상대 굴절률은

$$n_{AC} = \frac{n_C}{n_A} = \frac{1.406}{1.336} = 1.052$$

이다.

3.2 부호 규약(Sign Convention)

물체가 선명하게 보이기 위해서는 상이 맺히는 위치, 상의 크기를 포함한 상의 특징이 중요하게 작용한다. 각막과 수정체로 이루어진 눈, 렌즈 등의 광학계에 의하여 맺히는 상의 특징은 이론적으로 명확하게 분석할 수 있다. 이를 위하여 광학계에 대한 **결상 방정식**을 이용한다. 결상 방정식에 물체와 광학계에 대한 정보를 수치화하여 대입하면 상에 대한 정보를 얻게 된다. 수치화된 값을 정의할 때에는 모종의 약속이 필요한데, 이는 수식으로부터 얻어지는 결과를 명확하게 판단하기 위함이다. 이것을 **부호 규약**이라고 한다.

부호 규약은 기본 가정과 각도에 대한 약속, 그리고 거리에 대한 약속으로 구성되어 있다. 빛은 왼쪽에서 오른쪽으로 진행한다고 가정한다. 이에 따라 거리의 부호를 약속할 수 있다. 빛이 진행하는 방향 즉, 오른쪽 방향으로 측정된 거리는 양(+)이고 왼쪽으로 측정된 거리는 음(-)이다. 또한, 상하 거리에 대한 부호는 광축으로부터 위쪽으로 측정된 거리는 (+)이고 아래쪽으로 측정된 거리는 음(-)이다.

각에 대하여는, 기준이 되는 광축 또는 법선으로부터 반시계 방향으로 측정된 각은 양(+)이고, 시계 방향으로 측정된 각은 음(-)이다. 그리고 모든 각은 예각으로 정의된다.

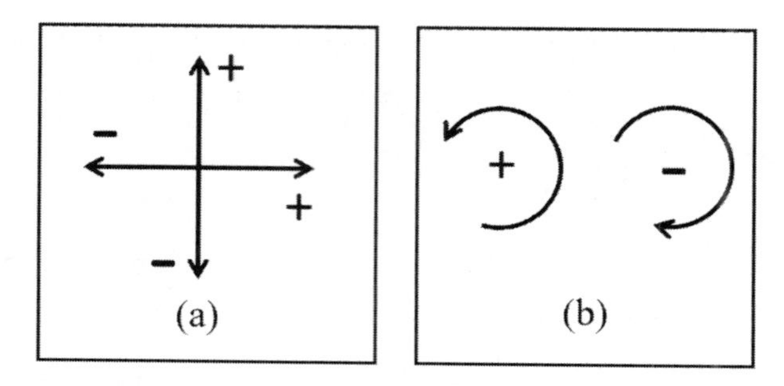

그림 3.1 그림 3.1 부호 규약 (a) 거리 (b) 각

그림 (3.1)에서와 같이 부호 규약을 요약하면 다음과 같다.

기본 가정

1. 빛이 처음 출발할 때에는 왼쪽에서 오른쪽으로 진행

거리

2. 오른쪽으로 측정된 거리는 양(+)
3. 왼쪽으로 측정된 거리는 음(-)
4. 위쪽으로 측정된 거리는 양(+)
5. 아래쪽으로 측정된 거리는 음(-)

각

6. 모든 각은 예각
7. 반시계 방향으로 측정된 각은 양(+), 시계 방향으로 측정된 각은 음(-)

[예제 3.2.1]

그림 (3.2)에 있는 각 θ_1, θ_2와 거리 s, s'에 대한 부호는?

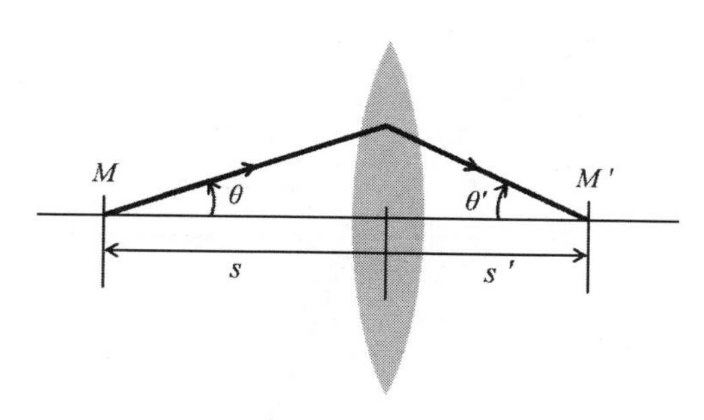

그림 3.2 각과 거리에 대한 부호

풀이: 각과 거리에 대한 부호는 각각

$\theta > 0, \quad \theta' < 0, \; s < 0, \quad s' > 0$

3.3 페르마의 원리(Fermat's Principle)

페르마의 원리는 ``*빛이 한 점에서 다른 점으로 이동할 때, 시간이 가장 적게 드는 경로로 진행 한다*''는 것이다. 페르마의 원리로부터 스넬의 법칙을 유도할 수 있다.

그림 (3.3)에서 점 A에서 출발한 광선이 점 O를 거쳐 점 B에 도달할 때까지 소요되는 시간을 t라 할 때

$$t = \frac{AO}{v_1} + \frac{OB}{v_2} = \frac{\sqrt{a^2 + x^2}}{v_1} + \frac{\sqrt{b^2 + (y-x)^2}}{v_2} \tag{3.5}$$

여기서 v_1은 입사 매질에서의 전파 속력으로 c/n_1이고, v_2는 굴절 매질에서의 전파 속력으로 c/n_2이다. $x = 0$이면 점 A에서 수직으로 경계면까지 곧장 내려가다가 경계면에서 굴절되어 점 B로 향한다. 이때 입사각 $\theta_1 = 0$이다. x 값이 커지면 입사각이 증가하고, $x = y$이면 굴절각은 $\theta_2 = 0$이다. x가 변함에 따라 입사각과 굴절각, 그리고 이동 시간 t도 같이 변하는데, 그림 (3.3) 내의 작은 그래프는 x 변화에 따른 소요 시간을 나타낸다. 소요 시간이 최저 $t_{\min}$이 되도록 하는 x를 구할 수 있다.

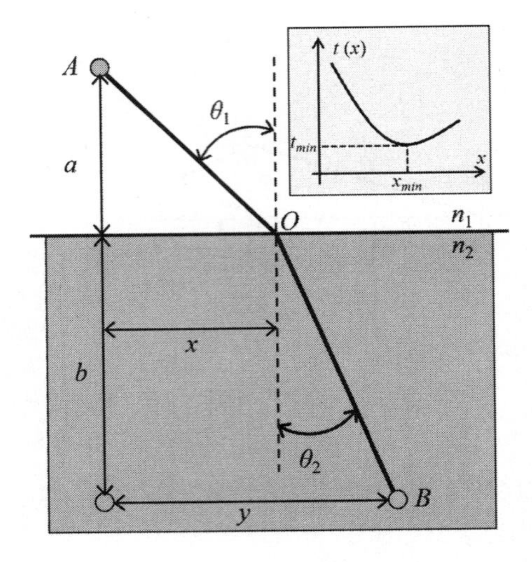

그림 3.3 페르마 원리

최소 시간 조건을 만족하는 경로를 찾기 위하여, 시간 (t)를 이동 거리 (x)로 미분하면

$$\frac{dt}{dx} = \frac{x}{v_1\sqrt{a^2+x^2}} - \frac{y-x}{v_2\sqrt{b^2+(y-x)^2}} = 0 \tag{3.6}$$

이를 사인(sine) 함수로 다시 쓰면

$$\frac{dt}{dx} = \frac{\sin\theta_1}{v_1} - \frac{\sin\theta_2}{v_2} = 0 \tag{3.7}$$

위 식으로부터

$$v_2\sin\theta_1 = v_1\sin\theta_2 \tag{3.8}$$

이 되고, 굴절률 정의($v = c/n$)를 이용하여 속력을 굴절률로 바꾸고, 각 항에서 상수 c를 나누면 **스넬의 법칙**을 얻을 수 있다.

$$n_1\sin\theta_1 = n_2\sin\theta_2 \tag{3.9}$$

여기서 두 매질의 굴절률 n_1과 n_2가 같으면 하나의 매질로 굴절 없이 진행한다.

즉 $\theta_1 = \theta_2$이다. 하지만 두 굴절률이 같지 않으면 두 각, 즉 입사각 θ_1과 θ_2가 서로 같지 않다. 만일 소한 매질에서 밀한 매질로 입사하여 굴절되는 경우 $(n_1 < n_2)$, 식 (3.9)의 등식이 성립되기 위해서는 $\theta_1 > \theta_2$이어야 한다. 즉 굴절 광선은 법선에 가까워지는 방향으로 꺾인다. 반면 밀한 매질에서 소한 매질로 입사하는 경우 $(n_1 > n_2)$, 굴절 광선은 법선에서 멀어지는 방향으로 꺾여서 $\theta_2 > \theta_1$이 된다.

페르마의 원리에 의해 빛은 시간이 가장 적게 드는 경로를 따라 진행한다. 일반적으로 시간이 가장 적게 드는 경로는 기하학적으로 가장 짧은 경로와는 다르다. 물론 균일한 매질 (굴절률이 일정한 매질)에서 빛이 이동할 때는 기하학적으로 가장 짧은 거리가 곧 시간이 가장 적게 드는 경로이다. 하지만 굴절되어 서로 다른 매질을 통과하는 경우 시간이 가장 짧은 경로와 기하학적으로 가장 짧은 거리는 같지 않다.

의미상 빛이 지나가는 가장 짧은 시간적, 기하학적 경로를 일치시킬 수 있는 것이 광학적 거리 (또는 광경로)이다. 시간이 가장 적게 드는 경로는 광경로(OPL: Optical Path Length)가 가장 짧은 경로와 같은 의미를 갖는다. 광경로는 기학학적 거리(d)와 매질의 굴절률(n)의 곱으로 정의된다. 그림 (3.4)의 광경로는

$$OPL = n_1 d_1 + n_2 d_2 + n_3 d_3 + \cdots = \sum_i n_i d_i \tag{3.10}$$

빛이 매질을 지날 때, 매질의 굴절률이 크면 그 매질에서 속력 저하가 심해져서 매질을 지나는 소요 시간이 커진다. 따라서 광경로는 기학적 거리와 더불어 굴절률 효과를 포함시킨 것이다. 빛이 매질을 지날 때, 소요 시간은

$$t = \sum_i \frac{d_i}{v_i} = \sum_i \frac{d_i}{c/n_i} = \frac{1}{c} \sum_i n_i d_i = \frac{1}{c} OPL \tag{3.11}$$

c는 변하지 않는 상수이기 때문에 소요 시간 t는 광경로 OPL에 비례하고, 시간이 가장 적게 드는 경로는 곧 광경로가 가장 짧은 경로를 의미한다.

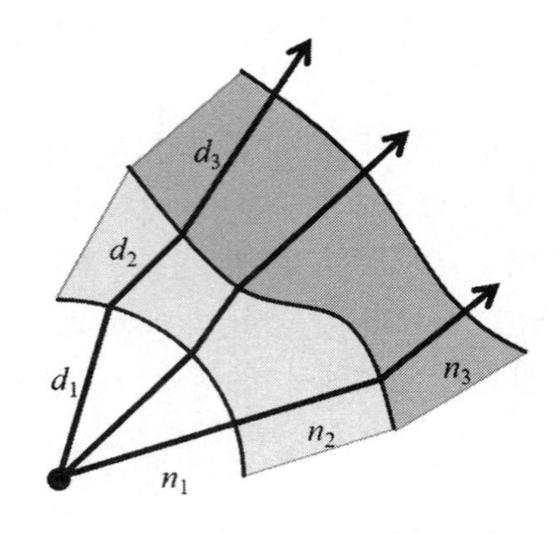

그림 3.4 광경로

[예제 3.3.1]
빛이 공기에서 물로 입사하여 굴절된다. 공기의 굴절률은 1, 입사각은 45° 이고 물의 굴절률은 1.33일 때, 굴절각을 구하시오.

풀이: 스넬의 법칙을 이용하여

$$1.00 \cdot \sin 45^\circ = 1.33 \cdot \sin\theta'$$
$$\theta' = \arcsin\left(\frac{1.00}{1.33}\sin 45^\circ\right) = 32.12^\circ$$

[예제 3.3.2]
빛이 공기 중($n = 1.00$)에서 50 cm를 이동하고, 굴절률이 1.52인 유리에서 30 cm를 이동하였다. 빛의 (a) 기하학적 거리와 (b) 광경로를 구하시오.

풀이: 기하학적 거리

$$d = 50 + 30 = 80 \ cm$$

광경로

$$OPL = 1 \times 50 + 1.52 \times 30 = 95.6 \ cm$$

3.4 평면에 의한 굴절(Refraction by Plane)

그림 (3.5)는 평면에 입사하는 평행 광선과 이에 대한 파면이다. 파면은 광선과 항상 수직이므로 평행 광선에 대한 파면도 역시 평행하다. 파면과 파면 사이 간격은 파장이다. 그림 (3.5)에서 평행 광선이 공간을 전파하다가 굴절률이 다른 매질의 경계면에 도달하면 굴절된다. 이 현상은 파면의 변화로 설명할 수 있다. 다른 매질 내에서는 파장이 변한다. 글절률이 큰 매질에서는 전파 속력이 줄어들어 파장도 감소한다. 따라서 파면 사이 간격이 좁혀진다.

새로운 매질에 먼저 도착한 광선은 매질 속으로 전파되는데, 그 부분의 파장이 줄어든다. 아직 새로운 매질에 도달하진 않은 부분은 여전히 이전 파장을 유지한다. 따라서 매질 속을 진행하는 부분과 이전 매질을 전파하는 부분의 파장 차이로 인하여 파면이 꺾인다. 광선은 파장에 수직해야 하므로 매질의 경계면에서 경로가 꺾여야 한다. 이로써 광선의 굴절 현상이 발생한다.

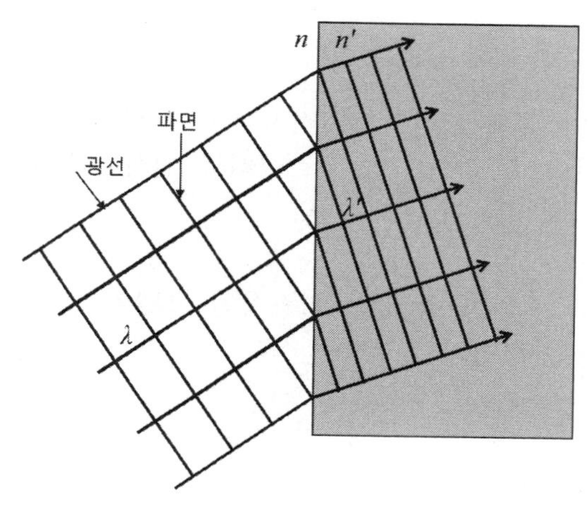

그림 3.5 평면에서의 굴절 광선과 파면

그림 (3.6)은 광축상의 물점(M)에서 빛이 방출되는 것을 광선으로 나타낸 것이다. 입사 광선은 광축에 대하여 θ방향이고, 매질의 경계면의 한 점(광축으로부터 높이 h인 점)에 도달한 후 굴절되어 제2 매질로 전파해 간다. 제1 매질의 굴절률은 n이고 제2 매질의 굴절률은 n'이면, 스넬의 법칙은

$$n\sin\theta = n'\sin\theta' \tag{3.12}$$

이고, 근축 광선은 입사각 θ가 작기 때문에 근축 근사($\sin\theta \approx \theta$)가 적용된 스넬의 법칙

$$n\theta = n'\theta' \tag{3.13}$$

에 의하여 굴절 광선은 수평 방향에 의하여 θ' 방향이다. 굴절 광선은 여전히 광축으로 멀어지는 발산 광선이므로 광축과 교차할 수 없다. 따라서 상점 M'을 찾기 위하여 굴절 광선의 뒷쪽 방향, 즉 제1 매질로 연장선을 긋는다. 연장선이 광축과 만나는 점이 상점이 된다. 굴절률이 $n < n'$인 경우, 각은 $\theta > \theta'$이어서 상점은 물점보다 정점 A에서 왼쪽으로 먼 곳에 맺힌다.

입사 광선과 굴절 광선에 의한 직각 삼각형은 근축 근사를 적용하여

$$\tan\theta \approx \theta = -\frac{h}{s} \tag{3.14}$$

$$\tan\theta' \approx \theta' = -\frac{h}{s'} \tag{3.15}$$

여기서 s와 s'는 각각 물체 거리와 상 거리이고, 정점으로부터 왼쪽에 있기 때문에 부호 규약에 의하여 모두 (-) 값이다. 그리고 입사각과 굴절각은 모두 반시계 방향이어서 부호 규약에 의하여 (+) 값이다.

위 두 식 (3.14)과 (3.15)의 근축 근사가 적용된 스넬의 법칙, 식 (3.13)을 이용하면, 근축 근사가 적용된 평면의 결상 방정식

$$n(-\frac{h}{s}) = n'(-\frac{h}{s'}) \Rightarrow \frac{n}{s} = \frac{n'}{s'} \tag{3.16}$$

을 얻을 수 있다. 이로써 평면에 의한 상 거리 s'는

$$s' = \frac{n'}{n}s \tag{3.17}$$

으로, 상 거리와 물체 거리 크기는 굴절률 비로 결정된다.

평판에 대한 횡배율을 얻기 위하여, 횡배율 정의식[5)]

$$m_\beta = \frac{y'}{y} = \frac{ns'}{n's} \tag{3.18}$$

과, 식 (3.17)을 이용하면 $m_\beta = 1$이 된다. 그러므로 매질의 굴절률에 상관없이 **평면에 대한 횡배율은 항상** 1이다.

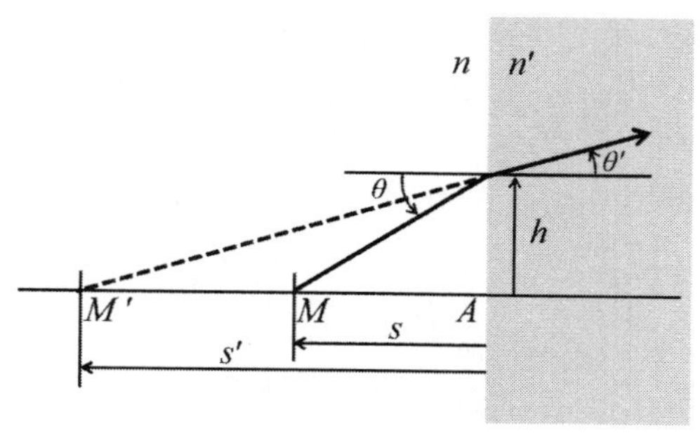

그림 3.6 평면에서의 굴절

[예제 3.4.1]
그림 (3.6)의 굴절률이 $n = 1.00$, $n' = 1.52$이다. 물체가 정점 A로부터 왼쪽 20 cm에 놓여 있다. 상 거리 s'는 얼마인가?

풀이: 식 (3.17)을 이용하여

$$s' = \frac{n'}{n}s = \frac{1.52}{1.00}(-20\ cm) = -30.4\ cm$$

3.4.1 반사 법칙

거울 표면에 입사한 빛은 대부분 되반사된다. 또한, 광 투과율이 높은 안경 렌즈나 투명한 아크릴에 입사하면 대부분의 빛은 투과되지만, 일부는 되반사된다. 굴절된 빛은 굴절률이 다른 매질 속으로 전파해 가지만, 반사된 빛은 원래의 매질 속으로 되돌아온다. 이에 따라 입사 광선이 진행하는 매질의 굴절률과 되반사하여 전파해 가는 매질의 굴절률이 동일하다. 즉 $n' = n$이다.

---

5) 횡배율의 정의와 보다 자세한 내용은 5장 굴절 구면에서 다루기로 한다.

부호 규약을 적용하면 반사된 빛은 방향을 바꾸어 되돌아가기 때문에, 반사된 빛의 굴절률은 (-) 부호를 붙여 $n' = -n$으로 표기한다. 이를 스넬의 법칙에 적용하면

$$n\sin\theta = n'\sin\theta' = -n\sin\theta' \qquad (3.19)$$

$$\theta' = -\theta \qquad (3.20)$$

가 되어 **반사 법칙**을 얻는다. 반사 법칙에 의하여 입사각과 반사각의 크기는 같다. 그리고 (-) 부호는 반사 광선은 입사 광선과 법선을 기준으로 반대편에 존재한다는 것을 의미한다.

3.4.2 내부 전반사

투명한 물체에 입사된 빛의 일부는 반사되고 나머지는 투과된다. 반사율과 투과율은 각각 입사 빛의 세기 대비 반사된 빛의 세기와 투과된 빛의 세기 비율을 말한다. 반사율과 투과율은 빛의 입사각에 따라 달라진다. 거울이 아닌 투명한 물체에 의해서도 입사 빛의 전부가 반사될 수 있는데, 이 현상을 **내부 전반사**(total internal reflection)이라고 한다. 내부 전반사가 일어나기 위한 전제 조건이 필요한데, 입사 매질의 굴절률이 굴절 매질의 굴절률보다 커야 한다는 것이다. 즉, 입사 매질의 굴절률이 (n)이고 굴절 매질의 굴절률을 (n')라고 할 때, 반드시 $n > n'$ 조건이 만족되어야만 한다. 이를 다르게 표현하면 밀한 매질에서 소한 매질로 전파해 갈 때, 내부 전반사가 일어날 수 있다.

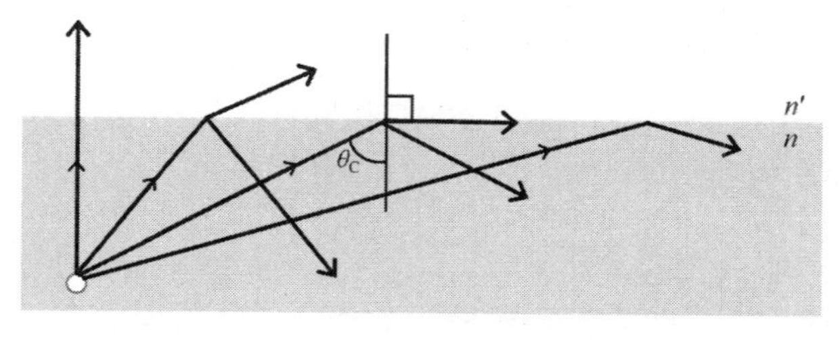

그림 3.7 내부 전반사

그림 (3.7)은 입사각이 다른 여러 광선들에 대한 반사와 굴절을 나타낸 것이다. 스넬의 법칙

$$n\sin\theta = n'\sin\theta' \qquad (3.21)$$

에 의하여 입사각 θ이 커지면 굴절각 θ'가 따라서 커진다. 여기서 $n > n'$이면 $\theta < \theta'$이다. 입사각이 증가하면 굴절각이 점점 증가하다가 $\theta' = 90°$가 되는 순간이 있다. 이 경우, 빛이 굴절 매질로 전파되지 못하고 전체가 입사 매질에 갇히게 된다. 이때의 입사각을 임계각 θ_c라고 한다. 이에 대한 스넬의 법칙은

$$n \sin\theta_c = n' \sin 90° \tag{3.22}$$

여기서 $\sin 90° = 1$이므로

$$\sin\theta_c = \frac{n'}{n} \quad \Rightarrow \quad \theta_c = \arcsin\frac{n'}{n} \tag{3.23}$$

임계각보다 큰 각으로 빛을 입사시키면 빛은 외부로 빠져나가지 않고 전부 내부에 남아있게 된다. 즉, 내부 전반사가 일어난다. 또한, 상대 굴절률 (n'/n)이 작을수록 $(n \gg n')$ 임계각이 작아진다.

내부 전반사 현상은 광학 제품에 많이 활용되는데 대표적인 것이 광섬유이다. 광섬유(optical fiber)는 굴절률이 큰 코어(core)와 코어를 감싸고 있는 클래딩(cladding)으로 구성되어 있다. 코어에 임계각 이상으로 레이저 빛을 입사시키면 손실없이 멀리까지 신호를 전달할 수 있고, 빛을 이용하기 때문에 통신 속도도 향상 시킬 수 있어 현재 통신에 많이 쓰이고 있다.

또한, 보석으로 이용되는 다이아몬드는 전반사가 최대로 일어나는 모양으로 조각된다. 다이아몬드의 굴절률이 매우 커서($n = 2.419$) 임계각이 작다. 따라서 다이아몬드 내부로 들어간 빛은 내부 전반사로 밖으로 빠져나오지 못하고 내부에 갇혀서 영롱하게 반짝거릴 수 있다.

[예제 3.4.2]
안경 렌즈로 쓰이는 크라운 글라스의 굴절률은 1.52이다. 빛이 크라운 글라스에서 공기 중으로 빠져나오려 할 때, 임계각은 얼마인가?

풀이: 임계각 식 (3.23)을 이용하여 계산하면

$$\theta_c = \arcsin\frac{n'}{n} = \arcsin\left(\frac{1}{1.52}\right) = 41.14°$$

[예제 3.4.3]
굴절률이 2.419인 다이아몬드의 임계각은 얼마인가?

풀이: 식 (3.23)을 이용하여 계산하면

$$\theta_c = \arcsin\left(\frac{1}{2.419}\right) = 24.418^\circ$$

임계각이 작아서 다이아몬드 내부에서 밖으로 빠져나오기 더 어려워진다.

3.5 평판에 의한 굴절(Refraction by Flat Plate)

평판은 그림 (3.8)과 같이 두 개의 평면으로 이루어져 있어 빛이 평판을 통과할 때, 두 번의 굴절을 겪는다. 따라서 스넬의 법칙을 두 번 적용하여 최종 상의 위치와 상의 특성을 분석할 수 있다. 두 면이 나란한 경우를 일반적으로 평판이라고 하고, 두 면이 나란하지 않고 비스듬한 경우 프리즘이라고 한다. 프리즘은 두 면이 이루는 꼭지각과 밑면으로 이루어져 있다. 프리즘에 의한 굴절 현상은 다음 절에서 논의하고, 여기에서는 두 면이 나란한 평판에 의한 빛의 굴절 현상을 논의한다.

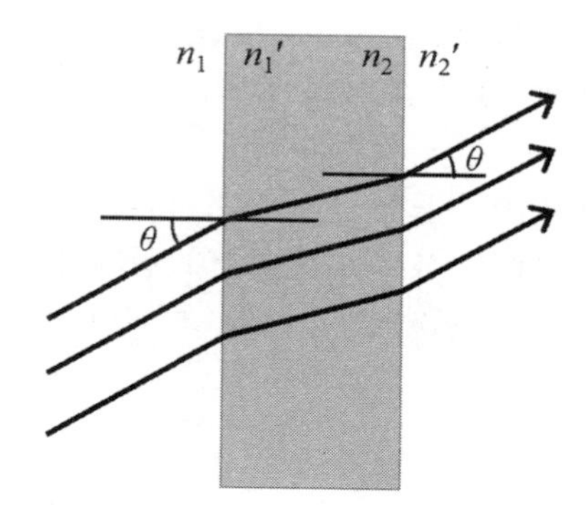

그림 3.8 평판에서의 굴절

3.5.1 빛의 편향

그림 (3.9)와 같이 굴절률이 n_2인 평판이 굴절률이 n_1인 공간에 놓여 있다. 평판에 의한 빛의 굴절로 광선의 편향과 상의 특징을 분석하기 위하여 스넬의 법칙을 연

속으로 적용해야 한다. 제1면에서의 굴절은

$$n_1 \sin\theta_1 = n_1' \sin\theta_1' \qquad (3.24)$$

또 제2면에서의 굴절은

$$n_2 \sin\theta_2 = n_2' \sin\theta_2' \qquad (3.25)$$

여기서 두 면이 평행하므로 $\theta_1' = \theta_2$이고, 그림 (3.8)에 표기된 바와 같이 $n_1' = n_2$이다. 이를 식 (3.24)의 우변에 적용하면

$$n_1 \sin\theta_1 = n_2 \sin\theta_2 \qquad (3.26)$$

가 되어, 식 (3.26)의 우변과 식 (3.25)의 좌변이 일치한다. 따라서

$$n_1 \sin\theta_1 = n_2' \sin\theta_2'. \qquad (3.27)$$

평판의 좌우 매질이 같다면 굴절률은 $n_1 = n_2'$ 이므로 $\theta_1 = \theta_2'$이다. 이는 제1면에 입사하는 광선과 제2면에서 출사하는 광선이 나란하다는 것을 의미한다. 다만 출사 광선은 입사 광선으로부터 일정 거리만큼 편향되는데 이를 **편향 거리**라고 한다.

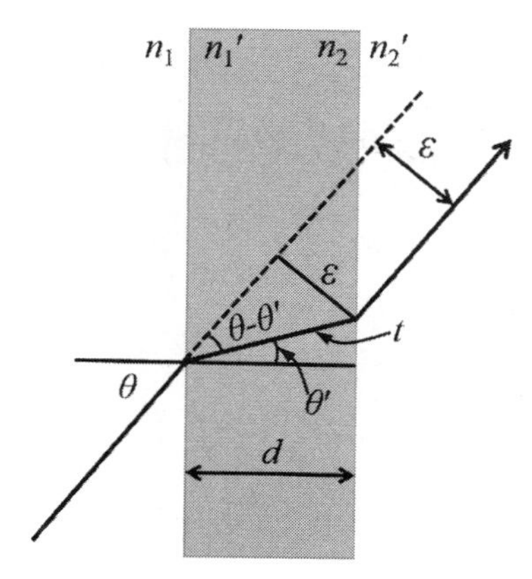

그림 3.9 평판의 편향 거리

그림 (3.9)에서 두께가 d인 평판에 의한 편향 거리 ε은

$$\varepsilon = t\sin(\theta - \theta') \tag{3.28}$$

여기서 t는 사변의 길이로 $t = d/\cos\theta'$이므로, 위 식에 대입하면 편향 거리는

$$\varepsilon = \frac{d\sin(\theta - \theta')}{\cos\theta'}. \tag{3.29}$$

이다. 편향 거리는 평판의 두께와 입사각, 그리고 평판의 굴절률에 의해 결정되는 것을 알 수 있다. 굴절률의 효과는 스넬의 법칙 적용으로 얻어지는 θ'에 내포되어 있다.

곡률이 0인 평면은 광선의 방향만 변화시키고, 나란하게 입사하는 광선들을 모아 주거나 발산시키지 못한다. 평판도 평면으로 구성되어 있기 때문에 그림 (3.7)과 같이 나란하게 입사하는 광선들을 나란하게 방향만 전환 시켜줄 뿐 수렴 또는 발산시키지는 못한다. 이것은 평면은 곡률이 0이기 때문에 굴절력 또한 0이어서 광선들의 버전스를 변화시키지 못하는 것이다. 면에 대한 버전스는 별도로 논의하기로 한다.

[예제 3.5.1]
두께가 12 cm이고 굴절률이 1.49인 아크릴 평판이 수직 방향으로 세워진 채로 공기 중에 놓여 있다. 빛이 수평 방향에 대하여 30° 방향으로 입사하는 경우 편향 거리는 얼마인가?

풀이: 스넬의 법칙을 이용하여 굴절각을 계산하여, 편향 거리를 구한다.

$$1.00\sin30^\circ = 1.49\sin\theta'$$
$$\theta' = \arcsin\left(\frac{1.00}{1.49}\sin30^\circ\right) = 19.61^\circ$$
$$\varepsilon = \frac{\sin(30 - \theta')}{\cos\theta'}12 = \frac{\sin(30 - 19.61)}{\cos19.61}12 = 2.30\ cm$$

3.5.2 환산 두께

물이 담겨있는 어항 바닥에 떨어진 물건은 물의 깊이보다 가까워 보인다. 개울 바

닥에 가라앉은 조약돌도 약간 떠 보여서, 개울의 깊이가 낮아 보인다. 그 원인은 공기의 굴절률과 물의 굴절률이 다르기 때문에 공기 중에서 바라본 물의 깊이가 줄어 보이기 때문이다. 공기와 투명한 물체의 굴절률 차이에 의하여 변화된 물체의 겉보기 두께를 환산 두께라고 한다.

우리에게 익숙한 안경 렌즈와 콘택트렌즈도 원래 두께가 크지 않아 차이를 느끼지 못하지만, 렌즈는 원래의 두께보다 얇아 보일 뿐만 아니라, 렌즈를 통해 물체를 보면 물체가 가까워져 보인다. 주의해야 할 것은 렌즈 표면의 곡률에 의한 결상점 위치 변화와 렌즈 중심 두께에 따른 물체 위치의 변화는 다르다는 것이다.

그림 (3.10)은 굴절률이 n_2이고 두께가 d인 평판이 수직으로 세워져 있고, 평판 제1면으로부터 왼쪽으로 거리 s_1 위치에 물체가 놓여 있다.

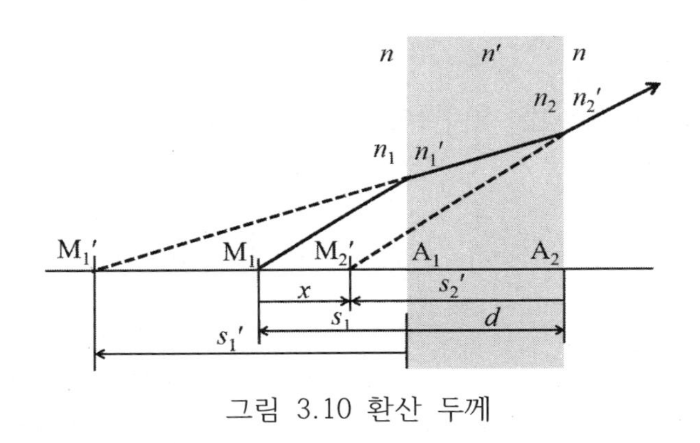

그림 3.10 환산 두께

광축상의 물점을 M_1이라고 하자. 물체 거리 s_1과 제1면에 의한 상 거리 s_1', 그리고 평판의 두께 d를 물점 M_1과 상점 M_1', M_2', 그리고 정점 A_1, A_2로 표시하면, 각각

$$s_1 = A_1M_1, \quad s_1' = A_1M_1', \quad d = A_1A_2 \tag{3.30}$$

근축 근사가 적용된 제1면과 제2면에서 결상 관계는 각각

$$\frac{n_1'}{s_1'} = \frac{n_1}{s_1}, \quad \frac{n_2'}{s_2'} = \frac{n_2}{s_2} \tag{3.31}$$

제1면에 의한 상 거리 s_1'와 제2면에 대한 물체 거리 s_2는 전달 방정식 $s_2 = s_1' - d$로 연결된다. 여기서 d는 평판의 두께이다.

물체 위치 M_1과 두 번 굴절 후 최종 상의 위치 M_2' 사이 거리를 x라 하면

$$\begin{aligned} x &= M_1M_2' \\ &= M_1A_1 + A_1A_2 + A_2M_2' \\ &= -s_1 + d + s_2' \end{aligned} \tag{3.32}$$

입사 매질과 출사 매질이 같으면 $n_1 = n_3$이고 n_2'와 n_3는 같기 때문에 n_1, n_2', n_3를 모두 같은 값 n으로 두고, 평판의 굴절률인 n_1'와 n_2를 n'로 통일하면, 즉

$$n_1 = n_2' = n_3 = n, \quad n_1' = n_2 = n' \tag{3.33}$$

이고, 식 (3.32)에 식 (3.31)을 정리하여 대입하고 전달 방정식($s_2 = s_1' - d$)을 적용하면

$$x = d\left(\frac{n' - n}{n'}\right) \tag{3.34}$$

이 된다. x는 실제 물체와 상의 위치 변화 값으로, 주위보다 굴절률이 큰 평판을 통해서 보면 물체가 x만큼 가까워져 보인다. 이 값은 평판의 두께와 굴절률 차에 의존한다. 식 (3.34)을 정리하면

$$\frac{n}{n'}d = d - x \tag{3.35}$$

이 된다. 평판이 공기 중($n = 1$)에 놓여 있는 경우, 평판의 겉보기 두께 $d - x$를 **환산 두께** c

$$c = \frac{d}{n'} \tag{3.36}$$

라고 한다. 물체의 두께와 물체의 굴절률을 알면 환산 두께를 계산할 수 있다.

또 물체의 위치 변위 x 값을 측정하면 평판의 굴절률을 알 수 있다. 식 (3.34)을 굴절률 n'로 정리하면

$$n' = \frac{nd}{d - x} \tag{3.37}$$

즉, 평판의 두께 d와 주변을 굴절률 n, 그리고 x 값을 측정하면 평판의 굴절률 n'을 계산할 수 있다.[6)]

환산 두께 식 (3.36)은 보다 쉬운 방법으로 유도할 수 있다. 그림 (3.11)에서와 같인 물체 (M_1)가 평판의 첫 번째 면에 접해 있는 경우, 상(M_1')는 같은 위치에 맺힌다. 이 상은 두 번째 면의 물체(M_2)가 된다. 따라서 세 점 M_1, M_1', 그리고 M_2는 모두 같은 위치인 첫 번째 면에 접해 있다. 두 번째 면에 대한 M_2의 결상점과 두 번째 면 사이 거리가 겉보기 두께이다.

평면에 대한 근축 근사 결상 방정식 $s' = (n/n')s$을 이용하면, 물체의 실제 두께 d에 대하여 겉보기 두께 d'는

$$d' = \frac{n}{n'} d \tag{3.38}$$

이다. 여기서 두 번째 면에 대하여 입사면의 굴절률이 n이고 굴절면의 굴절률이 n'이므로 식 (3.17)과 비교할 때 두 값이 바뀌었다는 것을 주의해야 한다.

식 (3.38)에서 $n = 1$이면 평판은 공기 중에 놓여 있고, 겉보기 두께는 환산 두께, 즉 식 (3.36)이 된다. 평판의 굴절률은 $n' \geq 1$이므로, 원래의 두께보다 얇아 보인다.

---

6) 현미경과 같은 광학계를 이용하는 경우 물체의 유무에 따른 초점의 위치 변화 x를 측정하면 렌즈와 같은 투명한 물체의 굴절률을 알 수 있다. 예를 들어 유리판의 굴절률을 측정하는 경우, 유리판 없이 한 점에 현미경의 초점을 맞춘다. 유리판을 올려놓으면 초점이 흐려지는데, 유리판이 없을 때 맞추어진 점에 초점이 맞도록 현미경의 높낮이를 조절한다. 현미경의 높이 조절 값 x와 유리판의 두께 d 그리고 공기 중의 굴절률($n = 1$)을 식 (3.37)에 대입하면 유리판의 굴절률 n'를 계산할 수 있다.

굴절률이 서로 다른 다중 시스템에 대한 환산 거리에 대한 자세한 내용은 Appendix G에서 자세한 다루기로 한다.

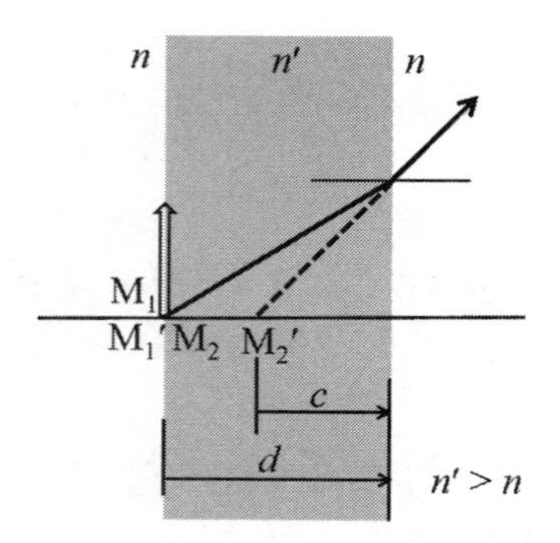

그림 3.11 환산 두께

[예제 3.5.2]
평판 굴절률이 $n' = 1.49$이고 두께가 12 cm이다. 평판을 통해 물체를 보면, 실제 물체의 위치보다 얼마나 가까워져 보이는가?

풀이: 상 이동 거리 식 (3.34)를 이용하여 계산한다.

$$x = d\left(\frac{n' - n}{n'}\right) = 12\left(\frac{1.49 - 1.00}{1.49}\right) = 3.95\ cm$$

[예제 3.5.3]
앞 예제의 환산 두께는 얼마인가?

풀이: 환산 두께 식 (3.36)을 이용하여 계산한다.

$$c = \frac{d}{n'} = \frac{12}{1.49} = 8.05\ cm$$

[예제 3.5.4]
굴절률이 $n' = 1.50$인 두께가 $d = 20\,cm$인 투명한 평판이 물속 ($n = 1.33$)에 잠겨 있다. 물속에 있는 잠수부에게 보이는 평판의 두께는?

풀이: 식 (3.38)에 이 값을 대입하면

$$d' = \frac{n}{n'}d = \frac{1.33}{1.50}20\,cm = 17.73\,cm$$

이 된다. 역시 원래 두께보다 얇아 보이는데 이는 $n' > n$이기 때문이다.

[예제 3.5.5]
아래 그림 (3.12)와 같이 물속에 두께가 $d = 20\,cm$인 공기층($n' = 1.00$)이 생겼다. 물($n = 1.33$) 속에 잠수부가 볼 때, 공기층의 두께는?

풀이: 식 (3.38)에 이 값을 대입하면

$$d' = \frac{n}{n'}d = \frac{1.33}{1.00}20\,cm = 26.60\,cm$$

이 된다. 역시 원래 두께보다 더 두꺼워 보이는데 이는 $n' < n$이기 때문이다.

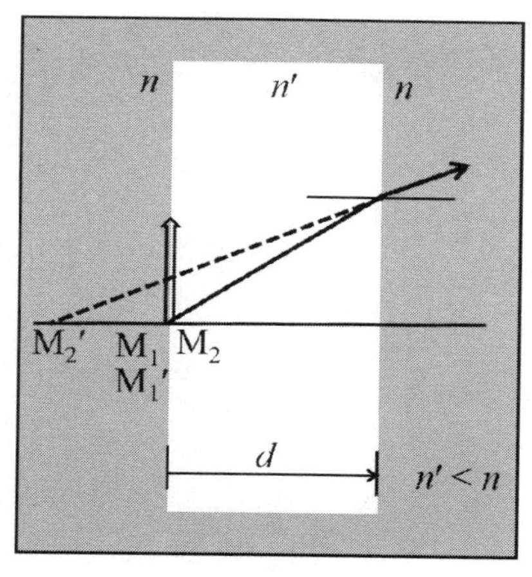

그림 3.12 물속에 있는 공기층

[예제 3.5.6]
평판의 두께는 20 cm이고 공기 중에 놓여 있다. 평판 앞에 있는 물체가 실제 위치보다 $x=6.8\ cm$ 만큼 가까워져 보인다면 평판의 굴절률은 얼마인가? 평판은 공기 중에 놓여 있다.

풀이: 평판의 굴절률 식 (3.37)을 이용하여 계산한다.

$$n' = \frac{nd}{d-x} = \frac{1.00 \times 20}{20-6.8} = 1.52$$

요약

3.1 절대 굴절률 $n = \frac{c}{v}$

3.2 부호 규약

빛이 처음 출발할 때에는 왼쪽에서 오른쪽으로 진행

오른쪽으로 측정된 거리는 양(+), 왼쪽으로 측정된 거리는 음(-)

위쪽으로 측정된 거리는 양(+), 아래쪽으로 측정된 거리는 음(-)

모든 각은 예각

반시계 방향으로 측정된 각은 양(+), 시계 방향으로 측정된 각은 음(-)

3.3 페르마의 원리

빛이 한 점에서 다른 점으로 이동할 때, 시간이 가장 적게 드는 경로로 진행한다.

스넬의 법칙 $n_1 \sin\theta_1 = n_2 \sin\theta_2$

광경로 $OPL = \sum_i n_i d_i$

3.4 근축 근사가 적용된 스넬이 법칙 $n_1 \theta_1 = n_2 \theta_2$

평면에 대한 횡배율은 항상 1

입사 매질의 굴절률이 굴절 매질의 굴절률보다 클 때, 임계각 이상으로 입사된 광선은 모두 내부 전반사 된다.

임계각 $\theta_c = \arcsin \frac{n'}{n}$

3.5 평판에서의 편향 거리 $\varepsilon = \frac{d \sin(\theta - \theta')}{\cos\theta'}$.

환산 두께(환산 거리) $c = d / n'$

연습 문제

3-1. 바닷물 속에서 빛의 속력은 $2.15 \times 10^8\ m/s$이다. 바닷물의 굴절률은 얼마인가?
답] 1.39

3-2. 빛이 공기(굴절률 1.00)로부터 굴절률이 1.52인 유리로 입사한다. 입사각이 30°일 때, (a) 굴절각 (b) 꺾임각은?
답] (a) 19.20° (b) 10.80°

3-3. 빛이 굴절률이 1.52인 유리로부터 굴절률이 1.33인 물로 입사한다. 입사각이 30°일 때, (a) 굴절각 (b) 꺾임각 (c) 임계각 (d) 상대 굴절률은?
답] (a) 36.98° (b) -6.98° (c) 56.23° (d) 0.83°

3-4. 빛이 굴절률이 1.70인 유리에서 굴절률이 1.33인 물로 입사각 30°로 입사한다. (a) 굴절각 (b) 꺾임각의 절댓값 (c) 임계각은?
답] (a) 39.72° (b) 9.72° (c) 51.48°

3-5. 비커에 담겨있는 물(굴절률 1.33)의 두께는 2.0 cm이고, 그 위에 두께 1.0 cm의 기름(굴절률 1.42)이 떠 있다. 기름의 윗면에 입사각 60°로 입사할 때, (a) 공기/기름 그리고 (b) 기름/물의 경계에서의 굴절각을 구하시오.
답] (a) 37.58°, 40.63°

3-6. 문제 3.5의 비커에서 기름 위의 입사점에서 비커의 바닥까지 광선이 전파할 때 광경로(OPL)는 얼마인가?
답] 5.35 cm

3-7. 공기에서 유리로 빛이 입사각 45°로 입사한다. 적색광에 대하여 유리의 굴절률이 1.51이고, 청색광에 대하여 1.52이다. (a) 적색의 굴절광과 청색의 굴절광이 이루는 각도를 구하시오. (b) 어떤 색의 빛이 더 많이 굴절되는가?
답] (a) 0.20° (b) 적색

3-8. 물($n = 1.33$)과 유리($n' = 1.52$)의 경계면에서 25 cm 앞에 물체가 있다. 광선의 경사각이 $5^\circ, 20^\circ, 40^\circ, 60^\circ$일 때, 굴절 후 상점의 위치를 각각 구하시오.

답] -28.60 cm, -29.01 cm, -30.83 cm, -37.29 cm

3-9. 굴절률이 1.52이고 두께가 60 mm인 평판이 $45°$ 기울어져 있을 때, 수평 방향으로 입사하는 광선에 대하여 광선의 편향 거리는 얼마인가?
답] 20.13 mm

3-10. 수면 400 cm 위로 새가 날고 있다. 물($n = 1.33$)속에 있는 물고기가 새를 쳐다본다면, 새의 높이는 얼마인가?
답] 532.00 cm

3-11. 앞 문제에서 물고기가 수면 아래 20 cm 위치에 있다면, 새가 보았을 때 물고기의 위치(수면 아래 깊이)는 얼마인가?
답] 37.59 cm

3-12. 수족관의 물($n = 1.33$)속에 있는 상어가 바깥의 강아지를 보았을 때, 수조로부터 3 m 거리에 있는 것처럼 보였다. 실제 강아지의 거리는 얼마인가?
답] 2.26 m

3-13. 전시된 그림을 보호하기 위하여 그림 위에 유리판이 설치되어 있다. 유리의 굴절률이 1.52이고 두께가 40 mm이다. 그림은 실제 위치보다 얼마나 가까워 보이는가?
답] 13.68

3-14. 비커에 물이 담겨있고, 그 위에 기름이 떠 있다. 물과 기름의 두께는 각각 150 mm, 20 mm 층을 이루고 있고, 각각의 굴절률은 1.33, 1.45이다. 비커 바닥에 가라앉아 있는 동전의 깊이는 얼마로 보이는가?
답] 126.58 mm

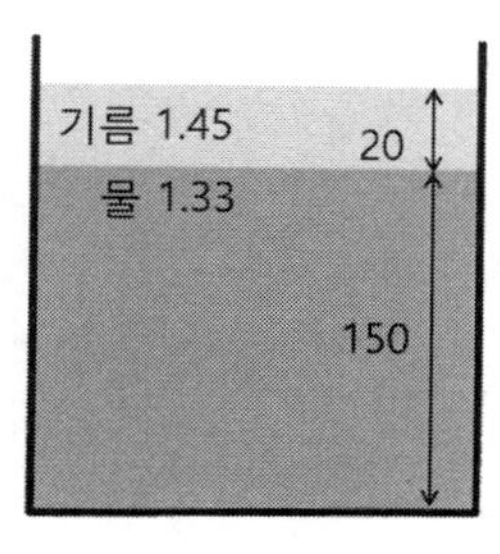

문제 (3-14)의 그림

3-15. 현미경의 초점이 시료의 표면에 맞춰져 있다. 샘플 위에 4 mm의 유리판을 올려놓고 보았을 때, 시료 표면에 초점을 맞추기 위해서 현미경을 1.5 mm 올려 주어야 했다. 유리의 굴절률을 구하여라.
답] 1.60

3-16. 굴절률이 1.31이고 두께 24 cm의 얼음이 수조의 가운데에 있고, 수조는 굴절률 1.33의 물이 채워져 있다. 유리창의 양면에서 각각 30 cm, 40 cm 떨어진 곳에 두 잠수부가 있다.
(a) 수조 밖에 있는 사람이 볼 때, 두 잠수부 사이 거리는?
(b) 잠수가 보는 반대쪽 잠수부와 본인과의 사이 거리는?
답] (a) 70.95 cm (b) 94.37 cm

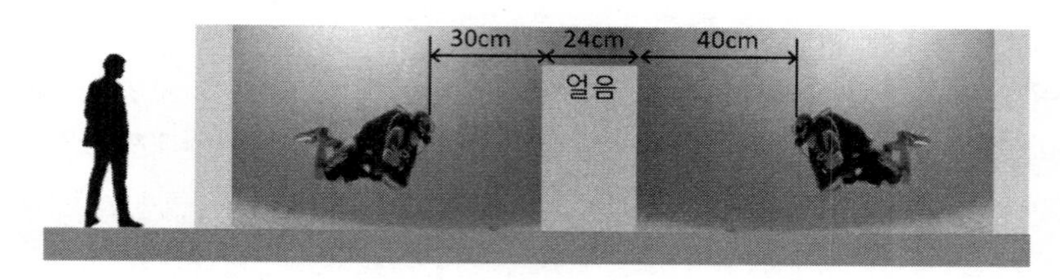

문제 (3-16)의 그림

CHAPTER

04

프리즘(Prism)

1. 프리즘에 의한 굴절
2. 얇은 프리즘
3. 프리즘 활용

프리즘은 두 경사면이 만나는 꼭지점과 밑면(기저)으로 구성된다. 꼭지점에서 두 사면이 이루는 각을 꼭지각 또는 정각이라고 한다. 프리즘의 두 사면은 평면이기 때문에 광선은 굴절로 인하여 진행 방향이 꺾이지만, 나란한 광선이 입사하는 경우 출사 광선들은 역시 평행 상태를 유지한다. 평행 상태를 유지한다는 것은 면의 굴절력이 0이라는 것을 의미하므로 입사 광선과 출사 광선의 버전스가 같다는 것을 의미한다. 프리즘은 포롭터, 케라토미터 등 안광학 기기에 널리 사용되고, 프리즘의 굴절 현상은 시기능 교정에 사용된다.

4.1 프리즘에 의한 굴절(Refraction by Prism)

주어진 프리즘의 프리즘 굴절력은 P^{Δ}로 표기하고, 굴절에 의한 횡 방향으로의 꺽임 정도로 정의한다. 즉 그림 (4.1)과 같이 프리즘 출사 광선이 수평 방향으로 100 단위만큼 진행한 위치에서 수직 방향으로의 편향 거리로 정의된다. 출사 광선을 빗변으로 하고, 수평 방향 진행 거리와 수직 방향 편향 거리로 하는 직각 삼각형으로부터, 꺽임각 δ에 대해

$$\tan\delta = \frac{P^{\Delta}}{100} \tag{4.1}$$

이므로 프리즘 굴절력은

$$P^{\Delta} = 100\tan\delta \tag{4.2}$$

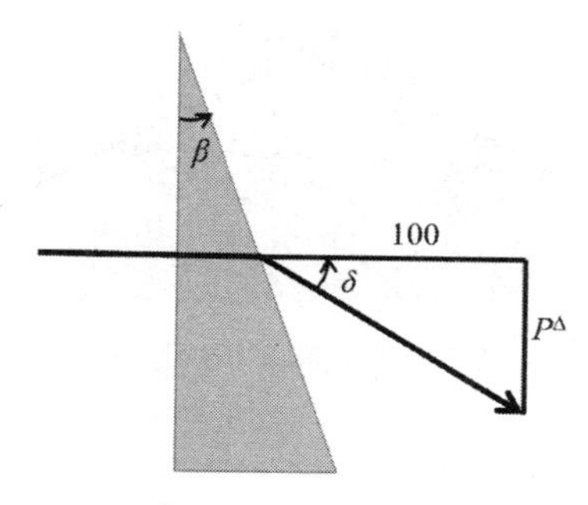

그림 4.1 프리즘 굴절력

그림 (4.1)에서 프리즘의 꼭지각 β는 두 경사면 사이의 각인데, 제1면에서 제2면까지 회전하여 얻어지는 각으로 부호 규약에 의해 양(+) 값이다.

그림 (4.2)에서 제1면에 의한 꺽임각은 δ_1, 제2면에 의한 꺽임각은 δ_2, 그리고 입사 광선과 출사 광선 사이 꺽임각은 δ이다. 꺽임각의 방향은 굴절 광선에서 입사 광선의 연장선으로 회전된 방향으로 δ_1, δ_2, δ 모두 양(+)이다.

프리즘에서 정의된 각들 사이 관계식은 프리즘에 의한 굴절된 광선을 추적하는 데 도움이 된다. 꼭지점과 프리즘을 통과하는 광선이 이루는 삼각형 내각의 합은 180°이므로

$$180^\circ = \beta + (90^\circ - \alpha_1{}') + (90^\circ + \alpha_2)$$
$$\beta = \alpha_1{}' - \alpha_2 \quad (4.3)$$

입사 광선과 출사 광선의 연장선과 프리즘을 통과하는 광선이 만드는 삼각형에서 외각 δ는 두 내각 δ_1과 δ_2의 합

$$\delta = \delta_1 + \delta_2 \quad (4.4)$$

이다.

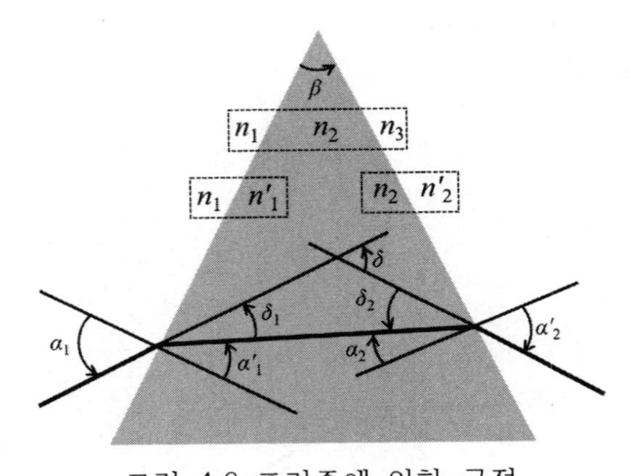

그림 4.2 프리즘에 의한 굴절

4.1.1 꺽임각

제1면과 제2면에 의한 꺽임각을 입사각, 굴절각으로 표현하면

$$\delta_1 = \alpha_1 - \alpha_1' \tag{4.5}$$

$$\delta_2 = \alpha_2 - \alpha_2' \tag{4.6}$$

이다. 여기서 각들의 부호는 δ_1, δ_2, α_1, $\alpha_1' > 0$, α_2, $\alpha_2' < 0$이다. 근축 근사를 적용하고, 굴절률 n 프리즘이 공기 중에 놓여 있다면 전체 꺾임각은 식 (4.4)와 식 (4.5), (4.6)으로부터 얇은 프리즘으로 가정하였을 때

$$\delta = \delta_1 + \delta_2 = (n-1)\beta \tag{4.7}$$

가 된다. 자세한 유도 과정은 부록 (Appendix C)과 4.2절에서 확인할 수 있다. 프리즘에 의한 꺾임각은 프리즘의 굴절률 n과 주변의 굴절률 (공기인 경우 1)의 차 $(n-1)$과 프리즘의 정각(꼭지각) β의 곱이다.

빛의 역진성으로 인하여 프리즘 하나의 꺾임각에 대하여 두 개의 입사각이 존재한다. 즉, 그림 (4.3)에서 수평 점선과 곡선의 접점이 두 개(α_1, α_2')이다. 프리즘의 꺾임각 그래프는 입사각이 증가함에 따라 점차 감소하다가 다시 증가하는 곡선 형태이다. 꺾임각 곡선의 정점에서의 값이 **최소 꺾임각** $\delta_{\min}$이고, 이 경우 입사각과 출사각이 같다. 즉,

$$\alpha_1 = -\alpha_2', \quad \alpha_1' = -\alpha_2 \tag{4.8}$$

입사각과 출사각이 같으면, 광선이 프리즘을 대칭적으로 통과한다. 따라서 최소 꺾임각인 경우 광선은 프리즘을 대칭적으로 지난다. 식 (4.4)와 식 (4.5), (4.6)에 최소 꺾임각 조건 식 (4.8)을 적용하면

$$\delta = (\alpha_1 - \alpha_1') + (\alpha_2 - \alpha_2') = 2\alpha_1 - 2\alpha_2 \tag{4.9}$$

이때 꼭지각은 식 (4.3)에 식 (4.8)을 적용하면

$$\beta = \alpha_1' - \alpha_2 = 2\alpha_1' = -2\alpha_2 \tag{4.10}$$

이 된다. 식 (4.10)을 식 (4.9)에 대입하면 최소 꺾임각은

$$\delta = 2\alpha_1 - \beta \tag{4.11}$$

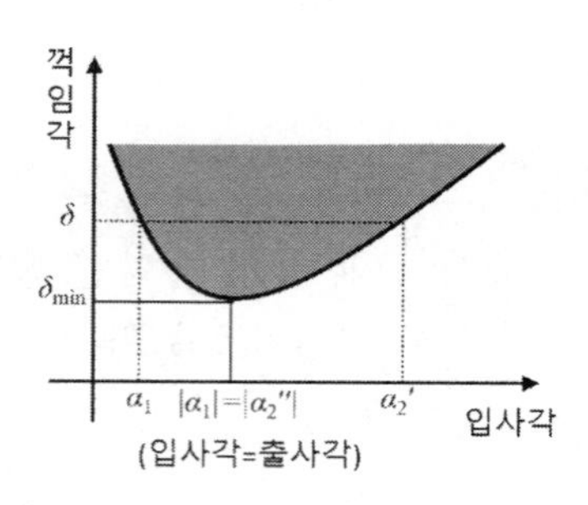

그림 4.3 프리즘의 입사각에 따른 꺾임각

[예제 4.1.1]

정각 $\beta = 30^\circ$ 이고, 굴절률이 1.5인 프리즘이 공기 중에 놓여 있다. 최소 꺾임각이 되는 입사각은 얼마인가?

풀이: 최소 꺾임각 조건 식 (4.10)으로부터 제1면의 굴절각을 계산하여 스넬의 법칙을 적용한다.

$$\alpha_1' = \frac{\beta}{2} = \frac{30^\circ}{2} = 15^\circ$$

$$\alpha_1 = \arcsin\left(\frac{n_2}{n_1}\sin\alpha_1'\right) = \arcsin\left(\frac{1.5}{1}\sin 15^\circ\right) = 22.84^\circ$$

[예제 4.1.2]

공기 중에 놓인 굴절률 1.5, 정각 $\beta = 45^\circ$ 프리즘에 대한 최소 꺾임각을 구하라.

풀이: 최소 꺾임각 조건에서의 정각 $\beta(=2\alpha_1')$와 스넬의 법칙으로부터 굴절각 α_1'과 입사각 α_1을 찾고 최소 꺾임각을 계산한다.

$$\alpha_1' = \frac{\beta}{2} = \frac{45^\circ}{2} = 22.5^\circ$$

$$\alpha_1 = \arcsin\left(\frac{n_2}{n_1}\sin\alpha_1'\right) = \arcsin\left(\frac{1.5}{1}\sin 22.5^\circ\right) = 35.03^\circ$$

$\delta_{\min} = 2\alpha_1 - \beta = 2 \times 35.03^\circ - 45^\circ = 25.06^\circ$

4.1.2 스침 입사와 스침 출사

광선이 프리즘을 통과하려면 프리즘에 입사한 광선은 제1면과 제2면에서 굴절된 후 프리즘을 빠져나가야 한다. 하지만 프리즘으로 입사한 광선이 그 주변보다 큰 굴절률을 갖는 프리즘을 통과할 수 있는 입사각의 범위는 한정된다. 이 범위를 벗어난 제한 영역으로 입사한 광선은 프리즘을 빠져나가지 못하고 프리즘의 제2면에서 내부 전반사되어 되돌아온다. 제2면에서 굴절각이 90° 이면 굴절 광선은 프리즘의 제2면을 따라 진행하는데 이를 **스침 출사**라고 한다.

입사 광선의 최대 입사각은 90° 이고. 이 경우를 **스침 입사**라고 한다. 그림 (4.4)에서 스침 출사인 경우, 제2면의 입사각을 임계각 α_c라고 하고, 이 경우의 제1면 입사각을 $\alpha_{최소}$라고 하자.

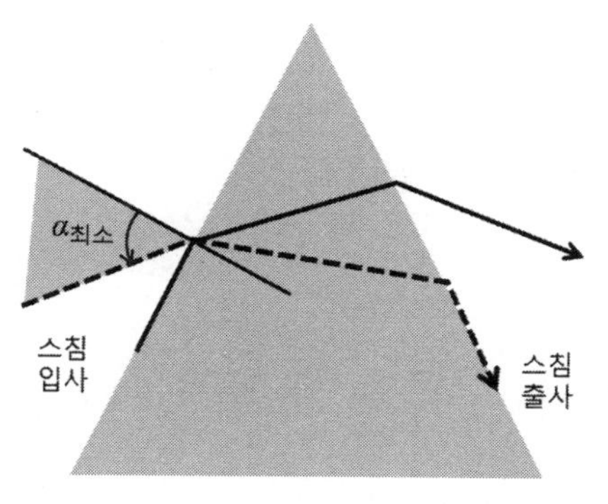

그림 4.4 스침 입사와 스침 출사

제1면에 입사하여 프리즘을 통과하여 빠져나가기 위해서는 프리즘 제1면 입사각의 범위는

$$\alpha_{최소} < \alpha_1 \leq 90^\circ \tag{4.12}$$

이고, 역으로 제한 영역

$$0^\circ \le \alpha_1 \le \alpha_{최소} \tag{4.13}$$

으로 입사한 광선은 제2면에서 내부 전반사에 의해 프리즘을 빠져나오지 못한다.

[예제 4.1.3]
광선이 공기 중에 놓인 굴절률 1.5인 45° 프리즘의 제1면에서 30° 로 입사한다. 출사각을 구하여라.

풀이: 제1면에서 스넬의 법칙을 적용하면

$$\alpha_1{}' = \arcsin\left(\frac{1}{1.5}\sin 30^\circ\right) = 19.47^\circ$$

식 (4.3)에 의하여

$$\alpha_2 = \alpha_1{}' - \beta = 19.47^\circ - 45.00^\circ = -25.53^\circ$$

그리고, 제2면에서 스넬의 법칙을 적용하면

$$\alpha_2{}' = \arcsin\left(\frac{1.5}{1}\sin(-25.53^\circ)\right) = -40.27^\circ$$

[예제 4.1.4]
광선이 공기 중에 놓인 굴절률 1.5인 45° 프리즘의 $\alpha_{최소}$를 구하여라.

풀이: 제2면에서 굴절각이 90° 일 때, 임계각 α_c는

$$1.5\sin\alpha_c = 1.0\sin(-90^\circ)$$
$$\alpha_c = \arcsin\left(\frac{1.0}{1.5}\right) = -41.8^\circ$$

식 (4.3)에 $\alpha_2 = \alpha_c$를 적용하면

$$\alpha' = \beta + \alpha_c = 45^\circ + (-41.8^\circ) = +3.2^\circ$$

제1면에서의 굴절은

$$1.0\sin\alpha_{최소} = 1.5\sin\alpha'$$

$$\alpha_{최소} = \arcsin(1.5\sin 3.2°) = 4.8°$$

따라서 $0° \le \alpha_1 \le 4.8°$ 범위로 입사하는 빛은 프리즘을 통과하지 못한다.

4.2 얇은 프리즘(Thin Prism)

얇은 프리즘은 굴절각이 작아서 꺾임각이 작은 프리즘으로 안광학 기기에서 많이 쓰인다. 그림 (4.5)는 제1면과 밑면이 직각인 직각 프리즘이다. 빛이 수평 방향으로 입사하면, 굴절 없이 제1면을 투과하고, 제2면에서 굴절된다. 정각이 β인 프리즘의 굴절률이 n', 주변의 굴절률은 n이고, 출사 광선의 꺾임각이 δ라면 제2면에서 근축 근사가 적용된 스넬의 법칙은

$$n'\beta = n(\beta+\delta) \quad \rightarrow \quad \frac{n'}{n} = \frac{\beta+\delta}{\beta} \tag{4.14}$$

여기서 제2면의 입사각은 β, 굴절각은 $\delta+\beta$이다. 꺾임각 δ로 정리하면

$$\delta = \frac{n'-n}{n}\beta \tag{4.15}$$

이다. 프리즘이 공기 중에 놓여 있다면, 굴절률 $n=1$이 되고 프리즘의 굴절률 n'를 n으로 놓으면, 꺾임각은

$$\delta = (n-1)\beta \tag{4.16}$$

이 된다. 이 결과는 일반적인 프리즘에서의 꺾임각을 얇은 프리즘으로 근사하여 얻은 식 (4.7)과 같다. 꺾임각은 프리즘의 정각과 굴절률 차의 곱이다.

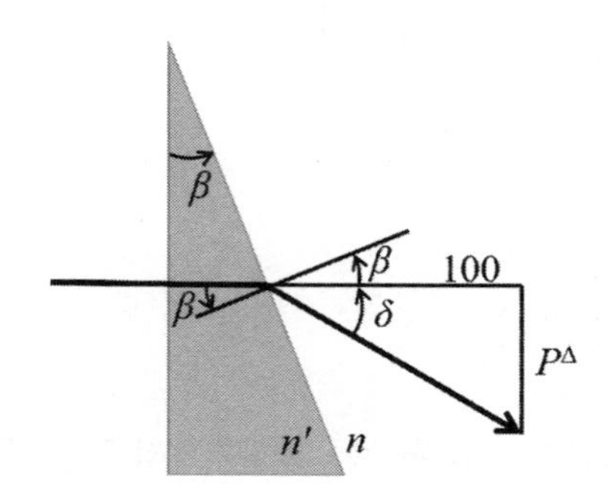

그림 4.5 얇은 프리즘

그림 (4.1)에서 프리즘 굴절력, 식 (4.2)은

$$P^{\Delta} = 100\tan\delta \tag{4.17}$$

에 꺽임각에 대한 식 (4.16)를 적용하면

$$P^{\Delta} = 100\tan(n-1)\beta \tag{4.18}$$

이다.

식 (4.17)에서 꺽임각 δ의 단위는 라디안(radian)이다. 만일 꺽임각이 작다면 식 (4.17)은

$$P^{\Delta} = 100\tan\delta \approx 100\delta \tag{4.19}$$

이다. 프리즘 굴절력은 꺽임각 δ에 100이 곱해진 것이다. 꺽임각을 센티라디안으로 읽은 값을 쓰고 100을 곱하면 라디안이 되기 때문에 식 (4.17)의 프리즘 굴절력은 센티라디안으로 변환된 꺽임각이 된다. 따라서 **꺽임각이 작을 때는 프리즘 굴절력과 꺽임각의 센티라디안 값**과 같다.

꺽임각이 작은 프리즘의 프리즘 굴절력을 계산하는 것과 꺽임각을 센티라디안으로 변환하는 것이 같은 결과를 주는 것을 의미한다. 꺽임각이 커지면 이 두 값은 차가 커지기 때문에 같은 값으로 쓸 수 없다.

[예제 4.2.1]
프리즘의 정각이 $\beta = 10^\circ$ 이고, 굴절률이 $n = 1.49$일 때, 프리즘 굴절력은 얼마인가?

풀이: 프리즘 굴절력 식 (4.18)을 이용한다.

$$P^{\triangle} = 100\tan[(1.49 - 1.00)\cdot 10^\circ] = 8.57^{\triangle}$$

[예제 4.2.2]
프리즘의 정각이 $\beta = 10^\circ$ 이고, 굴절률이 $n = 1.49$일 때, 센티라디안 값과 프리즘 굴절력의 오차율은 얼마인가?

풀이 : 프리즘 굴절력은 위 예제의 결과로 8.57이다. 그리고 꺾임각은

$$\delta = (n-1)\beta = (1.49 - 1.0)10 = 4.9^\circ$$
$$= \left(4.9\frac{\pi}{180}\right)\ rad = 0.0855\ rad = 8.55\ crad$$

앞 예제에서 계산된 프리즘 굴절력 8.57과 이번 예제에서 계산된 센티라디안 값 8.55의 차이는 2.3 %에 불과하다.

4.2.1 프리즘 쌍

포롭터는 눈의 비정시, 사위도 및 조절력 등을 측정하는 안광학 기기이다. 포롭터에는 2개의 프리즘이 쌍을 이용한다. 프리즘의 방향은 기저(base) 방향으로 정의하는데, 두 프리즘의 기저 방향 사이 각에 따라 등가 굴절력이 달라진다.

그림 (4.6)에서 두 프리즘의 굴절력이 각각 P_1, P_2이고 두 프리즘의 기저 방향 사이의 각이 θ일 때, 등가 굴절력 R의 수평 방향 성분 R_x와 수직 방향 성분 R_y는 각각

$$R_x = P_1 + P_2\cos\theta$$
$$R_y = 0 + P_2\sin\theta \tag{4.20}$$

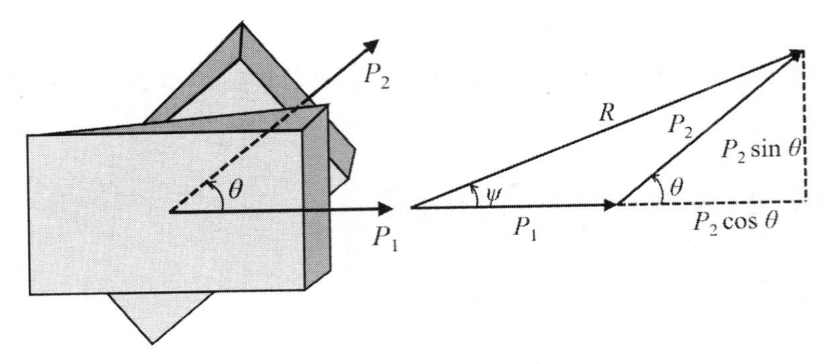

그림 4.6 프리즘 쌍

등가 굴절력 R은

$$R = \sqrt{R_x^2 + R_y^2} = \sqrt{P_1^2 + P_2^2 + 2P_1P_2\cos\theta} \tag{4.21}$$

그리고 등가 굴절력의 수평 방향으로부터의 각은

$$\tan\psi = \frac{P_2\sin\theta}{P_1 + P_2\cos\theta} \tag{4.22}$$

[예제 4.2.3]
그림 (4.7)과 같이 프리즘 굴절력이 $6^{\triangle}$인 프리즘이 180° 방향으로 놓여 있고, 프리즘 굴절력이 $4^{\triangle}$인 프리즘이 60° 방향으로 놓여 있다. 결합된 프리즘의 등가 굴절력과 방향을 구하시오.

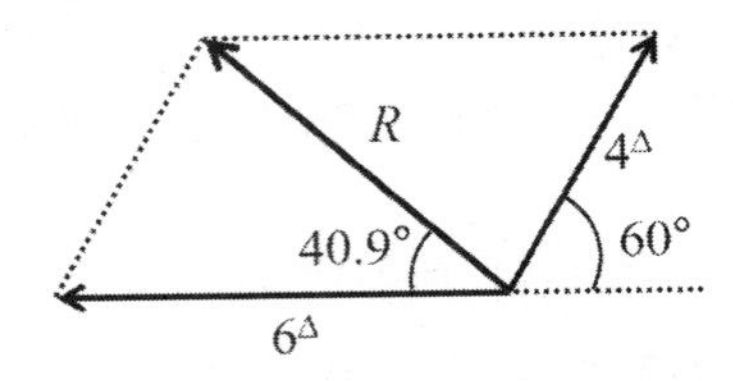

그림 4.7 등가 프리즘 굴절력

풀이: 등가 굴절력 식 (4.20)을 이용한다.

$$R_x = -6 + 4\cos 60^{\circ} = -6 + 2 = -4^{\triangle}$$

$R_y = 0 + 4\sin 60^\circ = (2\sqrt{3})^\Delta$
$R = \sqrt{(-4)^2 + (2\sqrt{3})^2} = 5.29^\Delta$
$\psi = \arctan\left(\frac{R_y}{R_x}\right) = \arctan\left(\frac{2\sqrt{3}}{-4}\right) = -40.9^\circ$

포롭터에는 **리즐리 프리즘**이 사용된다. 그림 (4.8)의 리즐리 프리즘은 프리즘 굴절력이 똑같은 한 쌍의 프리즘으로 구성되어 있고, 회전을 시키면 수평 방향으로부터 같은 각이 돌아간다. 프리즘 굴절력이 같기 때문에 $P_1 = P_2 = P$로 두면, 등가 프리즘 굴절력과 각은

$$\begin{aligned} R &= \sqrt{P_1^2 + P_2^2 + 2P_1P_2\cos\theta} \\ &= P\sqrt{2 + 2\cos\theta} \\ &= 2P\cos(\theta/2) \end{aligned} \qquad (4.23)$$

이다. 여기서 코사인 반각 공식

$$\cos(\theta) = \cos\left(\frac{\theta}{2} + \frac{\theta}{2}\right) = 2\cos^2\left(\frac{\theta}{2}\right) - 1 \qquad (4.24)$$

을 이용하였다. 그리고 수평 방향으로부터 등가 굴절력의 방향은

$$\psi = \theta/2 \qquad (4.25)$$

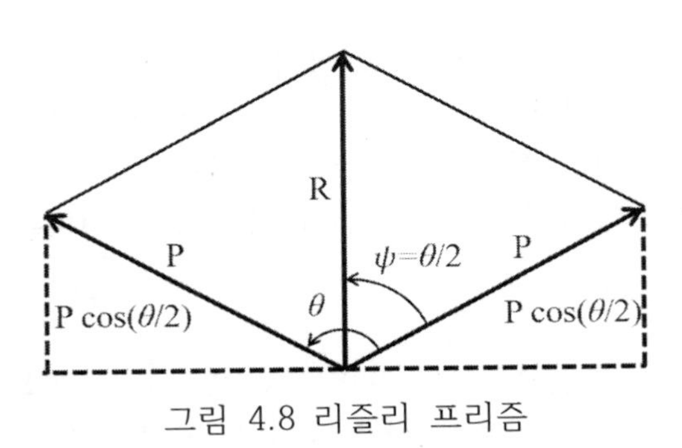

그림 4.8 리즐리 프리즘

[예제 4.2.4]

7^{Δ}인 리즐리 프리즘을 20° 회전시켰다. 등가 프리즘 굴절력과 각을 구하시오.

풀이: 리즐리 프리즘의 등가 굴절력 식 (4.23)을 이용한다.

$$R = 2 \times 7 \times \cos\frac{140^{\circ}}{2} = 14\cos 70^{\circ} = 4.79^{\Delta}$$
$$\psi = 70^{\circ}$$

4.2.2 렌즈의 프리즘 효과

프리즘은 입사 광선을 굴절시키고, 굴절 정도는 프리즘의 굴절률과 정각에` 따라 달라진다. 프리즘에 의한 광선의 굴절에 의해, 프리즘을 통해서 물체를 보면 그림 (4.9)와 같이 물체의 위치가 다르게 보인다. 프리즘은 광선의 입사 높이와 관계없이 일정한 굴절력을 가지므로 모든 광선의 굴절각이 일정하다. 즉 광선이 프리즘의 기저 부분으로 입사하든 꼭지점 근처로 입사하든 굴절각이 일정하다.

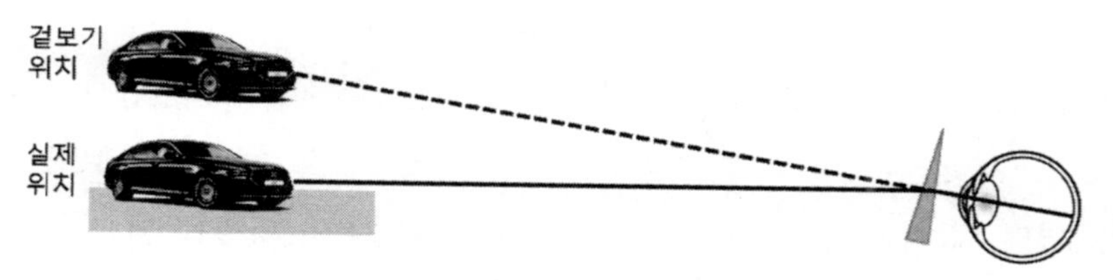

그림 4.9 프리즘 효과

하지만 렌즈는 광선의 입사 높이에 따라 굴절력이 달라서 광선의 꺾임 정도가 다르다. 즉, 렌즈 중심으로 입사하는 광선의 프리즘 굴절력은 0에 가깝다. 광선의 입사 높이가 커질수록 광선은 더 큰 프리즘 굴절력을 받는다. 이를 렌즈의 프리즘 효과라고 한다. 입사 높이에 따른 렌즈의 프리즘 굴절력 변화는 임상에서 중요하게 활용될 수 있다.

그림 (4.10)에서 렌즈의 중심으로부터 높이 h로 입사하는 광축에 평행하게 입사하는 광선은 렌즈에 의해 굴절된 후 초점을 지난다. 굴절 광선과 입사 높이 h, 초점거리 f'가 만드는 직각 삼각형으로부터 광선에 작용하는 프리즘 굴절력은

$$P^{\triangle} = 100\left(\frac{h}{f'}\right) = \frac{100h}{f'} = 100h\,D' \qquad (4.26)$$

이다. 여기서 광선의 입사 높이 h와 초점 거리 f'의 단위는 **미터**이고, 렌즈 굴절력 $D' = 1/f'$은 절댓값을 쓴다. 광선 입사 높이 h의 단위를 **센티미터**로 변환된 값을 쓰는 경우, 위 식은

$$P^{\triangle} = hD' \qquad (4.27)$$

이 되고, **프렌티스의 법칙**(Prentice's rule)이라고 한다.

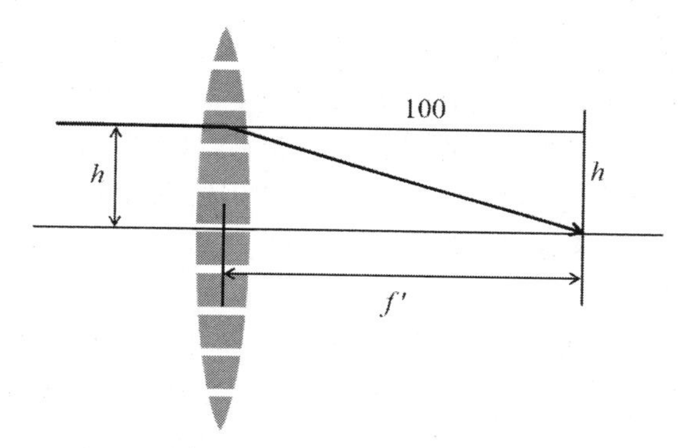

그림 4.10 렌즈 프리즘 굴절력

[예제 4.2.5]
+5.00 D의 안과용 렌즈를 광학 중심이 동공으로부터 2.0 mm 편심되도록 의도적으로 처방하였다면, 환자가 느끼는 프리즘 효과는 얼마인가?

풀이: h의 길이 단위를 센티미터(cm)로 할 때는 $P^{\triangle} = h\,D'$

$$P^{\triangle} = hD' = (0.2\ \ cm) \times (5.00\ \ D) = 1.0^{\triangle}$$

h의 길이 단위를 미터(m)로 할 때는 $P^{\triangle} = 100h\,D'$를 이용하여 계산하면

$$P^{\triangle} = 100hD' = 100(0.002\ \ m) \times (5.00\ \ D) = 1.0^{\triangle}$$

이다.

4.3 프리즘 활용(Utilization of Prism)

렌즈는 프리즘 효과가 있기 때문에 안경 렌즈를 가공할 때, 편심이 발생하지 않도록 광축을 잘 맞추어야 한다. 원치 않은 편심이 발생하였을 때는 비정시가 완전 교정 되지 않기 때문에 어지러움과 같은 부작용이 발생할 수 있다. 또한, 물체의 위치가 이동되어 보이는 현상이 발생하기도 한다. 반면에 일부러 편심을 일으켜 교정 효과를 유발하기도 한다.

4.3.1 프리즘을 이용한 사위 보정

사위란 주시 분리 시 두 안구의 시축이 틀어져 있는 상태를 일컫는다. 사위는 일반적으로 내사위, 외사위, 상하 사위로 나뉜다. 사위는 경미한 사시 증상으로, 겉보기에는 정상 안구와 크게 다르지 않지만, 두 눈의 시선을 보정해 줄 필요가 있다. 보정되지 않은 사위 상태로 장시간 사물을 주시하면 집중도가 떨어지기도 하고 안구와 두뇌에 피로감이 가중될 수 있다.

사위를 보정하는 한 가지 방법은 안경의 프리즘 효과를 이용하기 위하여 인위적인 편심을 일으키는 것이다. 그림 (4.11a)는 오른쪽 눈이 사위 상태에 있다. 이를 보정하기 위하여 그림 (4.11b)와 같이 안경 렌즈를 편심 시키면 프리즘 효과가 발생하여 광 경로가 달라진다. 변경된 광경로에 사위가 있는 안구의 망막에 물체의 상이 생기게 된다.

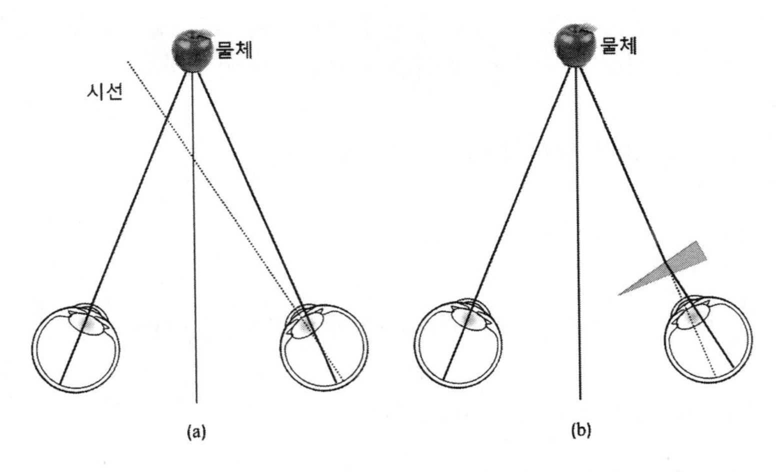

그림 4.11 렌즈 프리즘 효과를 이용한 사위 보정

공막(Sclera)은 안구 바깥쪽을 에워싸는 튼튼한 교원 섬유질 막으로, 공막에 의해 안구의 모양이 유지된다. 안구를 움직이는 근육은 공막에 붙어 있는 6개의 작은 근육으로 구성되어 있으며, 이 근육에 의해 안구는 가능한 범위 내에서 자유로운 방향 전환이 이루어진다. 프리즘 효과로 인하여 근육 작용을 완화 시킴으로써 사위를 보정 할 수 있다.

4.3.2 검안 기기

이 책에서는 검안 기기는 별도로 자세히 다루지는 않는다. 또한, 여기서는 프리즘을 사용하는 검안 기기에 대하여, 간단하게 소개하고자 한다.

그림 (4.12)의 포롭터는 시력 검사를 위한 검안 기기이다. 포롭터는 환자의 굴절 이상과 사위를 측정하는 데 사용된다. 이를 위하여 포롭터 내부에 시력 검사를 위한 다양한 렌즈와 함께 회전식 리즐리 프리즘 쌍이 포함되어 있다. 리즐리 프리즘을 회전시키면서 환자의 정확한 교정 시력을 측정할 수 있다. 프리즘 쌍으로 측정된 교정 시력은 앞 절에서 설명한 등가 굴절력으로 결정된다.

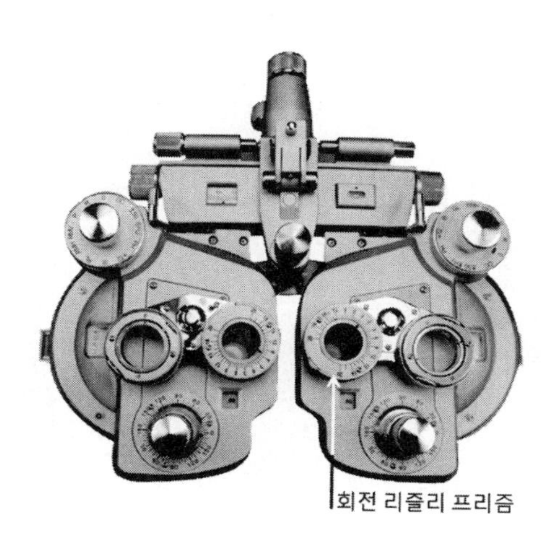

그림 4.12 포롭터

그림 (4.13)의 케라토미터는 각막 전면의 곡률을 측정하는 검안 기기이다. 케라토미터는 난시의 정도와 난시 축을 측정하는 데 사용된다. 케라토미터 내부에 바이 프리즘이 포함되어 있는데, 바이 프리즘에 의해 마이어의 상이 이중화된다. 바이 프리즘의 이동 거리와 각막의 곡률과 비례하기 때문에 이를 이용하여 각막의 곡률 반경을 측정할 수 있다.

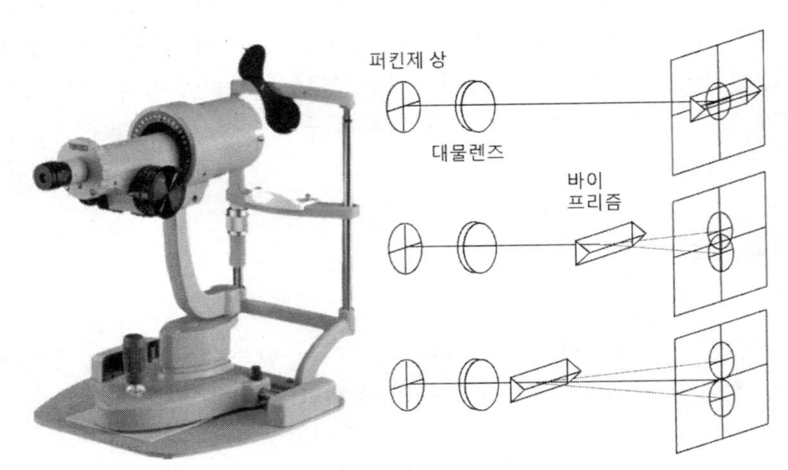

그림 4.13 케라토미터와 상의 이중화

요약

4.1 프리즘 굴절력 $P^{\Delta}=100\tan\delta$

프리즘의 꺽임각 $\delta=\delta_1+\delta_2$

얇은 프리즘의 꺽임각 $\delta=(n-1)\beta$

꺽임각이 작을 때는 프리즘 굴절력과 꺽임각의 센티라디안 값과 같다.

4.2 등가 굴절력

크기 $R=\sqrt{P_1^2+P_2^2+2P_1P_2\cos\theta}$

방향 $\tan\psi=\dfrac{P_2\sin\theta}{P_1+P_2\cos\theta}$

프렌티스 법칙 $P^{\Delta}=hD'$

연습 문제

4-1. 굴절률이 1.49이고 꼭지각 $\beta = 30°$ 인 이등변 프리즘에 광선이 40° 로 입사한다. 다음을 계산하여라.

(a) 제1면의 굴절각
(b) 제2면의 입사각
(c) 제2면의 출사각
(d) 꺽임각
(e) 임계각
(f) 최소 입사각
(g) 최소 꺽임각에 대한 입사각
(h) 최소 꺽임각

답] (a)25.56° (b)-4.44° (c)-6.63° (d)16.63° (e)42.16° (f)-18.28° (g)22.68° (h) 15.36°

4-2. 굴절률이 1.52인 꼭지각 60° 프리즘에서 스침 출사가 일어나는 입사각을 구하여라.

답] 29.43°

4-3. 굴절률이 1.60인 프리즘에서 어떠한 광선도 통과하지 못할 때, 최소 꼭지각을 구하여라.

답] 69.7°

4-4. 굴절률이 1.52인 50° 프리즘의 첫 번째 면으로 입사각 30° 로 광선이 입사한다. 다음을 구하고 광선의 경로를 그려라. (a) 출사각 (b) 전체 꺽임각

답] (a) −51.10° (b) 31.10°

4-5. 굴절률이 1.60이고 프리즘-디옵터가 $4^{\triangle}$ 인 프리즘이 있다. 꺽임각과 꼭지각을 구하시오.

답] 3.82°, 2.29°

4-6. 굴절률이 1.52인 안과용 프리즘의 꺽임각이 2.30° 일 때, 꺽임각과 프리즘의

굴절력을 구하시오.
답] 4.42°, $4.01^{\triangle}$

4-7. 굴절률이 1.60이고 꼭지각이 2.50°인 프리즘 굴절력을 구하시오.
답] $2.61^{\triangle}$

4-8. 꼭지각과 꺽임각이 각각 6°와 5°인 프리즘이 있다. (a) 재질의 굴절률을 구하시오. (b) 프리즘 굴절력을 프리즘-디옵터와 센티라디안으로 표시하시오. 그리고 프리즘-디옵터와 센티라디안의 차는 얼마인가?
답] (a) 1.83, (b) $10.51^{\triangle}$, $10.47^{\triangledown}$ © $0.04^{\triangle}$

4-9. 두 개의 프리즘이 각각 $12^{\triangle}$의 프리즘이 0°방향, $10^{\triangle}$의 프리즘이 120°(base-up) 방향으로 놓여 있다. 등가 프리즘 굴절력과 주경선의 방향을 구하시오.
답] $11.14^{\triangle}$, base-up 51.05°

4-10. 리즐리 프리즘은 굴절력이 같은 두 개의 프리즘으로 구성되어 있으며 초기 서로 반대 방향으로 배치되어 있어 등가 굴절력이 0이다. 기준점에서 각각 40°회전 및 역회전을 하였을 때, 등가 굴절력이 $30^{\triangle}$이었다. 각 프리즘의 굴절력을 구하시오.
답] $23.34^{\triangle}$

CHAPTER

05

구면(Spherical Surface)

1. 구면에 의한 굴절
2. 구면에서의 반사
3. 곡률과 굴절력
4. 다중면 광학계

두 매질이 맞닿아 있는 경계면에 빛이 입사하면 일부는 투과되고 일부는 반사, 또 일부는 흡수된다. 투과하는 빛과 반사되는 빛은 각각 일정한 법칙이 만족되는 경로로 진행된다.

5.1 구면에 의한 굴절(Refraction by Spherical Surface)

평면은 빛을 굴절시킬 수는 있으나, 굴절력이 0이므로 입사하는 평행광은 나란하게 굴절시킬 뿐 광선을 수렴 또는 발산시킬 수 없다. 뿐만 아니라 평면에 의한 굴절로 형성된 상의 횡배율은 항상 1이어서 확대 또는 축소된 상을 맺을 수 없다. 이 현상은 평면에 입사하는 평행광은 광축으로부터의 높이에 상관없이 입사각과 굴절각이 모두 같기 때문에 발생한다. 하지만 구면에서의 굴절은 다르다. 평행광이 입사하더라도, 광축으로부터의 입사 높이에 따라 입사각이 다르다. 때문에 굴절각이 모두 다르게 되어 광선이 수렴 또는 발산한다. 이는 구면의 굴절률과 곡률에 따라 그 정도가 다르게 나타난다. 이를 굴절력이라고 하고, 굴절력은 곡률과 굴절률 및 입사 높이에 의존한다.

그림 (5.1)은 발산하는 구면파가 굴절 구면에 입사하여 수렴하는 것을 보여준다. 파면의 중심 부분이 굴절 구면에 먼저 도달하여 매질 내부로 진입한다. 매질의 굴절률이 크므로 파장 (파면 사이 간격)이 줄어들어. 파면의 왜곡이 발생한다. 이 과정에서 발산 광선이 수렴 광선으로 변하여 한 점에 모인다.

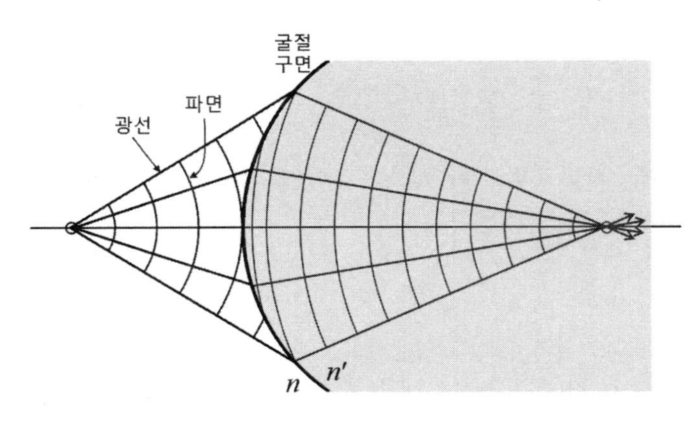

그림 5.1 구면에 의한 파면의 변화

5.1.1 구면의 결상 방정식

구면에 입사하는 광선은 굴절에 의하여 상을 맺을 수 있는데, 물체의 위치와 광선의 입사 높이에 따라 상점이 달라진다. 하지만 앞에서와같이 근축 근사를 적용하면 하나의 물점에 대하여 광선의 입사 높이에 상관없이 하나의 상점이 대응된다. 즉 한 물점에서 발산된 모든 광선들은 굴절된 후 한 점에 모여 상을 맺는다. 물체까지의 거리와 상까지의 거리 사이 관계식인 굴절 구면에 대한 결상 방정식을 유도해 보자.

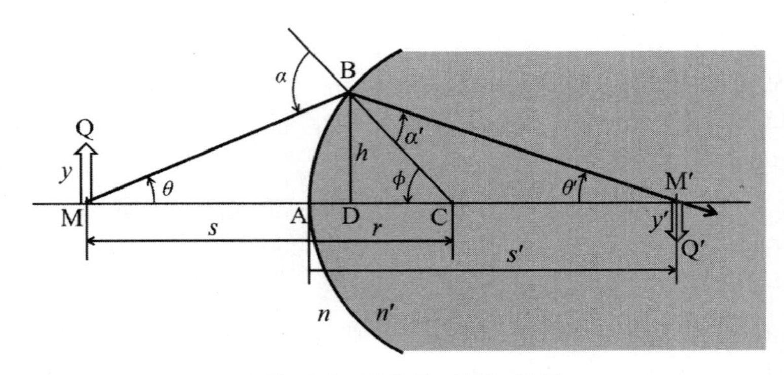

그림 5.2 구면에 의한 굴절

그림 (5.2)는 구면에서의 광선이 굴절되는 것을 보여준다. 삼각형 $\triangle MBC$에서 각 α는 외각이므로 두 내각 θ와 ϕ의 합이다, 즉

$$\alpha = \theta + \phi \tag{5.1}$$

위 식에 있는 세 각의 부호는 부호 규약에 따라 모두 (+)이다. 또 삼각형 $\triangle M'CB$에서 각 사이의 관계는

$$\phi = \alpha' - \theta' \rightarrow \alpha' = \phi + \theta' \tag{5.2}$$

이다.[7] 여기서 ϕ와 α'의 부호는 (+)이고 θ'의 부호는 (-)이다.

7) 식 (5.2)를 비롯하여 앞으로 나올 각과 거리의 관계식에서 문자의 앞에 붙는 부호에 혼동을 일으킬 수 있다. 혼동없이 옳은 관계식을 얻는 방법을 설명면 다음과 같다. 식 (5.2)를 예를 들어 설명해 보자. 먼저 모든 식의 문자에는 절댓값을 붙여서 일반적인 관계식을 쓴다.

점 B에서의 굴절에 대하여, 근축 근사가 적용된 스넬의 법칙은

$$n\alpha = n'\alpha' \tag{5.3}$$

이다. 식 (5.1)과 (5.2)를 식 (5.3)에 대입하면

$$n(\theta+\phi) = n'(\phi+\theta') \tag{5.4}$$

직각 삼각형 $\triangle MBD$에서

$$\theta \approx \tan\theta = -\frac{h}{s} \tag{5.5}$$

식 (5.5) 우변의 (-)부호는 각 θ의 부호가 (+)인 반면, 거리의 h의 부호는 (+), s의 부호는 (-)이기 때문이다. 또 직각 삼각형 $\triangle M'DB$로부터

$$\theta' \approx \tan\ \theta' = -\frac{h}{s'} \tag{5.6}$$

이다. 식 (5.6)의 거리 h와 s'의 부호는 (+)이지만, 각 θ'의 부호가 (-)이다. 그리고 직각 삼각형 $\triangle CDB$에서

$$\phi \approx \tan\ \phi = \frac{h}{r} \tag{5.7}$$

관계가 만족된다. 여기서 각 ϕ와 거리 r, h의 부호는 모두 (+)이다. 위 두 식에는 점 A와 점 D 사이 간격을 무시하는 **근축 근사**를 적용하였다.

위 식 (5.5) ~ (5.7)을 식 (5.4)에 대입하여 정리하면, 굴절 구면에 대한 **결상 방정식**

$|\phi| = |\alpha'| + |\theta'|$

이제 위 식에서 절댓값을 없앨 때는, 각각의 문자 부호를 따져서 음의 값에는 (-)를 붙인다. 여기서는 $\phi > 0,\ \alpha' > 0,\ \theta' < 0$이므로 θ' 앞에만 (-) 부호를 붙이고 절대값 부호를 제거하면 식 (5.2)를 얻는다.

$$\frac{n'}{s'} = \frac{n}{s} + \frac{n'-n}{r} \tag{5.8}$$

을 얻는다. 이 결과식은 평면에서의 굴절, 평면 거울 및 구면 거울에 대한 결상 방정식으로도 적용될 수 있기 때문에 매우 중요하다. 또한, 굴절면이 두 개로 이루어진 렌즈와 다중 굴절면으로 구성된 복잡한 광학계에도 순차적으로 여러 번 적용하여 결상 현상을 분석할 수 있다.

[예제 5.1.2]
굴절률 $n = 1.52$인 굴절 구면의 반지름이 +200 mm이다. 물체가 50 cm 앞에 놓여 있는 경우, 상의 위치를 구하시오. 굴절 구면은 공기 중에 놓여 있다.

풀이: 구면의 결상 방정식 (5.8)을 이용하여 상거리를 계산한다.

$$\frac{1.52}{s'} = \frac{1}{-500\ mm} + \frac{1.52 - 1.00}{200\ mm}$$

$$s' = 2533.33\ mm$$

5.1.2 축상점 작도

굴절 구면에 대하여 다루는 광선은 근축 광선으로 국한한다. 근축 광선은 그림 (5.3a)와 같이 광축에 근접하여 지나가는 광선이다. 이 경우 굴절 현상을 구분하여 분석하는 데 어려움이 있다. 그림 (5.3a)의 점선 부분을 확대하여 나타내면 그림 (5.3b)와 같이 평면에 가깝다. 따라서 앞으로는 구면을 평면처럼 표현하여 굴절로 인한 현상을 설명하고자 한다.

작도 방법으로도 굴절 구면에 의한 결상 방정식을 유도할 수 있다. 그림 (5.2c, d)의 작도 방법은 다음과 같다.

1. 구면의 중심 C에서 광축 위로 수직선을 긋는다.
2. 수직선 위에 굴절률 비 $n : n' = CP' : CP$가 되도록 점 P와 P'를 표시한다.
3. 물점 M에서 점 P까지 직선을 긋고, 직선이 구면과 만나는 점 B를 표시한다.
4. 점 B에서 출발하여 점 P'를 지나는 선과 광축이 만나는 상점 M'을 표시한다.

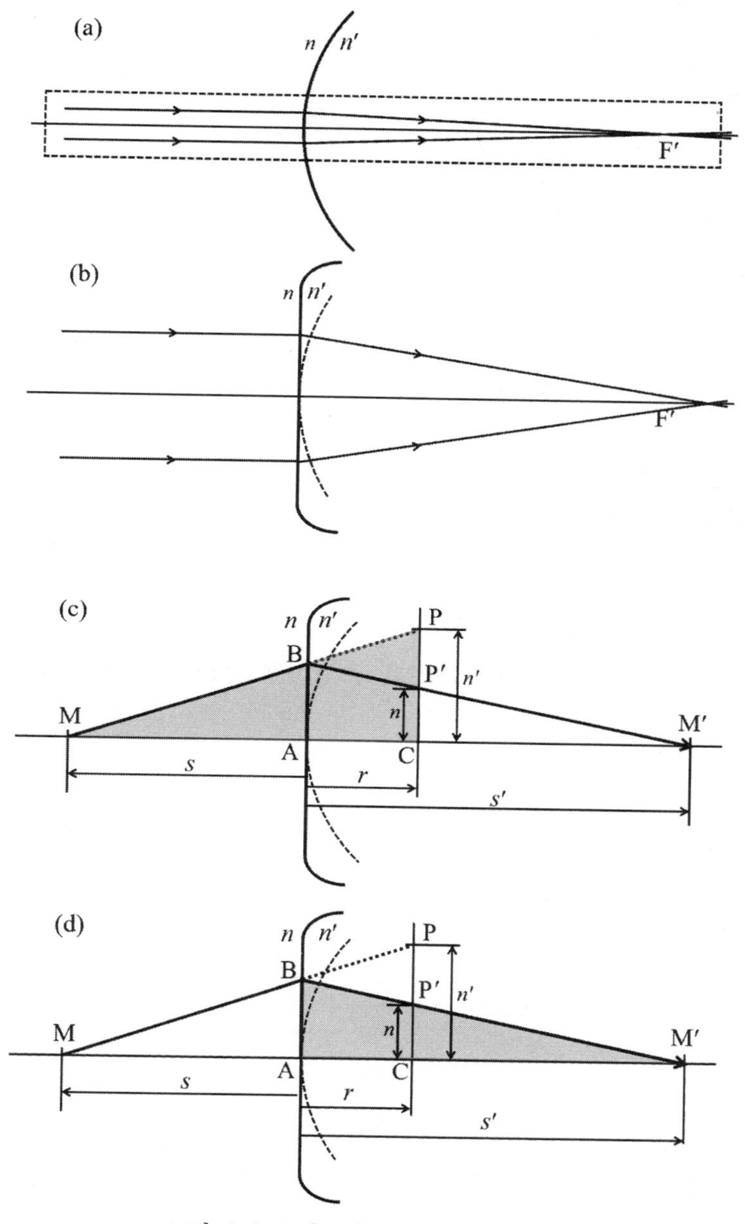

그림 5.3 근축 광선과 축상점 작도

위에서 작도한 그림을 이용하여 결상 방정식을 유도해 보자. 그림 (5.3c)에서, 직각삼각형 $\triangle MCP$와 $\triangle MDB$는 닮은꼴이기 때문에

$$MD : MC = DB : CP \tag{5.9}$$

의 관계에 있다. 점들 사이 거리는

$$\begin{aligned} MD &= -s \\ MC &= MD + DC = -s + r \\ CP &= n' \end{aligned} \tag{5.10}$$

여기서 근축 근사를 사용하여 호 $\widehat{AB}$의 세그 $\overline{AD}$는 0으로 근사하였다. 즉, 점 A와 점 D를 같은 점으로 취급하였다. 위 식으로부터

$$DB = \frac{MD \cdot CP}{MC} = \frac{-sn'}{-s+r} \tag{5.11}$$

이다.

그림 (5.3d)에서 직각 삼각형 $\triangle M'DB$와 $\triangle M'CP'$ 역시 닮은꼴이다. 그러므로

$$CM' : DM' = CP' : DB \tag{5.12}$$

점들 사이 거리는

$$\begin{aligned} CM' &= s' - r \\ DM' &= s' \\ CP' &= n \end{aligned} \tag{5.13}$$

이므로

$$DB = \frac{DM' \cdot CP'}{CM'} = \frac{s'n}{s'-r} \tag{5.14}$$

이다. 식 (5.11)과 식 (5.14)의 좌변이 같으므로 우변도 역시 같아야 한다. 따라서 굴절 방정식

$$\frac{-sn'}{-s+r} = \frac{s'n}{s'-r} \rightarrow \frac{n'}{s'} = \frac{n}{s} + \frac{n'-n}{r} \tag{5.15}$$

을 얻을 수 있다. 이 결과는 식 (5.8)과 같아서, 작도 방법이 옳다는 것을 알 수 있다.

굴절 구면에 대한 결상 방정식으로부터 평면에서의 굴절에 의한 결상 방정식을 유도할 수 있다. 평면은 구면의 특별한 경우로, 곡률 반경이 무한히 큰 경우에 해당한다. 따라서 평면에서의 굴절에 의한 결상 방정식에서 $r \rightarrow \infty$로 대체하면 된다. 즉,

$$\frac{n'}{s'} = \frac{n}{s} + \frac{n'-n}{\infty} \rightarrow \frac{n'}{s'} = \frac{n}{s} \tag{5.16}$$

이 결과는 평면에 대하여 유도된 결상 방정식 (3.16)과 일치한다.

[예제 5.1.2]
각막은 메니스커스 모양으로 두 개의 면으로 구성되어 있다. 각막 제1면의 반지름은 7.8 mm, 각막의 굴절률은 1.376이다. 물체가 각막 전면으로부터 50 cm 위치에 물체가 놓여 있는 경우, 각막 제1면에 의해 맺힌 상의 위치를 구하시오.

풀이: 결상 방정식 (5.8)로부터

$$\frac{1.376}{s'} = \frac{1}{-500\ mm} + \frac{1.376-1.00}{7.8\ mm}$$

$s' = 27.41\ mm$

5.1.3 굴절 구면의 초점 거리

무한대에 있는 축상 물체의 상은 제2 초점 F'에 맺힌다. 그림 (5.4a)에서, 제2 초점 거리는 $f' = AF'$이다. 초점 거리를 찾기 위해 결상 방정식

$$\frac{n'}{s'} = \frac{n}{s} + \frac{n'-n}{r} \tag{5.17}$$

에서 물체 거리를 $s=-\infty$로 놓으면 상 거리는 초점 거리 $s'=f'$가 된다.

$$\frac{n'}{f'}=\frac{n}{-\infty}+\frac{n'-n}{r}$$

$$\frac{n'}{f'}=\frac{n'-n}{r} \tag{5.18}$$

제1 초점을 통과한 광선은 굴절 후 광축에 평행하게 지난다. (5.4b)에서 제1 초점 거리 f를 찾기 위해 결상 방정식에서 상거리를 $s'=\infty$로 놓으면 물체 거리는 초점 거리 $s=f$가 된다.

$$\frac{n'}{\infty}=\frac{n}{f}+\frac{n'-n}{r}$$

$$\frac{n}{f}=\frac{n-n'}{r} \tag{5.19}$$

위 두 식 (5.18)과 (5.19)로부터

$$\frac{n'}{f'}=\frac{n'-n}{r}, \quad \frac{n}{f}=\frac{n-n'}{r} \tag{5.20}$$

이고, 제1 초점 거리와 제2 초점 거리의 관계는 굴절률 비로 표현된다. 즉,

$$\frac{n'}{f'}=-\frac{n}{f} \quad \rightarrow \quad \frac{f'}{f}=-\frac{n'}{n} \tag{5.21}$$

굴절 구면의 결상 방정식을 초점 거리로 표현하면

$$\frac{n'}{s'}=\frac{n}{s}+\frac{n'}{f'} \tag{5.22}$$

$$\frac{n'}{s'}=\frac{n}{s}-\frac{n}{f} \tag{5.23}$$

두 초점 거리 사이 관계는 작도에 의해서도 얻을 수 있다. 음(-)의 무한대에서 굴절 후 F'로 가는 광선, F에서 굴절 후 양(+)의 무한대로 가는 광선을 나타내는 그

림 (5.4a)에서 점과 거리는

$$AF = f, \quad AF' = f', \quad AC = r$$
$$CP' = AB = n$$
$$CP = AD = n'$$
$$P'P = BD = n' - n \qquad (5.24)$$

삼각형 $\triangle FAB$와 $\triangle BP'P$는 닮은꼴이므로

$$\frac{n' - n}{r} = \frac{n}{FA} \qquad (5.25)$$

이고, 삼각형 $\triangle DBP'$와 $\triangle P'CF'$는 닮은꼴이다. 따라서

$$\frac{n' - n}{r} = \frac{n}{CF'} \qquad (5.26)$$

위 두 식 (5.25), (5.26)과 식 (5.20)으로부터

$$FA = CF' = -f \qquad (5.27)$$

즉, 곡률 중심에서 제2 초점까지의 거리는 제1 초점 거리와 크기가 같다.

그림 (5.4b)에서, 삼각형 $\triangle FCP$와 $\triangle FAB$는 닮은꼴이므로

$$\frac{n'}{FC} = \frac{n}{-f} \qquad (5.28)$$

이다.

그림 (5.4c)에서, 삼각형 $\triangle DAF'$와 $\triangle P'CF'$는 닮은꼴이다. 따라서

$$\frac{n'}{AF'} = \frac{n}{-f} \qquad (5.29)$$

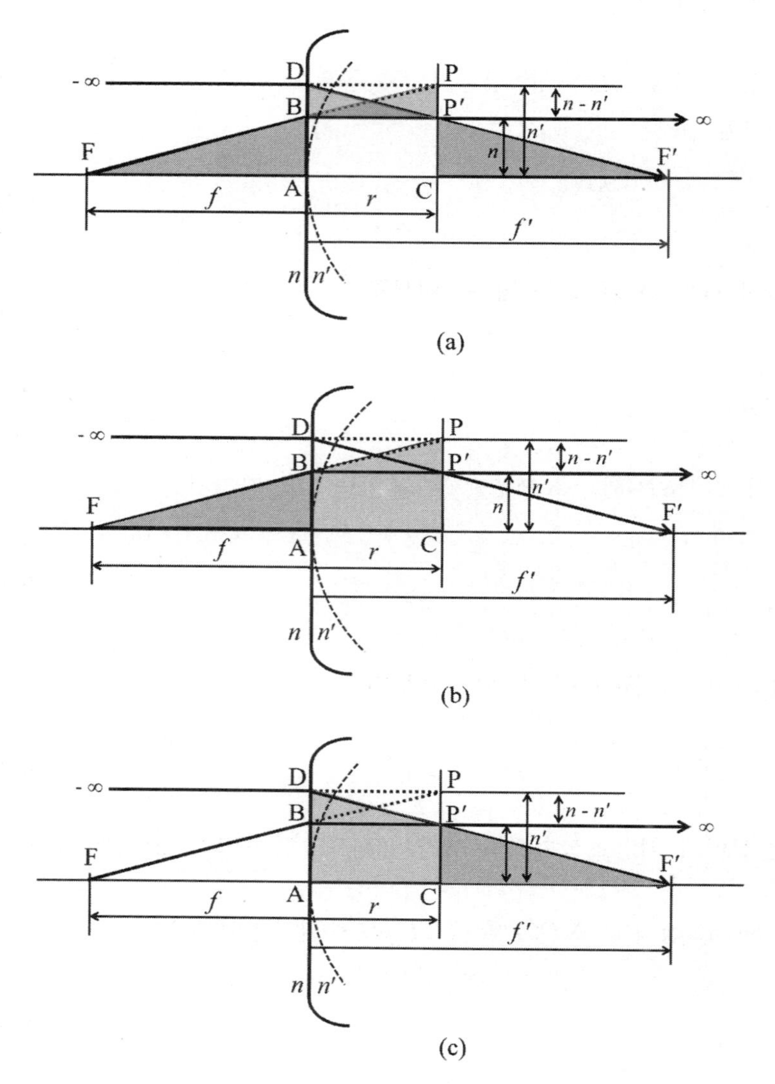

그림 5.4 구면에 의한 굴절

위 두 식 (5.28)과 (5.29)로부터

$$FC = AF' = f' \tag{5.30}$$

이다. 따라서 제1 초점에서 곡률 중심까지의 거리는 제2 초점 거리의 크기와 같다.

$$FC = FA + AC$$
$$= -f + r$$
$$= f'$$
$$f + f' = r \qquad (5.31)$$

[예제 5.1.3]

물체가 공기와 굴절률 1.52인 유리의 경계인 굴절 구면의 곡률 반경은 30 mm이다. 굴절 구면의 제1 초점 거리와 제2 초점 거리를 구하시오.

풀이: 제2 초점 거리 f'와 곡률 반경 r 사이 관계식 (5.20)과 두 초점 사이 관계식 (5.21)을 이용한다.

$$\frac{n'}{f'} = \frac{n' - n}{r} \quad \Rightarrow f' = \frac{n'}{n' - n} r = \frac{1.52}{1.52 - 1.00}(30\ mm) = 87.69\ mm$$
$$\frac{n'}{f'} = -\frac{n}{f} \quad \Rightarrow f = -\frac{n}{n'} f' = -\frac{1.00}{1.52}(87.69\ mm) = -57.69\ mm$$

제1 초점 거리 f와 제2 초점 거리는 서로 (-) 관계에 있는데, 이는 정점을 중심으로 반대편에 있다는 것을 의미한다.

[예제 5.1.4]

굴절률과 초점 거리 관계식

$$\frac{f'}{f} = -\frac{n'}{n}, \quad \frac{n'}{f'} = \frac{n' - n}{r}$$

을 이용하여, 두 초점 거리의 합이 곡률 반경과 같음을 보여라. 즉 식 (5.31) $f + f' = r$이 만족됨을 보여라.

풀이: 문제에 주어진 첫 번째 식에서

$$n' = -\frac{f'}{f} n$$

이것을 두 번째 식에 대입하여 정리하면

$$\frac{1}{f'}\left(-\frac{f'}{f}n\right)=\frac{-\frac{f'}{f}n-n}{r}$$
$$-\frac{1}{f}n=\frac{-f'n-fn}{rf}$$
$$-1=\frac{-f'-f}{r}$$
$$r=f'+f$$

5.1.4 면 굴절력

굴절 구면은 곡률과 굴절률 차(주변과 굴절 매질의 굴절률 차)에 의하여 입사하는 광선에 굴절력을 발생시킨다. 결상 방정식

$$\frac{n'}{s'}=\frac{n}{s}+\frac{n'-n}{r} \tag{5.32}$$

에서 마지막 항 $(n'-n)/r$을 면 굴절력으로 정의한다. 굴절력 D'의 단위는 디옵터(D)이고, 반지름 r의 길이는 반드시 미터(m) 단위를 써야 한다. 면 굴절력을 곡률 반경, 초점 거리로 표현하면

$$D'=\frac{n'-n}{r}=\frac{n'}{f'}=-\frac{n}{f} \tag{5.33}$$

초점 거리 f'와 f도 반드시 미터 단위를 써야 한다.

[예제 5.1.5]
사람 눈의 각막 제1면의 곡률 반경은 $r=7.8\ mm$이고 굴절률은 $n=1.376$이다. 각막 제1면의 굴절력은 얼마인가?

풀이: 면 굴절력 식 (5.33)을 이용하여 계산한다.

$$D'=\frac{n'-n}{r}=\frac{1.376-1.0}{7.8\times10^{-3}\ m}=48.21\ D$$

[예제 5.1.6]
사람 눈의 각막 제2면의 곡률 반경은 $r = 6.7\ mm$이고 수양액 굴절률은 $n = 1.336$이다. 각막 제2면의 굴절력은 얼마인가? (각막의 굴절률은 1.376)

풀이: 면 굴절력 식 (5.33)을 이용하면

$$D' = \frac{n' - n}{r} = \frac{1.336 - 1.376}{6.7 \times 10^{-3}\ m} = -5.97\ D$$

사람 눈의 정시안 굴절력이 대략 $60D$이므로, 예제 (5.1.5)와 (5.1.6) 결과로부터 사람 눈에서 발생되는 굴절력의 대부분은 각막에서 발생되는 것을 알 수 있다. 즉 각막 전체 굴절력(전면의 굴절력과 후면의 굴절력의 합)은 대략 $42\,D$이다. 나머지 굴절력은 수정체에 의해 발생된다.

5.1.5 비축 상점

광축을 벗어난 물체의 한 점에 대한 결상점을 찾으면, 크기가 있는 물체에 대한 상의 특징을 알 수 있다. 즉 상의 도립/정립, 실상/허상, 확대/축소 여부는 비축 상점의 작도를 통해 알아낼 수 있다.

그림 (5.5)에서 물체를 나타내는 화살표 MQ의 끝점 M은 광축에 있고, Q는 화살표의 비축점이다. 점 Q에 대응하는 상점 위치를 결정하기 위해서는 Q로부터 발산하는 두 개 이상의 광선을 추적하여 굴절 후 만나는 점을 찾아야 한다. 광선 추적은 다음과 같다.

양(+) 굴절 구면 : 그림 (5.5a)
1. 광축에 평행한 광선은 점 Q를 지나 굴절 후 광선이 제2 초점을 지난다.
2. 점 Q를 통과하여 제1 초점을 지나는 광선은 굴절 후 광축과 평행하다.
3. 구면 중심 C를 향하는 광선은 굴절 없이 직진한다.

음(-) 굴절 구면: 그림 (5.5b)
1. 광축에 평행한 광선은 점 Q를 지나 굴절 후 연장선이 제2 초점을 지난다.
2. 점 Q를 통과하여 제1 초점으로 향하는 광선은 굴절 후 광축과 평행하다.
3. 구면 중심 C를 향하는 광선은 굴절 없이 직진한다.

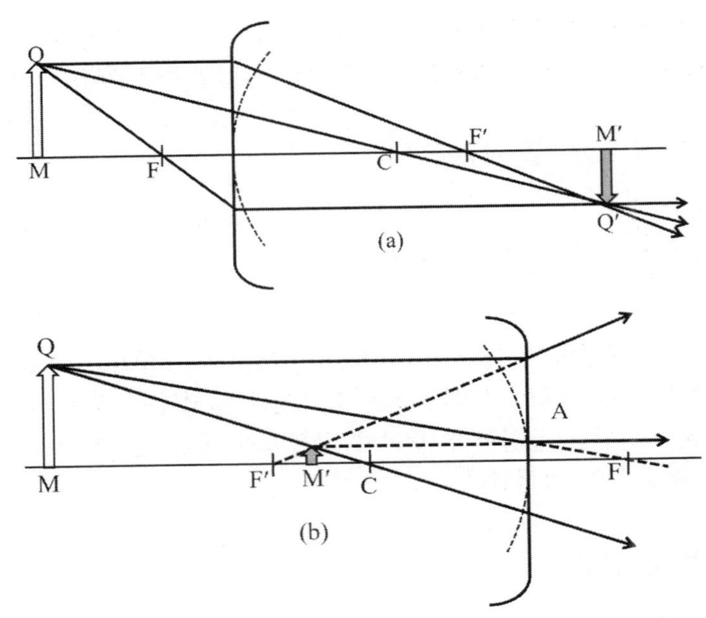

그림 5.5 비축 상점 작도 (a) (+) 구면 (b) (-) 구면

구면 형태	물체 위치	상의 위치	상의 위치
볼록 (+) 면	초점 왼쪽	구 중심 오른쪽	도립 실상
	초점	무한대	-
	초점-정점	물체 왼쪽	정립 허상
	정점	정점(물체와 겹침)	정립 허상
오목 (-) 면	정점 왼쪽	초점-정점	정립 허상

표 5.1 굴절 구면에 대한 상의 특징

[예제 5.1.7]
볼록면의 정점 (A)와 제2 초점 사이에 허물체가 있다. 상의 위치를 작도하시오.

풀이: 그림 (5.6) 참조

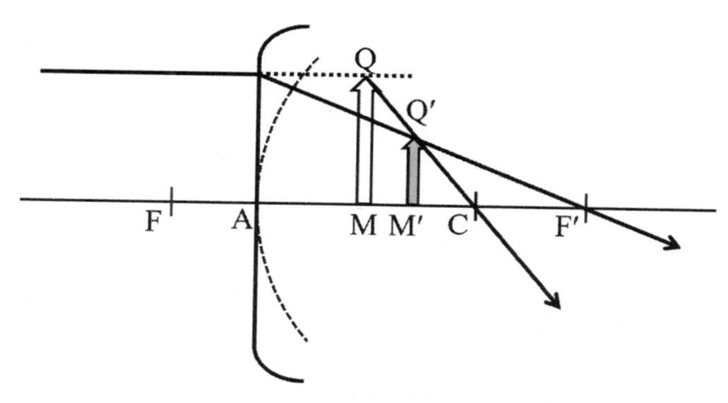

그림 5.6 볼록 구면의 허물체 비축 상점 작도

[예제 5.1.8]
오목면의 정점 (A)와 제1 초점 사이에 허물체가 있다. 상의 위치를 작도하시오.

풀이: 그림 (5.7) 참조

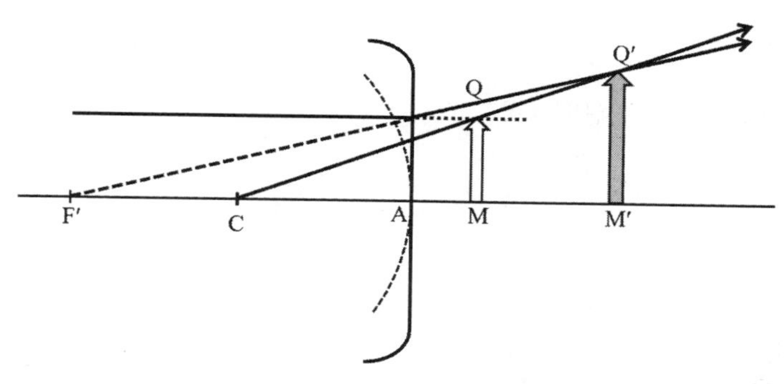

그림 5.7 오목 구면의 허물체 비축 상점 작도

5.1.6 횡배율

광축상에 있는 물점 M과 상점 M'는 서로 공액점이다. 횡배율 m_β는 물체의 크기 y와 상의 크기 y' 비율이다. 이 비율은 거리와 굴절률로 나타낼 수 있다.

근축 근사가 적용된 스넬의 법칙은

$$\frac{\sin\alpha'}{\sin\alpha} \approx \frac{\alpha'}{\alpha} = \frac{n}{n'} \tag{5.34}$$

이고, 횡배율 m_β는

$$m_\beta = \frac{y'}{y} \tag{5.35}$$

로 정의된다. 그림 (5.8)에서 입사 광선이 물체 공간에서 물체 거리 s, 물체 크기 y, 입사각 α가 만드는 삼각형 $\triangle MQA$와 상 공간에서 상 거리 s', 상 크기 y', 출사각 α'가 만드는 삼각형 $\triangle M'Q'A$에 대하여

$$\tan\alpha \approx \alpha = \frac{y}{s}, \quad \tan\alpha' \approx \alpha' = \frac{y'}{s'} \tag{5.36}$$

위 두 식 (5.34)와 (5.36)으로부터

$$\frac{y's}{ys'} = \frac{n}{n'} \tag{5.37}$$

따라서 굴절 구면에 대한 횡배율은

$$m_\beta = \frac{y'}{y} = \frac{ns'}{n's} \tag{5.38}$$

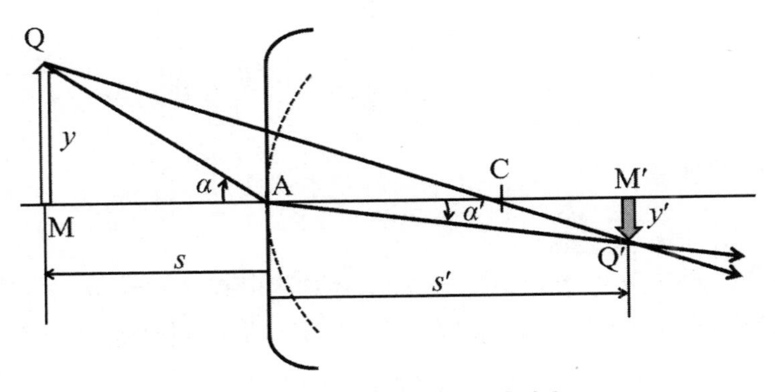

그림 5.8 굴절 구면의 횡배율

[예제 5.1.9]
물체가 공기와 굴절률 1.52인 유리의 경계인 단일 굴절 구면의 전방 200 mm에 위치해 있다. 면의 곡률 반경은 +25 mm이다. 물체 크기가 10 mm일 때 상의 횡배율과 크기를 구하시오.

풀이: 결상 방정식으로부터 상 거리를 계산하면

$$\frac{1.52}{s'} = \frac{1.00}{-200\ mm} + \frac{1.52-1.00}{25\ mm} \quad \rightarrow \quad s' = 96.20\ mm$$

횡배율은

$$m_\beta = \frac{ns'}{n's} = \frac{1.00\times 96.20}{1.52\times(-200)} = -0.32$$

상의 크기는

$$y' = m_\beta y = -0.32\times 10\ mm = -3.20\ mm$$

5.1.7 뉴턴 방정식

지금까지는 면의 정점을 좌표계의 원점으로 사용해 왔다. 결상 방정식에 사용되는 물체 거리, 상 거리, 초점 거리 모두 렌즈 정점이 거리의 기준점이었다. 뉴턴 방정식에서는 초점 거리의 기준은 앞에서와 마찬가지로 정점을 기준으로 한다. 반면 뉴턴 방정식에서 새롭게 정의된 거리 x와 x'는 초점을 기준으로 하여, 초점으로부터 측정된 값을 사용한다. 즉, 그림 (5.9)에서

$$x = FM, \quad x' = F'M' \tag{5.39}$$

점 F, F'는 각각 제1 초점과 제2 초점이고 점 M, M'는 각각 물점과 상점이다. 뉴턴 방정식은 횡배율 $m_\beta = y'/y$로부터 얻을 수 있다. 아래 그림 (5.9)에서 광축에 평행하게 입사하여 굴절 후 제2 초점을 지나는 광선과, 제1 초점으로 입사하여 굴절 후 광축에 평행하게 지나는 광선이 물점, 초점, 정점과 이루는 삼각형의 비례식으로부터

$$m_\beta = \frac{y'}{y} = -\frac{f}{x} = -\frac{x'}{f'} \tag{5.40}$$

마지막 두 항에 있는 (-) 부호는 길이에 대한 부호 규약에 의한 것이다. 즉 각각 거리의 부호는

$$x', f', y > 0, \quad x, f, y' < 0 \tag{5.41}$$

이고, 횡배율의 마지막 두 항은

$$xx' = ff' \tag{5.42}$$

이 된다. 이것이 굴절 구면에 대한 뉴턴 방정식이다.

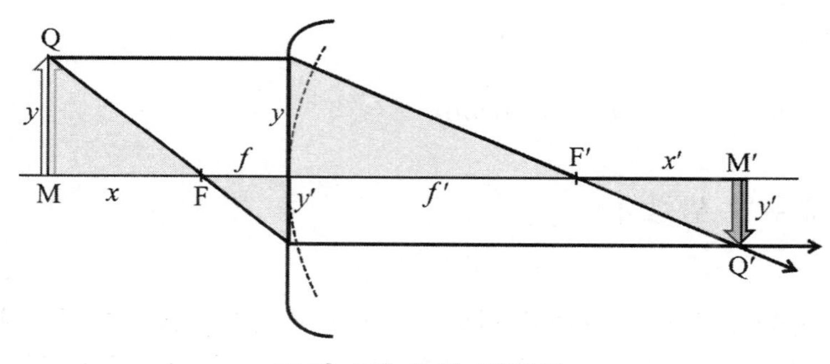

그림 5.9 뉴턴 방정식

[예제 5.1.10]
거리 관계식 $s = f + x$, $s' = f' + x'$을 이용하여 뉴턴 방정식 $xx' = ff'$이 굴절 구면의 결상 방정식과 같음을 보여라.

풀이: 거리 s와 x 그리고 s'과 x' 사이 관계를 이용한다.

$$x = s - f, \qquad x' = s' - f'$$

을 뉴턴 방정식 $xx' = ff'$에 대입하여 정리하면

$$(s-f)(s'-f')=ff'$$

$$ss'-sf'-s'f+ff'=ff'$$

$$ss'-sf'-s'f=0$$

양변을 ss'로 나누고, 식 (5.20)을 적용하면

$$1-\frac{f'}{s'}-\frac{f}{s}=0$$
$$1-\frac{1}{s'}\left(\frac{n'}{n'-n}r\right)-\frac{1}{s}\left(\frac{-n}{n'-n}r\right)=0$$

$(n'-n)/r$을 곱하면, 결상 방정식

$$\frac{n'}{s'}=\frac{n}{s}+\frac{n'-n}{r}$$

을 얻을 수 있다.

[예제 5.1.11]
물체가 공기와 굴절률 1.52인 유리의 경계인 단일 굴절 구면의 전방 200 mm에 위치해 있다. 면의 곡률 반경은 25 mm이다. 만약 물체가 제1 초점 앞 50 mm에 있을 때, x'를 구하시오.

풀이: 상거리 s'과 제2 초점 거리 f'를 계산하여 관계식 $x'=s'-f'$를 이용한다.

$$\frac{1.52}{s'}=\frac{1}{-200\ mm}+\frac{0.52}{25\ mm}\ \rightarrow\ s'=96.20\ mm$$
$$\frac{n'}{f'}=\frac{n'-n}{r}\ \rightarrow\ f'=\frac{n'}{n'-n}r=\frac{1.52}{1.52-1.00}(25\ mm)=73.08\ mm$$
$$x'=s'-f'=23.13\ mm$$

5.1.8 스미스-헬름홀츠 방정식

앞에서 굴절 구면에 대한 결상 방정식을 논의하였다. 결상 방정식을 이용하여 상의

위치, 상의 특징, 상의 크기를 알 수 있다. 만일 다중면과 같이 복잡한 광학계에 대한 상을 분석하기 위해서는 결상 방정식을 여러 번 반복 사용하여 최종 상을 추적해야 한다. 이 과정에서 계산 오류 가능성이 있고, 부호 규약이 적절하게 적용되었는지 여부가 불확실해질 수 있다. 이런 어려움과 불확실성을 해소할 수 있는 방법이 있다. 복잡한 광학계의 모든 단계에도 변하지 않는 값이 있는데, **라그랑주 불변량**이라고 한다. 그림 (5.10)의 광축상에 있는 물점과 상점이 이루는 삼각형으로부터

$$\frac{\sin\theta}{\sin\theta'} = \frac{BM'}{BM} \tag{5.43}$$

여기서 $\sin\theta = h/BM$, $\sin\theta' = h/BM'$, 그리고 근축 근사를 적용하여 점 M와 점 D는 같은 점으로 취급하였다.
입사각 θ, 출사각 θ'에 대한 근축 근사를 적용하면

$$\begin{aligned} \sin\theta \sim \theta \sim \tan\theta &= \frac{DB}{s} \\ \sin\theta' \sim \theta' \sim \tan\theta' &= \frac{DB}{s'} \end{aligned} \tag{5.44}$$

이므로

$$\frac{\theta}{\theta'} = \frac{s'}{s} \tag{5.45}$$

이고, 횡배율 m_β

$$m_\beta = \frac{y'}{y} = \frac{ns'}{n's} \tag{5.46}$$

을 적용하면

$$\frac{s'}{s} = \frac{n'y'}{ny} \tag{5.47}$$

이다. 식 (5.45)의 우변과 식 (5.47)의 좌변이 같으므로

$$n'y'\theta' = ny\theta \tag{5.48}$$

이 식을 스미스-헬름홀츠 방정식이라고 한다. 세 값 (굴절률, 높이, 각)의 곱 $ny\theta$를 라그랑주 불변량이라고 한다. 광학계의 모든 단계에 라그랑주 불변량은 변하지 않아 스미스-헬름홀츠 방정식은 항상 만족되어야 한다. 따라서 이 방정식을 이용하면 계산 결과가 맞는 결과인지 여부를 효과적으로 확인할 수 있다.

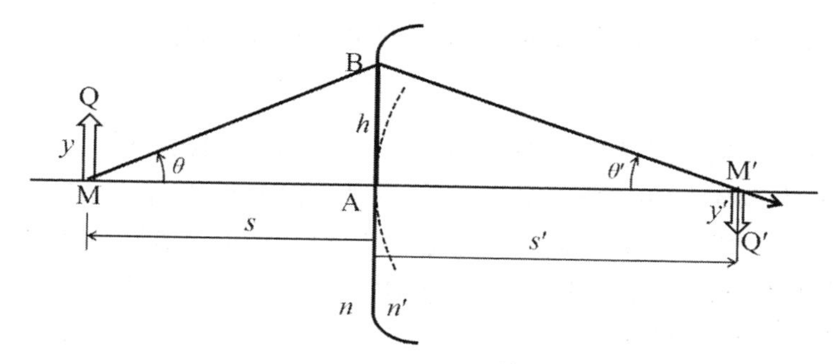

그림 5.10 라그랑주 불변량

[예제 5.1.12]
두께가 d이고 굴절률이 n인 평판이 공기 중에 놓여 있다. 한 광선이 수평 방향에 대하여 각 θ로 입사할 때, 제2면에서 굴절된 직후 스미스-헬름홀츠 방정식이 만족됨을 확인하여라.

풀이: 평면에 대한 근축 결상 방정식

$$\frac{n'}{s'} = \frac{n}{s} \quad \rightarrow \quad s' = \frac{n'}{n}s$$

을 이용하면 평면에 대한 횡배율은

$$m_\beta = \frac{y'}{y} = \frac{ns'}{n's} = 1$$

이다. 따라서 $y' = y$이므로 상의 크기는 물체의 크기와 같다. 그리고 근축 근사가 적용된 스넬의 법칙은

$$n\theta = n'\theta'$$

이므로 평면에 대하여 $y' = y$이므로, 위 식의 좌변과 우변에 y와 y'를 각각 곱하면

$$n\theta = n'\theta' \quad \rightarrow \quad ny\theta = n'y'\theta'$$

가 되어 스미스-헬름홀츠 방정식이 만족된다.

5.2 구면에서의 반사(Reflection on Spherical Surface)

구면에서 반사에 대한 결상 방정식은 두 가지 방법으로 유도할 수 있다. 첫 번째는 구면 반사에 대한 기하학적 각과 거리 관계로부터 얻을 수 있다. 두 번째로는 굴절 구면의 결상 방정식을 이용하는 방법이다. 즉, 굴절 구면의 결상 방정식은 구면에서의 반사에 적용할 수 있다. 다만, 굴절이 아닌 반사임을 나타내는 조건을 결상 방정식에 적용해야 한다.

반사된 빛은 새로운 매질로 전파해 가는 것이 아니라, 같은 매질로 되돌아 간다. 부호 규약에서 빛은 왼쪽에서 오른쪽으로 진행하는 것을 기본적으로 약속하였는데 반사된 빛은 반대 방향으로 되돌아간다. 되돌아가는 조건을 굴절 구면 결상 방정식에 적용하면 구면 반사 결상 방정식을 얻을 수 있다.

5.2.1 구면 거울의 결상 방정식

근축 근사가 적용된 구면 거울의 결상 방정식을 유도해 보자. 거울에서 반사되는 광선에 대한 반사 법칙은

$$\alpha = -\alpha' \tag{5.49}$$

그림 (5.11)에서 입사 광선이 만드는 삼각형 $\triangle MBC$에 대한 각 사이 관계식

$$-\phi = -\alpha + \theta \quad \rightarrow \quad \alpha = \phi + \theta \tag{5.50}$$

각의 부호는 $\theta > 0$, $\alpha < 0$, $\phi < 0$이다.[8] 그리고 반사 광선이 만드는 삼각형 $\triangle M'BC$에 대한 각들 사이 관계식

$$\theta' = \alpha' - \phi \rightarrow \alpha' = \theta' + \phi \tag{5.51}$$

각의 부호는 $\alpha' > 0$, $\theta' > 0$이다.[9]
식 (5.50)과 (5.51)을 식 (5.49)에 대입하여 정리하면

$$\phi + \theta = -\theta' - \phi \rightarrow \theta + \theta' = -2\phi \tag{5.52}$$

삼각형 $\triangle MBD$, $\triangle CBD$, 그리고 $\triangle M'BD$에 대한 근축 근사

$$\overline{DA} \sim 0, \quad \tan\theta \sim \theta, \quad \tan\theta' \sim \theta', \quad \tan\phi \sim \phi \tag{5.53}$$

가 적용된 삼각함수는

$$\theta = -\frac{h}{s}, \quad \theta' = -\frac{h}{s'}, \quad \phi = \frac{h}{r} \tag{5.54}$$

여기서 거리에 대한 부호 규약은 $s < 0$, $s' < 0$, $h > 0$이다. 식 (5.52)와 식(5.54)를 조합하면, 구면 거울에 대한 결상 방정식

$$\frac{1}{s'} + \frac{1}{s} = \frac{2}{r} \tag{5.55}$$

을 유도할 수 있다.

구면 거울에 대한 결상 방정식은 굴절 구면의 결상 방정식으로부터 얻을 수 있다. 반사에 의한 되반사된 광선을 기술할 때는 반사 광선이 지나는 매질의 굴절률에 (-)를 붙인다. 이것을 수식에 적용하는 것은 굴절률의 부호를 바꿔주면 된다. 즉 굴절 구면 결상 방정식에 $n' = -n$로 대체하면 구면 거울에서의 결상 방정식으로 바뀐다. 따라서

$$\frac{n'}{s'} = \frac{n}{s} + \frac{n' - n}{r} \rightarrow \frac{-n}{s'} = \frac{n}{s} + \frac{-n-n}{r} \tag{5.56}$$

---

8) $|\phi| = |\alpha| + |\theta| \rightarrow -\phi = -\alpha + \theta$
9) $|\theta'| = |\phi| + |\alpha'| \rightarrow \theta' = -\phi + \alpha'$

위 식을 정리하면 구면 반사에 의한 결상 방정식은

$$\frac{n}{s'}+\frac{n}{s}=\frac{2n}{r} \rightarrow \frac{1}{s'}+\frac{1}{s}=\frac{2}{r} \tag{5.57}$$

이 된다. 여기서 주의할 점은 **굴절률에 붙인 (-) 부호는 다시 반사가 일어나기 전까지 계속 적용**해야 한다는 것이다.

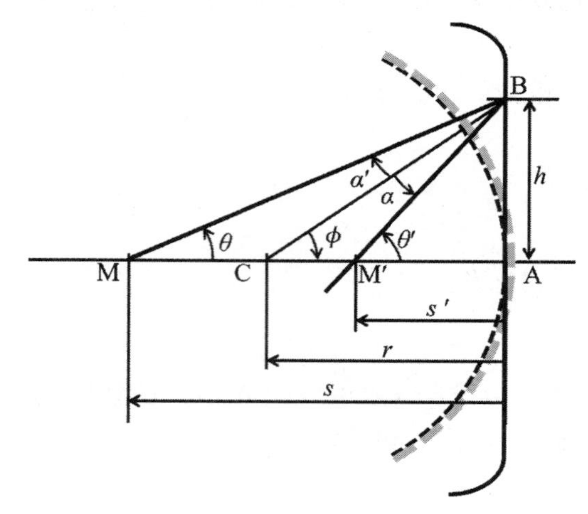

그림 5.11 구면에서의 반사

구면에 의한 굴절과 평면에 의한 굴절 관계와 유사하게 구면에서의 반사 결상 방정식과 평면에서의 반사 결상 방정식 관계는 $r \rightarrow \infty$로 대체하면 된다. 평면 거울 결상 방정식은

$$\frac{n}{s'}+\frac{n}{s}=\frac{2n}{r}$$

$$\frac{n}{s'}+\frac{n}{s}=\frac{2n}{\infty}$$

$$\frac{n}{s'}=-\frac{n}{s} \rightarrow s'=-s \tag{5.58}$$

이 된다. 여기서 상 거리와 물체 거리 관계는 $s=-s$이고, (-) 부호는 경계면 반대쪽에 상이 맺힌다는 것을 의미한다. 이 결과는 평면 거울에 의한 결과, 식 (2.1)과 일치한다.

[예제 5.2.1]
각막은 매우 투명하여 광 투과율이 95% 이상이다. 각막에 입사한 빛 중 일부는 반사되어 상을 맺는다. 각막 제1면의 반지름은 7.8 mm이다. 물체가 각막 제1면으로부터 50 cm 위치에 물체가 놓여 있는 경우, 반사된 빛이 만든 상의 위치를 구하시오.

풀이: 구면 거울의 결상 방정식에 주어진 값을 대입하면

$$\frac{1}{s'}+\frac{1}{s}=\frac{2}{r}$$
$$\frac{1}{s'}+\frac{1}{-500\ mm}=\frac{2}{7.8\ mm}$$
$$s'=3.87\ mm$$

5.2.2 구면 거울에 의한 비축 상점 작도

물체의 상점 Q'은 물체의 비축점 Q로부터 출발한 임의의 두 개의 광선이 만나는 곳에 있다. 그림 (5.12)의 세 광선은 두 초점 및 곡률 중심을 지난다. 광선 추적은 다음과 같다.

1. 광축과 평행하게 입사한 광선 1은 반사되어 제2 초점 F'으로 향한다.
2. 광선 2는 제1 초점 F를 통과한 후, 반사되어 광축에 평행하다.
3. 광선 3은 C를 통과하여 입사한 후, 반사되어 다시 원래 위치로 되돌아 간다.

세 개의 반사 광선은 모두 상점 Q'에서 교차한다. 물체의 위치에 따른 구면 거울 상의 위치, 상의 특징은 표 (5.2)와 같다.

거울 형태	물체 위치	상의 위치	상의 특징
오목 거울	$-\infty\leftrightarrow$중심	초점$\leftrightarrow$중심	도립/실상
	중심	중심	도립/실상
	중심$\leftrightarrow$초점	중심$\leftrightarrow -\infty$	도립/실상
	초점	$-\infty$	도립/실상
	초점$\leftrightarrow$정점	$-\infty\leftrightarrow$정점	정립/허상
볼록 거울	$-\infty\leftrightarrow$정점	$-\infty\leftrightarrow$초점	정립/허상

표 5.2 구면 거울에 대하여 물체 위치에 따른 상의 특징

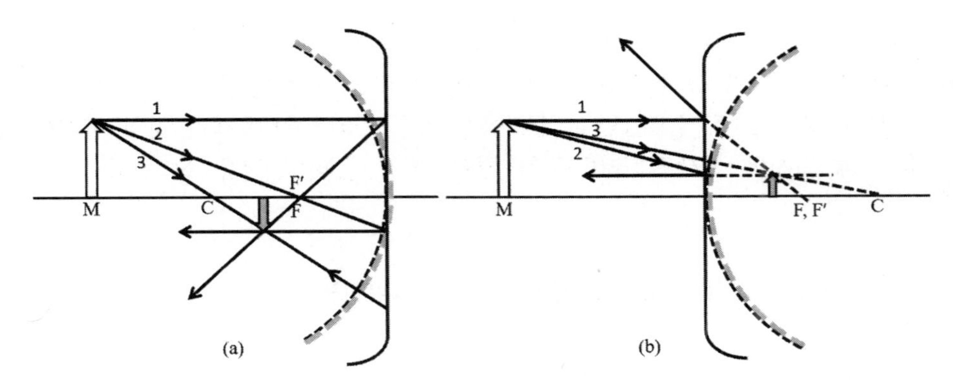

그림 5.12 구면 거울에 대한 비축 상점 작도 (a) 오목 (b) 볼록

[예제 5.2.2]
오목 거울의 정점 오른쪽에 허물체가 있는 경우 상을 작도하시오.

풀이: 그림 (5.13a) 참조

[예제 5.2.3]
볼록 거울의 정점과 초점 사이에 허물체가 있는 경우 상을 작도 하시오.

풀이: 그림 (5.13b) 참조

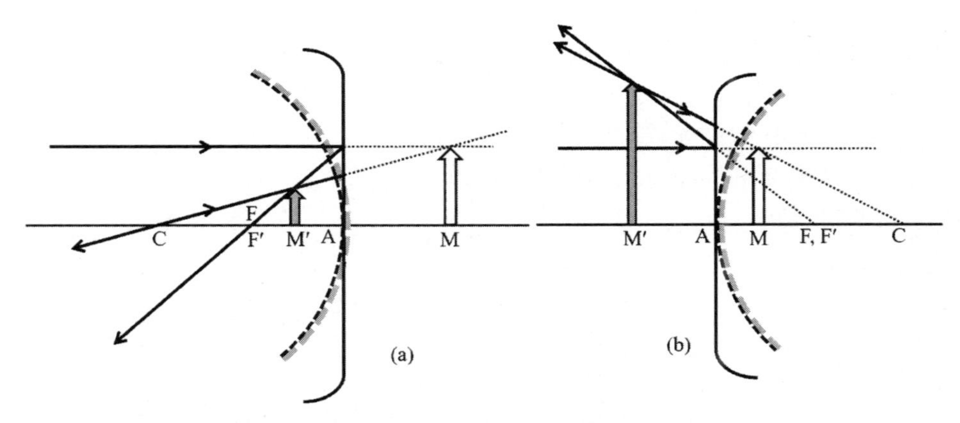

그림 5.13 구면 거울에 의한 허물체의 비축 상점 작도 (a) 오목 (b) 볼록

5.2.3 구면 거울의 초점

구면 거울의 초점은 다른 광학계의 초점 정의와 동일하다. 평행 광선이(물점이 무한대, $s \rightarrow -\infty$) 구면 거울에 입사하여 반사된 후 광축과 만나는 점을 제2 초점, 제1 초점을 통과한 후 반사된 광선은 광축에 평행(상점이 무한대 $s' \rightarrow \infty$) 한다. 구면 거울의 결상 방정식으로부터 초점의 정의를 적용하여 초점 거리를 유도할 수 있다.
구면 거울의 결상 방정식

$$\frac{n}{s'} + \frac{n}{s} = \frac{2n}{r} \tag{5.59}$$

에, 제1 초점 정의 $s' \rightarrow \infty$, $s = f$를 적용하면

$$\frac{n}{\infty} + \frac{n}{f} = \frac{2n}{r} \rightarrow f = \frac{r}{2} \tag{5.60}$$

같은 방법으로 제2 초점 정의 $s \rightarrow -\infty$, $s' = f'$을 적용하면

$$\frac{n}{f'} + \frac{n}{\infty} = \frac{2n}{r} \rightarrow f' = \frac{r}{2} \tag{5.61}$$

이 된다. 구면 거울에 대한 두 초점은 동일한 위치에 있고, 정점과 구면 중심의 중간에 있다.

구면 거울에 대한 초점은 굴절 구면 결상 방정식 (5.8)로부터 유도할 수 있다. 이 경우 굴절 구면을 구면 거울 조건으로 바꾸기 위하여 반사 광선 조건 $n' = -n$을 적용하고, 제1 초점 조건($s' \rightarrow \infty$, $s = f$)과 제2 초점 조건($s \rightarrow -\infty$, $s' = f'$)을 적용하면 같은 결과를 얻을 수 있다.

[예제 5.2.4]
반지름이 -200 mm인 오목 거울의 제1 초점 거리를 구하시오.

풀이: 제1 초점 거리과 반지름 관계식 (5.60)을 이용한다.

$$f = \frac{r}{2} = \frac{-200\ mm}{2} = -100\ mm$$

[예제 5.2.5]
제2 초점 거리가 +40 mm인 거울의 반지름을 구하시오.

풀이: 제2 초점 거리와 반지름 관계식 (5.61)을 이용한다.

$$r = 2f' = 2 \times 40\ mm = +80\ mm$$

5.2.4 구면 거울에 의한 횡배율

구면 거울에 대한 상점 Q'은 물체의 비축 점 Q에서 광축에 평행하게 출발한 광선과 정점을 향하여 나아간 광선으로부터 작도된다.

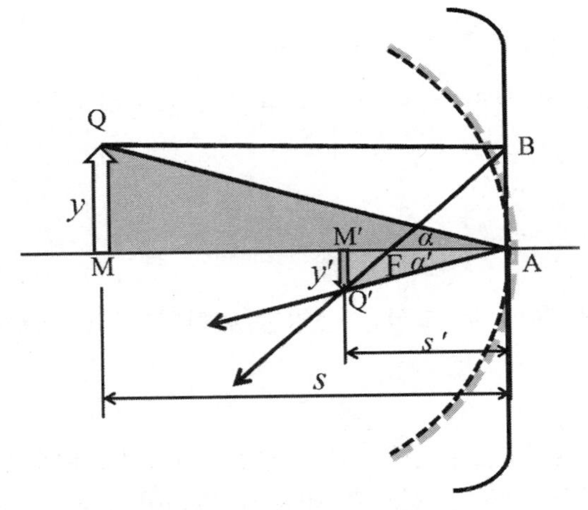

그림 5.14 구면 거울에 대한 횡배율

횡배율의 정의와 그림 (5.14)의 두 직각 삼각형 $\triangle MQA$, $\triangle M'AQ'$의 비례 관계로부터

$$m_\beta = \frac{y'}{y} = -\frac{s'}{s} \tag{5.62}$$

또한, 구면 거울의 횡배율은 굴절 구면의 횡배율로부터 같은 결과를 얻을 수 있다. 즉,

$$m_\beta = \frac{y'}{y} = \frac{ns'}{n's} \xrightarrow{(n'=-n)} m_\beta = -\frac{s'}{s} \tag{5.63}$$

[예제 5.2.6]
반지름이 -200 mm인 오목 거울 왼쪽 -400 mm 위치에 물체가 놓여 있다. 횡배율을 구하시오.

풀이: 구면 거울의 결상 방정식으로부터 상 거리를 구하여 횡배율 식에 대입한다. 반지름의 부호는 (-)이다.

$$\frac{1}{s'} + \frac{1}{s} = \frac{2}{r}$$
$$\frac{1}{s'} + \frac{1}{-400\ mm} = \frac{2}{-200\ mm}$$
$$s' = -\frac{400\ mm}{3}\ mm$$
$$m_\beta = -\frac{s'}{s} = \frac{-(400/3)\ mm}{-400\ mm} = -0.33$$

[예제 5.2.7]
반지름이 +200 mm인 볼록 거울 왼쪽 300 mm 위치에 물체가 놓여 있다. 횡배율을 구하시오.

풀이: 구면 거울의 결상 방정식으로부터 상 거리를 구하여 횡배율 식에 대입한다. 반지름의 부호는 (+)이다.

$$\frac{1}{s'} + \frac{1}{s} = \frac{2}{r}$$
$$\frac{1}{s'} + \frac{1}{-300\ mm} = \frac{2}{200\ mm}$$
$$s' = 75.00\ mm$$
$$m_\beta = -\frac{s'}{s} = -\frac{75\ mm}{-300\ mm} = 0.25$$

5.2.5 구면 거울에 대한 뉴턴 방정식

결상 방정식에 사용되는 모든 거리의 기준은 렌즈의 정점이다. 뉴턴 방정식에서 새롭게 정의되는 거리 x, x'는 초점으로부터 측정된 거리이다. 물론 결상 방정식과 뉴턴 방정식은 기본적으로 같은 의미를 갖고, 거리들 사이의 관계를 적용하여 상호 전환이 가능하다.

그림 (5.15)에서

$$y = MQ = AB, \quad y' = M'Q' = AD \tag{5.64}$$

부호 규약에 따라 물체와 상의 부호는 각각 $y > 0$, $y' < 0$이다. 닮은 삼각형 $\triangle MFQ$와 $\triangle FAD$에서

$$\frac{AD}{MQ} = \frac{FA}{FM} \rightarrow \frac{y'}{y} = -\frac{f}{x} \tag{5.65}$$

닮은 삼각형 $\triangle M'F'Q'$와 $\triangle FBA$에서

$$\frac{M'Q'}{AB} = \frac{F'M'}{F'A} \rightarrow \frac{y'}{y} = -\frac{x'}{f'} \tag{5.66}$$

거리 x, f, x' ,f'의 부호는 모두 (-)이다.

위 두 식 (5.65)와 (5.66)의 좌변이 일치하므로, 우변도 같아야 한다. 따라서 구면 거울의 뉴턴 방정식은

$$xx' = ff' = f'^2 = f^2 \tag{5.67}$$

이 된다.

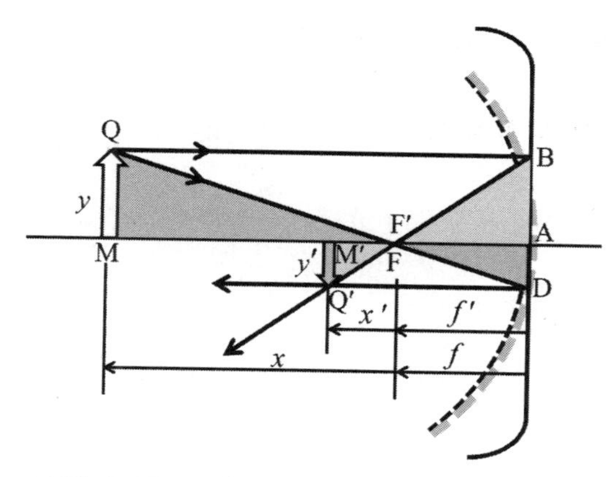

그림 5.15 구면 거울에 대한 뉴턴 방정식

[예제 5.2.8]
반지름이 -200 mm인 오목 거울에 대하여, 물체가 초점으로부터 왼쪽 50 mm 위치에 물체가 놓여 있다. 제2 초점으로부터 상까지의 거리는?

풀이: 반지름이 $r=-200\ mm$이므로 초점 거리는 $f=r/2=-100\ mm$이다.

$$xx'=f^2 \quad \rightarrow \quad x'=\frac{f^2}{x}=\frac{100^2\ mm^2}{-50\ mm}=-200\ mm$$

5.2.6 퍼킨제 상

매끄럽게 연마된 투명한 물체는 입사하는 대부분의 빛을 투과시킨다. 안경 렌즈는 전면으로 입사하는 빛의 95% 이상을 투과시킨다. 투과율이 높은 물체라도 입사 빛의 일부는 반사 시킨다. 사람의 눈도 광 투과율이 매우 높은 광학계이지만 역시 입사 빛의 일부는 반사 시킨다. 사람의 눈에서 반사된 빛에 의해 형성된 상을 퍼킨제 상이라고 한다.

각막의 전면에서 반사된 빛이 맺은 상을 퍼킨제 상 I, 각막 후면에서 반사된 빛이 맺은 상을 퍼킨제 상 II이라고 한다. 마찬가지로 수정체 전면과 후면에서 반사된 빛에 의한 상을 각각 퍼킨제 상 III, IV라고 한다.

[예제 5.2.9]
각막으로부터 50 cm 앞에 1.2 m 크기의 물체가 있다. 퍼킨제 상 I의 크기는 얼마

인가? (각막 전면의 곡률 반경은 7.8 mm이다.)

풀이: 구면 거울의 결상 방정식으로부터 상 거리는

$$\frac{1}{s'} = -\frac{1}{s} + \frac{2}{r}$$
$$= -\frac{1}{-500\ mm} + \frac{2}{7.8\ mm}$$
$$s' = 3.87\ mm$$

횡배율은

$$m_\beta = -\frac{s'}{s} = -\frac{3.87}{-500} = 0.00774$$

이므로 상의 크기는

$$y' = m_\beta\ y = 0.00774 \times 1.2 = 9.29\ mm$$

5.3 곡률과 굴절력(Curvature and Power)

면 굴절력은 식 (5.33)에서와 같이 곡률 $R(=1/r,\ r$은 반지름)과 굴절률 차의 곱으로 계산된다. 따라서 면 굴절력을 계산하기 위해서는 곡률을 알아야 한다. 각막의 곡률은 케라토미터(Keratometer)를 이용하여 각막에 의해 맺힌 상을 측정함으로써 알아낼 수 있다. 안경 렌즈의 곡률은 구면계와 렌즈 측정기를 이용하여 측정한다.

5.3.1 곡률과 세그

구면의 세그를 측정하면 곡률을 얻을 수 있다. 그림 (5.16)에서 세그(sagitta)는 구면과 현 사이 간격을 말한다. 세그 s, 반현 h, 그리고 곡률 반경 r 사이 관계는

$$r^2 = h^2 + (r-s)^2$$
$$= h^2 + r^2 - 2rs + s^2$$
$$s^2 - 2rs + h^2 = 0 \qquad (5.68)$$

s에 대한 2차 방정식의 해는

$$s = +r \pm \sqrt{r^2 - h^2} \tag{5.69}$$

여기서 제곱근 부호 (-)만이 그림 (5.16)의 해가 된다. 식 (5.68)에서 곡률 반경은

$$r = \frac{h^2 + s^2}{2s} \tag{5.70}$$

이므로, 곡률 R은

$$R = \frac{2s}{h^2 + s^2} \tag{5.71}$$

가 된다. 곡률로부터 굴절력 D'는

$$D' = (n' - n)R = \frac{2(n' - n)s}{h^2 + s^2} \tag{5.72}$$

이다.

만일 세그가 작은 값인 경우 $s \ll h$, 곡률과 굴절력은 각각

$$R \approx \frac{2s}{h^2}$$
$$D' = \frac{2(n' - n)s}{h^2} \tag{5.73}$$

이고, 세그의 근삿값은

$$s \approx \frac{h^2 R}{2} \tag{5.74}$$

이다. 이로써 세그를 측정하면 곡률을 알 수 있다.

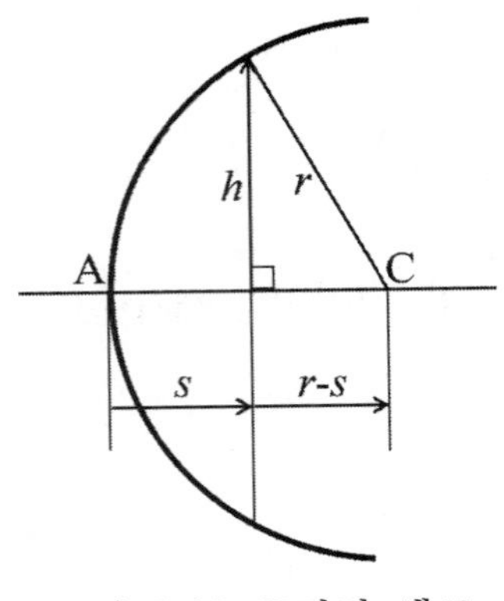

그림 5.16 구면의 세그

5.3.2 세그와 렌즈 두께

안경 렌즈 가장자리 두께는 미용상 매우 중요하다. 안경 렌즈 가장자리 두께는 렌즈의 굴절률과 안경테의 크기와 모양에 따라 크게 영향을 받는다. 안경 렌즈 두께는 세그로 표현될 수 있다.

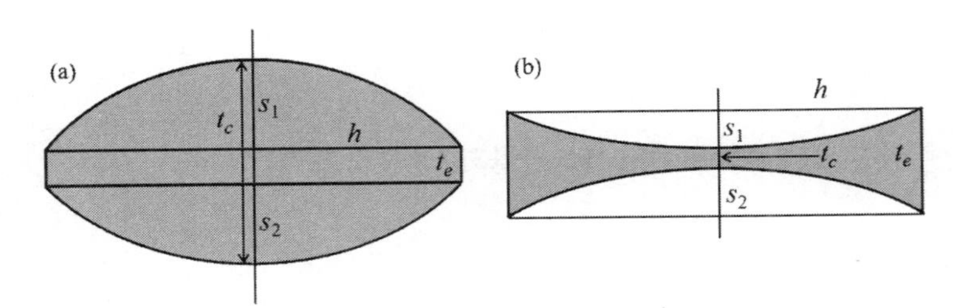

그림 5.17 볼록 렌즈와 오목 렌즈의 두께

그림 (5.17)은 볼록 렌즈와 오목 렌즈의 중심 두께 t_c와 가장자리 두께 t_e를 보여준다. 렌즈의 중심 두께는 세그와 가장자리 두께로 표현될 수 있다.

$$\begin{aligned} t_c &= t_e \pm (s_1 + s_2) \\ &= t_c \pm [(r_1 - \sqrt{r_1^2 - h^2}) + (r_2 - \sqrt{r_2^2 - h^2})] \end{aligned} \tag{5.75}$$

여기서 세그 s는 식 (5.69)를 사용하였다. 볼록 렌즈의 경우 (+)부호, 오목 렌즈의 경우 (−)가 적용된다. 아래 첨자 1과 2는 각각 전면과 후면을 의미한다.

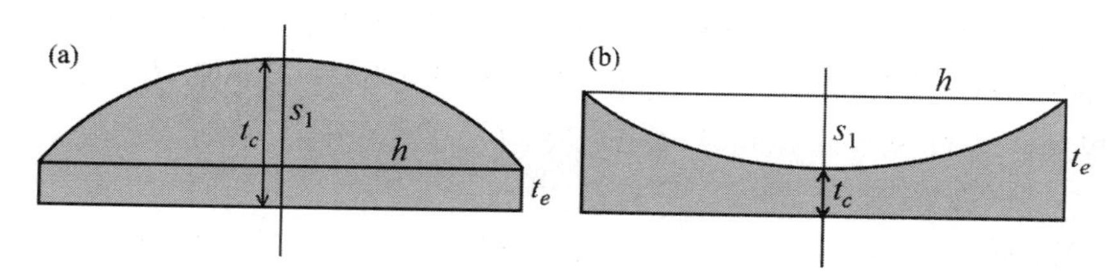

그림 5.18 평볼록 렌즈와 평오목 렌즈의 두께

그림 (5.18)은 평볼록 렌즈와 평오목 렌즈의 중심 두께 t_c와 가장자리 두께 t_e를 보여준다. 후면이 평면이기 때문에 식 (5.75)에서 $s_2 = 0$이다. 따라서 중심 두께는

$$\begin{aligned} t_c &= t_e \pm s_1 \\ &= t_c \pm (r_1 - \sqrt{r_1^2 - h^2}) \end{aligned} \tag{5.76}$$

이다. 여기서도 평볼록 렌즈의 경우 (+)부호, 평오목 렌즈의 경우 (−)가 적용된다.

그림 (5.19)는 근시 교정 렌즈로 쓰이는 메니스커스 오목 렌즈이다. 이 렌즈의 가장자리 두께는

$$\begin{aligned} t_e &= (s_2 + t_c) - s_1 = t_c + s_2 - s_1 \\ &= t_c + [r_2 - \sqrt{r_2^2 - h^2}] - [r_1 - \sqrt{r_1^2 - h^2}] \end{aligned} \tag{5.77}$$

여기서 r_1과 r_2는 각각 렌즈 전면과 후면의 곡률 반경이다.

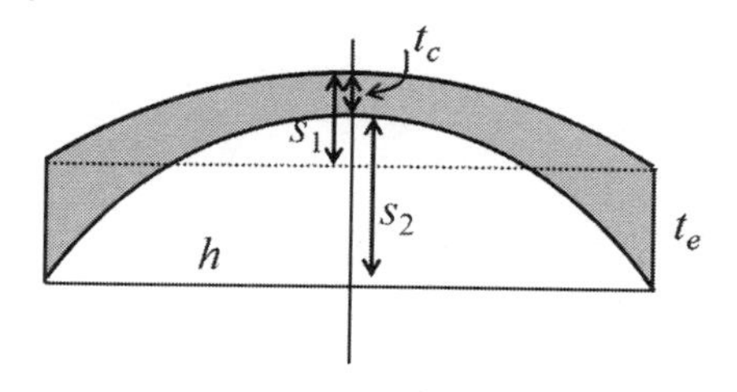

그림 5.19 메니스커스 오목 렌즈의 두께

안경 렌즈의 가장자리 두께는 안경테의 크기와 렌즈 굴절률에 영향을 받는다. 식 (5.75) ~ (5.77)에서 h는 안경테의 크기이다. 원형 안경테를 제외한 일반적인 안경테의 수평 방향 크기 h_h와 수직 방향 크기 h_v가 다르기 때문에 가장자리 두께도 수평 방향과 수직 방향으로 다른 값을 갖는다.

또 위 식들에서 곡률 반경 r_1과 r_2는 굴절률에 따라 다르다. 즉 면굴절력과 곡률 반경 관계식 $D' = (n' - n)/r$으로부터, 렌즈의 굴절률 n'에 따라 곡률 반경 r이 달라지므로 가장자리 두께가 변한다. 여기서 굴절률 n은 안경 렌즈가 공기 중에 놓이게 되므로 1이다.

[예제 5.3.1]
$-4.00\,D$인 근시안은 교정하기 위한 메니스커스 모양의 안경 렌즈의 중심 두께는 $t_c = 2.00\,mm$이고, 전면의 곡률 반경은 $r_1 = 250\,mm$이다. 안경 렌즈의 굴절률이 1.52인 경우 안경 렌즈의 수평 방향 가장 두께는? (안경 렌즈 수평 방향 크기는 $h = 45.0\,mm$이다.)

풀이: 식 (5.77)을 이용하여 계산한다.
먼저 전면의 굴절력은

$$D_1' = \frac{n' - n}{r_1} = \frac{1.52 - 1.00}{250} \times 1000$$
$$= 2.08\,D$$

따라서 수면의 굴절력은 $D_2' = -4.00\,D - 2.08\,D = -6.08\,D$이어야 한다. 이로써 후면의 곡률 반경은

$$r_2 = \frac{n - n'}{D_2'} = \frac{1.00 - 1.52}{-6.08\,D} \times 1000$$
$$= 85.5\,mm$$

식 (5.77)에 대입하여 가장자리 두께를 계산하면

$$t_e = t_c + [r_2 - \sqrt{r_2^2 - h^2}] - [r_1 - \sqrt{r_1^2 - h^2}]$$
$$= 2.00 + [85.5 - \sqrt{85.5^2 - 45.0^2}] - [250 - \sqrt{250^2 - 45.0^2}]$$
$$= 18.9\,mm$$

[예제 5.3.2]
위 문제에서 굴절률이 $n' = 1.70$인 렌즈를 사용하였을 때, 가장자리 두께는?

풀이: 식 (5.77)을 이용하여 계산한다.
먼저 전면의 굴절력은

$$D_1' = \frac{n'-n}{r_1} = \frac{1.70-1.00}{250} \times 1000$$
$$= 2.80\,D$$

따라서 수면의 굴절력은 $D_2' = -4.00\,D - 2.80\,D = -6.80\,D$이어야 한다. 이로써 후면의 곡률 반경은

$$r_2 = \frac{n-n'}{D_2'} = \frac{1.00-1.70}{-6.80\,D} \times 1000$$
$$= 102.9\,mm$$

식 (5.77)에 대입하여 가장자리 두께를 계산하면

$$t_e = t_c + [r_2 - \sqrt{r_2^2 - h^2}] - [r_1 - \sqrt{r_1^2 - h^2}]$$
$$= 2.00 + [102.9 - \sqrt{102.9^2 - 45.0^2}] - [250 - \sqrt{250^2 - 45.0^2}]$$
$$= 16.4\,mm$$

고 굴절률 렌즈를 사용하는 경우, 후면의 곡률 반경 r_2가 커져서 렌즈의 가장자리 두께는 얇아진다.

5.3.3 구면계와 렌즈 측정기

그림 (5.20a)는 구면계이다. 구면계는 끝부분이 정삼각형을 이루는 세 개의 고정 다리와 가운데 높낮이가 조절되는 축이 있다. 구면계를 구면 위에 올려놓고 조절 축을 움직여 구면에 가볍게 닿게 한 다음 눈금을 읽어 측정한 값이 세그이다. 측정된 세그를 식 (5.74)에 대입하여 곡률을 계산한다.

그림 (5.20b)는 렌즈 측정기이다. 렌즈 측정기는 두 개의 고정 다리와 높낮이가 조

절되는 축이 가운데에 있고, 일직선으로 정렬되어 있다. 렌즈 측정기는 구면의 세그를 측정하여 정해진 굴절률에 대한 굴절력으로 환산하여 눈금으로 나타낸다.

같은 곡률을 갖더라도 렌즈의 굴절률이 다르면 그 곡면의 굴절력이 달라진다. 따라서 렌즈 측정기는 정해진 굴절률을 기준으로 굴절력을 나타내므로, 측정하고자 하는 렌즈의 굴절률이 렌즈 측정기의 기준 굴절률과 다른 경우 이를 반영하여 굴절력을 보정해야 한다.

렌즈 측정기의 기준 굴절률 n_c는 일반적으로 제작 회사마다 다르다. 렌즈 측정기가 나타내는 굴절력 D_c는

$$D_c' = (n_c - 1)R \tag{5.78}$$

이고, 측정하고자 하는 렌즈의 굴절률이 n_a라면 측정된 곡률 R에 대한 굴절력은

$$D_a' = (n_a - 1)R \tag{5.79}$$

이다. 식 (5.78)에서 R로 정리한 다음, 식 (5.79)에 대입하면 렌즈의 실제굴절력은

$$D_a' = \frac{(n_a - 1)}{(n_c - 1)} D_c' \tag{5.80}$$

가 된다.

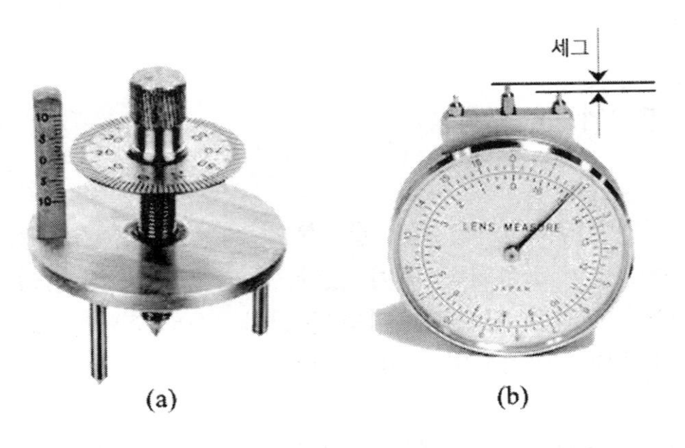

그림 5.20 (a) 구면계 (b) 렌즈 측정기

[예제 5.3.3]
기준 굴절률이 1.523인 렌즈 측정기를 이용하여 안경 렌즈의 굴절력을 측정하였더니, 2.18 D였다. 이때 사용된 안경 렌즈의 굴절률이 1.600이라면, 안경 렌즈의 실제 굴절력은 얼마인가?

풀이: 식 (5.77)을 이용한다.

$$\begin{aligned} D_a' &= \frac{(n_a - 1)}{(n_c - 1)} D_c' \\ &= \frac{(1.600 - 1)}{(1.523 - 1)} 2.18 = 2.50 \ D \end{aligned}$$

5.4 다중면 광학계 (Multiple surface system)

두 개 이상의 굴절면으로 구성된 광학계를 다중 면 광학계라고 한다. 렌즈는 두 개의 굴절 구면을 갖는 광학계이다. 다중 면 광학계에 의한 최종 상점을 찾기 위해서는 각 면에 대한 결상 방정식을 차례로 적용해야 한다. 최종 면에 의한 상점이 바로 최종 상점이 된다.

5.4.1 면이 2개인 광학계

한 면에 의한 결상 점이 그 면의 상점이 되는 동시에 다음 면의 물체 점이 된다. 그림 (5.21)은 두 면으로 이루어진 다중 면 광학계이다. 그림 제1면의 상점이 제2면의 물체 점이다. 이 경우 제1면과 제2면의 결상 방정식

$$\frac{n_1'}{s_1'} = \frac{n_1}{s_1} + \frac{n_1' - n_1}{r_1} \tag{5.81}$$

$$\begin{aligned} \frac{n_2'}{s_2'} &= \frac{n_2}{s_2} + \frac{n_2' - n_2}{r_2} \\ &= \frac{n_2}{s_1' - d} + \frac{n_2' - n_2}{r_2} \end{aligned} \tag{5.82}$$

식 (5.82)의 두 번째 줄은 제1면 상 거리 s_1'와 제2면의 물체 거리 s_2사이 관계

(전달 방정식) $s_2 = s_1' - d$를 이용하였다. 최종 상의 위치는 s_2'으로부터 얻어진 M_2'가 된다. 더 복잡한 광학계는 굴절면 수만큼의 결상 방정식을 적용하여 최종 상의 위치를 구한다.

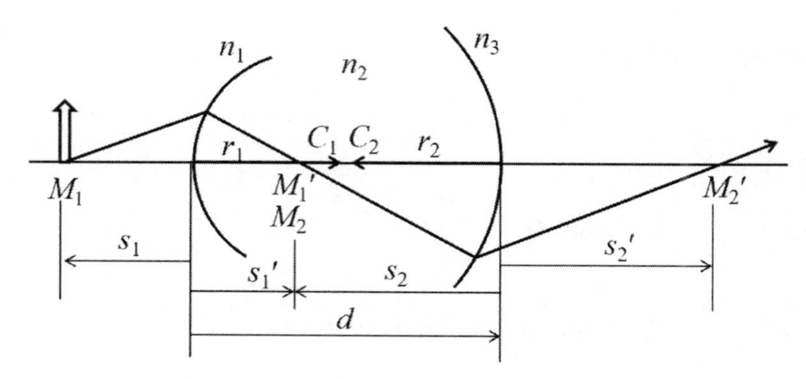

그림 5.21 두 면으로 구성된 다중 면 광학계

5.4.2 면에 접해 있는 물체의 상

물체가 두 개의 구면으로 구성된 광학계의 왼 쪽면에 접해 있을 때, 최종 상의 위치는 어디에 맺힐까? 그림 (5.22)와 같이 물체(M_1)가 *왼쪽 면에 접해 있으므로 제1면에 의한 상(M_1')의 위치는 물체의 위치와 같은 제1면에 생긴다.* 따라서 **최종 상의 위치는 제1면 위치에 물체가 있는 경우에 대한 제2면의 결상 위치를 찾으면 된다.**

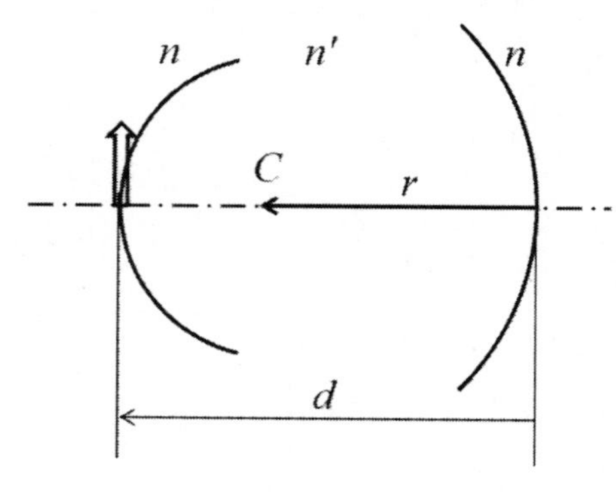

그림 5.22 한 면에 접한 물체

제1면이 상(M_1')은 제2면에 대한 물체(M_2)가 된다. 따라서 M_1, M_1', 그리고 M_2는 모두 같은 위치에 존재한다.

제2면의 곡률 반경이 r이면 결상 방정식은

$$\frac{n}{s_2'} = \frac{n'}{s_2} + \frac{n-n'}{r} \tag{5.83}$$

물체 거리 s_2를 d라 하자. 물점 M_2와 원의 중점 C는 모두 제2면의 왼쪽에 위치하기 때문에 부호 규약에 의하여 물체 거리 d와 반지름 r은 모두 음의 값이다.

$$\begin{aligned}\frac{n}{s_2'} &= \frac{n'}{d} + \frac{n-n'}{r} \\ &= \frac{n'r + (n-n')d}{rd}\end{aligned} \tag{5.84}$$

식 (5.84)를 상거리 s_2'로 정리하면

$$\begin{aligned}s_2' &= \frac{n}{n'r + (n-n')d} rd \\ &= \frac{rd}{\frac{n'}{n}r + (1-\frac{n'}{n})d} \\ &= \frac{1}{(\frac{n'}{n})\frac{1}{d} + (1-\frac{n'}{n})\frac{1}{r}}\end{aligned} \tag{5.85}$$

만일 두 면이 평면인 경우 두 면은 평판을 이루기 때문에 곡률 반경은 $r = -\infty$이므로 우변의 분모 두 번째 항은 0이다. 따라서 상거리 $s_2' = (n/n')d$가 되어 식 (3.17)과 같아진다.

그림 (5.23)과 같이 광학계가 구면인 경우, 두 면의 곡률 반경 r의 크기가 같다. 그리고 물체 거리는 $d = 2r$이다. 이 경우 식 (5.85)는

$$s_2{}' = \frac{1}{\frac{n'}{n} + (1 - \frac{n'}{n})2}(2r)$$

$$= \frac{1}{2 - \frac{n'}{n}}(2r) \tag{5.86}$$

굴절률이 $n' > n$이면, 그림 (5.23a)와 같이 투명한 물체로 만들어진 구가 공기 중에 놓여 있는 것과 경우이다. 식 (5.86)의 분모는 1보다 작아서 $s_2{}' > 2r$이므로 실제 구보다 커 보인다.

평판의 경우 두께가 축소되어 보이는 반면, 구의 경우 지름은 확대되어 보인다. 반면 그림 (5.23b)와 같이 물속에 잠겨 있는 공기 방울($n' < n$)과 같은 경우에는 식 (5.86)의 분모가 1보다 커서 $s_2{}' < 2r$이므로 구가 작아 보인다.

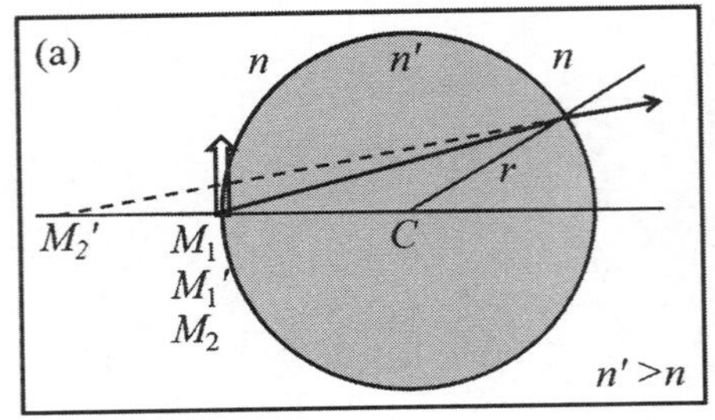

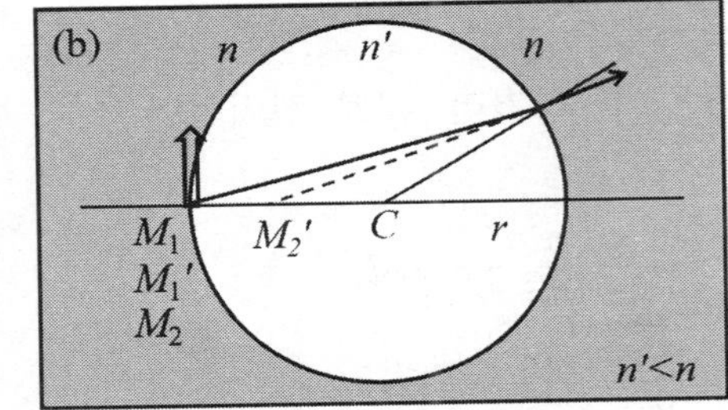

그림 5.23 구면에 접한 물체

식 (5.85)을 변형하여 상 거리 $s_2{}'$와 구의 직경 $2r$ (또는 물체 거리)의 비는

$$\frac{s_2{}'}{2r} = \frac{1}{2 - (n'/n)} \tag{5.87}$$

가 된다. 이 값이 1보다 크면 구가 확대되어 보이고, 반면 1보다 작으면 축소되어 보인다.

그림 (5.24)는 굴절률 비율에 따른 확대 또는 축소 그래프이다. 굴절률 비율이 2에서 불연속 분포를 보인다. 굴절률 비율 n'/n이 1보다 작으면 ($n' < n$) 분모가 1보

다 커서 구의 지름은 축소되어 보인다. 반대로 굴절률 비가 1보다 크면 $(n' > n)$ 분모가 1보다 작아져서 구의 지름은 확대되어 보인다. 굴절률 비가 1과 2 사이에서는 구가 확대되고, 2가 되면 크기를 규정할 수 없다. 굴절률 비가 2 이상에서는 부호가 바뀌어 상이 제1면의 반대쪽인 제2면의 오른쪽에 생긴다. **여기서 주의해야 할 점은 구가 확대/축소는 광축방향 즉 종방향으로의 변화이고, 광축의 횡방향 크기는 변함이 없다는 것이다.**

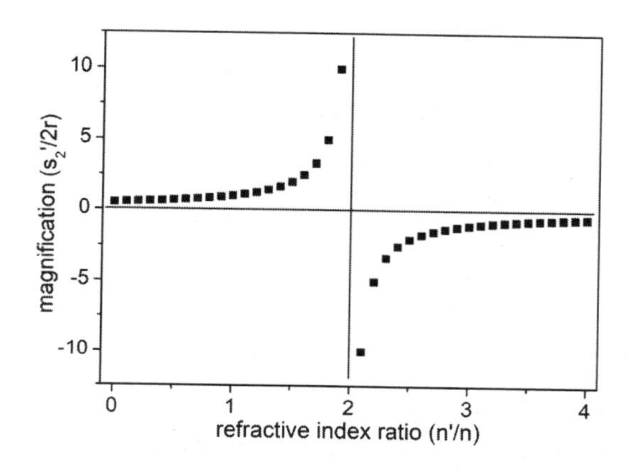

그림 5.24 굴절률 비에 대한 배율

요약

5.1 굴절 구면 결상 방정식 $\frac{n'}{s'} = \frac{n}{s} + \frac{n'-n}{r}$

면 굴절력 $D' = \frac{n'-n}{r} = \frac{n'}{f'} = -\frac{n}{f}$

횡 배율 $m_\beta = \frac{y'}{y} = \frac{ns'}{n's}$

뉴턴 방정식 $xx' = ff'$

스미스-헬름홀츠 방정식 $n'y'\theta' = ny\theta$

5.2 구면 거울 결상 방정식 $\frac{1}{s'} + \frac{1}{s} = \frac{2}{r}$

구면 거울 초점 $f' = f = \frac{r}{2}$

구면 거울 횡배율 $m_\beta = \frac{y'}{y} = -\frac{s'}{s}$

구면 거울 뉴턴 방정식 $xx' = ff' = f'^2 = f^2$

퍼킨제 상: 사람의 눈에서 반사된 빛에 의해 형성된 상

5.3 렌즈 굴절력 $D_a' = \frac{(n_a - 1)}{(n_c - 1)} D_c'$

연습 문제

5-1. 평면 거울과 평면 굴절면의 초점은 어디에 있는가?
답] 무한대

5-2. 굴절률 1.52의 굴절 구면의 곡률 반경은 40 mm이다. 평행 광선이 입사할 때, 상은 어디에 맺히는가?
답] 116.92 mm

5-3. 굴절률 1.52의 굴절 구면의 곡률 반경이 40 mm인 물체가 굴절률 1.33인 물 속에 잠겨 있고 물고기가 200 mm 앞에 있다. 다음을 계산하시오. (a) 초점 거리 (b) 상 거리 (c) 횡배율
답] (a) 320.00 mm (b) -800 mm (c) 3.5

5-4. 12 cm 크기의 물체가 굴절률 1.52의 유리와 공기가 경계를 이루는 곡률 반경 40 cm의 오목면에서 200 cm 앞에 있다. 다음을 계산하여라. (a) 상 거리, (b) 상 크기 (c) 상을 작도하여라.
답] (a) -84.44 cm (b) +3.33 cm

5-5. 곡률 반경 +50 mm의 굴절 구면의 제1, 제2 초점 거리를 계산하여라. 굴절면은 굴절률 1.60인 유리와 공기의 경계이다.
답] $f=-83.33\ mm$, $f'=133.33\ mm$

5-6. 물체가 굴절률 1.52인 유리와 공기의 경계를 이루는 굴절 구면 앞 200 mm에 있다. 도립 실상은 면으로부터 50 mm 뒤에 형성되었다. 곡률 반경을 구하여라.
답] +14.69 mm

5-7. 허물체가 곡률 반경 +60 mm의 굴절 구면으로부터 +120 mm 거리에 있고, 실상이 80 mm에 맺혔다. 면은 유리와 공기의 경계면이다. 유리의 굴절률을 구하여라.
답] 2.0

5-8. 12 mm 높이의 허상은 반경 30 mm 오목 굴절면으로부터 100 mm 왼쪽에

위치에 있다. 면은 굴절률 1.52의 유리와 공기의 경계면이다. 물체의 크기와 위치를 계산하고 상을 작도하여라.
답] 위치: +468.75 mm, 크기: -85.50 mm

5-9. 생략안은 각막을 굴절률 1.336의 수양액과 공기가 경계를 이루는 굴절 구면으로 다룬다. 어떤 사람의 곡률 반경이 5.75 mm인 경우, 다음을 구하시오. (a) 만약 망막이 무한대에 있는 물체와 공액 관계에 있다. 안구의 길이 (b) 제1 초점 거리 (c) 눈의 굴절력을 구하여라.
답] (a) 22.86 mm (b) -17.11 mm (c) +58.43 D

5-10. 모형 안의 안축장 길이가 23 mm이고 각막의 곡률 반경은 6.5 mm이다. 수양액의 굴절률은 1.336이다. (a) 망막에 결상한 물체는 얼마나 멀리 있는가? (b) 눈은 근시안인가? 원시안인가? (힌트. 무한 물체에 대한 상의 위치를 계산하여 망막 위치와 비교한다.) (c) 디옵터 차이는 얼마인가?
답] (a) 156.38 (b) 원시안 (c) 5.86 D

5-11. 곡률 반경 +60 mm의 굴절 구면에 의하여 공기와 유리($n = 1.52$)가 경계를 이루고 있다. 물체와 같은 크기의 도립상을 얻기 위해서는 물체가 어느 위치에 놓여 있어야 하는가?
답] 면의 전방 230.77 mm

5-12. 5 mm의 높이의 물체가 곡률 반경 25 mm의 오목 거울 전방 40 mm에 있다. 상의 크기와 위치를 계산하여라.
답] 위치: -18.18 mm, 크기: -12.27 mm

5-13. 볼록 거울로 위 문제를 반복하여라.
답] 위치: 9.52 mm, 크기: 1.19 mm

5-14. 구면 거울이 300 cm 떨어져 있는 벽에 물체의 상을 투영하고 있다. 물체는 구면 거울의 중심과 초점 사이에 있고 상은 물체 크기의 5배이다. 거울의 곡률 반경을 구하여라.
답]+150 cm

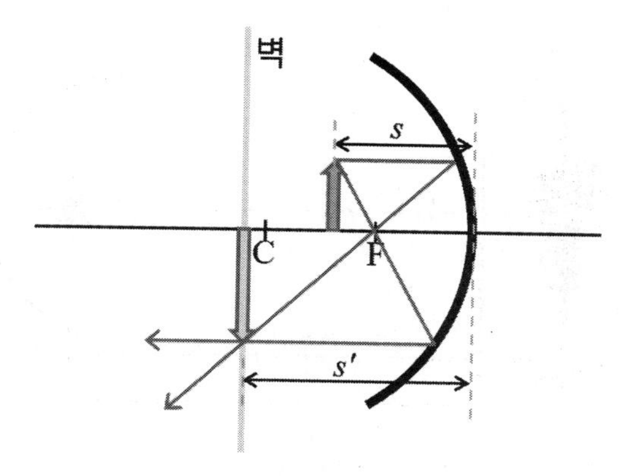

문제 (5-14)의 그림

5-15. 실물체가 오목 거울의 정점과 초점 사이의 중앙에 있다. 상의 횡배율은 얼마인가? 작도하여라.
답] + 2

5-16. 실물체가 볼록 거울 앞 $-r/4$ 위치에 있다. 상의 횡배율은 얼마인가? 작도하여라.
답] +2/3

5-17. 만약 창문이 3 m 떨어져 있고 각막의 곡률 반경이 7.6 mm라면 2 m 높이의 창문을 각막이 반사하여 만든 상(퍼킨제 상 I)의 크기는?
답] -2.53 mm

5-18. 나무가 스크린으로부터 4 m 오른쪽에 있다. 스크린에 맺힌 상이 나무보다 5배 큰 경우, 투영 오목 거울의 곡률 반경은 얼마인가?
답] -1.67 m

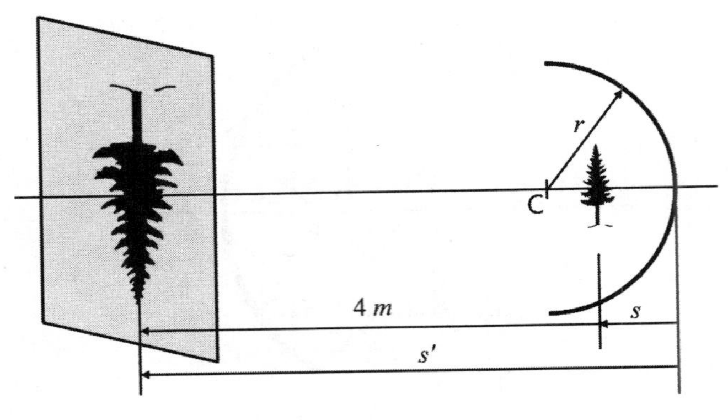

문제 (5-18)의 그림

5-19. 직경 4 cm이고 곡률 반경이 20 cm인 볼록 거울이 사람 눈으로부터 100 cm 떨어져 있다. 물체 시야각과 상 시야각을 구하여라.
답] 2.29°, 25.08°

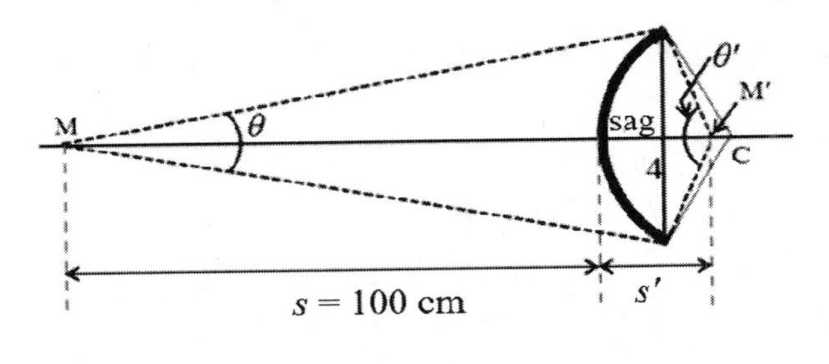

문제 (5-19)의 그림

5-20. 곡률 반경이 +50 mm인 굴절 구면의 굴절력을 구하여라. 공기와 굴절률 1.52의 유리가 경계를 이루고 있다.
답] 10.40 D

5-21. 두꺼운 볼록 렌즈의 굴절률이 1.52이고 중심 두께가 30 mm이다. 렌즈의 주변은 공기이다. 입사광에 대하여 첫 면이 볼록이며 150 mm의 곡률 반경을 가진다. 두 번째 면은 오목이고 200 mm의 곡률 반경을 가진다. 15 mm 크기의 실물체가 면의 앞쪽 400 mm에 있다. 다음을 구하시오. (a) 최종 상 거리 (b) 마지막 상의 크기 (c) 1면과 2면의 굴절력
답] (a) +278.90 mm (b) -10.66 mm (c) +3.47 D, +2.60 D

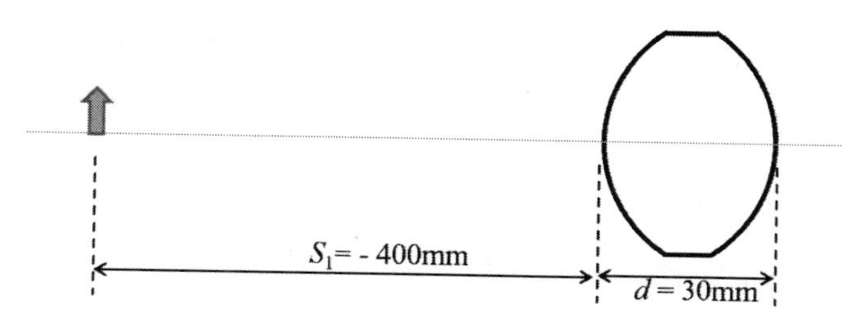

문제 (5-21)의 그림

5-22. 두꺼운 오목 렌즈의 굴절률이 1.52이고 중심 두께가 30 mm이다. 렌즈의 주변은 공기이다. 입사광에 대하여 첫 면이 오목이며 150 mm의 곡률 반경을 가진다. 두 번째 면은 볼록이고 200 mm의 곡률 반경을 가진다. 15 mm 높이의 실물체가 면의 앞쪽 400 mm에 있다. 다음을 구하시오. (a) 상 거리 (b) 마지막 상의 크기 (c) 1면과 2면의 굴절력

답] (a) -125398 mm (b) -4.23 mm (c) -2.6 D, -0.28 D

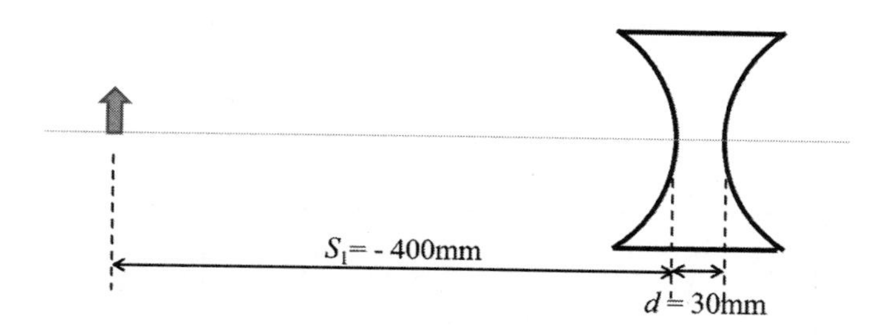

문제 (5-22)의 그림

5-23. 광축에 있는 두 개의 굴절 구면이 30 mm 떨어져 있다. 면 사이 공간 매질의 굴절률 1.52의 유리이며, 두꺼운 렌즈 모양이다. 렌즈의 주변은 공기이다. 입사광에 대하여 첫 면이 볼록이며 150 mm의 곡률 반경을 가진다. 두 번째 면은 볼록이고 200 mm의 곡률 반경을 가진다. 15 mm 높이의 실물체가 면의 앞쪽 400 mm에 있다. 다음을 구하시오. (a) 상 거리 (b) 마지막 상의 크기 (c) 1면과 2면의 굴절력

답] (a) -619.38 mm (b) 23.68 mm (c) +3.46 D, -2.60 D

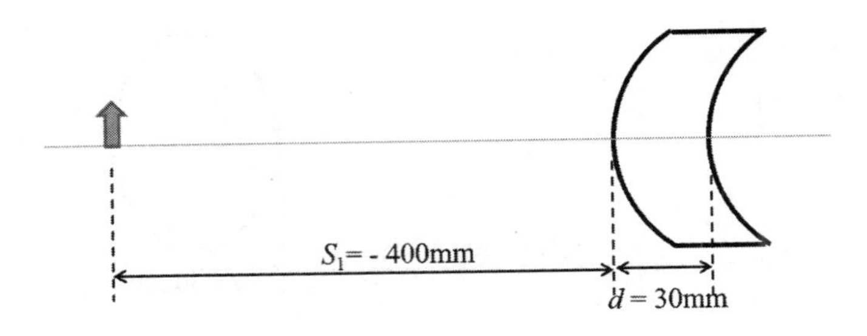

문제 (5-23)의 그림

5-24. 광축에 있는 두 개의 굴절 구면이 30 mm 떨어져 있다. 면 사이 공간 매질의 굴절률 1.52의 유리이며, 두꺼운 렌즈 모양이다. 렌즈의 앞쪽은 공기이며, 뒤쪽은 물(굴절률 1.33)이다. 입사광에 대하여 첫 면이 볼록이며 150 mm의 곡률 반경을 가진다. 두 번째 면은 볼록이고 200 mm의 곡률 반경을 가진다. 15 mm 높이의 실물체가 면의 앞쪽 400 mm에 있다. 다음을 구하시오. (a) 상 거리 (b) 마지막 상의 크기 (c) 제1면과 제2면의 굴절력

답] (a) +37495.601 mm (b) -1077.77 mm (c) +3.47 D, -0.95 D

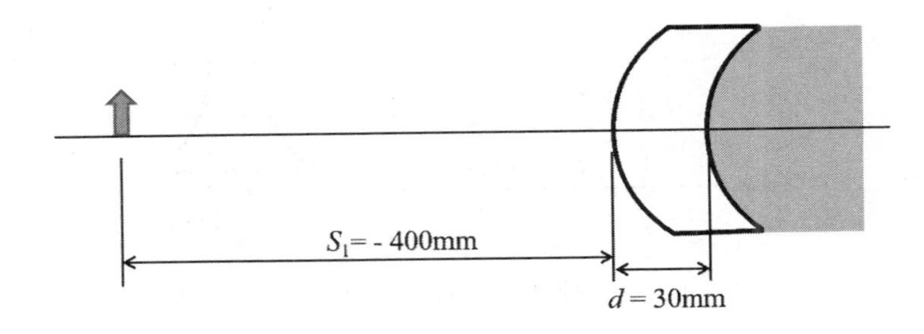

문제 (5-24)의 그림

5-25. 두 구면 거울이 40 mm 떨어져 있다. 5 mm 크기의 물체가 첫 번째 거울 앞 25 mm에 있다. 이 거울은 볼록이고 초점 거리가 10 mm이다. 광선이 반사 후 두 번째 거울에 입사하며, 두 번째 거울은 오목이고 초점 거리가 12 mm이다. 상 거리와 양쪽 거울에 의해 반사된 후의 상 크기를 구하시오. 또 상을 작도하시오.

답] 도립상은 두 번째 거울의 오른쪽 12.62 mm에 있고 크기는 -0.43 mm

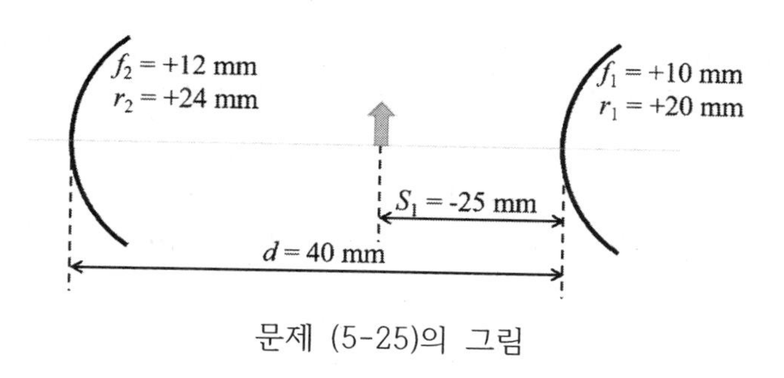

문제 (5-25)의 그림

5-26. 위 문제를 반복하시오. 양쪽 모두 오목 거울이다.
답] 정립상은 두 번째 거울의 오른쪽 24.45 mm에 있고 크기는 -4.98 mm

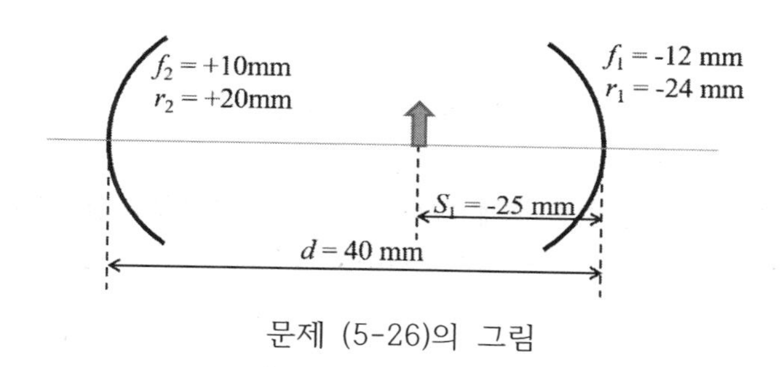

문제 (5-26)의 그림

5-27. 두 구면 거울이 40 mm 떨어져 있다. 5 mm 크기의 물체가 첫 번째 거울 앞 32 mm에 있다. 이 거울은 오목이고 곡률 반경이 16 mm이다. 광선이 첫 번째 거울에 반사된 후 두 번째 거울에 입사한다. 두 번째 거울은 볼록이고 곡률 반경은 30 mm이다. 상 거리와 양쪽 거울에 의해 반사된 후의 상 크기를 구하시오. 또 상을 작도하시오.
답] 도립상은 두 번째 거울의 왼쪽 9.92 mm에 있고 크기는 -0.56 mm

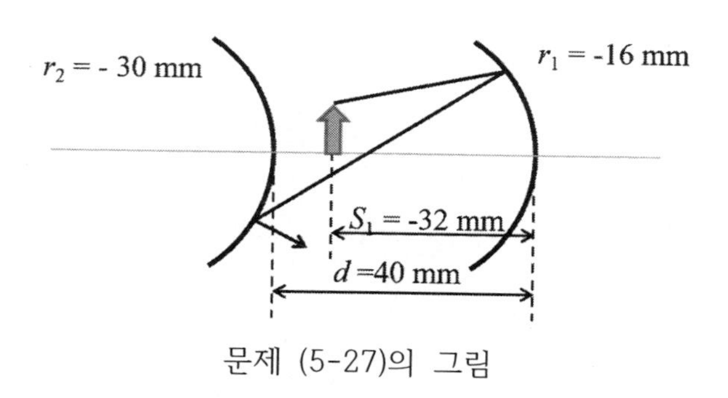

문제 (5-27)의 그림

5-28. 곡률 반경 +12, -15 mm인 두 오목 거울이 20 mm떨어져 있다. 물체는 크기가 5 mm이고, 왼쪽 거울면 정점 위치에 놓여 있다. 크기가 5 mm인 물체에서 방출된 광선이 두 번의 반사 후 두 번째 거울이 만든 상의 위치를 구하시오. 상의 횡배율은 얼마인가? 또 상을 작도하시오.

답] 두 번째 거울의 왼쪽으로 24 mm에 있고 크기는 9 mm

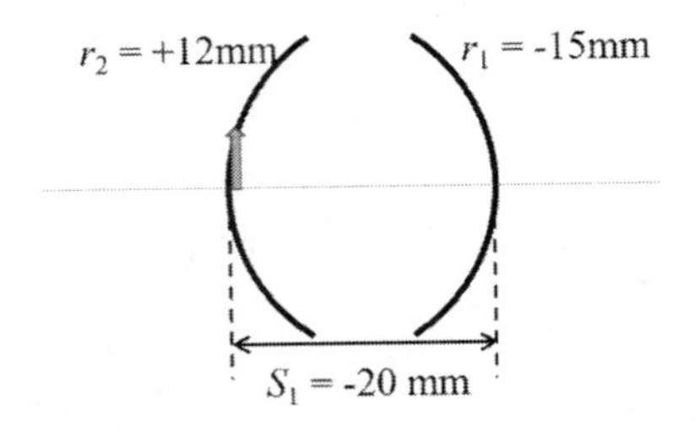

문제 (5-28)의 그림

5-29. 그림과 같이 평행광선이 구에 입사하여 구의 뒷 면에 결상된다. 구의 굴절률은? (구는 공기 중에 놓여 있다, $n = 1.00$.)

답] $n' = 2.0$

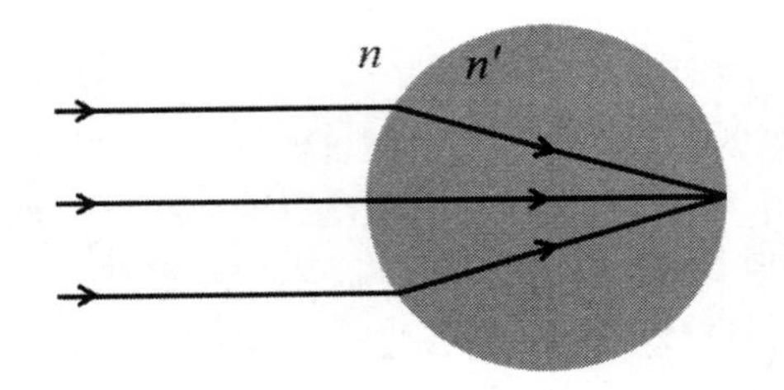

문제 (5-29)의 그림

CHAPTER

06

버전스 관계식(Vergence Relationship)

1. 파면의 곡률과 버전스
2. 버전스 관계식
3. 다중 광학계

상의 위치와 배율을 계산하기 위하여 버전스 관계식(또는 근축 관계식)을 이용할 수 있다. 버전스는 거리의 역수와 굴절률의 곱으로 정의된다. 버전스의 부호에 따라 광선들이 수렴 또는 발산하는지를 알 수 있고, 버전스의 크기는 발산 또는 수렴 정도를 나타낸다. 따라서 버전스는 하나의 광선으로는 표시할 수 없고, 광선 다발(또는 펜슬)로 표현해야만 한다. 광선 다발을 이루는 광선들이 서로 평행이면 버전스는 0이다. 빛이 발산하여 광선들이 서로 멀어지면 이 빛의 버전스는 음(-)이고, 수렴하여 광선들이 서로 가까워지면 그 빛의 버전스는 양(+)이다.

6.1 파면의 곡률과 버전스(Curvature and Vergence)

점 광원은 모든 방향으로 빛을 발산한다. 발산 광선들은 점광원으로부터 거리가 멀어질수록 서로의 사이 간격이 벌어진다.

광선과 파면은 서로 밀접한 관계에 있다. 파면은 빛의 파동성에서 기인한 것으로서 위상이 같은 점들이 모여 형성되는 면이다. 파면은 해당 광원과 광학계의 특성을 분석하는 데 매우 유용하게 활용된다. 빛을 포함한 파동을 파면으로 구분하면 구면파, 평면파 등이 있다. 점 광원으로부터 발산하는 빛의 파면은 점 광원을 중심으로 하는 동심원을 형성하므로 구면파이다. 파면과 광선은 **항상 서로 수직**이다. 즉 광선들에 수직인 선들을 연결하면 파면이 그려진다.

점 광원에 대한 파면을 나타내는 동심원의 곡률 R은 반지름의 역수 $R=1/r$이므로, 점 광원으로부터의 거리, 즉 반지름 r이 커질수록 곡률은 점점 작아진다. 반지름의 단위를 **미터**(m)로 하였을 때, 곡률의 단위는 버전스의 단위와 같은 **디옵터**(D)이다.

곡률은 곡선의 방향 변화율로, 구면의 곡률 R은 면의 모든 점에서 일정하다. 하지만 포물면, 타원면, 쌍곡면의 곡률은 면의 모든 점에서 각기 다르다. 사람 눈의 각막 제1면은 구면에 가깝고, 굴절 이상이 있는 눈의 시력을 교정하기 위하여, 구면렌즈를 처방한다. 만일 각막의 제1면이 구면이 아닌 경우 정확한 시력 교정을 위하여 면의 지형도를 알아야 하는데, 이를 위하여 각막의 전면에서 반사되어 나오는 빛의 파면을 분석한다. 파면은 광학계의 모양이나 구조에 따라 복잡한 분포일 수 있지만 파면은 서로 교차하지는 않는다.

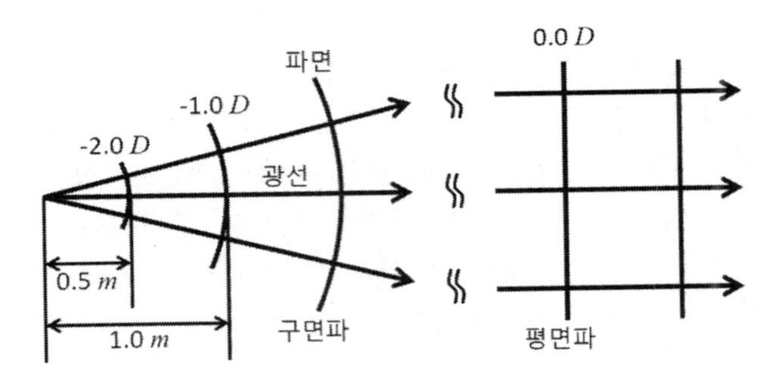

그림 6.1 파면과 버전스

그림 (6.2)는 공기($n=1.00$) 중에 놓여 있는 광원과 물($n=1.33$)속에 놓여 있는 광원의 버전스를 비교한 것이다. 버전스는 굴절과 거리의 역수의 곱이기 때문에 두 경우 버전스는 각각

$$S_A=\frac{n_A}{s}=\frac{1}{-0.5\ m}=-2.00\ D \tag{6.1}$$

$$S_W=\frac{n_W}{s}=\frac{1.33}{-0.5\ m}=-2.66\ D \tag{6.2}$$

이 된다. 그리고 (-) 부호는 광선이 발산하고 있음을 의미한다.

버전스 계산 시 반드시 거리의 단위를 미터로 변환한 값을 사용해야 하는데, 일상생활에서는 센티미터(cm)를 많이 사용한다. 센티미터로 읽은 값을 사용하여 버전스를 계산하려면 분자에 100을 곱해야 한다. 위 계산의 경우에 센티미터로 읽은 값을 적용하기 위하여 값을 변형하면

$$S=\frac{n}{s}=\frac{1}{-0.5\ m}=\frac{100}{-50.0\ cm}=-2.00\ D \tag{6.3}$$

위 식 (6.3)의 분모 50.0은 센티미터로 읽은 값이다. 같은 원리로, 만일 거리가 너무 작아 밀리미터로 읽은 값을 사용하려면, 분자에 1000을 곱해야 한다.

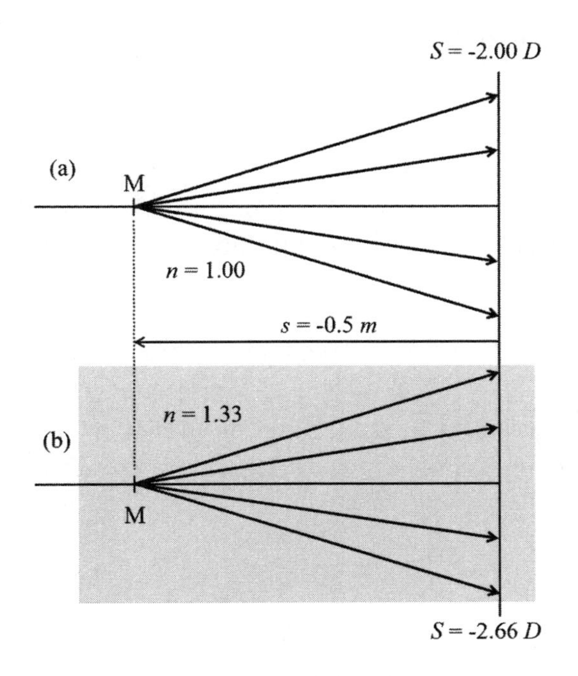

그림 6.2 버전스

[예제 6.1.1]
점 광원으로부터 120 cm 거리에서의 파면의 곡률과 버전스는? (공기 굴절률은 $n = 1.00$)

풀이: 곡률($R = 1/r$)과 버전스($S = n/r$) 모두

$$\frac{100}{-120\ cm} = \frac{1}{-1.2\ m} = -0.83\ D$$

이다. 여기서 반지름의 (-) 부호는 부호 규약에 따른 것이고, 곡률 및 버전스의 (-) 부호는 빛이 발산함을 의미한다. 그리고 광원이 공기($n = 1.00$) 중에 있는 경우, 곡률과 버전스는 같은 값을 갖는다.

[예제 6.1.2]
점 광원으로부터 무한히 먼 지점에서의 곡률과 버전스는?

풀이: 곡률($R=1/r$)과 버전스($S=n/r$) 모두

$$\frac{1}{-\infty}=0\ D.$$

6.2 버전스 관계식(Vergence Relationship)

광학계의 굴절력에 의하여 광학계를 지나온 빛의 버전스는 입사 빛의 버전스로부터 변화될 수 있는데, 그 관계식을 버전스 관계식이라고 한다. 버전스 관계식에는 물체 버전스 S, 광학계의 굴절력 D', 그리고 상 버전스 S'가 포함된다. 즉, 출사 광선의 버전스는 입사 광선의 버전스와 광학계의 굴절력으로 표현된다. 이에 대한 버전스 관계식은

$$S'=S+D' \tag{6.4}$$

이고, 모든 광학계에 적용할 수 있다. 굴절 구면의 결상 방정식을 버전스 관계식으로 쓰면

$$\frac{n'}{s'}=\frac{n}{s}+\frac{n'}{f'}\ \rightarrow\ S'=S+D' \tag{6.5}$$

위 식으로부터 거리와 버전스 관계는 상 버전스 $S'=n'/s'$, 물체 버전스 $S=n/s$이고 굴절력$D'=n'/f'$이다. 따라서 버전스는 거리의 역수와 매질의 굴절률의 곱으로 정의되었고, 단위는 **디옵터**(D)이다. 버전스에 사용되는 거리는 부호 규약에 따르고, 거리는 반드시 **미터**로 변환된 값을 사용해야만 한다. 식 (6.5)에 있는 기호 s', s, f'는 각각 상거리, 물체 거리 그리고 초점 거리이다.

횡배율를 버전스로 표현하면

$$m_\beta=\frac{ns'}{n's}=\frac{n/s}{n'/s'}=\frac{S}{S'} \tag{6.6}$$

가 되는데, 물체 버전스를 상 버전스로 나눈 값이다.

그림 (6.3)에서 보여지는 바와 같이, 버전스의 부호가 (-)이면 광선 펜슬이 발산하는 것을 의미하고, (+) 부호이면 수렴하는 것을 의미한다. 또 버전스가 0이면 평행광선을 나타낸다. 버전스 값의 크기는 발산 또는 수렴 정도를 나타낸다.

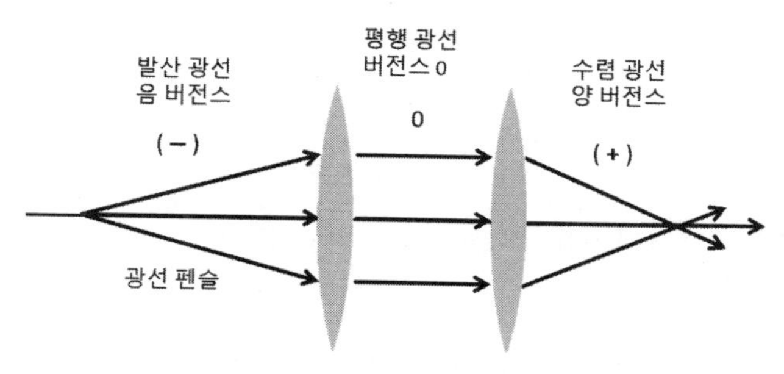

그림 6.3 발산, 수렴 광선의 버전스

여러 가지 예제를 통하여 버전스 관계식의 활용법을 익혀 보자.

[예제 6.2.1]
점 광원으로부터 2 m 거리에 반지름 $r=+25$ cm, 굴절률 $n=1.50$인 굴절면이 있다. 이 수렴면의 상 버전스는 얼마인가? 또 상 거리는 얼마인가? (굴절면은 공기 중에 놓여 있다.)

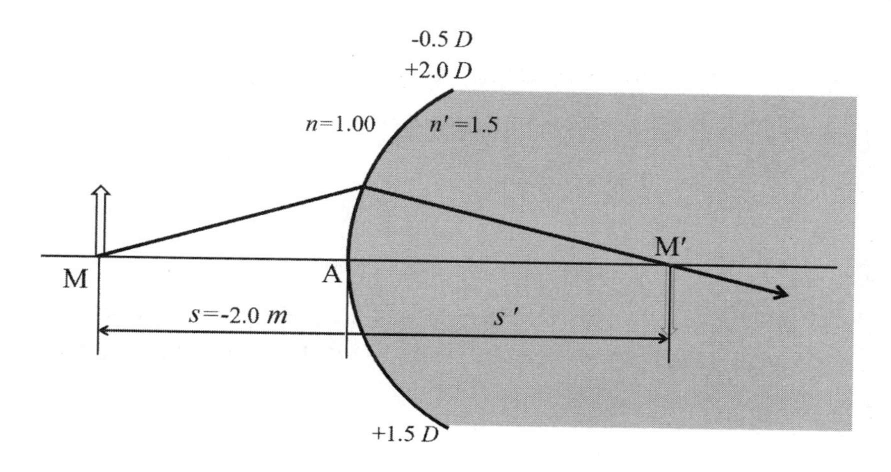

그림 6.4 수렴면에 대한 버전스 관계

풀이: 그림 (6.4)에 물체 버전스, 굴절력, 그리고 상 버전스가 표기되어 있다. 물체 버전스와 굴절력은 광학계(굴절 구면) 위에, 상 버전스는 광학계 아래에 표시되었다. 표시된 버전스를 각각 계산해 보자. 물체 버전스는

$$S = \frac{n}{s} = \frac{1}{-2.0\ m} = -0.5\ D$$

이고, 굴절력은

$$D' = \frac{n' - n}{r} = \frac{1.5 - 1.0}{0.25\ m} = +2.0\ D$$

이다. 버전스 관계식을 이용하여 상 버전스를 계산하면

$$S' = S + D' = -0.5 + 2.0 = +1.5\ D$$

상 버전스와 상 거리 관계식으로부터

$$s' = \frac{n'}{S'} = \frac{1.5}{1.5\ D} = 1.00\ m$$

[예제 6.2.2]
위 예제의 횡배율은?

풀이: 물체 버전스와 상 버전스로 표현된 횡배율 식 (6.6)을 이용한다.

$$m_\beta = \frac{S}{S'} = \frac{-0.5\ D}{+1.5\ D} = -0.33$$

[예제 6.2.3]
점 광원으로부터 2 m 거리에 반지름 $r = -25\ cm$, 굴절률 $n = 1.50$인 굴절면이 있다. 이 발산면의 상 버전스는 얼마인가? 또 상 거리는 얼마인가? (굴절면은 공기 중에 놓여 있다.)

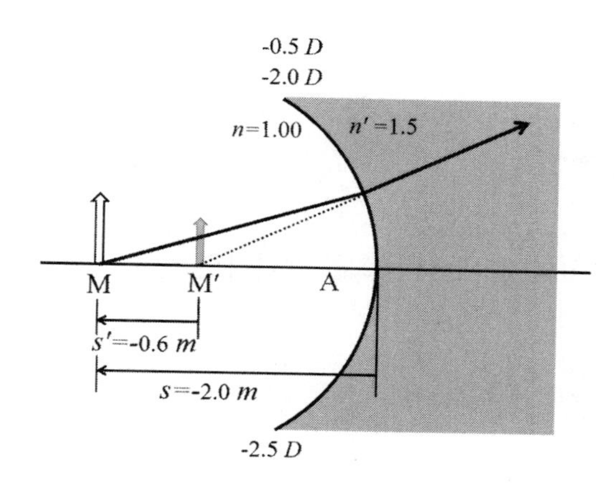

그림 6.5 발산면에 대한 버전스 관계

풀이: 그림 (6.5)에 물체 버전스, 굴절력, 상 버전스가 표기되어 있다. 물체 버전스는

$$S = \frac{n}{s} = \frac{1}{-2.0\ m} = -0.5\ D$$

이다. 또한 굴절력은

$$D' = \frac{n'-n}{r} = \frac{1.5-1.0}{-0.25\ m} = -2.0\ D$$

버전스 관계식을 이용하여 상 버전스를 계산하면

$$S' = S + D' = -0.5 + (-2.0) = -2.5\ D$$

상 버전스와 상 거리 관계식으로부터

$$s' = \frac{n'}{S'} = \frac{1.50}{-2.50\ D} = -0.60\ m$$

[예제 6.2.4]

$-4\ D$ 굴절면의 왼쪽 20 cm 위치에 허상이 있다. 상의 크기가 5.00 cm일 때, 물체의 위치와 크기는? 굴절면의 굴절률은 $n' = 1.52$이고 공기 중에 놓여 있다.

풀이: 상 버전스는

$$S' = \frac{n}{s'} = \frac{1.52}{-0.20\ m} = -7.6\ D$$

버전스 관계식을 이용하여 물체 버전스를 계산하면

$$S' = S + D'$$
$$-7.6D = S + (-4.0\ D)$$
$$S = -3.6\ D$$

물체 버전스와 물체 거리 관계식으로부터

$$s = \frac{n}{S} = \frac{1.00}{-3.60\ D} = -0.28\ m$$

횡배율은

$$m_\beta = \frac{ns'}{n's} = \frac{1.00 \times (-0.20)}{1.52 \times (-0.28)} = 0.47$$

이고, 물체 크기는

$$y = \frac{y'}{m_\beta} = \frac{5.00\ cm}{0.47} = 10.64\ cm.$$

[예제 6.2.5]
깊이가 $40.00\ cm$인 수조에 물($n = 1.33$)이 가득 차 있다. 그림 (6.6a)와 같이 수조 바닥에 있는 동전은 얼마나 떠 보이는가? 동전의 배율은 얼마인가?

풀이: 부호 규약에 따라 광선은 왼쪽에서 오른쪽으로 진행한다고 약속하였기 때문에 이 문제를 쉽게 파악하기 위해서 그림 (6.6b)처럼 수조를 돌려서 분석한다.

물 표면은 평평하여 곡률 반경이 무한대이다. 따라서 물 표면의 굴절력은 $D' = 0D$이다. 그리고 물체 버전스는

$$S = \frac{n}{s} = \frac{1.33}{-0.4\ m} = -3.33\ D$$

버전스 관계식

$$S' = S + D' = S + 0 \ \rightarrow \ S' = S = -3.33\ D$$

으로부터 상 거리 s'은

$$s' = \frac{n'}{S'} = \frac{1.00}{-3.33\ D} = -0.30\ m$$

횡배율은 물체 버전스와 상 버전스를 이용하여

$$m_\beta = \frac{S}{S'} = \frac{-3.33\ D}{-3.33\ D} = 1$$

이 된다. 즉 물 표면이 평평하기 때문에 배율은 항상 1이다. 이에 따라 동전은 물 표면에 약간 떠 보여서 가까이 있는 것으로 인식되지만 상의 크기는 물체의 크기와 같다.

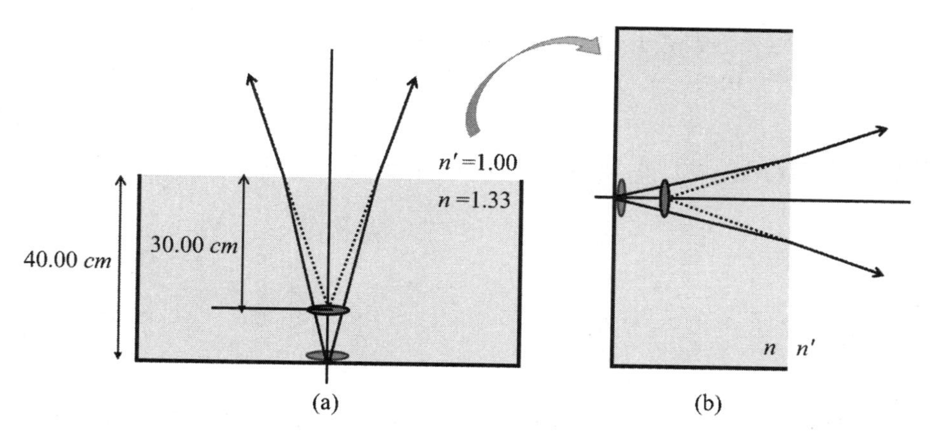

그림 6.6 수조 안의 동전

6.3 다중 광학계(Multiple Optical System)

결상 방정식은 거리의 역수들 사이의 관계식이다. 반면 버전스 관계식은 굴절력과 버전스의 단순 합이기 때문에 계산이 매우 쉽다. 그림 (6.7)의 다중 광학계에 대한 등가 초점 거리 f'를 각각의 렌즈에 대한 초점 거리로 나타내면

$$\frac{1}{f'} = \frac{1}{f_1'} + \frac{1}{f_2'} + \frac{1}{f_3'} + \cdots \tag{6.7}$$

이다. 다중 광학계는 일반적으로 복잡한 구조로 되어 있는데, 여기서는 쉽게 설명할 수 있는 구조인 얇은 렌즈 여러 개가 사이 간격없이 서로 맞닿아 있는 경우를 다루고자 한다.

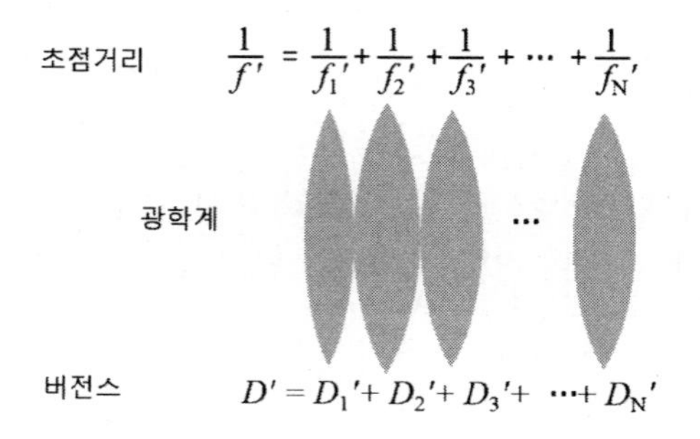

그림 6.7 다중 광학계의 초점 거리와 버전스

예를 들어 초점 거리가 각각 f_1'와 f_2'인 두 개의 렌즈가 접해 있는 경우, 등가 초점 거리 f'는

$$\frac{1}{f'} = \frac{1}{f_1'} + \frac{1}{f_2'} \rightarrow f' = \frac{f_1' f_2'}{f_1' + f_2'} \tag{6.8}$$

로 다소 복잡하다. 두 개 이상 여러 개인 경우는 더욱 복잡해진다. 반면 버전스로 표현하면 여러 개인 경우에도 단순 합으로 표현된다.

$$D' = D_1' + D_2' + D_3' + \cdots \tag{6.9}$$

두꺼운 렌즈의 등가 굴절력은 두 개의 면과 중심 두께 효과를 나타내는 3 개의 항으로 표현된다. 또한, 얇은 렌즈가 사이 간격을 두고 떨어져 있는 경우, 등가 굴절력은 역시 두 렌즈의 굴절력과 사이 간격 효과가 포함된 3개의 항으로 구성된다. 따라서 최종 상 버전스는 각각의 면 또는 얇은 렌즈의 버전스 관계식을 반복 적용하고, 사이 간격 효과나 중심 두께 효과는 전달 방정식을 적용하여 계산하여 얻을 수 있다. 이러한 광학계에 대한 버전스 방정식의 계산 방법은 부록 (Appendix D)에서 자세히 설명하였다.

[예제 6.3.1]
초점 거리가 각각 $f_1' = 10\ cm$, $f_2' = 20\ cm$인 두 개의 렌즈로 구성된 광학계의 등가 초점 거리 f'를 계산하시오.

풀이: 등가 초점 거리 식 (6.8)을 이용한다.

$$f' = \frac{f_1' f_2'}{f_1' + f_2'} = \frac{10 \times 20}{10 + 20} = 6.67\ cm$$

[예제 6.3.2]
굴절력이 각각 $D_1' = 10\ D$, $D_2' = 5\ D$인 두 개의 렌즈로 구성된 광학계의 등가 굴절력 D'를 계산하시오.

풀이: 두 개의 렌즈로 구성된 광학계의 등가 굴절력 식 (6.9)를 이용한다.

$$D' = D_1' + D_2' = 10\,D + 5\,D = 15\ D$$

요약

6.1 곡률은 반지름 역수 $R = 1/r$

6.2 버전스 관계식 $S' = S + D'$

버전스로 표현된 횡 배율 $m_\beta = \dfrac{S}{S'}$

6.3 다중 광학계

초점 거리 $\dfrac{1}{f'} = \dfrac{1}{f_1'} + \dfrac{1}{f_2'} + \dfrac{1}{f_3'} + \cdots$

버전스 $D' = D_1' + D_2' + D_3' + \cdots$

연습 문제

6-1.물체가 광학계 왼쪽으로 25 cm 거리에 있는 경우 물체 버전스를 구하시오.
답] $-4.0\ D$

6-2. 광학계에 의해 굴절된 광선들이 광학계 오른쪽 50 cm 위치에서 교차하는 경우의 상 버전스를 구하시오.
답] $+2.0\ D$

6-3.물체가 굴절력 +5.00 D인 크라운 글라스 구면으로부터 100.00 cm 왼쪽에 놓여 있다. 버전스 정의 및 버전스 관계식을 이용하여 상은 면의 정점으로부터 얼마나 먼 곳에 맺히는가? 실상인가 허상인가? 정립인가 도립인가? 물체 높이가 5.00 cm이면 상의 높이는 얼마인가?
답] 0.25 m 오른쪽, 실상, 도립, 크기는 -1.25 cm

6-4. 12 cm 높이의 물체가 곡률 반경 100 cm의 오목면에서 200 cm 전방에 있고, 굴절률 1.67의 유리와 공기의 경계를 이루고 있다. 다음을 구하시오. (a) 상의 버전스 (b) 상 거리
답] -1.17 D -1.43 m

6-5. 굴절 구면 전방 150 mm에 물체가 있고 공기와 굴절률 1.60의 유리가 경계를 이루고 있다. 도립 실상은 면으로부터 300 mm에 형성된다. 면의 굴절력을 구하시오.
답] 12 D

6-6. 12 mm 높이의 물체가 15 D의 굴절력을 가진 굴절 구면으로부터 왼쪽으로 100 mm 거리에 있다. 면은 공기와 굴절률 1.52의 유리가 경계를 이루고 있다. 다음을 구하시오. (a) 상 버전스 (b) 위치 (c) 상의 크기
답] (a) +5.00 D (b) 300 mm 도립 실상 (c) -23.68 mm

Part II 광학계(Optical System)

광학계는 빛과 상호 작용하여 빛의 반사, 굴절 및 결상과 같은 결과를 초래하는 물체를 총칭하는 개념으로 쓰인다. 앞에서 논의하였던 것으로는 평면 거울, 구면 거울, 평면 및 굴절 구면 그리고 프리즘 등이 광학계이다. 앞으로 논의하게 될 광학계로는 안경 렌즈, 콘택트렌즈를 포함하여 다중 굴절면 또한 광학계이다. 그리고 사람 눈도 렌즈 역할을 하는 각막, 수정체로 이루어진 다중 광학계이다.

렌즈는 가장 많이 쓰이는 광학계 중 하나이다. 렌즈는 두 개의 면과 중심 두께로 특징지을 수 있다. 볼록 렌즈와 오목 렌즈로 구분할 수 있는데, 볼록 렌즈는 중심 두께가 가장자리 두께보다 큰 렌즈를 의미하고, 오목 렌즈는 반대로 가장자리 두께가 중심 두께보다 큰 렌즈를 일컫는다. 일반적으로 렌즈의 제1면(전면)과 제2면(후면)의 곡률 중심을 잇는 축을 광축이라 하고, 광축 위에 있는 렌즈의 두 정점 사이 간격을 중심 두께라고 한다.

볼록 렌즈는 양볼록 렌즈, 평볼록 렌즈, 메니스커스 볼록 렌즈로 구분된다. 오목 렌즈는 양오목 렌즈, 평오목 렌즈 그리고 메니스커스 오목 렌즈로 구분된다. 렌즈의 모양에 따라 수차 등 렌즈의 특성이 좌우되기 때문에 활용 용도에 맞는 최적의 렌즈 형태를 설계 및 처방하는 것이 매우 중요하다.

갈릴레이 망원경

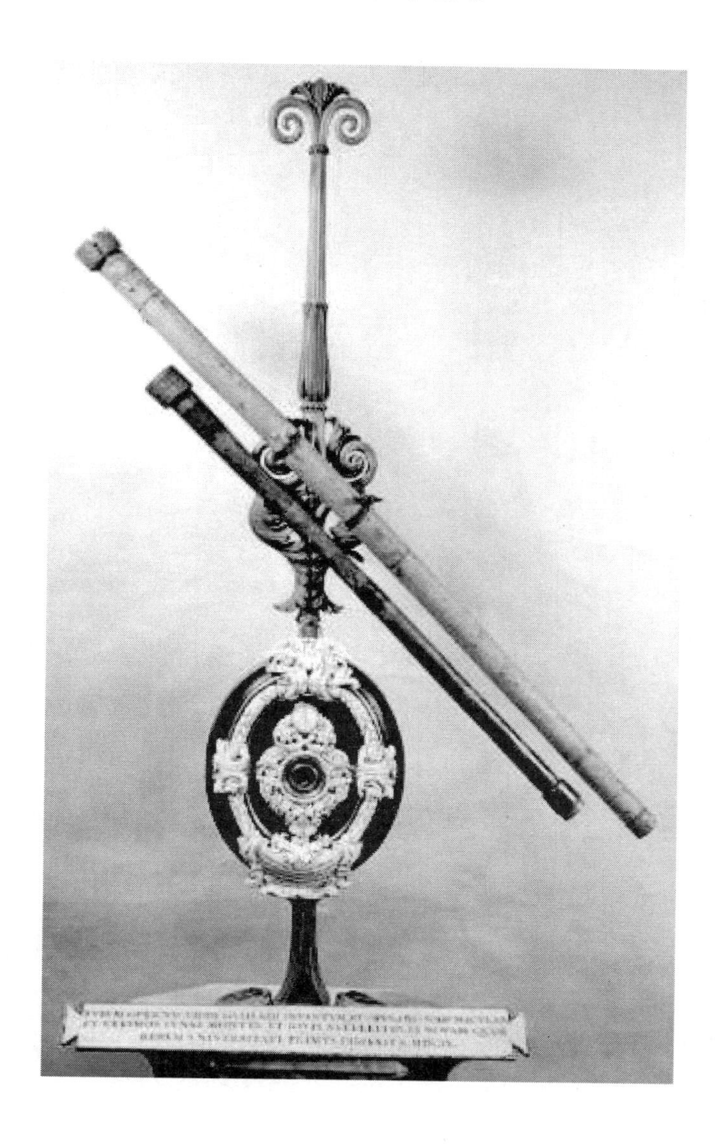

CHAPTER

07

얇은 렌즈(Thin Lens)

1. 렌즈 기본 용어
2. 결상 방정식
3. 비축 상점 작도
4. 횡배율
5. 뉴턴 방정식
6. 프리즘 굴절력
7. 망막 상 크기

앞에서 굴절 구면에 의한 빛의 굴절에 대하여 논의하였으며, 결상 방정식을 유도하였다. 이 결상 방정식으로부터 평면에 의한 굴절은 물론 구면 거울 및 평면 거울에 대한 결상 방정식을 이끌어 낼 수 있었다. 또한, 굴절 구면에 의한 결상 방정식을 다중면을 포함하는 보다 복잡한 광학계에 적용함으로써, 그 광학계의 결상 방정식을 유도할 수 있다.

렌즈는 두 개의 구면으로 구성되어 있다. 면이 두 개이므로 결상 방정식을 두 번 연속으로 적용하여 각 면에 대하여 순차적으로 상의 위치를 찾고, 최종 상의 위치 및 상의 특징을 분석할 수 있다. 뿐만아니라 렌즈의 중심 두께 효과가 결상에 영향을 미친다. 하지만 렌즈의 중심 두께 효과가 미미하여 무시할 수 있는 경우가 있다.

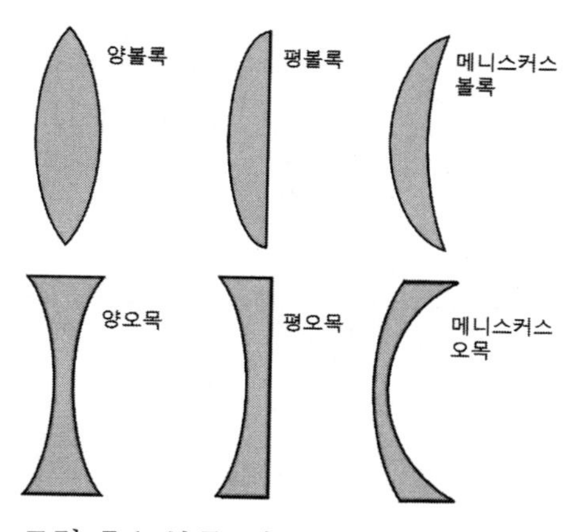

그림 7.1 볼록 렌즈와 오목 렌즈

대표적인 경우가 임상에서 사용되는 안경 렌즈와 콘택트렌즈이다. 안경 렌즈의 중심 두께는 대략 ~1 mm 정도여서 렌즈 곡률 반경 및 초점 거리에 비교하면 작은 값이여서 상의 특징에 미치는 효과를 무시하여도 오차가 크지 않다. 또 각막의 중심 두께는 0.5 mm정도로 각막의 곡률 반경, 초점 거리 등에 비하면 작은 값이다. 중심 두께 효과를 무시할 수 있는 렌즈를 얇은 렌즈로 정의하고, 얇은 렌즈에 의한 상의 특징을 분석할 때는 두 면에 의한 효과만을 고려한다.

그림 (7.1)은 여러 모양의 볼록 렌즈와 오목 렌즈이다. 볼록 렌즈는 중심부가 가장자리보다 두껍고, 오목 렌즈는 반대로 가장자리가 더 두껍다. 렌즈의 모양에 따라 렌즈의 광학적 특성이 변하는데, 대표적으로 렌즈의 수차에 영향을 미친다. 수차는 뒤에서 자세히 논의될 예정이고, 얇은 렌즈는 수차가 없는 렌즈로 취급한다.

7.1 렌즈 기본 용어(Basic Terms of Lens)

그림 (7.2)는 렌즈의 주요점과 거리를 나타낸 것이다. 렌즈와 관련된 물리량을 표기함에 있어 일관성 있게, 점은 영문 대문자로, 거리는 영문 소문자로 표기하기로 한다. 렌즈의 두 개 구면(평면은 구면의 특별한 경우로 취급하여 구면으로 통칭함)으로 구성된 광학계이기 때문에 각각의 구면에 대한 곡률 중심을 C_1, C_2로 표기한다.

광축과 렌즈의 경계면의 접점을 정점이라고 하고 A_1, A_2로 표기한다. 두 정점 사이 거리가 렌즈 두께 d이다. 그리고 정점과 곡률 중심까지의 거리를 곡률 반경이라하고 r_1, r_2로 표시한다.

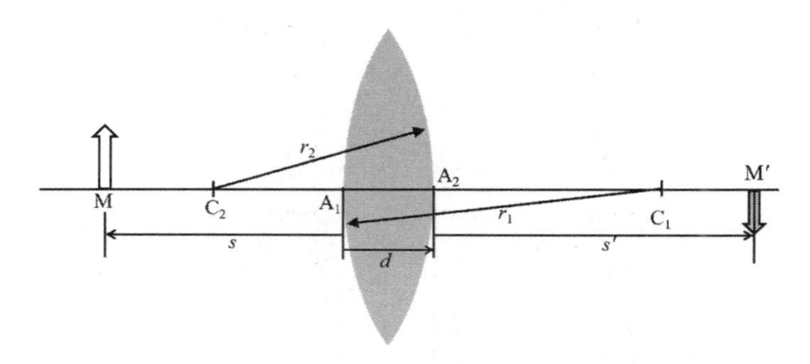

그림 7.2 얇은 렌즈의 주요 점과 거리

그림 (7.3)은 렌즈의 주 광선과 광심을 나타낸 것이다. **렌즈의 광심**은 비축점으로부터 방출된 광선 중에 주광선이 광축과 교차하는 점을 의미하고 O로 표기한다. 광선은 입사면(제1면, 전면)과 출사면(제2면, 후면)을 지나 렌즈를 통과한다. 광심을 통과한 광선은 입사면에서의 광선 방향과 출사면에서의 광선 방향이 나란하다. 즉, 광심을 지나는 주광선은 입사각과 출사각이 일치한다. 정점으로부터 광심까지의 거리는

$$A_1O = \frac{r_1}{r_1 - r_2}d, \quad A_2O = \frac{r_2}{r_1 - r_2}d \qquad (7.1)$$

이다.

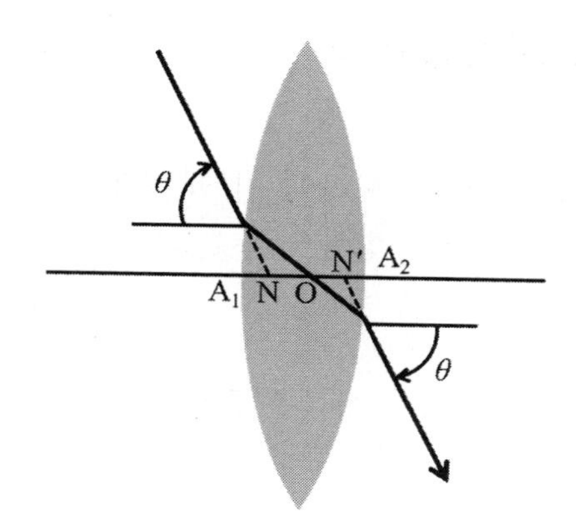

그림 7.3 렌즈 광심

초점은 제1 초점(또는 물측 초점)과 제2 초점(또는 상측 초점) 2개가 있다. 제2 초점(F')은 평행 광선이 입사하여 굴절된 후 광축과 교차하는 점이고, 제1 초점(F)을 통과하여 입사한 광선은 렌즈에 의해 굴절 후 광축에 평행하게 출사한다. 초점 거리는 정점으로부터 초점까지의 거리이다.

공액 관계는 물점과 상점을 쌍으로 일컫는 말이다. 렌즈 제1면에 대한 물점 M_1과 상점 M_1'는 서로 공액 관계에 있고, 제2면에 대한 물점 M_2와 상점 M_2' 역시 서로 공액 관계에 있다.

[예제 7.1.1]
반지름 $r_1 = +200\ mm$, $r_2 = -150\ mm$, 중심 두께 $d = 10\ mm$인 렌즈의 광심의 위치는?

풀이: 식 (7.1)을 이용하여 계산한다.

$$A_1O = \frac{r_1}{r_1 - r_2}d = \frac{200}{200-(-150)}10 = +5.71\ mm$$

$$A_2O = \frac{r_2}{r_1 - r_2}d = \frac{-150}{200-(-150)}10 = -4.29\ mm$$

7.2 결상 방정식(Image Equation)

얇은 렌즈는 두 개의 구면으로 구성되어 있기 때문에, 굴절 구면의 결상 방정식을 두 번 적용하여 렌즈에 대한 결상 방정식을 유도할 수 있고 상의 특징을 분석할 수 있다.

그림 (7.4)에서 제1면에 대한 결상 방정식은 굴절 구면의 결상 방정식 (5.8)로부터

$$\frac{n_1{}'}{s_1{}'} = \frac{n_1}{s_1} + \frac{n_1{}' - n_1}{r_1} \tag{7.2}$$

이다. 아래 첨자 1은 제 1면을 나타낸다. s_1은 제1면의 정점(A_1)으로부터 물점(M_1)까지의 거리, $s_1{}'$는 제1면의 정점으로부터 상점($M_1{}'$)까지의 거리, r_1은 제1면의 정점으로부터 곡률 중심(C_1)까지의 거리이다. 굴절률 관계 $n_1 = n$, $n_1{}' = n'$와 중심 두께를 무시($d \approx 0$)하고 전달 방정식을 $s_1{}' = s_2 + d \approx s_2$를 적용하여 제1면의 결상 방정식을 다시 쓰면

$$\frac{n'}{s_2} = \frac{n}{s_1} + \frac{n' - n}{r_1} \tag{7.3}$$

이다.

제2면에 대한 결상 방정식은

$$\frac{n_2{}'}{s_2{}'} = \frac{n_2}{s_2} + \frac{n_2{}' - n_2}{r_2} \tag{7.4}$$

이다. s_2는 제2면의 정점(A_2)으로부터 물점(M_2)까지의 거리, $s_2{}'$는 제2면의 정점으로부터 상점($M_2{}'$)까지의 거리, r_2는 제2면의 정점으로부터 곡률 중심(C_2)까지의 거리이다. 굴절률 관계 $n_2 = n'$, $n_2{}' = n$을 적용하여 다시 쓰면

$$\frac{n}{s_2{}'} = \frac{n'}{s_2} + \frac{n - n'}{r_2} \tag{7.5}$$

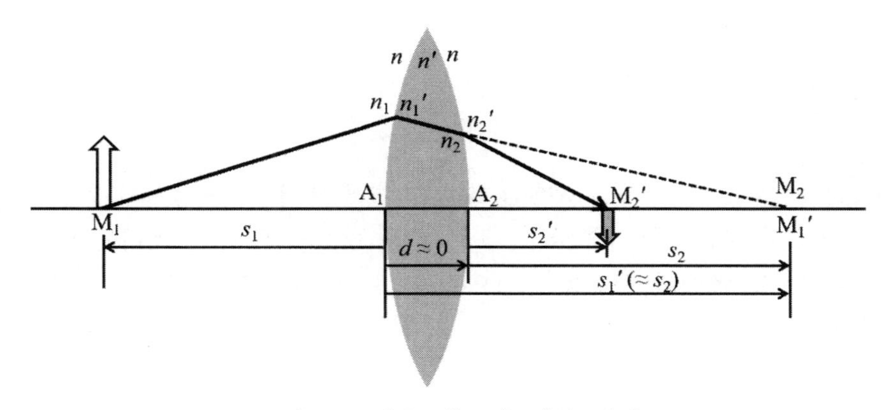

그림 7.4 얇은 렌즈에 의한 결상

제1면의 결상 방정식 (7.3)의 좌변과 제2면의 결상 방정식 (7.5)의 우변 첫 번째 항이 같으므로, 두 식을 결합하면 얇은 렌즈($d \to 0$) 결상 방정식

$$\frac{n}{s_2{}'} = \left(\frac{n}{s_1} + \frac{n' - n}{r_1}\right) + \frac{n - n'}{r_2}$$

$$\frac{n}{s_2{}'} = \frac{n}{s_1} + (n' - n)\left(\frac{1}{r_1} - \frac{1}{r_2}\right) \tag{7.6}$$

을 얻는다. 위 식의 좌변과 우변을 굴절률 n으로 나누고 다시 쓰면 얇은 렌즈 결상 방정식은

$$\frac{1}{s_2{}'} = \frac{1}{s_1} + \frac{n' - n}{n}\left(\frac{1}{r_1} - \frac{1}{r_2}\right) \tag{7.7}$$

이 된다.

위 식의 s_1와 $s_2{}'$에서 아래 첨자를 떼고 렌즈의 물체 거리 s와 상 거리 s'로 각각 표시($s_1 \to s$, $s_2{}' \to s'$)하면
얇은 렌즈의 결상 방정식은

$$\frac{1}{s'} = \frac{1}{s} + \frac{n' - n}{n}\left(\frac{1}{r_1} - \frac{1}{r_2}\right) \tag{7.8}$$

이 된다. 결상 방정식을 초점 거리 f, f'로 표시하면

$$\frac{1}{s'} = \frac{1}{s} + \frac{1}{f'}, \quad \frac{1}{s'} = \frac{1}{s} - \frac{1}{f} \tag{7.9}$$

제1 초점(또는 물측 초점) f와 제2 초점(또는 상측 초점) f'는 $f' = -f$가 되어 물측, 상측 공간이 같은 경우 (즉, $n_3 = n_1$) 얇은 렌즈의 두 초점 거리는 같다. 그리고 (-) 부호는 두 초점이 렌즈를 중심으로 서로 반대편에 존재한다는 것을 의미한다. 여기서

$$\frac{1}{f'} = -\frac{1}{f} = \frac{n' - n}{n}\left(\frac{1}{r_1} - \frac{1}{r_2}\right) \tag{7.10}$$

는 **렌즈 제작자의 공식** 한다. 얇은 렌즈의 초점 거리는 렌즈의 굴절률(n')과 주변의 굴절률(n) 차와 두 면의 곡률 반경에 의해 결정 된다. 여기서 주의해야 할 점은 버전스이다. 버전스는 식 (7.8)이 아닌 식 (7.6)을 사용해야 한다. 따라서 물체 버전스와 상 버전스는 각각

$$S = \frac{n}{s_1}, \quad S' = \frac{n}{s_2'} \tag{7.11}$$

이다. 또한 굴절력은

$$D' = \frac{n}{f'} = (n' - n)\left(\frac{1}{r_1} - \frac{1}{r_2}\right) \tag{7.12}$$

이다. *버전스는 굴절률과 거리의 역수로 표현된다*는 것을 잊지 말아야 한다, 굴절률을 빠뜨리면 광학계가 공기 중에 놓여 있는 것고 굴절률이 1이 아닌 매질 속에 놓여 있는 차이를 구분할 수 없기 때문이다.

표 (7.1)은 굴절 구면, 반사 구면, 얇은 렌즈에 대한 결상 방정식, 횡배율, 초점 거리를 정리한 것이다. 또 평면에서의 굴절, 반사에 대한 상 거리와 횡배율도 비교하였다. 평면의 결상 방정식은 구면 결상 방정식에서 반지름의 크기를 무한대 $r = \infty$로 대체하면 얻을 수 있다. 또한 구면 거울의 결상 방정식은 굴절 구면 결상 방정식에서 $n' = -n$로 대체하면 얻을 수 있다.

광학계	결상 방정식	
	구면	평면 $(r \rightarrow \infty)$
굴절면	$\frac{n'}{s'} = \frac{n}{s} + \frac{n'}{f'}$ $m_\beta = \frac{ns'}{n's}$ $\frac{n'}{f'} = \frac{n'-n}{r}$ 볼록 : $r > 0$, 오목 : $r < 0$	$s' = \frac{n'}{n}s$ $m_\beta = +1$
반사면	$\frac{1}{s'} + \frac{1}{s} = \frac{1}{f'}$ $m_\beta = -\frac{s'}{s}$ $f' = f = \frac{r}{2}$ 볼록 : $r,\ f',\ f > 0$, 오목 : $r,\ f',\ f < 0$	$s' = -s$ $m_\beta = +1$
얇은 렌즈	$\frac{1}{s'} = \frac{1}{s} + \frac{1}{f'}$ $\frac{1}{f'} = \frac{n'-n}{n}\left(\frac{1}{r_1} - \frac{1}{r_2}\right)$ $m_\beta = \frac{s'}{s}$	

표 7.1 결상 방정식 정리

[예제 7.2.1]
얇은 볼록 렌즈에서 물체 거리가 -200 mm이고, 제2 초점 거리가 +40 mm일 때, 상의 위치를 구하시오. (렌즈는 공기 중에 놓여 있다.)

풀이: 주어진 값 $s = -200\ mm$, $f' = +40\ mm$을 얇은 렌즈 결상 방정식에 대입하면

$$\frac{1}{s'} = \frac{1}{-200} + \frac{1}{40} \rightarrow s' = +50\ mm$$

7.3 비축 상점 작도(Off-axis Image Point Ray Tracing)

물체 평면에 있는 한 물체를 물점 M과 물체의 비축점 Q를 잇는 화살표 MQ로 표시하자. 비축점 Q의 상점을 찾으면 물체의 크기 및 상의 정립 또는 도립 여부를 알 수 있다. 비축점 Q의 상을 찾기 위해, Q로부터 나오는 대표적인 몇 개의 광선을 추적하여 교차점을 찾으면 된다.

그림 (7.5)의 광선 1은 광축과 평행하게 입사하고, 광선 2는 렌즈 중심으로 입사하며 광선 3은 제1 초점을 지나도록 입사한다. 이 세 광선은 렌즈에 의해 굴절된 후 한 점에서 만나고, 그 점이 비축점 Q에 대한 공액 상점 Q'이 된다. 세 광선에 대한 광선 추적 방법은 아래와 같다.

광선 1은 광축과 평행하게 Q를 지나, 굴절된 후 제2 초점을 지난다.
광선 2는 광심을 지나가며, 굴절된 후에도 방향을 바꾸지 않는다.
광선 3은 제1 초점을 지나, 굴절된 후 광축과 평행하게 진행한다.

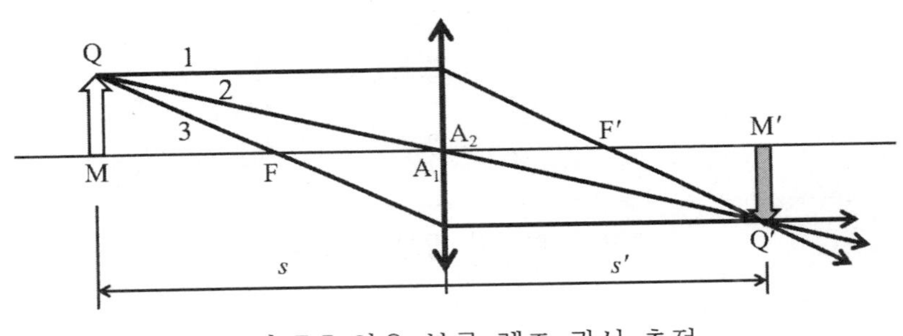

그림 7.5 얇은 볼록 렌즈 광선 추적

오목 렌즈의 경우는 그림 (7.6)과 같은 방법으로 상점을 찾을 수 있다.

광선 1은 광축과 평행하게 Q를 지나, 굴절된 후 연장선이 제2 초점에서 나와 발산하는 방향으로 진행한다.
광선 2는 광심을 지나가며, 굴절된 후에도 방향을 바꾸지 않는다.
광선 3은 제1 초점을 향하고, 굴절된 후 광축과 평행하게 진행한다.

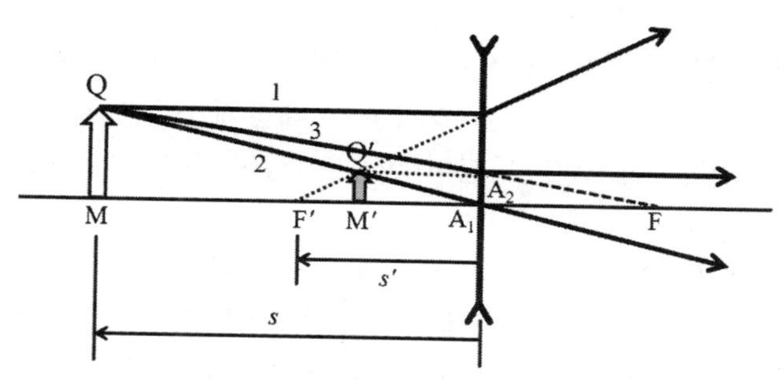

그림 7.6 얇은 오목 렌즈 광선 추적

광선 추적을 이용하면 물체의 위치에 따른 상의 위치를 파악할 수 있다. 물론 결상 방정식으로부터 상 거리 s'를 계산할 수 있지만, 계산된 값이 적절한 지 여부를 광선 추적으로 확인할 수 있다. 또한, 수식을 이용하여 계산을 하지 않아도, 광선 추적 방법으로 상의 특징을 쉽게 예상해 볼 수 있다.

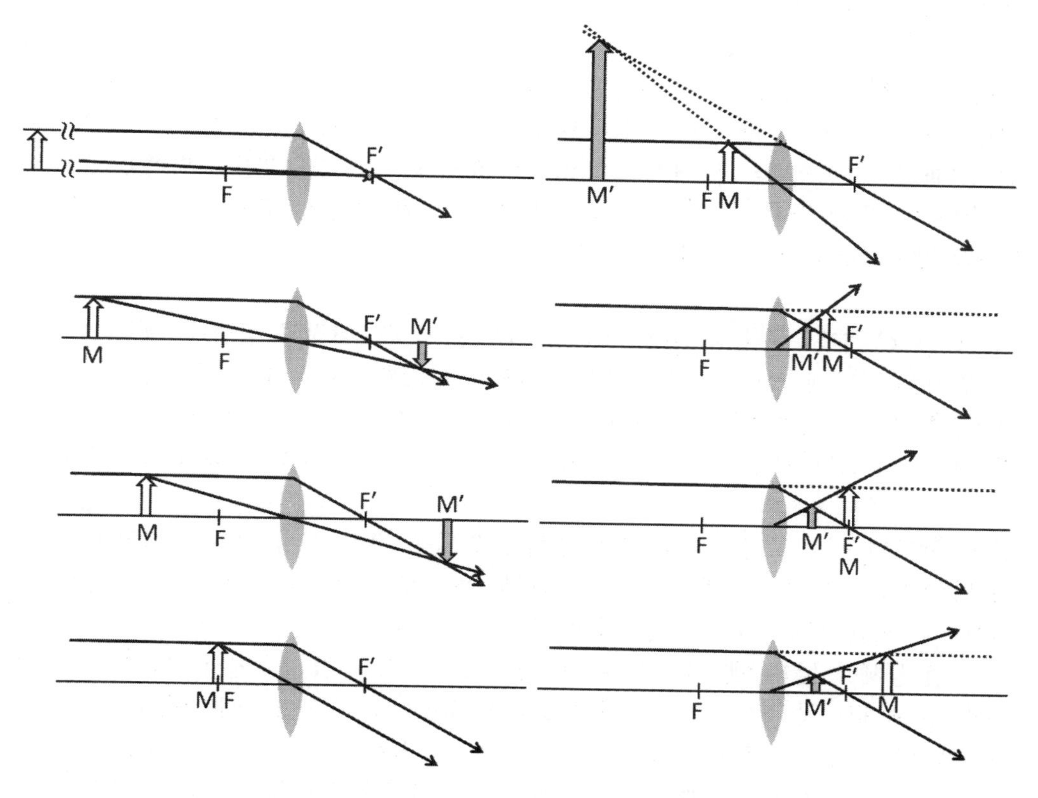

그림 7.7 물체 위치에 따른 볼록 렌즈의 결상

상의 특징을 알아보기 위한 광선 추적은 그림 (7.7)에서 볼 수 있는 바와 같이 위에서 열거한 3개 광선 중 2개 광선(광선 1, 2)만 추적하여도 충분하다. 이는 모든 근축 광선이 한 점에서 만나서 상을 형성하기 때문에, 어떤 광선이든 광선 두 개 이상 추적하여 교차점을 찾으면 그 점이 바로 상점이 되기 때문이다.

상점을 찾기 위한 광선 추적을 간략하게 2개 광선 추적으로 요약하면
광선 1 : 물체의 끝점을 지나는 광축에 평행선을 렌즈까지 긋고, 굴절 후 제2 초점으로 이어 긋는다.(오목 렌즈의 경우 굴절 후 제2 초점에서 나오는 방향으로 발산 광선을 긋는다)
광선 2 : 물체의 끝점과 광심(렌즈 중심)을 지나도록 직선을 긋는다.

두 굴절 광선이 만나는 점이 비축 상점이고 실상이 맺힌다. 만일 굴절 광선이 교차하지 않고 발산하면, 굴절 광선의 연장선을 뒤쪽(물체 공간)으로 그어 교차하는 점에 허상이 맺힌다. 그림 (7.7)은 물체 위치에 따른 상의 위치 변화를 광선 추적으로 나타낸 것이다.

그림 (7.8)은 얇은 렌즈 앞에 놓인 물체의 위치에 따른 상의 위치를 도식적으로 표현한 것이다. 중앙의 화살표는 얇은 렌즈를 표시한 것이고, 물측 초점 F, 상측 초점 F'과 두 초점의 두 배 거리 $2F$, $2F'$이 표시 되어 있다. 그리고 위쪽에 표시된 ∞ 부호는 무한 위치 ∞는 왼쪽 무한 위치 $-\infty$와 오른쪽 무한 위치 $+\infty$를 음(−)과 양(+) 부호 없이 나타낸 것이다.

점 A, B, C, D는 물체의 위치이고, A', B', C', D' 각각의 물점에 대응하는 상의 위치를 나타낸 것이다. 즉, 물체가 왼쪽으로 무한 위치 A에 있으면, 상은 점 A'(상측 초점 F')에 맺힌다. 따라서 점 A'는 물 점 A에 대한 공액 상점이다. 마찬가지로 점 B와 B', C와 C', 그리고 D와 D'는 각각 물점과 공액 상점이다.

양(+) 렌즈의 경우 그림 (7.8a)에서 물체가 위치를 무한 위치 A에 출발하여 반시계 방향으로 돌면 얇은 렌즈의 상의 위치도 반시계 방향으로 회전한다. 실선은 물체가 이동하는 경로이고 점선은 상이 움직이는 경로이다. 왼쪽 무한 위치 $A(-\infty)$에 있던 물체가 얇은 렌즈로 다가가면, 상은 A'(상측 초점 F')에서 오른쪽으로 이동한다. 물체가 점 B ($2F$) 위치에 도달하면 상은 점 B' ($2F'$)에 맺힌다. 물체가 렌즈로 더 다가가면 상은 오른쪽으로 이동하고, 물체가 점 C (초점 F)에 놓이면, 상은 무한 위치 $C'(+\infty)$에 맺힌다. 상이 무한 위치에 맺히므로 상은 보이지 않는다. 물체가 물측 초점 F에서 조금이라도 렌즈 쪽으로 움직이면 상은 무한 위치

$(-\infty)$의 왼쪽에 맺힌다. 즉 오른쪽 무한 위치$(+\infty)$에 맺혔던 상이 갑자기 왼쪽 무한 위치$(-\infty)$에 나타나는 것이다. 이런 이유로 왼쪽 무한 점 $(-\infty)$과 오른쪽 무한 점 $(+\infty)$을 부호없이 하나의 점(∞)으로 이어 놓았다.

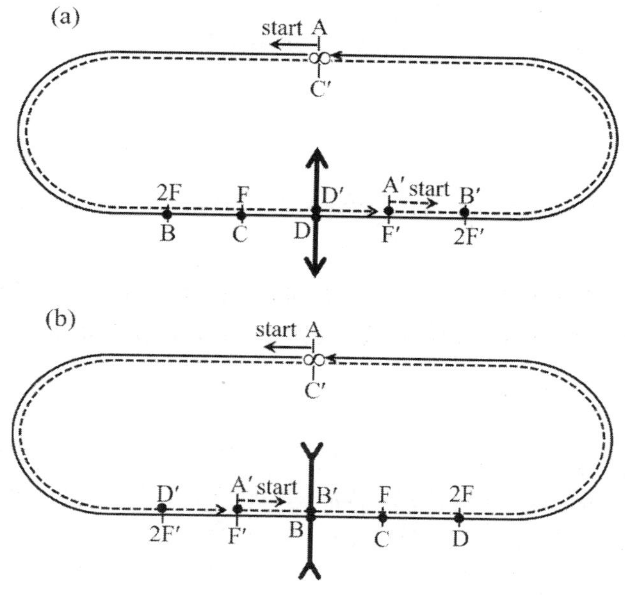

그림 7.8 얇은 렌즈에 대하여 물체와 상 위치
(a) 양 렌즈 (b) 음 렌즈

다시 물체를 물측 초점 $C(F)$에서 렌즈 쪽으로 이동시키면 상의 위치는 왼쪽 무한 점 $C'(-\infty)$에서 반시계 방향으로 돌아간다. 물체가 렌즈의 정점 D(정점)에 도달하면 상은 바로 그 위치 D'(정점)에 맺힌다. 물체가 정점 D로부터 오른쪽 (이 경우, 허물체)으로 무한 위치 $A(+\infty)$까지 이동하면 상은 정점 D'와 A'(상측 초점 F')사이에 맺힌다.

물체가 왼쪽 무한 위치 $A(-\infty)$에서 출발하여 반시계 방향으로 돌아 오른쪽 무한 위치 $A(+\infty)$까지 한 바퀴를 이동하면, 상은 상측 초점 $A'(F')$에서 출발하여 역시 반시계 방향으로 한 바퀴를 돌아 다시 상측 초점$A'(F')$에 도달한다. 즉 물체가

$$A(-\infty) \rightarrow B(2F) \rightarrow C(F) \rightarrow D(\text{정 점}) \rightarrow A(+\infty)$$

순으로 이동하면 상은

$A'(F') \rightarrow B'(2F') \rightarrow C'(+\infty) \rightarrow D'(\text{정점}) \rightarrow A'(F')$

로 순차적으로 이동한다. 그림 (7.8b)는 음(-) 렌즈에 대한 것이고, 앞서 설명한 양(+) 렌즈와 마찬가지로 물체의 위치에 따른 상이 위치를 확인할 수 있다. 물체가

$A(-\infty) \rightarrow B(\text{정점}) \rightarrow C(F) \rightarrow D(2F') \rightarrow A(+\infty)$

순으로 이동하면 상은

$A'(F') \rightarrow B'(\text{정점}) \rightarrow C'(+\infty) \rightarrow D'(2F') \rightarrow A'(F')$

로 이동한다. **양 렌즈와 음 렌즈 모두 물체는 음 무한대 $(-\infty)$에서 출발하여 양 무한대 $(+\infty)$에 도달하면, 상은 상측 초점 (F')에서 출발하여 다시 상측 초점에 도달 한다.**

표 (7.2)는 앞에서 설명한 물체의 위치에 따른 상의 위치, 그리고 맺힌 상의 특징 (정립/도립, 실상/허상)을 정리한 것이다. 음 무한대 $(-\infty)$에서 정점 사이에 있는 물체는 실물체이고 정점과 양 무한대 $(+\infty)$ 사이에 있는 물체는 허물체이다. 실물체인 경우 상이 도립이면 실상이 되고, 정립이면 하상이 된다. 반대로 허물체인 경우 정립이면 실상이 되고, 도립이면 허상이 된다.

렌즈 형태	물체 위치	상 위치	물체/상 특징
볼록 렌즈 (+) 렌즈	$A(-\infty) \leftrightarrow B(2F)$	$A'(F') \leftrightarrow B'(2F')$	실물체, 도립실상
	$B(2F) \leftrightarrow C(F)$	$B'(2F') \leftrightarrow C'(+\infty)$	
	$C(F) \leftrightarrow D(\text{정점})$	$C'(-\infty) \leftrightarrow D'(\text{정점})$	실물체, 정립허상
	$D(\text{정점}) \leftrightarrow A(+\infty)$	$D'(\text{정점}) \leftrightarrow A'(F')$	허물체, 정립실상
오목 렌즈 (-) 렌즈	$A(-\infty) \leftrightarrow B(\text{정점})$	$A'(F') \leftrightarrow B'(\text{정점})$	실물체, 정립허상
	$B(\text{정점}) \leftrightarrow C(F)$	$B'(\text{정점}) \leftrightarrow C'(+\infty)$	허물체, 정립실상
	$C(F) \leftrightarrow D(2F)$	$C'(-\infty) \leftrightarrow D'(2F')$	허물체, 도립허상
	$D(2F) \leftrightarrow A(+\infty)$	$D'(2F') \leftrightarrow A'(F')$	
* 괄호 안은 렌즈의 초점(F, F')과 정점을 나타낸 것임			

표 7.2 얇은 렌즈에 대하여 물체의 위치에 따른 상의 특징

[예제 7.3.1]
허물체가 얇은 볼록 렌즈의 정점과 제2 초점 사이에 놓여 있다. 상을 작도하시오.

풀이: 그림 (7.9) 참조

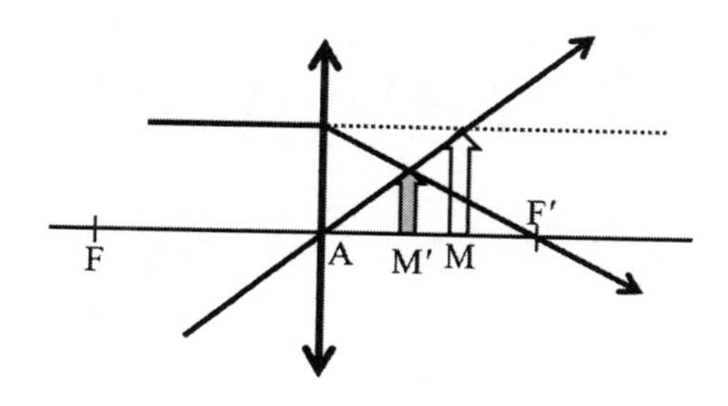

그림 7.9 볼록 렌즈에 의한 허물체의 결상

[예제 7.3.2]
허물체가 얇은 오목 렌즈의 정점과 제1 초점 사이에 놓여 있다. 상을 작도하시오.

풀이: 그림 (7.10) 참조

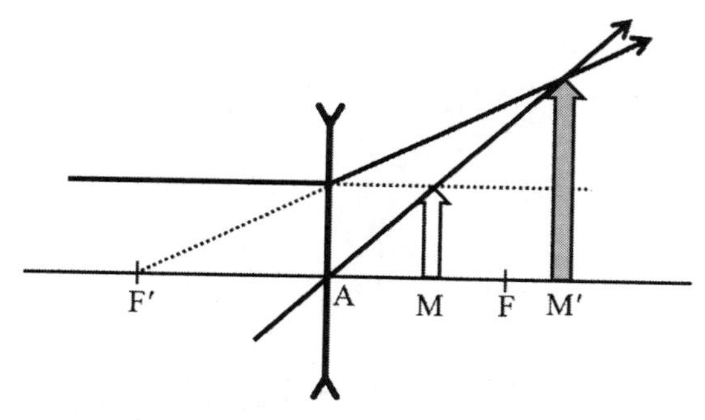

그림 7.10 오목 렌즈에 의한 허물체의 결상

7.4 횡배율(Magnification)

횡배율은 광학계에 의한 상의 크기가 물체의 크기에 비해 몇 배인가를 나타내는 값으로, 광학계를 통해 물체를 보면 커 보이는지 아니면 작아 보이는지를 의미한다. 비축 상점 작도에 의해서도 상이 정립 또는 도립 여부를 판단할 수 있지만, 횡배율의 부호에 의해서도 정립(횡배율이 양수) 또는 도립(횡배율이 음수) 여부를 알 수 있다. 따라서 횡배율을 계산하면 상의 확대/축소와 정립/도립 두 가지 정보를 알 수 있다.

그림 (7.11)은 물체를 나타내는 화살표 MQ의 횡방향 크기 y와 상을 나타내는 화살표 $M'Q'$의 크기 y'를 나타낸다. 횡배율 m_β은 물체의 크기에 대한 상의 크기로 정의된다.

$$m_\beta = \frac{y'}{y} \tag{7.13}$$

횡배율을 물체 거리 s와 상 거리 s'로 표현하기 위하여 그림 (7.11)에서 두 직각 삼각형 $\triangle MQA$와 $\triangle AM'Q'$ 를 비교하자. 점 Q와 Q'를 잇는 광선은 렌즈 중심 즉, 광심을 지나기 때문에 굴절 없이 직진하므로 직선이다. 따라서 각 $\angle QAM$과 각 $\angle M'AQ'$는 엇각으로 크기가 같고, 두 삼각형 모두 직각 삼각형이므로 닮은 꼴이다. 닮음비를 이용하면 물체 크기와 상의 크기 비율은 s'/s가 되고, 횡배율은

$$m_\beta = \frac{y'}{y} = \frac{s'}{s} \tag{7.14}$$

얇은 렌즈의 횡배율은 상 거리 s'와 물체 거리 s의 비와 같으므로, 얇은 렌즈의 결상 방정식으로부터 상 거리를 계산하면 횡배율을 바로 구할 수 있다.

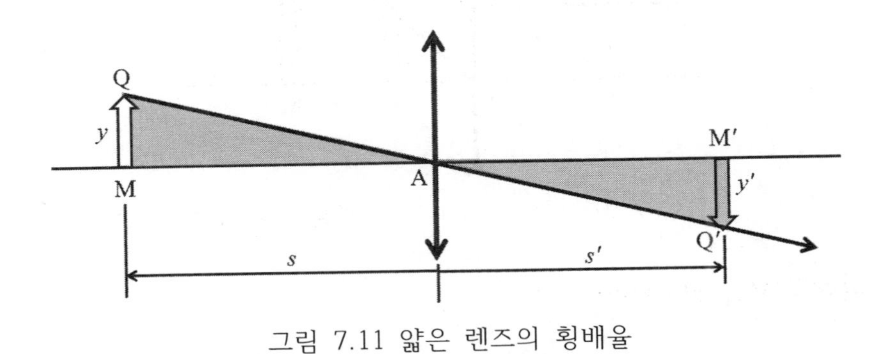

그림 7.11 얇은 렌즈의 횡배율

[예제 7.4.1]
얇은 볼록 렌즈에서 물체 거리가 -20 mm이고, 제2 초점 거리가 +40 mm일 때, 계산된 상 거리로부터 크기가 5 mm인 물체의 횡배율과 상의 크기를 구하시오.

풀이: 주어진 값을 물체 거리와 초점 거리로 각각 $s=-20\ mm$, $f'=+40\ mm$이다. 결상 방정식에 대입하면 상 거리, 횡배율, 상의 크기를 차례로 계산할 수 있다.

$$\frac{1}{s'}=\frac{1}{s}+\frac{1}{f'}=\frac{1}{-20}+\frac{1}{+40}$$

$$s'=-40\ mm$$

$$m_\beta=\frac{-40}{-20}=+2$$

$$y'=2\times5=+10\ mm$$

7.5 뉴턴 방정식(Newton's Equation)

뉴턴 방정식은 결상 방정식의 의미와 유사하다. 결상 방정식이 정점에서 물체까지의 거리 s와 정점에서 상까지의 거리 s'의 관계를 나타내는 식이라면, 뉴턴 방정식은 제1 초점에서 물체까지의 거리 x와 제2 초점에서 상까지의 거리 x'의 관계를 나타내는 식이다.

그림 (7.12)에서 거리 $x=FM$와 $x'=F'M'$를 정의하면, 닮은 삼각형의 비례 관계로부터 횡배율

$$m_\beta=\frac{y'}{y}=-\frac{f}{x}=-\frac{x'}{f'}$$

을 얻을 수 있다. 이로부터, 얇은 렌즈에 대한 뉴턴 방정식

$$xx'=ff'=-f^2=-f'^2$$

을 얻는다.

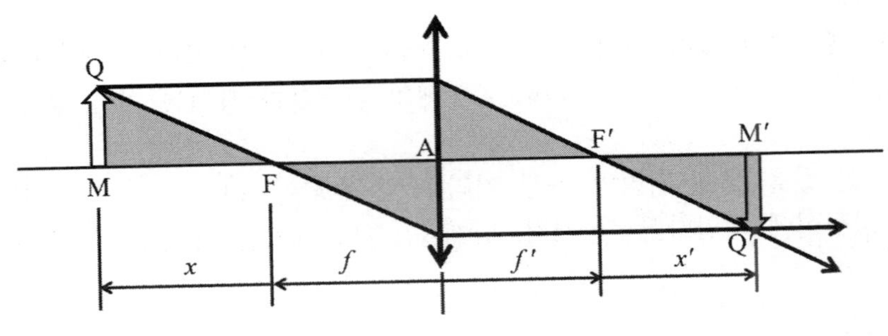

그림 7.12 얇은 렌즈의 뉴턴 방정식

[예제 7.5.1]
관계식 $x = s - f$, $x' = s' - f'$을 적용하여 뉴턴 방정식으로부터 결상 방정식을 유도하시오.

풀이 : 뉴턴 방정식, $xx' = -f'^2$에, 주어진 거리 관계식을 대입하여 정리하면

$$(s-f)(s'-f') = -f'^2$$
$$(s+f')(s'-f') = -f'^2$$
$$ss' - sf' + s'f' - f'^2 = -f'^2$$
$$ss' - sf' + s'f' = 0$$

마지막 식의 좌변과 우변을 $ss'f'$로 나누면 얇은 렌즈의 결상 방정식을 얻을 수 있다. 즉,

$$\frac{1}{f'} - \frac{1}{s'} + \frac{1}{s} = 0$$
$$\frac{1}{s'} = \frac{1}{s} + \frac{1}{f'}$$

7.6 프리즘 굴절력(Prism Power)

근축 근사는 광축에 가까운 광선들만을 다루는 것으로, 근축 광선들은 모두 렌즈의 중심 근처를 통과하게 된다. 이로 인하여 근축 광선들은 모두 같은 값의 렌즈 굴절력을 받아 한 점에 결상 된다고 가정한다. 만일 광선이 근축이 아닌 렌즈의 중심에서 벗어난 가장자리로 입사하면 다른 크기의 굴절력을 받는다. 이 효과는 그림

(7.13)에서와 같이 광축으로부터 높이에 따라 각 면과 법선이 이루는 각이 다르기 때문에 나타나는 것으로, 이를 프리즘 굴절력이라고 한다. 렌즈를 높이에 따라 부분으로 나누면 각 부분의 접선이 만드는 꼭지각이 다른데, 정각이 다른 프리즘은 서로 다른 프리즘 굴절력을 발생시킨다.

광축으로부터 입사 높이에 따른 굴절력 변화로 각각 광선에 대하여 상점이 달라지고 수차가 발생한다. 수차는 상의 해상도를 흐리게 하는 요인으로 작용하므로 가능한 광축에서 많이 벗어난 광선들을 차단해야 해상도가 높은 상을 맺게 할 수 있다. 반면 프리즘 굴절력은 안 기능을 교정하는 데 활용될 수 있다. 예를 들어 사위가 있는 눈을 안경 렌즈로 교정하기 위하여 렌즈의 중심축을 일부러 벗어나게 처방한다. 이로 인하여 안구에 자극이 생겨 사위 교정 효과를 얻고자 하는 처방이다.

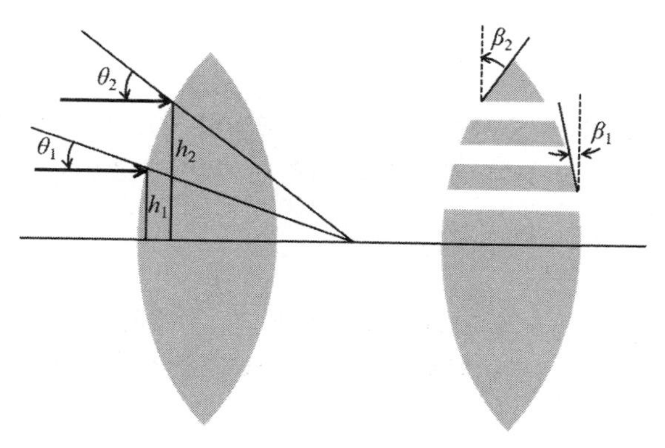

그림 7.13 얇은 렌즈의 프리즘 효과

그림 (7.14)에서 광선이 광축으로부터 h 높이로 입사하는 경우

$$\tan\theta' \approx \theta' = -\frac{h}{f'} = -hD' \tag{7.15}$$

여기서 (-) 부호는 각과 길이에 대한 부호 규약에서 비롯된 것이다. 각에 대한 부호 규약에 따라 각 θ'의 부호는 (-)이고, 길이에 대한 부호 규약을 적용하면 높이 h와 제2 초점 거리 f'의 부호는 모두 (+)이다. 그리고 제1 초점 거리 f와 제2 초점 거리 f'는 서로 반대 부호를 갖는다.

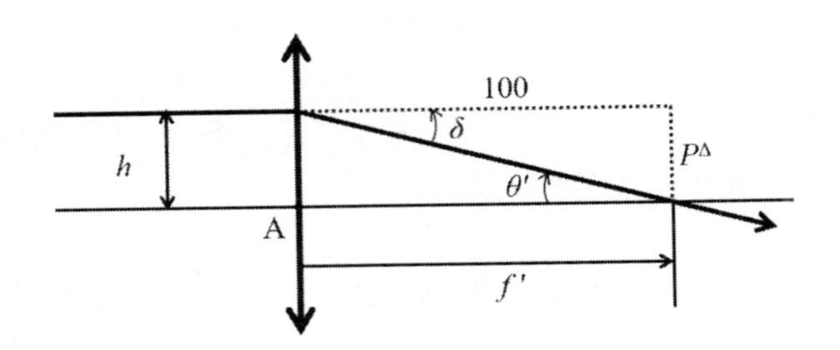

그림 7.14 얇은 렌즈의 프리즘 굴절력

각 θ'과 꺽임각 δ는 엇각으로 크기는 같지만, 부호가 반대 $\theta' = -\delta$이다. 이를 적용하면

$$\delta = +hD' \tag{7.16}$$

이다. 얇은 렌즈의 프리즘 굴절력은 렌즈의 굴절력 D'과 광선의 입사 높이 h의 곱이다. 즉 광선의 입사 위치가 광축으로부터 많이 벗어날수록 이에 비례하여 프리즘 굴절력이 커진다.

여기서 주의할 것은 높이 h의 단위이다. 그림 (7.13)에서 프리즘 굴절력 $P^{\triangle}$는 정의 즉, 수평 방향으로 100단위 위치에서 수직 방향으로의 편향 정도이므로

$$P^{\triangle} = 100\delta = 100hD' \tag{7.17}$$

이다. 여기서 D'은 굴절력이기 때문에 **디옵터** 단위를 사용하기 위해서는 길이의 단위는 **미터**로 환산된 값을 써야 한다. 따라서 h를 센티미터로 읽었을 때, $100h$가 미터가 된다. 그러므로 h의 단위를 **센티미터**로 변환한 값을 쓰는 경우 프리즘 굴절력은 hD'이다.

정리하자면, 프리즘 굴절력은 높이 h를 미터로 읽은 값을 쓰는 경우

$$P^{\triangle} = 100hD' \tag{7.18}$$

이고, h를 센티미터로 읽은 값을 쓰면

$$P^{\triangle} = hD' \tag{7.19}$$

이다. 여기서 프리즘 굴절력은 절댓값이고. 이 결과는 식 (7.15)와 일치한다. 다만 프리즘 굴절력은 크기만 나타내어 (-)부호를 떼고 식 (7.18) 또는 (7.19)의 **절댓값**으로 계산한다.

[예제 7.6.1]
+4 D인 안경 렌즈의 광축이 눈의 광축에서 아래로 4 mm 벗어났다. 프리즘 굴절력과 꺾임각을 구하시오.

풀이: 높이를 센티미터 단위로 변환하면, $h = 4\ mm = 0.4\ cm$
h를 센티미터 단위를 사용하였기 때문에, 프리즘 굴절력은 식 (7.19)를 이용하여 계산하면

$$P^{\triangle} = hD' = 0.4 \times 4 = 1.6^{\triangle}$$

이다. 꺾임각은

$$\tan\delta = \frac{P^{\triangle}}{100}$$
$$\delta = \arctan\left(\frac{1.6^{\triangle}}{100}\right) = 0.92\ rad$$

7.7 망막 상 크기(Retinal Image Size)

그림 (7.15)는 물체 M에 대하여 망막에서의 상(망막 상) M'이 맺힌 것을 보여준다. 그림 (7.15)에서 렌즈는 각막과 수정체를 포함한 눈 전체의 굴절력을 가진 얇은 렌즈를 의미하고, 뒤에 망막이 있다. 안구를 얇은 렌즈와 스크린(망막)으로 단순화한 모델을 렌즈-스크린 모델이라고 한다. 이 모델에 대하여 10장에서 보다 자세히 설명하기로 하고 여기서는 망막에 맺히는 상의 크기에 국한하여 설명한다. 물체의 크기는 y이고 망막 상의 크기는 y'이다. 물체의 끝점에서 나온 광선은 렌즈의 중심(광심 또는 눈의 절점)을 지나기 때문에 굴절 없이 직진한다. 물체의 크기 y와 물체 거리 s, 그리고 입사 광선이 광축과 이루는 각 ω 사이 관계는

$$\tan\omega = -\frac{y}{s} \tag{7.20}$$

이다. 마찬가지로 망막 상의 크기 y'와 물체 거리 s', 그리고 입사 광선이 광축과 이루는 각 ω 사이 관계는

$$\tan\omega = -\frac{y'}{s'} \tag{7.21}$$

이다. 위 두 식 (7.20)과 (7.21)의 좌변은 같으므로 우변도 역시 같아야 하므로 망막 상의 크기는 물체의 크기 y와 거리 비 s'/s의 곱

$$y' = \frac{s'}{s}y \tag{7.22}$$

으로 주어진다.

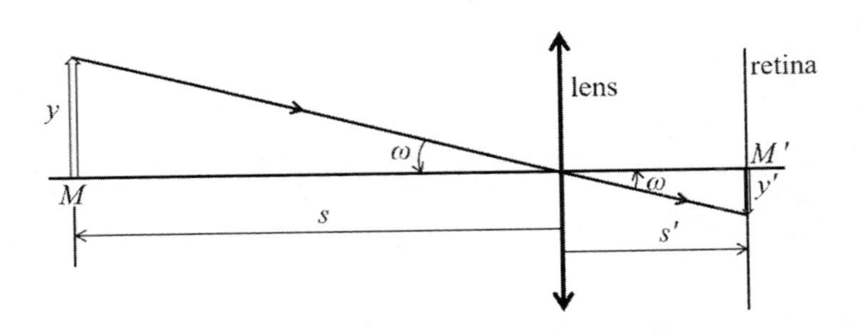

그림 7.15 망막 상

비정시 환자가 콘택트렌즈 또는 안경 렌즈로 교정하는 경우 망막 상 크기는 다르다. 근시안을 음 렌즈로 교정하는 경우 콘택트렌즈의 위치는 각막 위치와 같고, 안경 렌즈는 정간 거리 만큼 앞에 위치한다. 따라서 콘택트렌즈를 사용하는 경우 입사 광선은 굴절 없이 직진한다. 하지만 안경 렌즈에 의해 발산하는 방향으로 굴절된 광선이 눈의 절점으로 입사한다. 이에 따라 그림 (7.16)에서 보여지는 바와 같이 망막 상의 크기는 콘택트렌즈로 교정하는 경우보다 작은 상이 맺힌다. 그림 (7.16)의 망막 위치에서 $y_s' < y_c'$. 즉 근시안을 교정하기 위하여 안경 렌즈를 사용하는 경우 콘택트렌즈를 사용하는 경우보다 망막 상이 작다.

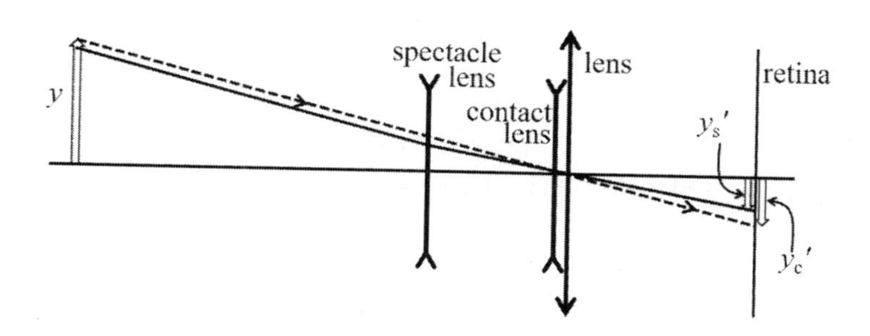

그림 7.16 근시안 교정

원시안의 경우에는 양 렌즈로 교정해야 한다. 안경 렌즈로 교정하는 경운 수렴하는 방향으로 굴절된 광선이 눈의 절점으로 입사한다. 따라서 원시안은 근시안과는 반대로 안경 렌즈로 교정할 때 상의 크기가 콘택트렌즈로 교정하는 것보다 커진다. 그림 (7.17)의 망막 위치에서 $y_s' > y_c'$. 따라서 안경 렌즈를 사용하던 환자가 콘택트렌즈로 바꿔 사용하는 경우 또는 그 반대의 경우에 상의 크기 변화로 인하여 환자가 혼란을 경험할 수 있으므로 이에 대하여 잘 설명해 줘야 한다.

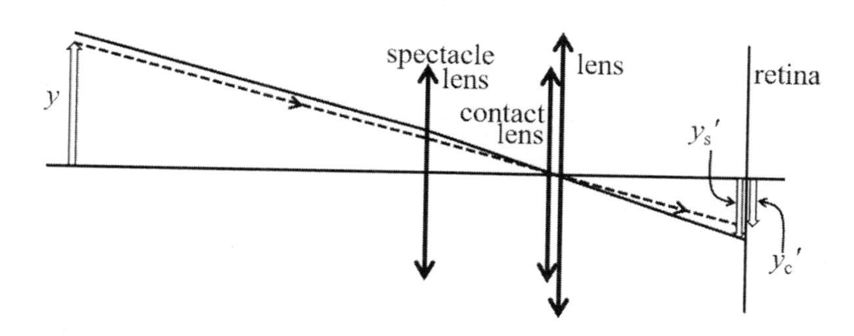

그림 7.17 원시안 교정

요약

7.1 얇은 렌즈: 중심 두께 효과를 무시할 수 있는 렌즈
렌즈의 광심: 주 광선이 광축과 교차하는 점

7.2 결상 방정식 $\frac{1}{s'} = \frac{1}{s} + \frac{1}{f'} = \frac{1}{s} - \frac{1}{f}$

렌즈 제작자의 공식 $\frac{1}{f'} = -\frac{1}{f} = \frac{n'-n}{n}\left(\frac{1}{r_1} - \frac{1}{r_2}\right)$

굴절력 $D' = \frac{n}{f'} = (n'-n)\left(\frac{1}{r_1} - \frac{1}{r_2}\right)$

7.4 횡 배율 $m_\beta = \frac{y'}{y} = \frac{s'}{s}$

7.5 뉴턴 방정식 $xx' = ff' = -f^2 = -f'^2$

7.6 얇은 렌즈 프리즘 굴절력 $P^\triangle = hD'$

연습 문제

7-1. 렌즈의 두께가 4 mm인 경우에 대하여 광심의 위치를 찾으시오. (a) 곡률 반경이 20 mm인 등볼록 렌즈, (b) 앞면의 곡률 반경이 20 mm인 평볼록 렌즈, (c) 반경이 +20 mm와 +10 mm인 오목 메니스커스 렌즈
답] (a) 2 mm, (b) 0 mm (c) 8 mm

7-2. 굴절률이 1.52이고, 곡률 반경이 20 cm와 15 cm인 양볼록렌즈 앞 20 cm 위치에 물체가 놓여 있다. 다음을 구하시오. (a) 제2 초점 거리 (b) 상 거리 (c) 렌즈의 횡배율
답] (a)~16.48 cm, (b) 93.75 cm (c) -4.69

7-3. 굴절률이 1.52이고 곡률 반경이 +20 cm와 +15 cm인 볼록 메니스커스에서 (a) 제2 초점 거리는? (b) 렌즈 앞 50 cm이고 높이 2 cm인 물체의 상은 어디에 있는가? (c) 상의 크기는?
답] (a) -115.39 cm, (b) -34.88 cm (c) +1.40 cm

7-4. 굴절률이 1.52이고 곡률반경이 -40 mm와 -25 cm인 메니스커스 렌즈에서 (a) 제2 초점 거리는? (b) 렌즈 앞 20 mm이고 크기는 5 mm인 물체의 상은 어디에 있는가? (c) 상의 크기는?
답] (a)-28.21 mm, (b)-23.70 mm (c) +5.92 mm

7-5. 렌즈의 굴절률은 1.67이고 주위가 물(n=1.33)이다. 150 mm 초점 거리를 갖는 등볼록 렌즈에서 곡률 반경은?
답] 76.69 mm

7-6. 등볼록 렌즈가 물속에 있을 때, 곡률 반경이 50 mm이고 제2 초점 거리가 150 mm이다. 이때 굴절률을 구하시오.
답] 1.55

7-7. 5배 확대되는 실상을 생성하기 위하여 초점 거리 +20 cm의 렌즈를 물체로부터 어디에 놓아야 하는가?
답] 16 cm

7-8. 초점 거리 -20 cm로 5배 확대되는 정립상의 종류는? 물체의 위치는?
답] 실상, 렌즈로부터 +16.00 cm

7-9. 실물체가 초점 거리 +80 cm의 렌즈로부터 150 cm 전방에 있다. 렌즈를 통과한 광선의 버전스는?
답] +5.83 D

7-10. 굴절률 1.67이고 공기 중에서 15 D의 굴절력을 갖는 ICL 렌즈가 눈에 삽입되었다. 렌즈가 굴절률 1.336의 수양액에 의해 감싸져 있다면 다음을 구하시오.
(a) 눈 속에서의 렌즈의 굴절력 (b) 초점 거리
답] (a) 7.48 D, (b)178.67 mm

7-11. 초점 거리 150 mm의 렌즈(굴절률 1.52)가 스크린에 폭 30 mm의 슬라이드를 투사한다. 상은 폭 900 mm의 스크린을 채운다. 렌즈-스크린 사이 거리는?
답] -4350 mm

7-12. 3개의 얇은 렌즈를 붙여 놓았다. 이때 각 초점 거리가 +500 mm, -200 mm, +400 mm이다. 등가 초점 거리는?
답] -2000 mm

7-13. 굴절률이 1.52인 평볼록 렌즈와 굴절률이 1.67인 평오목 렌즈 모두 50 mm의 곡률 반경을 갖는다. 이 두 렌즈가 결합될 때 평판을 이룬다. 다음을 구하시오.
(a) 초점 거리 (b) 평판의 굴절력
답] (a) -333 mm (b) -3 D

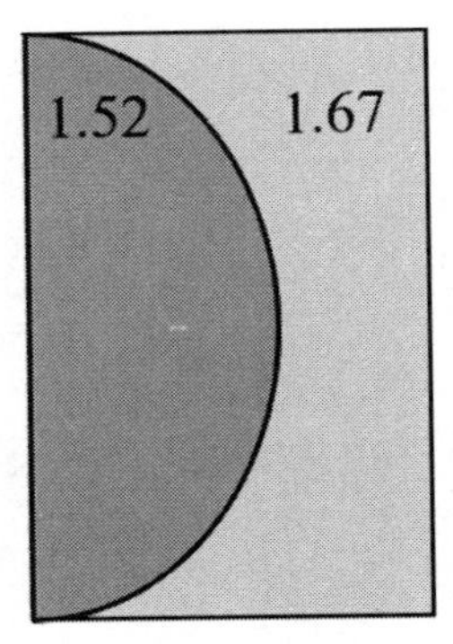

문제 (7.13)의 그림

7-14. 크기가 20 mm인 물체가 초점 거리 +50 mm의 렌즈로부터 200 mm 전방에 있다. 두 번째 렌즈는 초점 거리가 +150 mm이고, 첫 번째 렌즈로부터 40 mm 오른쪽에 있다. 최종 상의 위치와 크기는?
답] 5.66 mm 크기의 도립 실상, 두 번째 렌즈로부터 오른쪽 22.64 mm

7-15. 굴절률이 1.52인 평볼록 렌즈의 초점 거리가 50 mm이다. 볼록면의 굴절력은?
답] +20 D

CHAPTER

08

두꺼운 렌즈(Thick Lens)

1. 주요점
2. 등가 굴절력
3. 정점 굴절력
4. 유효 굴절력
5. 배율

얇은 렌즈는 초점 거리, 곡률 반경에 비교하여 렌즈의 중심 두께가 작아서 그 효과를 무시해도 계산된 값들의 오차가 크지 않은 렌즈를 의미한다. 반면 두꺼운 렌즈는 렌즈의 중심 두께 효과를 무시할 수 없는 렌즈를 말한다. 두꺼운 렌즈의 최종 상을 구하기 위해서는 렌즈의 각 면에 대한 물체와 상의 공액 관계 그리고 배율을 계산해야 하는데, 물체의 위치가 바뀔 때마다 새롭게 계산해야 하는 번거로움이 있다.

8.1 주요점(Principal Points)

두꺼운 렌즈를 포함하여 복잡한 광학계의 6개 주요점(cardinal points)을 근축 영역에서 기술하는 것을 가우스 광학(Gaussian optics)이라고 한다. 주요점에는 초점(F, F'), 주점(H, H'), 그리고 절점(N, N')이 포함된다. 그림 (8.1)은 6개의 주요점을 표시한 것이다.

주 평면은 각 주요점에서 광축에 수직한 면으로, 주 평면과 광축의 교점에 주요점이 있다. 렌즈가 일정한 매질에 놓여 있다면, 즉 렌즈 좌·우의 굴절률이 같다면 주점과 절점이 일치한다.

주점: 쌍으로 존재하며 서로 공액 관계에 있어서, 제1 주평면에 물체를 둔다면, 그 물체는 횡배율 $m_\beta = +1$로 제2 주평면에 결상된다. 따라서 물체와 상은 크기와 방향이 일치한다. 주점은 물체 거리, 상 거리와 초점 거리의 기준점이 된다.

절점: 각배율이 $m_\gamma = +1$인 한 쌍의 축상 물점 N과 이 점의 상점 N'이다. 입사광선과 출사 광선이 평행할 때, 연장선이 광축과 만나는 점이다. 제1 절점으로 입사하는 물측 광선의 경사각이 제2 절점으로부터 출사하는 상측 광선의 경사각과 같음을 의미한다.

초점: 무한 물체와 무한 상의 공액점이다. 무한 위치에 있는 물체는 제2 초점에 상을 맺고, 제1 초점에 있는 물체는 무한 위치에 상을 맺는다.

주요점 6개는 굴절 구면, 구면 거울, 얇은 렌즈 등 모든 광학계에 존재한다. 굴절 구면의 경우, 그림 (8.2a)에서와 같이 정점에 주점 2개(H, H')가 있고, 구면의 중심에 2개의 절점(N, N')이 있다. 초점(F, F') 2개는 정점을 기준으로 좌, 우에

한 개씩 있다.

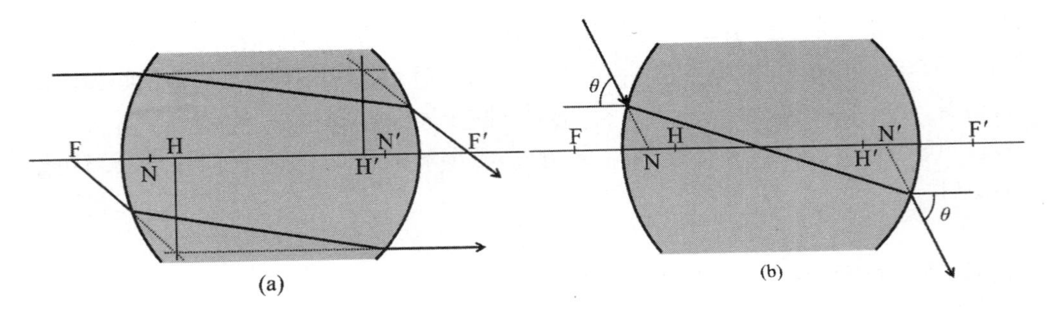

그림 8.1 두꺼운 렌즈의 주요점 (a) 초점과 주점 (b) 절점

그림 (8.2b)의 구면 거울의 경우, 굴절 구면과 마찬가지로 정점에 주점 2개가 있고, 구면의 중심에 2개의 절점이 있다. 2개의 초점은 모두 정점과 중심의 정중앙에 겹쳐 있다.

그림 (8.2c)의 얇은 렌즈의 경우에는, 2개의 주점과 2개의 절점은 모두 렌즈 정점에 겹쳐 있다. 2개의 초점은 렌즈를 중심으로 서로 반대편 같은 거리에 있다.

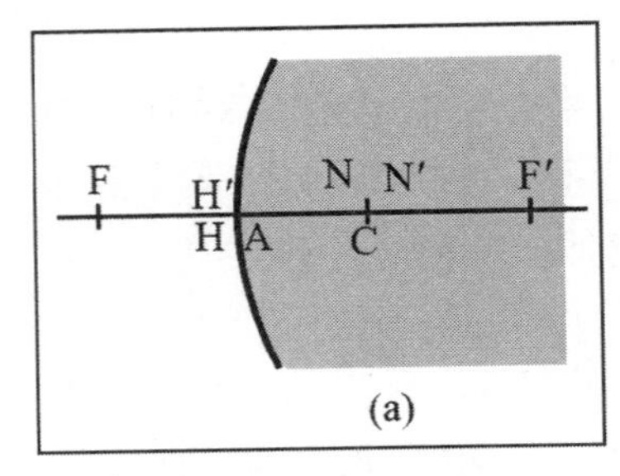

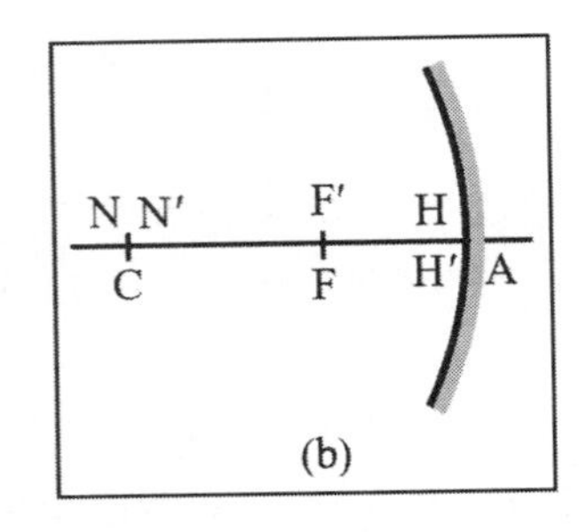

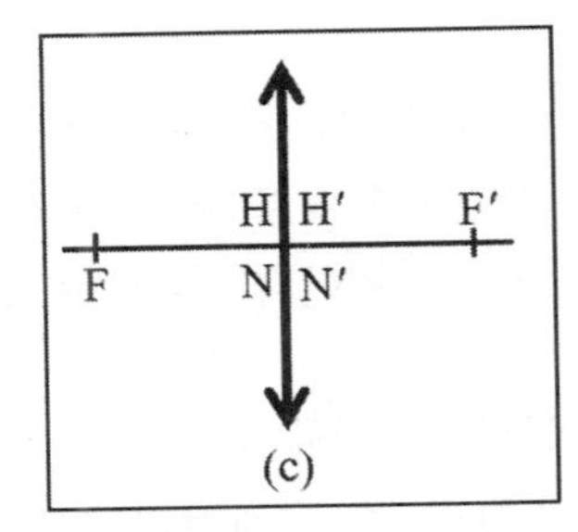

그림 8.2 광학계의 주요점 (a) 굴절 구면 (b) 구면 거울 (c) 얇은 렌즈

8.2 등가 굴절력(Equivalent Power)

두꺼운 렌즈의 굴절력은 세 가지 요인 즉, 제1면의 굴절력 D_1', 제2면의 굴절력 D_2', 그리고 중심 두께 효과로 결정된다. 렌즈에 입사하는 광선은 제1면에서 굴절되고, 제2면까지 이동한 후 다시 굴절된다. 각 면에서의 굴절력은 면의 곡률 반경과 굴절률 차(렌즈와 주변의 굴절률 차)에 의존한다. 그리고 렌즈의 두께에 따라

두 번의 굴절 간 이동 거리 또한, 영향을 준다. 세 가지 요인에 의한 두꺼운 렌즈의 등가 굴절력은

$$D' = D_1' + D_2' - cD_1'D_2' \tag{8.1}$$

이다. 여기서 c는 환산 두께로 렌즈의 중심 두께 d와 렌즈의 굴절률 n으로 표현하면 $c = d/n$이다. 등가 굴절력 유도 과정은 부록 (Appendix B)에서 자세히 설명하였다.

그림 (8.3a)의 두꺼운 렌즈의 등가 굴절력은 그림 (8.3b)와 같이 공기 중에 놓여 있는 얇은 렌즈 두 개로 구성된 경우의 등가 굴절력으로 이해할 수 있다. 그림 (8.3b)의 두 렌즈의 굴절력이 각각 D_1'과 D_2'인 얇은 렌즈의 간격은 d/n이다.

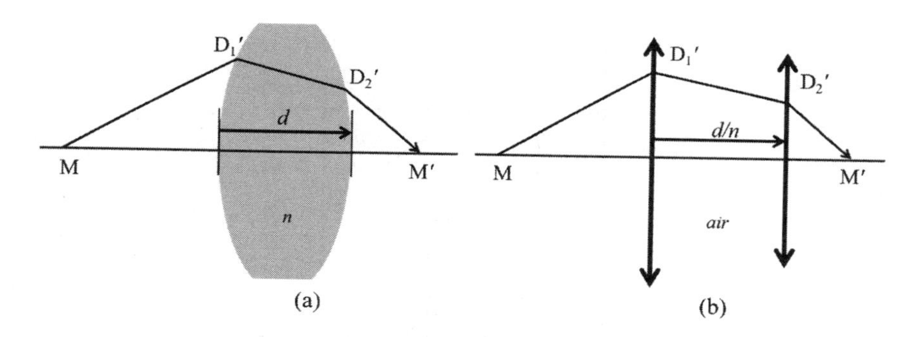

그림 8.3 등가 굴절력 (a) 두꺼운 렌즈 (b) 얇은 렌즈 조합

식 (8.1)에서 c는 환산 거리

$$c = d/n \tag{8.2}$$

로 굴절률이 n이고 중심 두께가 d인 렌즈가 공기 중에 놓여 있다면 중심 두께는 d/n으로 축소되어 보인다.

광선이 왼쪽에서 오른쪽으로 입사하면 순차적으로 두 렌즈의 굴절력 D_1'과 D_2'에 의하여 굴절된다. 이것이 등가 굴절력의 앞 두 항이다. 세 번째 항은 두 렌즈의 간격 때문에 나타나는 항이다. 광선이 첫 번째 렌즈에 의해 굴절된 후, 두 번째 렌즈까지 이동하는 동안 수직 방향으로 편향이 일어난다. 수직 편향 거리는 굴절력을

나타내는 것이어서, 두 렌즈 사이 간격이 커지면 등가 굴절력이 작아지는 것을 알 수 있고 식 (8.2)의 세 번째 항의 음(-)의 부호가 붙었다.

그림 (8.4)는 굴절력을 갖는 면 (혹은 얇은 렌즈)의 중심 간 거리에 따른 결상점 변화를 보여준다. 렌즈 1(L_1)은 고정시키고, 렌즈 2(L_2)의 위치를 옮기면 수평 방향, 수직 방향 결상점이 달라진다. 즉 δ_H와 δ_V가 발생한다. 이는 렌즈 사이 간격 d가 달라짐으로써 등가 굴절력이 변하기 때문이다. 뒤쪽에 스크린이 있다고 가정하면 굴절 광선은 스크린 중앙 아래쪽에 도달한다. 두 렌즈 간격이 멀어질수록 두 번째 렌즈와 스크린 사이 거리는 줄어들고, 스크린 중앙으로부터 아래쪽으로 편향 거리는 작아진다. 따라서 등가 굴절력은 각각의 굴절력에 의존할 뿐만 아니라 사이 간격의 영향을 받는다.

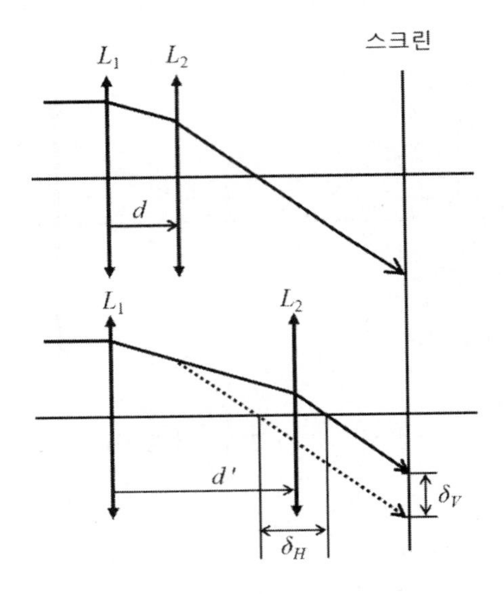

그림 8.4 중심 두께 효과

임상에서 안경 렌즈를 처방할 때, 정간 거리(안경 렌즈 후면과 각막 사이 거리)를 보통 12 mm로 하여 처방한다. 이 때문에 안경 렌즈 교정 시력은 콘택트렌즈 교정 시력과 달라질 수 있다. 특히 다초점 렌즈의 경우 완전 교정이 안될 수 있고 이로 인한 어지럼증을 유발할 수 있다. 불완정 교정을 방지하기 위해서 정간 거리는 물론 안경테의 모양이나 안경테의 코 받침을 고려하여 정확한 피팅이 필요하다.

[예제 8.2.1]
반지름이 $r_1 = 40\ cm$, $r_2 = -30\ cm$이고, 중심 두께가 $d = 2\ cm$인 양 볼록 렌즈의 등가 굴절력을 계산하시오. (렌즈는 굴절률이 $n_L = 1.60$이고, 공기 중에 놓여 있다.)

풀이: 렌즈를 구성하는 두 면의 굴절력과 렌즈 중심 두께에 대한 환산 거리는 각각

$$D_1' = \frac{n_1' - n_1}{r_1} = \frac{1.60 - 1.00}{0.4\ m} = +1.50\ D$$
$$D_2' = \frac{n_2' - n_2}{r_2} = \frac{1.00 - 1.60}{-0.3\ m} = +2.00\,D$$
$$c = \frac{d}{n} = \frac{0.02}{1.6} = 0.0125\ m$$

이므로 등가 굴절력은

$$\begin{aligned} D' &= D_1' + D_2' - dD_1'D_2' \\ &= 1.50 + 2.00 - 0.0125 \times 1.50 \times 2.00 \\ &= 3.46\ D \end{aligned}$$

[예제 8.2.2]
각막의 반지름이 $r_1 = 7.8\ mm$, $r_2 = 6.7\ mm$이고, 중심 두께가 $d = 0.5\ mm$이다. 공기 굴절률은 $n_1 = 1.00$, 각막의 굴절률 $n_C = 1.376$, 그리고 수양액의 굴절률은 $n_V = 1.336$이다. 각막의 등가 굴절력을 구하시오.

풀이: 각막의 전면과 후면에 대한 굴절력과 각막의 환산 두께는 각각

$$D_1' = \frac{n_C' - n_1}{r_1} = \frac{1.376 - 1.000}{7.8 \times 10^{-3}\ m} = +48.21\ D$$
$$D_2' = \frac{n_V' - n_C}{r_2} = \frac{1.336 - 1.376}{6.7 \times 10^{-3}\ m} = -5.97\ D$$
$$c = \frac{d}{n} = \frac{0.0005\ m}{1.376} = 0.000363\ m$$

이므로 등가 굴절력은

$$D' = D_1' + D_2' - dD_1'D_2'$$
$$= 48.21 + (-5.97) - 0.000363 \times 48.21 \times (-5.97)$$
$$= +42.34 \ D$$

8.3 정점 굴절력(Vertex Power)

두꺼운 렌즈의 초점 거리는 주점에서 초점까지의 거리이다. 하지만 주점은 렌즈의 벤딩에 의해 위치가 변하기 때문에 기준점으로 활용하는 것은 적절치 않다. 특히 안경 렌즈 처방에 있어, 안경 렌즈의 굴절력은 초점 거리의 역수에 비례하는데 초점 거리가 변한다. 따라서 주점을 기준으로 하는 초점 거리를 이용한 안경 렌즈 처방은 실효성이 떨어진다. 반면 안경 렌즈 후면과 각막의 전면 사이 거리, 즉 정간 거리를 대략 12 mm로 일정하게 유지하기 때문에 이를 기준으로 처방 렌즈의 굴절력을 표기한다. 렌즈 후면으로부터 초점 사이 거리를 기준으로 후면 정점 굴절력[10]으로 정의하고, 이를 안경 렌즈의 교정 시력으로 사용한다.

상측 정점 굴절력 또는 후면 정점 굴절력 D_v'는

$$D_v' = \frac{n'}{f_v'} \tag{8.3}$$

이다. n'는 상측 굴절률, f_v'는 상측 정점 초점 거리, 즉 렌즈의 제2 정점과 제2 초점 사이 거리이다. Appendix B에서 상측 정점 초점 거리[11] A_2F'는

10) **정점 굴절력 D_v'는** 평행광(즉 $s_1 = -\infty$)이 입사하여 렌즈를 지나 초점을 통과할 때, 정점과 초점 사이 거리를 역수로 하는 굴절력이다. 따라서 정점 굴절력은 입사광이 평행광인 경우에 국한하여 정의된 값임을 주의해야 한다. 하지만 임상에서 원거리 시력을 교정할 때, 교정 시력이 바로 정점 굴절력을 사용한다.

11) 아래 그림에서

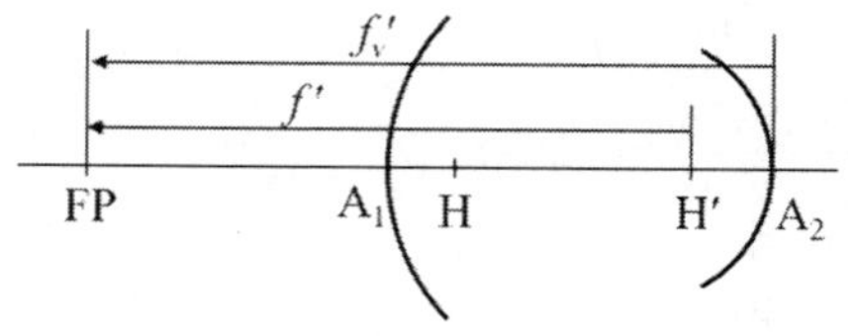

$$\frac{A_2H'}{n_3} = -\frac{cD_1'}{D'}, \quad A_2FP = A_2H' + H'FP$$

$$\frac{A_2F'}{n_3} = \frac{f_v'}{n_3} = \frac{1 - cD_1'}{D'} \tag{8.4}$$

여기서 렌즈가 공기 중에 놓여 있으면 $n_3 = 1$이므로 정점 굴절력은

$$D_v' = \frac{1}{f_v'} = \frac{D'}{1 - cD_1'} \tag{8.5}$$

물측 정점 굴절력,또는 전면 정점 굴절력은

$$D_v = \frac{n}{f_v} \tag{8.6}$$

이다. n는 물측 굴절률, f_v는 물측 정점 초점 거리로 렌즈의 제1 정점과 제1 초점 사이 거리이다. 물측 정점 초점 거리 A_1F는

$$\frac{A_1F}{n_1} = \frac{f_v}{n_1} = \frac{1 + cD_2}{D} \tag{8.7}$$

여기서 렌즈가 공기 중에 놓여 있으면 $n_1 = 1$

$$D_v = \frac{1}{f_v} = \frac{D}{1 + cD_2} \tag{8.8}$$

이다. 여기서 FP는 원점 (Far Point)이다. 그리고 $A_2FP = f_v'$, $H'FP = f'$이므로

$$f_v' = -\frac{cD_1'}{D'} + f' = -\frac{cD_1'}{D'} + \frac{1}{D'} = \frac{1 - cD_1'}{D'}.$$

따라서

$$D_v' = \frac{1}{f_v'} = \frac{D'}{1 - cD_1'}$$

가 된다.

만일 등볼록 렌즈가 물측과 상측이 같은 공간, 즉 굴절률이 같은 매질에 놓여 있다면 $D_2 = -D_1'$, $D = -D'$이므로, 식 (8.5)와 식 (8.8)에서 $D_v' = D_v$가 되어 상측 정점 굴절력과 물측 정점 굴절력의 크기가 같다.

[예제 8.3.1]
안경 렌즈의 굴절률이 $n_L = 1.60$이고, 전면과 후면의 곡률 반경이 각각 $r_1 = 40\ cm$, $r_2 = 15\ cm$이다. 중심 두께가 $d = 2\ mm$인 안경 렌즈의 등가 굴절력과 후면 정점 굴절력을 계산하시오.

풀이: 렌즈의 등가 굴절력 D'를 계산하기 위하여, 먼저 두 면의 굴절력과 환산 거리를 계산하면

$$D_1' = \frac{n_L - n}{r_1} = \frac{1.60 - 1.00}{0.40} = +1.50\ D$$
$$D_2' = \frac{n - n_L}{r_2} = \frac{1.00 - 1.60}{0.15} = -4.00\ D$$
$$c = \frac{d}{n} = \frac{0.002\ m}{1.6} = 0.00125$$

이므로 등가 굴절력은

$$\begin{aligned} D' &= D_1' + D_2' - cD_1'D_2' \\ &= 1.50 + (-4.00) - 0.00125 \times 1.50 \times (-4.00) \\ &= -2.49\ D \end{aligned}$$

후면 정점 굴절력은

$$D_v' = \frac{D'}{1 - cD_1'} = -2.50\ D$$

위 두 결과에서 등가 굴절력 D'과 후면 정점 굴절력 D_v'의 차이는 매우 작은 것을 알 수 있다. 그 이유는 환산 두께 c가 0.00125로 매우 작아서 후면 정점 굴절력 식 (8.5)의 분모 $1 - cD_1'$의 값이 1에 가깝기 때문이다. 즉 c가 매우 작아서 $D_v' \approx D'$로 두 값은 거의 같은 값을 갖는다.

8.4 유효 굴절력(Effective Power)

임상에서 비정시안의 시력을 교정하기 위하여 콘택트렌즈와 안경 렌즈를 처방할 때, 일반적으로 같은 굴절력으로 처방한다. 하지만 앞에서 설명한 바와 같이 콘택트렌즈는 각막에 착용하고, 안경 렌즈는 각막으로부터 정간 거리 만큼 띄워서 착용하기 때문에 이를 고려하여 처방하여야 한다.

대부분의 경우 비정시안 교정 시력의 차이가 크지 않기 때문에 조절력으로 극복할 수 있는 정도여서 똑같은 값으로 처방하는 것이다. 하지만 고도 근시와 같이 교정 시력이 매우 큰 경우에는 콘택트렌즈와 안경 렌즈 교정 시력의 차이를 무시할 수 없어 처방 값이 달라진다. 콘택트렌즈 교정 시력과 안경 렌즈 교정 시력 사이의 관계는 유효 굴절력으로 변환할 수 있다. 유효 굴절력이란 렌즈, 굴절 구면과 같이 굴절력을 갖는 광학계의 위치가 변하였을 때, 변화된 위치에서의 굴절력을 의미한다.

그림 (8.5)에서와 같이 점 A에 놓인 렌즈가 입사하는 평행 광선을 렌즈로 부터 초점 거리 f'만큼 떨어진 위치에 광선을 모은다. 이제 다른 렌즈가 거리 d만큼 떨어진 곳에 놓여 있는데, 입사하는 평행 광선을 이전과 같은 점에 모은다면 이 렌즈의 초점 거리 즉, **유효 초점 거리** f_e'는

$$f_e' = f' - d \tag{8.9}$$

이고, 두 렌즈의 굴절력은 각각

$$D' = \frac{n'}{f'} \quad \rightarrow \quad f' = \frac{n'}{D'} \tag{8.10}$$

$$D_e' = \frac{n'}{f_e'} \quad \rightarrow \quad f_e' = \frac{n'}{D_e'} \tag{8.11}$$

이다. 식 (8.10)과 (8.11)을 식 (8.9)에 대입하면

$$\frac{n'}{D_e'} = \frac{n'}{D'} - d \tag{8.12}$$

이 되고, 이를 정리하면 유효 굴절력 D_e'은

$$D_e' = \frac{D'}{1 - cD'} \tag{8.13}$$

여기서 c는 환산 거리 $c = d/n'$이다.

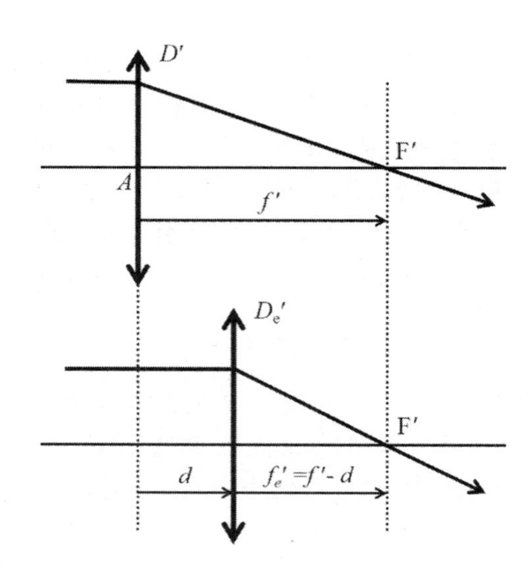

그림 8.5 유효 굴절력

이제 콘택트렌즈와 안경 렌즈 문제로 돌아가 보자. 비정시안의 원점(far point)는 고정되어 있는데, 콘택트렌즈에서 원점까지의 거리와 안경 렌즈로부터 원점까지의 거리는 서로 다르다. 근시인 경우, 원점은 각막 왼쪽에 위치한다. 콘택트렌즈 교정 시력이 D_C'이고 콘택트렌즈와 원점 사이 공간은 공기이므로 굴절률이 1이고, 콘택트렌즈 초점 거리는 $f_C' = 1/D_C'$이다.

그림 (8.6a)에서와 같이 정간 거리가 d인 안경 렌즈로 교정하는 경우, 안경 렌즈의 초점 거리 f_S'는

$$f_S' = f_C' - d \tag{8.14}$$

이므로, 안경 렌즈 교정 시력 D_S'는 유효 굴절력을 적용하여

$$D_S' = \frac{D_C'}{1 - dD_C'} \tag{8.15}$$

이 된다. 여기서 안경 렌즈는 공기 중에 놓여 있으므로, 정간 거리 d는 환산 거리 c와 같다. 그림 (8.6a, b)에서 볼 수 있는 것처럼 근시의 경우 d는 왼쪽 방향이므로 부호 규약에 따라 (-)이고 원시인 경우에는 (+)이다. 식 (8.15)를 이용하면 안경 렌즈 교정 시력 D_S'과 콘택트렌즈 교정 시력D_C'을 서로 변환할 수 있다. 그림 (8.6c)의 그래프는 콘택트렌즈 교정 시력과 안경 렌즈 교정 시력의 차이를 보여준다.

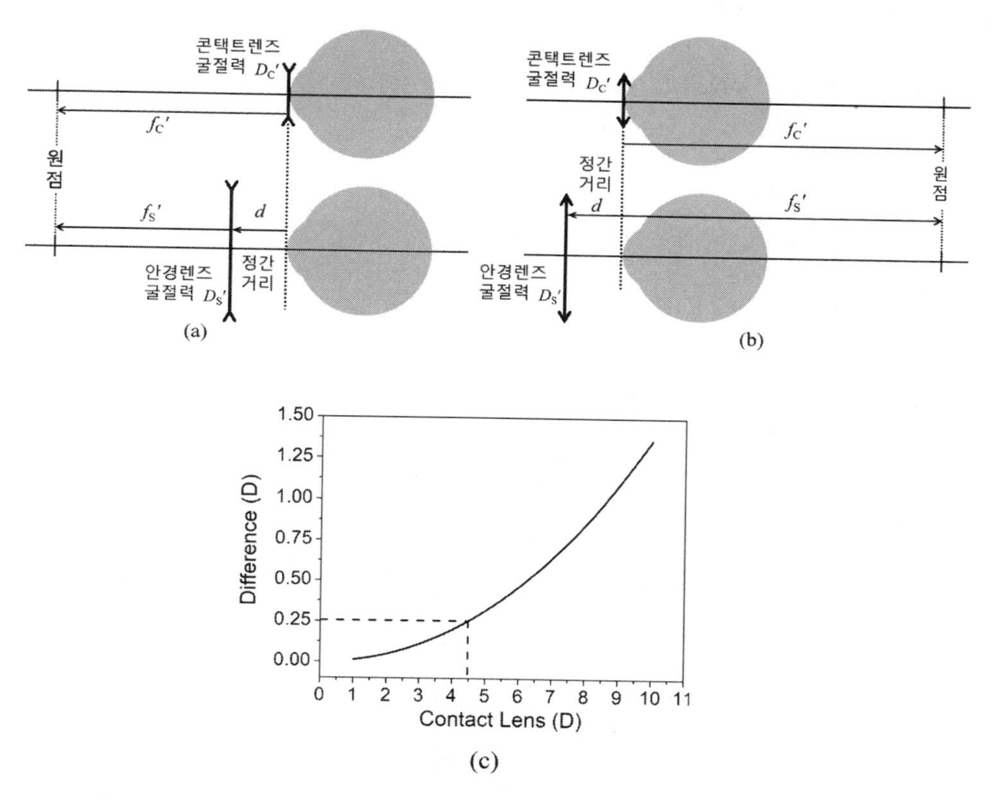

그림 8.6 안경 렌즈와 콘택트렌즈의 교정 시력 (a) 근시 (b) 원시 (c) 안경 렌즈와 콘택트렌즈의 교정시력 차이

콘택트렌즈를 안경 렌즈로 바꿀 때, 콘택트렌즈 교정 시력이 작은 경우에는 같은

굴절력의 안경 렌즈를 사용해도 되지만, 교정 시력이 증가함에 따라 그 차이가 커지는 것을 알 수 있다. 교정 시력이 4.5 D 이상이 되면 그 차이는 0.25 D보다 커져서 이를 반영하여 안경 렌즈 교정 시력을 조정해야 한다.

여기서 정점 굴절력의 의미를 분석해 보자. 정점 굴절력 D_v'는

$$D_v' = \frac{D'}{1 - cD_1'} \tag{8.16}$$

이고, D'는 등가 굴절력 $D_1' + D_2' - cD_1'D_2'$이므로

$$\begin{aligned} D_v' &= \frac{D_1' + D_2' - cD_1'D_2'}{1 - cD_1'} \\ &= \frac{D_1' + D_2'(1 - dD_1')}{1 - cD_1'} \\ &= \frac{D_1'}{1 - cD_1'} + D_2' \\ &= D_{1e}' + D_2' \end{aligned} \tag{8.17}$$

이 된다.

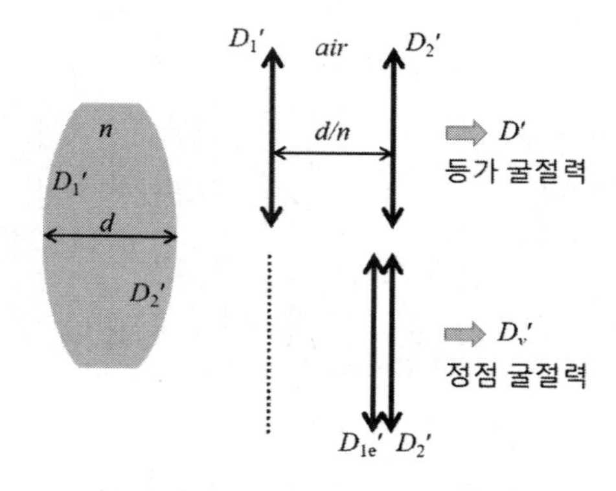

그림 8.7 후면 정점 굴절력

따라서 후면 정점 굴절력은 그림 (8.7)과 같이 전면의 유효 굴절력[12] $D_1'/(1-cD_1')$과 후면 굴절력 D_2'를 더한 값이다. 또한, 식 (8.17)의 우변 첫 번째 항에서 $1/(1-cD_1')$는 렌즈의 **형상 계수**라고 한다.

[예제 8.4.1]
콘택트렌즈 교정 시력이 -8 D인 고도 근시안을 가진 사람이 안경 렌즈로 바꾸려고 한다. 안경 렌즈의 굴절력을 얼마로 해야 하는가? (정간 거리는 12 mm이다.)

풀이: 콘택트렌즈 굴절력에 대한 안경 렌즈 유효 굴절력은 식 (8.15)로부터

$$D_S' = \frac{D_C'}{1-dD_C'} = \frac{-8}{1-\left(\frac{-12}{1000}\right)(-8)} = -8.85 \ D$$

콘택트렌즈로 교정된 근시안을 가진 사람이 안경 렌즈로 교체할 때는 절댓값 기준으로 더 큰 굴절력을 가진 렌즈로 처방되어야 한다. 콘택트렌즈를 사용하던 고령의 환자가 안경 렌즈로 바꾸려는 경우, 환자의 조절력을 고려하여야만 하는 이유이다. 조절력은 10장에서 다루기로 한다.

[예제 8.4.2]
안경 렌즈 교정 시력이 -6 D인 고도 근시안을 가진 사람이 콘택트렌즈로 바꾸려고 한다. 콘택트렌즈의 굴절력을 얼마로 해야 하는가? (정간 거리는 12 mm이다.)

풀이: 식 (8.14)를 콘택트렌즈 굴절력 D_C'로 정리하면

$$f_C' = f_S' + d$$

$$\frac{1}{D_C'} = \frac{1}{D_S'} + d = \frac{1+d\,D_S'}{D_S'}$$

$$D_C' = \frac{D_S'}{1+d\,D_S'}$$

이고, 여기에 값을 대입하면

12) 후면 정점 위치에서의 유효 굴절력, 또는 **호칭 면굴절력**으로 불리기도 함.

$$D_C{}' = \frac{D_S{}'}{1+dD_S{}'} = \frac{-6}{1+\left(\frac{-12}{1000}\right)(-6)} = -5.60\ D$$

안경 렌즈로 교정된 근시안을 가진 사람이 콘택트렌즈로 교체할 때는 절댓값 기준으로 작은 값의 굴절력을 가진 렌즈로 처방되어야 한다.

8.5 배율(Magnification)

배율은 주어진 물체에 대한 광학계의 상이 물체보다 커지는지, 작아지는지를 나타내는 값이다. 배율은 횡배율, 종배율, 그리고 각배율로 구분된다. 횡배율은 광축에 수직 방향 크기에 대한 배율이고, 종배율은 광축 방향 배율, 그리고 각배율은 입사각과 출사각에 대한 배율을 의미한다.

8.5.1 횡배율

횡배율은 광축에 수직 방향으로 물체 크기에 대한 상 크기 비율이다. 횡배율은 굴절 구면 및 얇은 렌즈에서 소개되었으므로, 여기서는 간단하게 결과만 소개하기로 한다.

물체의 수직 방향 크기를 y라고 할 때, 광학계에 의해 맺힌 상의 수직 방향 크기가 y'이면 횡배율 m_β는

$$m_\beta = \frac{y'}{y} \tag{8.18}$$

이다. 이 식을 물체 거리 s, 상 거리 s', 그리고 굴절률 n, n'과 초점 거리 f, f'로 표현하면

$$m_\beta = \frac{y'}{y} = \frac{ns'}{n's} = -\frac{f}{x} = -\frac{x'}{f'} \tag{8.19}$$

이 된다. 또 물체 버전스 S, 상 버전스 S'로 나나내면

$$m_\beta = \frac{n/s}{n'/s'} = \frac{S}{S'} \tag{8.20}$$

따라서 횡배율은 상의 크기, 상 거리, 그리고 상 버전스로 다양하게 나타낼 수 있으므로 주어진 값에 따라서 적절한 식을 이용하여 계산할 수 있다. 횡배율은 상의 확대 또는 축소에 대한 정보를 알 수 있을 뿐만 아니라 횡배율의 부호에 따라 (+) 이면 정립상, (-) 이면 도립상이다.

8.5.2 종배율

종배율 m_α는 그림 (8.10)의 광축에 수평 방향으로의 물체 변위 dx에 대한 상의 변위 dx' 비율로 정의된 값이다. 물체 공간에서의 변위 dx는 때에 따라 피사체 심도로 대체될 수 있다. 종배율의 정의는

$$m_\alpha = \frac{dx'}{dx} \tag{8.21}$$

이다. 이 식을 다르게 표현하기 위하여, 뉴턴 방정식 $xx' = ff'$을 미분하면

$$x' = \frac{ff'}{x} = ff'x^{-1}$$

$$dx' = -ff'x^{-2}dx$$

$$\frac{dx'}{dx} = -\frac{ff'}{x^2} \tag{8.22}$$

이 결과에 뉴턴 방정식 $xx' = ff'$을 다시 대입하여 x, x'로 표현하면, 종배율은

$$m_\alpha = \frac{dx'}{dx} = -\frac{ff'}{x^2} = -\frac{xx'}{x^2} = -\frac{x'}{x} \tag{8.23}$$

가 된다.

종배율은 횡배율과 관계가 있다. 횡배율 식 (8.19)에서 x, x'을 f, f'로 바꾸면

$$x = -\frac{f}{m_\beta}, \qquad x' = -m_\beta f' \tag{8.24}$$

이 되고, 식 (8.24)를 식 (8.23)에 대입하여 종배율을 초점 거리로 나타내면

$$m_\alpha = -\frac{f' m_\beta}{f/m_\beta} = -\frac{f'}{f} m_\beta^2 \tag{8.25}$$

또 초점 거리와 굴절률 관계식에서 초점 거리를 굴절률로 대체하면

$$\frac{n}{f} = -\frac{n'}{f'} \quad \rightarrow \quad \frac{f'}{f} = -\frac{n'}{n} \tag{8.26}$$

이다. 식 (8.26)을 식 (8.25)에 대입하면

$$m_\alpha = \frac{n'}{n} m_\beta^2 \tag{8.27}$$

이다. 따라서 종배율은 횡배율의 제곱에 비례한다.

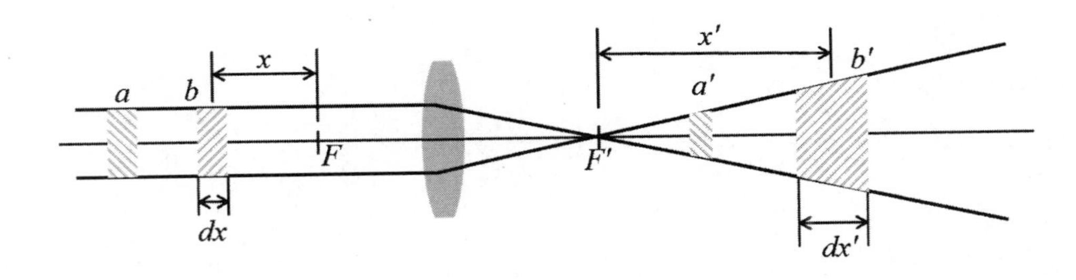

그림 8.8 종배율

8.5.3 각배율

각배율 m_γ은 그림 (8.9)에서 입사각 θ와 θ'의 비율

$$m_\gamma = \frac{\theta'}{\theta} \tag{8.28}$$

로 정의된다. 여기에 라그랑주 불변량 $n\theta y = n'\theta' y'$을 이용하면

$$m_\gamma = \frac{\theta'}{\theta} = \frac{ny}{n'y'} \tag{8.29}$$

이 된다. 각배율도 횡배율로 나타낼 수 있다. 횡배율 정의 $m_\beta = y'/y$를 적용하면

$$m_\gamma = \frac{n}{n' m_\beta} \tag{8.30}$$

또 횡배율과 종배율 관계, 식 (8.27)의 변형

$$\frac{n}{n'} = \frac{m_\beta^2}{m_\alpha} \tag{8.31}$$

을 이용하여 정리하면

$$m_\gamma = \frac{m_\beta}{m_\alpha} \tag{8.32}$$

이 된다.

만일 물체 공간과 상 공간이 모두 **공기**이면 $n = n' = 1$이어서

$$\frac{m_\beta^2}{m_\alpha} = \frac{n}{n'} = 1$$

$$m_\beta^2 = m_\alpha \tag{8.33}$$

이를 적용하면 각배율은

$$m_\gamma = \frac{1}{m_\beta} \tag{8.34}$$

로 간단히 표현된다.

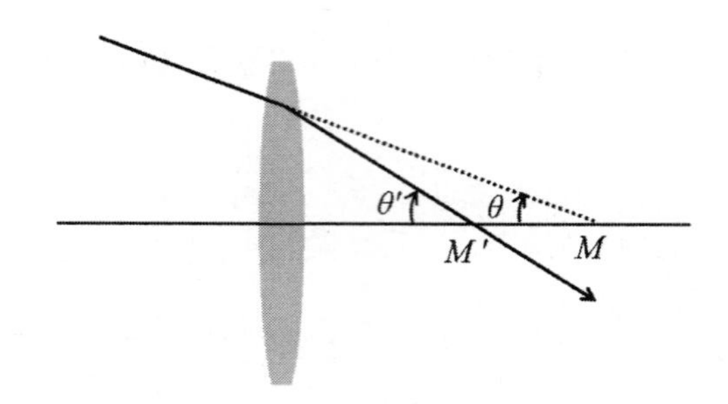

그림 8.9 각배율

[예제 8,5,1]
광축 방향으로 20 mm 크기의 물체가 놓여 있다. 물체의 중심으로부터 150 mm 오른쪽에 얇은 렌즈가 있다. 렌즈의 초점 거리는 50 mm이다. 물체의 상 거리를 구하시오.

풀이: 주어진 값들을 정리하면

$dx = 20\ mm,\ s = -150\ mm,\ f' = +50\ mm,\ f = -50\ mm$
이다. x와 x'는

$$x = s - f = -150 - (-50) = -100\ mm$$
$$x' = -\frac{f'^2}{x} = -\frac{50^2}{-100} = +25$$

이다. 따라서 종배율은

$$m_\alpha = -\frac{x'}{x} = -\frac{+25}{-100} = +0.25$$

식 (8.21)을 이용하면, 상 변위 dx'는

$$dx' = m_\alpha dx = 0.25 \times 20 = 5.00$$

횡배율과 각배율은 각각

$$m_\beta = -\frac{f}{x} = -\frac{-50}{-100} = -0.50$$

$$m_\gamma = \frac{m_\beta}{m_\alpha} = \frac{-0.50}{0.25} = -2$$

8.5.4 안경 렌즈 배율

안경 렌즈를 착용함으로써 비정시안은 먼 거리 물체의 망막 상을 위에 맺을 수 있다. 따라서 안경 렌즈로 교정된 비정시안의 환자도 먼 거리 물체를 선명하게 볼 수 있다. 하지만 안경 렌즈를 사용함에 따라 망막 위에 맺힌 상의 배율이 달라진다.

그림 (8.10)은 망막상의 크기를 보여준다.[13] 그림 (8.10a)와 (8.10b)는 각각 교정되지 않은 비정시안의 망막상 크기 y_b'와 교정된 비정시안의 망막상 크기 y'이다. 상 배율 m_R을

$$m_R = \frac{y'}{y_b'} \tag{8.35}$$

로 정의 한다.

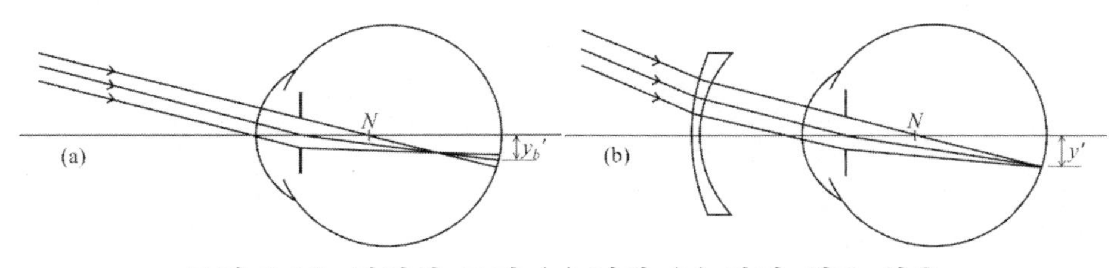

그림 8.10. 망막상 크기 (a) 나안 (b) 안경 렌즈 착용

안경 렌즈에 의한 망막 상 배율의 개념을 명확히 하기 위해 얇은 안경 렌즈에 대하여 먼저 기술해 보자. 그림 (8.11a)는 교정되지 않은 나안의 입사 광선과 굴절 광선을 나타낸 것이다. 입사각과 굴절각은 각각 ω, ω'이다. 그림 (8.11b)는 얇은 렌즈에 대하여 입사 광선과 굴절 광선을 보여준다. 역시 입사각과 굴절각은 각각 ω, ω'이다. 근축 근사를 적용한 스넬의 법칙 $\omega' = (n/n')\omega$으로부터 입사각과 굴

13) 참고 문헌:W. F. Long, 1992. SPECTACLE MAGNIFICATION

절각은 서로 정비례 관계에 있다. 뿐만아니라 (8.11a)에서 망막상 크기 h'는 굴절각 ω'와 정비례 관계 $h' \sim \omega'$에 있다.

그림 (8.11b)의 얇은 렌즈에 의한 굴절 광선의 꺾임각 δ (=$\omega' - \omega$)는 프렌티스 법칙에 의하여

$$\delta = \omega' - \omega = h\,D' \tag{8.36}$$

이다

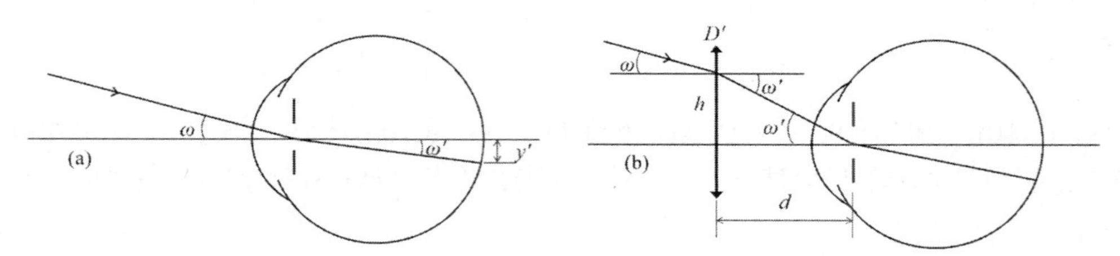

그림 8.11. 입사각과 굴절각 (a) 나안 (b) 얇은 렌즈 착용

안경 렌즈 배율 m_S는

$$m_S = \frac{\omega'}{\omega} \tag{8.37}$$

이다. 식 (8.37)에서 입사각 ω로 정리하여 식 (8.37)에 대입하면

$$\omega' - \frac{\omega'}{m_S} = h\,D' \tag{8.38}$$

이 되고, 굴절각 ω'은

$$\omega' \sim \tan\omega' = \frac{h}{d} \tag{8.39}$$

이다. 식 (8.39)를 식 (8.38)에 대입하여 정리하면, 얇은 렌즈의 배율은

$$m_S = \frac{1}{1 - dD'} \tag{8.40}$$

가 된다. 우리가 알고 있는 바와 같이 배율은 단위가 없는 값이다. 식 (8.40)의 분모에 있는 항 dD'에서, d의 단위는 m이고 D'의 단위는 $1/m$ (디옵터, D)이다. 그러므로 곱은 단위가 없는 값이 된다.

이제 두꺼운 렌즈의 배율을 유도해 보자. 그림 (8.12)는 두꺼운 렌즈를 두 개의 얇은 렌즈 시스템으로 표시한 것이다. 얇은 렌즈의 배율 식 (8.40)에서 굴절력 D'를 그림 (8.12)의 두꺼운 렌즈 후면 정점 굴절력 D_v'으로 대체할 수 있다. 두꺼운 렌즈는 전면의 굴절력 D_1' 효과로 입사 광선이 일차적으로 굴절된다. 전면에서 굴절된 광선은 두께가 t인 렌즈 내부 구간을 지난다. 따라서 전면에 의한 굴절 효과를 추가하면 된다. 즉 후면 정점에서의 발생시키는 유효 굴절력은

$$D_{1e}' = \frac{D_1'}{1 - cD_1'} \tag{8.41}$$

이다. 여기서 상수 c는 환산 두께로 $c = t/n$이고 n은 렌즈의 굴절률이다.

식 (8.40)과 같이 식 (8.41)을 차원이 없는 값으로 표시하면 전면 효과에 의한 배율 m_{1e}는

$$m_{1e} = \frac{1}{1 - cD_1'} \tag{8.42}$$

이다. 따라서 두꺼운 렌즈의 배율은 식 (8.40)과 (8.42)의 두 가지 효과의 곱으로 표시 된다. 즉, 두꺼운 렌즈의 배율은

$$\begin{aligned} m_{tot} &= m_s m_{1e} \\ &= \frac{1}{1 - cD_1'} \frac{1}{1 - dD_v'} \\ &= m_{shape} m_{power} \end{aligned} \tag{8.43}$$

로 쓸 수 있다. 여기서 $m_{shape} = 1/1 - cD_1'$, $m_{power} = 1/1 - dD_v'$ 이다.

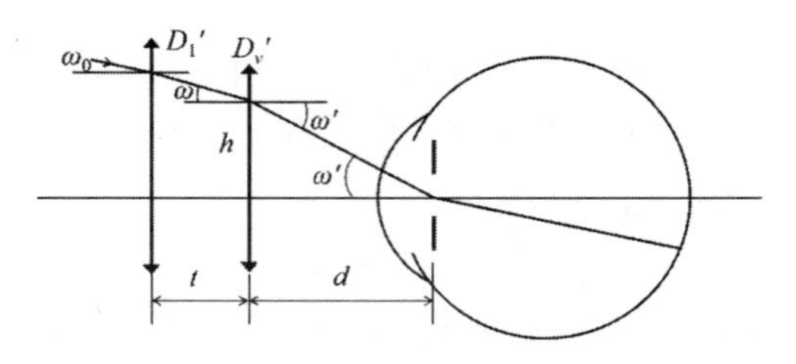

그림 8.12 두꺼운 안경 렌즈 배율

그림 (8.13a) 와 (8.13b)는 각각 음(-) 렌즈와 양(+) 렌즈의 후면 정점 굴절력 D_v' 변화에 따른 안경 렌즈 상의 배율 변화 그래프이다. 음 렌즈는 (-) 굴절력이 커질수록 배율이 감소되고, 반대로 양 렌즈는 (+) 굴절력이 커질수록 배율이 증가한다. 양쪽 눈의 교정 시력이 같지 않은 경우를 **부등시**라고 한다. 이를 교정하기 위하여 안경 렌즈를 처방하는 경우, 양쪽 눈에 맺히는 상의 배율이 달라지고 이를 **부등상시**라고 한다. 그 차이가 커지면 하나의 물체에 대하여 양쪽 눈에 맺히는 상의 크기 차이가 증가하고, 생활에 큰 불편을 유발할 수 있다.

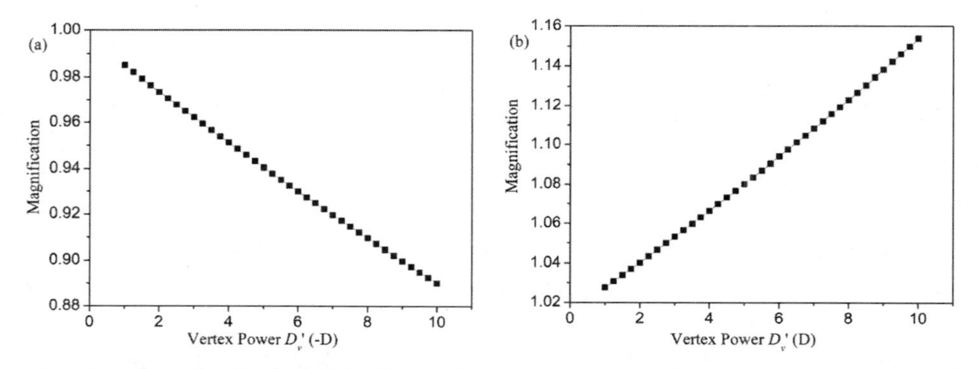

그림 8.13 렌즈의 상 배율 (a) 음(-) 렌즈 $n = 1.6$, $t = 2.0\,mm$, $D_1' = -2.5\,D$ (b) 양(+) 렌즈 $n = 1.6$, $t = 6.0\,mm$, $D_1' = +4.0\,D$

[예제 8,5,2]
후면 정점 굴절력 D_v'가 +4.00 D이고, 전면 굴절력 D_1'는 +2.00 D이다. 또 렌즈의 굴절력이 1.60이고, 중심 두께 t는 6.00 mm이다. 안경 렌즈 후면에서부터 각막 사이 거리인 정간 거리 d가 12.00 mm일 때, 이 렌즈에 의한 상 배율은?

풀이: 식 (8.43)을 이용한다. 먼저 환산 두께 c는

$$c = \frac{t}{n} = \frac{6.00\ mm}{1.60} = 3.75\ mm$$

이고 모양 인자 배율 m_{shape}와 굴절력 배율 m_{power}는 각각

$$m_{shape} = \frac{1}{1 - cD_1{}'} = 1.00756$$

$$m_{power} = \frac{1}{1 - dD_v{}'} = 1.05042$$

이다. 따라서 렌즈의 배율 m_{tot}은

$$\begin{aligned} m_{tot} &= m_{shape} m_{power} \\ &= 1.00756 \times 1.05042 = 1.05836 \end{aligned}$$

위 과정에서 환산 두께 c와 정간 거리 d는 미터(m)로 환산하여 계산해야 한다.

요약

8.1 주점: 물체 거리, 상 거리와 초점 거리의 기준점
절점: 평행한 입사 광선과 출사 광선이 광축과 만나는 점
초점: 무한 물체와 무한 상의 공액점

8.2 등가 굴절력 $D' = D_1' + D_2' - cD_1'D_2'$

8.3 정점 굴절력 $D_v' = \frac{1}{f_v'} = \frac{D'}{1 - cD_1'}$, $D_v = \frac{1}{f_v} = \frac{D}{1 + cD_2}$

8.4 유효 굴절력 $D_e' = \frac{D'}{1 - cD'}$

유효 굴절력과 정점 굴절력 관계 $D_v' = D_{1e}' + D_2'$

8.5 횡 배율 $m_\beta = \frac{y'}{y}$

종 배율 $m_\alpha = \frac{dx'}{dx} = \frac{n'}{n} m_\beta^2$

각 배율 $m_\gamma = \frac{\theta'}{\theta} = \frac{m_\beta}{m_\alpha}$

안경 렌즈 배율 $m_{tot} = m_{shape} m_{power}$

연습 문제

8-1. 공기 중에 20 mm 크기의 물체가 등볼록 렌즈의 왼쪽 150 mm에 놓여 있다. 렌즈의 굴절률이 1.52이고 앞면과 뒷면의 곡률 반경이 각각 50 mm, -50 mm이고, 중심 두께가 30 mm이다. 렌즈에 의하여 형성된 상의 (a) 위치, (b) 횡배율, (c) 크기를 구하시오.
답] (a) 제2면 오른쪽 69.30 mm, (b) $m_\beta = -0.50$ (c) y'=-9.97 mm

8-2. 20 mm 크기의 물체가 양볼록 렌즈의 왼쪽 300 mm 지점에 놓여 있다. 렌즈의 굴절률이 1.52이고 중심 두께가 20 mm, 곡률 반경은 +100 mm와 -80 mm이다. 렌즈 왼쪽은 공기, 렌즈 오른쪽은 굴절률이 1.33인 물이다. 렌즈에 의하여 형성된 상의 (a) 위치 (b) 횡배율, (c) 크기를 구하시오.
답] (a) 제2면 오른쪽 310.12 mm, (b) $m_\beta = -1.06$, (c) $y' = -21.20$ mm

8-3. 초점 거리가 각각 +50 mm, -20 mm인 두 개의 얇은 렌즈의 간격은 12 mm이다. 15 mm 크기의 물체가 첫 번째 렌즈로부터 200 mm 왼쪽에 위치한다. 렌즈에 의하여 형성된 상의 (a) 위치와 (b) 크기를 구하시오.
답] (a) 두 번째 렌즈 왼쪽 31.54 mm, (b) $m_\beta = 0.19$, (c) $y' = 2.88$ mm

8-4. 아래 그림)과 같이 5 mm 크기의 물체가 두 볼록 거울 사이에 있다. 오른쪽 거울에서 반사된 광선이 왼쪽 거울에 입사한다. 각 거울에서 한 번씩 반사 후에 형성된 상의 (a) 위치와 (b) 크기를 구하시오.
답] (a) 두 번째 렌즈 왼쪽 8.25 mm, (b) $y' = 0.75$ mm

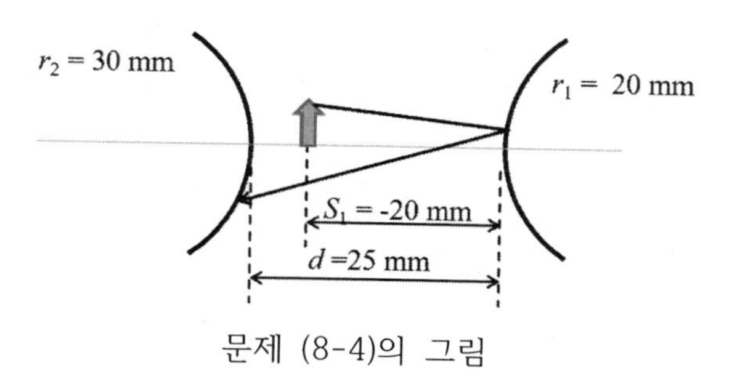

문제 (8-4)의 그림

8-5. 초점 거리가 +50 mm인 렌즈 왼쪽 150 mm 지점에 물체가 놓여 있다. 볼록 거울이 렌즈 오른쪽으로 60 mm 지점에 있다. 물체와 같은 크기의 도립 실상이

물체 측에 형성되었다. 거울의 초점 거리는 얼마인가?
답] +30 mm

8-6. 초점 거리가 +50 mm인 렌즈 왼쪽 150 mm 위치에 물체가 놓여 있다. 두 번째 렌즈는 첫 번째 렌즈 오른쪽으로 200 mm 지점에 있다. 물체와 같은 크기의 도립 실상이 물체 측에 형성되었다. 두 번째 렌즈의 초점 거리는 얼마인가?
답] 250 mm

8-7. 종방향 크기가 64 mm인 축상 물체의 중심이 초점 거리 25 mm의 얇은 렌즈로부터 75 mm에 위치한다. 다음을 구하시오. (a) m_β (b) m_α (c) $d'x$를 구하시오.
답] (a) -0.5 (b) 0.25 (c) 15.25 mm

8-8. 종방향 크기가 64 mm인 축상 물체의 중심이 초점 거리가 25 mm의 굴절구면으로부터 75 mm에 위치한다. 구면의 굴절률은 1.5이고 공기 중에 놓여 있다면 (a) m_β (b) m_α (c) $d'x$를 구하시오.
답] (a) -0.29 (b) 0.12 (c) 7.64 mm

8-9. 굴절률이 1.5인 유리구의 반지름이 50 mm이다. 횡방향 크기가 20 mm인 물체가 구의 첫 번째 면의 전방 300 mm 위치에 있다. 한 면씩 계산하여 구에 의하여 형성된 상의 위치와 크기를 구하시오.
답] $s_2' = +45.46\ mm,\ y' = -5.45\ mm$

8-10. 후면 정점 굴절력 D_v'가 -1.50 D이고, 전면 굴절력 D_1'는 -2.50 D이다. 또 렌즈의 굴절력이 1.60이고, 중심 두께 t는 2.00 mm이다. 안경 렌즈 후면에서부터 각막 사이 거리인 정간 거리 d가 12.00 mm일 때, 이 렌즈에 의한 상 배율은?
답] 0.979258

CHAPTER

09

난시 렌즈(Astigmatism Lens)

1. 최소 착란원
2. 난시 렌즈의 굴절력
3. 얇은 난시 렌즈
4. 처방전 전환법
5. 등가 구면 렌즈

일반적으로 정시안, 비정시안 구분없이 각막은 구 모양으로 상, 하, 좌, 우 대칭이어서 모든 방향으로 굴절력이 같다. 비정시안인 경우, 구면 렌즈 처방으로 굴절 이상을 교정할 수 있다. 하지만 난시가 있는 각막은 비대칭으로 방향에 따라 굴절력이 다르기 때문에 난시를 교정하기 위해서는 방향에 따라 서로 다른 값의 굴절력을 갖도록 처방해야 한다.

9.1 최소 착란원(Circle of Least Confusion)

그림 (9.1)의 단일 굴절력을 갖는, 구면 렌즈의 면 굴절력은

$$D' = \frac{n'-n}{r} = (n'-n)R \tag{9.1}$$

으로 표현되고 모든 방향으로 같은 값을 갖기 때문에 회전 대칭이다. 여기서 곡률 R은 곡률 반경 r의 역수 $R=1/r$이다. 곡률 반경의 단위는 미터(m)를 사용하고 곡률의 단위는 디옵터(D)이다.

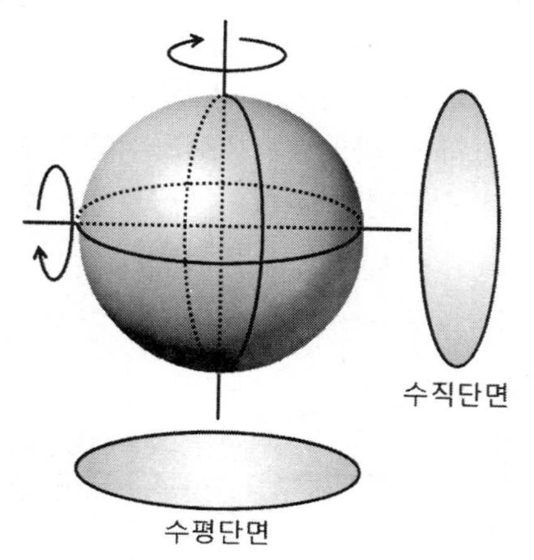

그림 9.1 구: 회전대칭 광학계

방향에 따라 굴절력이 다른 난시 렌즈는 회전 대칭이 아니다. 난시 렌즈의 굴절력은 원주 렌즈로 구현할 수 있다. 그림 (9.2)의 원통 모양의 원주 렌즈는 방향에 따라 굴절력이 최솟값 $D'_{\min}=0$에서 최댓값 $D'_{\max}=(n'-n)R$을 갖는다. 곡률이 0인 단면은 최대 곡률을 가진 단면에 직교한다. 곡률이 최소, 최대인 면을 각각 **자오면, 구결면**이라 하고, 두 면을 주단면이라고 한다. 자오면은 비축 물점과 회전축

을 포함하는 단면으로 반지름과 곡률은 $r=\infty \rightarrow R=0$이다. 구결면은 자오면과 수직하고 주광선을 교선으로 하는 평면으로 R이 최대값이다.

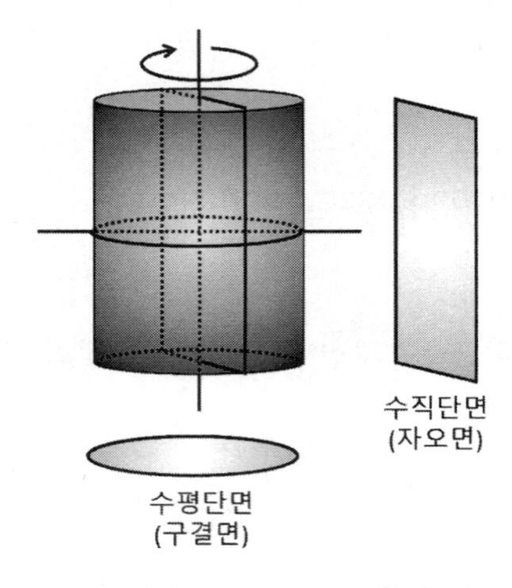

그림 9.2 원통: 비대칭 광학계

구면 렌즈를 통과한 광선들은 관측 위치에 상관없이 원형 모양으로 맺히지만, 난시 렌즈를 통과한 광선들은 관측 위치에 따라 맺히는 모양이 달라진다. 그림 (9.3)과 같이 위치에 따라 광선이 맺히는 모양이 수평 방향으로 찌그러진 타원이 될 수도 있고, 어느 지점에서는 원 모양이 되었다가 다시 수직 방향으로 찌그러진 타원 모양으로 변한다. 즉, 자오면과 구결면에 의하여 난시 렌즈를 통과한 빛의 초점 위치가 다르다.

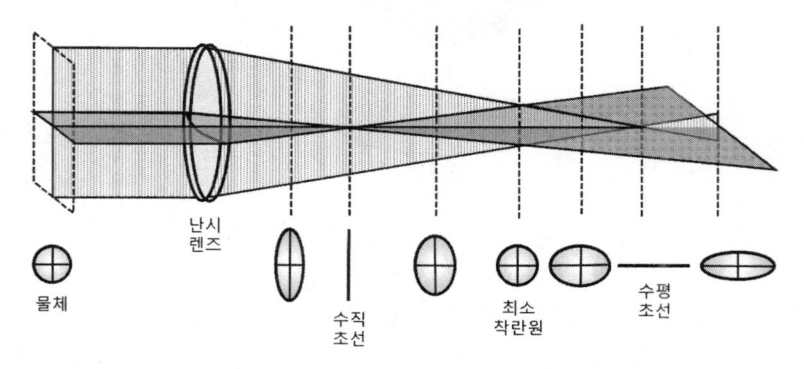

그림 9.3 난시 렌즈의 초선 및 최소 착란원

두 초점 위치에서는 빛이 선 모양으로 투사되는데, 이를 수직 초선(Vertical Line Focus)과 수평 초선(Horizontal Line Focus)이라고 한다. 두 초선 사이에 빛이 원형으로 투사되는 것을 최소 착란원(Circle of Least Confusion)이라고 한다. 초선은 난시의 상이고, 최소 착란원은 상의 찌그러짐이 없고 상 퍼짐이 최소인 지점의 궤적을 의미한다.

9.2 난시 렌즈의 굴절력(Astigmatism Lens Power)

9.2.1 원주 렌즈의 사경선 굴절력

그림 (9.4)는 난시 렌즈의 굴절력을 표현하기 위한 원주 렌즈 사경선에 대한 곡률을 나타낸 것이다. 그림 (9.4b)는 회전 대칭인 원통과 그 일부인 원주 렌즈이다. 원주 렌즈는 방향에 따라 굴절력이 다르기 때문에 난시 처방에 활용된다. 이를 위하여 주경선 및 임의의 사경선에 대한 굴절력을 알아야 한다. 주경선에 대한 원주 렌즈의 굴절력을 나타내기 위하여, 우선 원주 렌즈의 곡률을 유도해 보자. 그림 (9.4c)는 (9.4b)를 위에서 본 단면이고, 여기에 표시된 거리 사이 관계는 **피타고라스 정리**에 의해

$$r^2 = h^2 + (r-s)^2$$
$$2rs = h^2 + s^2 \approx h^2 \qquad (9.2)$$

여기서 세그 s가 작다는 근사를 적용하였다. 곡률 R은 곡률 반경 r의 역수 이므로

$$R = \frac{1}{r} = \frac{2s}{h^2} \qquad (9.3)$$

그림 (9.4a)의 회전축으로부터 θ 방향의 사경선에 대한 곡률 R_θ는

$$R_\theta = \frac{2s}{h_\theta^2} \qquad (9.4)$$

이다. 두 값 h_θ와 h의 관계는 $h/h_\theta = \sin\theta$이므로, 곡률 R_θ와 식 (9.3)의 주경선에

대한 곡률 R의 관계는

$$\frac{R_\theta}{R} = \frac{h^2}{h_\theta^2} = \sin^2\theta \;\rightarrow\; R_\theta = R\sin^2\theta \tag{9.5}$$

따라서 원주 렌즈 사경선에 대한 굴절력은 곡률 식 (9.5)에 렌즈의 굴절률을 곱하면 된다.

$$D'_\theta = D'\sin^2\theta \tag{9.6}$$

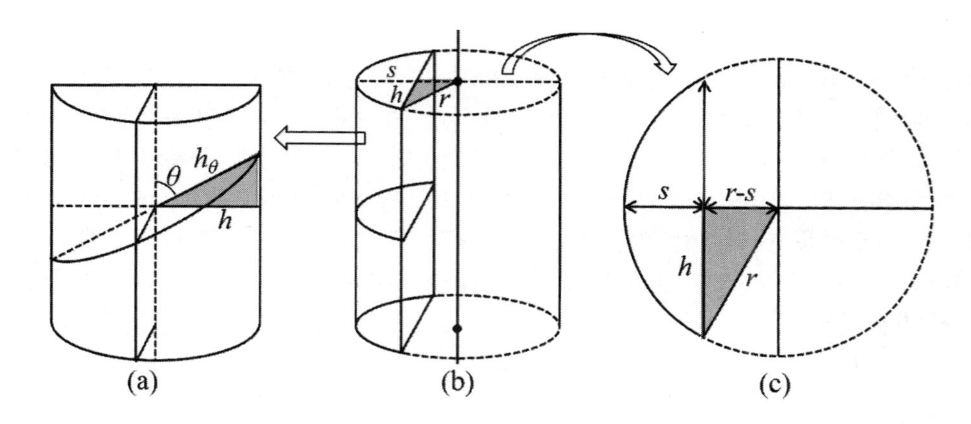

그림 9.4 원주 렌즈의 사경선 곡률

원주 렌즈가 놓인 방향으로의 굴절력은 0이고, 이에 수직인 방향으로는 최대 굴절력을 갖는다. 그림 (9.5)는 원주 렌즈의 방향과 굴절력을 표시한 것이다. 수평 방향이 기준 방향으로 $\phi = 0°$ 또는 $\phi = 180°$ 이다.

그림 (9.5a)의 원주 렌즈 방향은 ϕ이고, 그림 (9.5b)에서와 같이 굴절력 D'는 $\phi + 90°$ 이다. 원주 렌즈에 의한 굴절력은 방향에 따라 달라진다. 그림 (9.5c)는 임의의 θ 방향에 대한 굴절력은 식 (9.6)에 있는 바와 같이 $D'\sin^2\theta$이다.

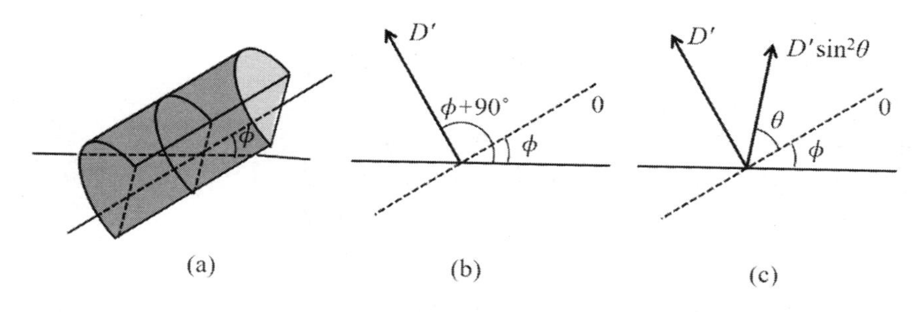

그림 9.5 원주 렌즈의 주경선 굴절력

[예제 9.2.1]
굴절력이 +4.0 D인 원주 렌즈의 방향이 $\phi = 30^\circ$이다. 이 원주 렌즈에 대한 $0^\circ \sim 180^\circ$ 방향의 굴절력을 각각 구하여라.

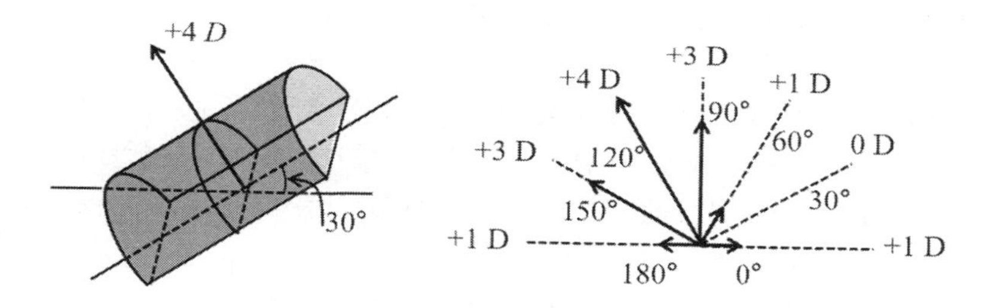

그림 9.6 원주 렌즈 사경선 굴절력

풀이: 원주 렌즈의 굴절력 D'은 $120^\circ (= 30^\circ + 90^\circ)$ 방향으로 +4 D이다. 원주 렌즈 방향 $\phi (= 30^\circ)$으로부터 θ만큼 회전한 방향에 대한 굴절력은 $D'\sin^2\theta$이므로, 수평 방향 즉 $\theta = 0^\circ$ 방향 굴절력은

$$(\phi = 0) \quad \theta = \phi - 30^\circ = -30^\circ$$
$$D'_0 = D'\sin^2\theta = 4.0\sin^2(-30^\circ) = +1.0 \ D$$

이다. 다른 각에 대하여도 같은 방법으로 계산하면

$(\phi=30)\quad \theta=0^\circ \rightarrow D'_{30}=4.0\sin^2 0^\circ = 0\ D$
$(\phi=60)\quad \theta=30^\circ \rightarrow D'_{60}=4.0\sin^2 30^\circ =+1.0\ D$
$(\phi=90)\quad \theta=60^\circ \rightarrow D'_{90}=4.0\sin^2 60^\circ =+3.0\ D$
$(\phi=120)\quad \theta=90^\circ \rightarrow D'_{120}=4.0\sin^2 90^\circ =+4.0\ D$
$(\phi=150)\quad \theta=120^\circ \rightarrow D'_{150}=4.0\sin^2 120^\circ =+3.0\ D$
$(\phi=180)\quad \theta=150^\circ \rightarrow D'_{180}=4.0\sin^2 150^\circ =+1.0\ D$

원주 렌즈의 각도별 굴절력은 그림 (9.6)에 표기 되어 있다.

9.2.2 사교 원주

사교 원주는 원주 렌즈의 조합으로 구성된 광학계를 의미한다. 원주 렌즈는 한 방향으로 굴절력을 갖는데, 사교 원주의 굴절력은 각각의 원주 렌즈가 갖는 굴절력의 조합으로 표현된다. 따라서 임의 방향 굴절력도 사교 원주로 표현할 수 있다. 더욱이 난시를 교정하기 위해서는 두 개의 원주 렌즈가 필요하다. 왜냐하면, 원주 렌즈는 한 방에 대하여 굴절력이 0이기 때문에다. 각막은 평면일 수 없기 때문에 모든 방향으로 굴절력을 갖는데, 하나의 원주 렌즈로는 불가능하다. 난시안의 처방은 구면-원주 렌즈 처방이 가능하지만, 사교 렌즈 처방도 가능하다.

난시 렌즈는 방향에 따라 곡률이 다른데, 이를 일반적으로 토릭면이라고 한다. 토릭면의 주단면인 자오면과 구결면의 곡률은 각각 최소 곡률 R_m와 최대 곡률 R_M로 표현하면, 자오면으로부터 θ 방향 단면의 곡률 R_θ은

$$R_\theta = R_m\cos^2\theta + R_M\sin^2\theta \qquad (9.7)$$

θ_0이면 자오면으로 곡률 R_m이고, θ_{90}이면 구결면으로 곡률 R_M이다. 식 (9.7) 우변의 두 번째 항에 있는 $\sin^2\theta$는 앞에서 유도한 식 (9.5)에 의한 사경선 곡률 계수이다. 그리고 식 (9.7) 우변의 첫 번째 항에 있는 $\cos^2\theta$은 수직한 다른 축에 대한 곡률 계수이다. 즉, 한 축으로부터 각이 θ이면 수직한 축으로부터의 각은 $(90^\circ-\theta)$이다. 따라서 수직한 축에 대한 곡률 계수는 $\sin^2(90^\circ-\theta)=\cos^2\theta$가 되기 때문이다. 같은 이유에서 그림 (9.7)의 사경선에 대한 굴절력은 원주 렌즈의 굴절력과 두 수직축의 성분에 해당하는 계수인 $\sin^2\theta$과 $\cos^2\theta$을 각각 곱하여 더한 값이 된다.

임의의 θ 방향 곡률 R_θ과 $\theta+90°$ 방향 곡률 $R_{\theta+90°}$의 합은

$$\begin{aligned} R_\theta + R_{\theta+90°} &= \left[R_m\cos^2\theta + R_M\sin^2\theta\right] + \left[R_m\cos^2(\theta+90°) + R_M\sin^2(\theta+90°)\right] \\ &= \left[R_m\cos^2\theta + R_M\sin^2\theta\right] + \left[R_m\sin^2\theta + R_M\cos^2\theta\right] \\ &= R_m(\cos^2\theta + \sin^2\theta) + R_M(\sin^2\theta + \cos^2\theta) \\ &= R_m + R_M \end{aligned} \tag{9.8}$$

즉, 임의 방향에 대해 서로 수직한 두 단면의 곡률 합은 두 주 단면의 곡률 합과 항상 같다. 식 (9.7)의 곡률 R에 굴절률 차 $(n'-n)$을 곱하면 굴절력이 되므로, 임의 θ 방향에 대한 굴절력은

$$\begin{aligned} (n'-n)R_\theta &= (n'-n)(R_m\cos^2\theta + R_M\sin^2\theta) \\ D_\theta &= D_m\cos^2\theta + D_M\sin^2\theta \end{aligned} \tag{9.9}$$

관계가 만족된다. 그림 (9.7)은 임의의 θ 방향 사경선에 대한 굴절력을 두 주경선의 굴절력으로 나타내어진 것을 보여준다.

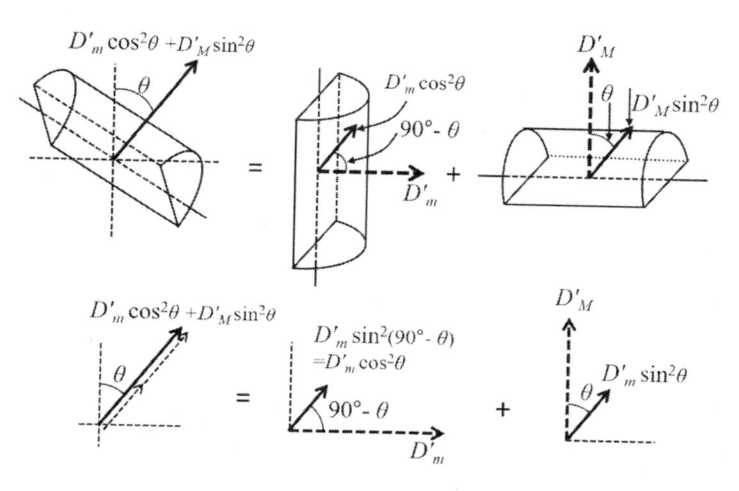

그림 9.7 사경선 굴절력

임의 방향에 대해 수직인 두 사경선에 대한 굴절력 합은 곡률 관계와 마찬가지로 식 (9.7)의 좌변과 우변에 $(n'-n)$을 곱하면

$$(n'-n)(R_\theta + R_{\theta+90^\circ}) = (n'-n)(R_m + R_M) \tag{9.10}$$

이므로

$$D_\theta + D_{\theta+90^\circ} = D_m + D_M \tag{9.11}$$

관계가 만족된다.

주단면에 대한 버전스 관계식은 각각의 방향에 항상 성립하여

$$\begin{aligned} S_m{}' &= S_m + D_m{}' \\ S_M{}' &= S_M + D_M{}' \end{aligned} \tag{9.12}$$

으로 쓰여지고, 두 주단면과 임의의 θ 방향에 대한 버전스 관계식은

$$S_\theta{}' = S_\theta + D_\theta{}' \tag{9.13}$$

이다. 원주의 한쪽 면의 굴절력은 0이고 다른 한쪽 면에 대해서만 굴절력을 가지므로, 토릭면의 사경선에 대한 굴절력, 즉 식 (9.9)는 두 굴절력 D_m과 D_M은 각각 하나의 원주에 의한 굴절력으로 간주하여, 토릭면을 두 원주 면의 결합으로 해석할 수 있다. 임의 방향의 난시 렌즈의 굴절력 D_θ은 두 개의 원주 굴절력으로 처방할 수 있음을 의미한다.

9.3 얇은 난시 렌즈(Thin Astigmatism Lens)

앞 절에서 난시 렌즈는 두 개의 원주 렌즈의 조합으로 표현될 수 있음을 설명하였다. 또한, 원주 렌즈는 한 축의 굴절력은 0이고, 수직 방향의 축의 굴절력은 0이 최대값을 갖는다.

임의 방향 난시 렌즈 굴절력은 서로 수직인 두 축에 놓여 있는 원주 렌즈의 굴절력 합으로 표현할 수 있다. 즉, 난시 렌즈의 굴절력 D'은 굴절력(즉, 두 원주 렌즈

의 굴절력 D_1', D_2')의 합으로 나타낼 수 있다. 즉

$$D' = D_1' + D_2' \tag{9.14}$$

두 원주 렌즈가 사선으로 놓여 있으면 두 원주의 굴절력은 각각 두 주경선에 대한 굴절력으로 나눠 쓸 수 있다.

$$\begin{aligned} D_1' &= D_{1m}' + D_{1M}' = D_1' \cos^2\theta + D_1' \sin^2\theta \\ D_2' &= D_{2m}' + D_{2M}' = D_2' \cos^2\theta + D_1' \sin^2\theta \end{aligned} \tag{9.15}$$

난시 렌즈의 자오 굴절력과 구결 굴절력은 각각

$$\begin{aligned} D_m' &= D_{1m}' + D_{2m}' \\ D_M' &= D_{1M}' + D_{2M}' \end{aligned} \tag{9.16}$$

이고, 사경선 굴절력은

$$D_\theta' = D_m' \cos^2\theta + D_M' \sin^2\theta \tag{9.17}$$

으로 그림 (9.8)과 같이 각각의 렌즈의 굴절력 성분 합이다.

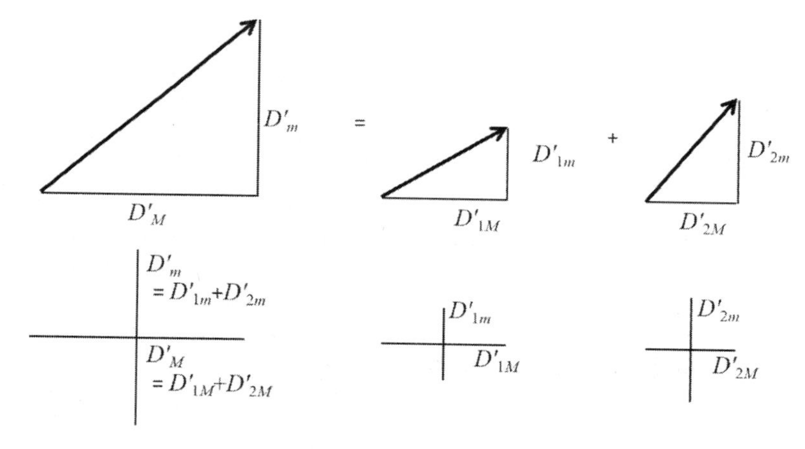

그림 9.8 굴절력 십자표

9.4 처방전 전환법(Transposition of Prescription)

난시가 없는 경우 처방전은 교정 시력만 표기하면 되지만, 난시가 있는 경우 주경선에 대한 굴절력과 방향을 동시에 표기해야 한다. 난시 처방에는 구면-원주, 교차원주 표기가 가능하고, 표기법 간에 서로 전환할 수 있다.

구면-원주 렌즈 처방 표기법은

$$Q_{sph} \circlearrowleft P_{cyl} \times \Phi \tag{9.18}$$

이 표기법은 Φ 방향 구면 굴절력은 Q, $\Phi+90^\circ$ 방향 굴절력은 $Q+P$이다. 여기서 원주 P_{cyl}의 방향은 Φ인데, 원주 렌즈의 자오면 방향(Φ) 굴절력은 0이고 구결면 방향($\Phi+90^\circ$) 굴절력이 P임을 알아야 한다.

이를 **다른 구면-원주 렌즈 처방 표기법**으로 전환하면

$$(Q+P)_{sph} \circlearrowleft -P_{cyl} \times (\Phi \pm 90^\circ) \tag{9.19}$$

이 표기법에 의한 굴절력은 $\Phi \pm 90^\circ$ 방향 구면 굴절력은 $Q+P$, $(\Phi+90^\circ)+90^\circ$ 즉 Φ방향 굴절력은 $(Q+P)-P=Q$이다. 즉, 전환 이전 표기 결과와 같으므로 전환 식이 옳다는 것을 알 수 있다.

교차 원주 변환 규칙은

$$Q_{cyl} \times (\Phi \pm 90^\circ) \circlearrowleft (Q+P)_{cyl} \times \Phi \tag{9.20}$$

이 표기법에 의해 Φ 방향 굴절력은 Q, $\Phi+90^\circ$ 방향 굴절력은 $(Q+P)$이다. 역시 구면-원주 처방전 결과와 같다.

역으로 **교차 원주 처방 표기**를 **구면-원주 처방 표기** 변환 규칙은

$$P_{cyl} \times \Phi \circlearrowleft Q_{cyl} \times (\Phi \pm 90^\circ) \rightarrow P_{sph} \circlearrowleft (Q-P)_{cyl} \times (\Phi \pm 90^\circ) \tag{9.21}$$

와 같다. 처방전 전환법에 대한 굴절력은 그림 (9.9)에 십자표로 표시하였다.

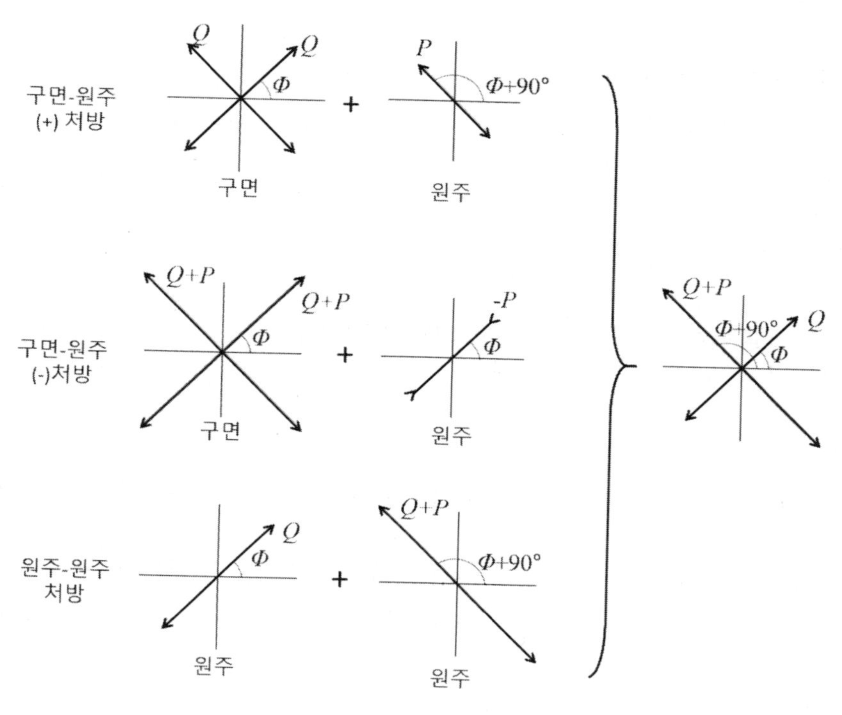

그림 9.9 처방전에 대한 굴절력

[예제 9.4.1]

구면-원주 처방 표기 $-3.00\ DS \circlearrowleft -2.00\ DC \times 45^\circ$ 을 다른 구면-원주, 그리고 교차 원주 처방 표기로 전환하시오.

여기서 $-3.00\ DS$는 $Q_{sph} = -3.00\ D$, $-2.00\ DC$는 $P_{cyl} = -2.00\ D$를 의미한다.

풀이: $Q = -3\ D$, $P = -2\ D$이므로,

구면-원주 처방 표기는

$$(Q+P)_{sph} \circlearrowleft -P_{cyl} \times (\Phi \pm 90^\circ)$$

식을 적용하면

$(-3.00+(-2.00))\ DS \Leftrightarrow -(-2.00)\ DC\times(45+90)^{\circ}$
$-5.00\ DS \Leftrightarrow 2.00\ DC\times 135^{\circ}$

교차 원주 (원주-원주) 처방

$Q_{cyl}\times(\Phi\pm 90^{\circ}) \Leftrightarrow (Q+P)_{cyl}\times\Phi$

식을 적용하면

$-3.00\ DC\ (45+90)^{\circ} \Leftrightarrow (-3.00+(-2.00))\ DC\times 45^{\circ}$
$-3.00\ DC\ 135^{\circ} \Leftrightarrow -5.00\ DC\ \times 45^{\circ}$

[예제 9.4.2]
구면-원주 처방 표기 $-3.00\ DS \Leftrightarrow +2.00\ DC\times 30^{\circ}$의 각도별 굴절력을 구하시오.

풀이: 굴절력은 구면 굴절력과 원주 굴절력의 합인데, 구면 굴절력은 모든 방향으로 일정하지만, 원주 굴절력은 모든 방향으로 값이 다르다. 수평 방향 즉 $\theta=0^{\circ}$ 방향 굴절력은

$\phi=0)\quad \theta=\phi-30^{\circ}=-30^{\circ}$
$D'_{0}=D_{sph}+D_{cyl}\sin^{2}\theta=-3+2\sin^{2}(-30^{\circ})=-2.5\ D$

이다. 다른 각도의 굴절력도 같은 방법으로 계산하면

$(\phi=30)\quad \theta=0^{\circ}\rightarrow D'_{30}=-3+2\sin^{2}(0^{\circ})=-3.0\ D$
$(\phi=60)\quad \theta=30^{\circ}\rightarrow D'_{60}=-3+2\sin^{2}(30^{\circ})=-2.5\ D$
$(\phi=90)\quad \theta=60^{\circ}\rightarrow D'_{90}=-3+2\sin^{2}(60^{\circ})=-1.5\ D$
$(\phi=120)\quad \theta=90^{\circ}\rightarrow D'_{120}=-3+2\sin^{2}(90^{\circ})=-1.0\ D$
$(\phi=150)\quad \theta=120^{\circ}\rightarrow D'_{150}=-3+2\sin^{2}(120^{\circ})=-1.5\ D$
$(\phi=180)\quad \theta=150^{\circ}\rightarrow D'_{180}=-3+2\sin^{2}(150^{\circ})=-2.5\ D$

을 얻을 수 있다.

9.5 등가 구면 렌즈(Spherical Equivalent Lens)

난시 렌즈에 의한 상의 초선 및 최소 착란원의 거리 및 굴절력 관계를 알아 보자. 그림 (9.10)은 난시 렌즈의 입체 그림 (9.3)을 알아보기 쉽게 수직 초선과 수평 초선을 한 평면으로 그린 것이다. 그림 (9.10)의 삼각형 비례 관계로부터

$$\frac{d}{D} = \frac{a}{f_M{}'}, \quad a = f_c{}' - f_M{}' \tag{9.22}$$

$$\frac{d}{D} = \frac{b}{f_m{}'}, \quad b = f_m{}' - f_c{}' \tag{9.23}$$

위 두 식의 좌변이 같으므로 우변도 역시 같아야 하므로

$$\frac{f_c{}' - f_M{}'}{f_M{}'} = \frac{f_m{}' - f_c{}'}{f_m{}'} \tag{9.24}$$

이고, 정리하면

$$\frac{f_c{}'}{f_M{}'} - 1 = 1 - \frac{-f_c{}'}{f_m{}'} \tag{9.25}$$

이다. 굴절력은 초점 거리의 역수이므로

$$\frac{D_M{}'}{D_c{}'} - 1 = 1 - \frac{D_m{}'}{D_c{}'} \tag{9.26}$$

이 된다. 마지막 식을 정리하면

$$D_c{}' = \frac{D_M{}' + D_m}{2} \tag{9.27}$$

즉, 최소 착란원의 굴절력 $D_c{}'$은 두 주경선의 굴절력 평균과 같다.

난시가 있는 눈은 난시 렌즈 처방으로 시력을 교정할 수 있다. 하지만 난시 렌즈는 고가이고 난시 방향에 정확하게 처방과 가공이 이루어져야 한다. 만일 난시도가 크지 않으면, 적절한 굴절력을 갖는 구면 렌즈 처방으로 교정할 수 있는데, 이를 **등가 구면 렌즈 처방**이라고 한다.

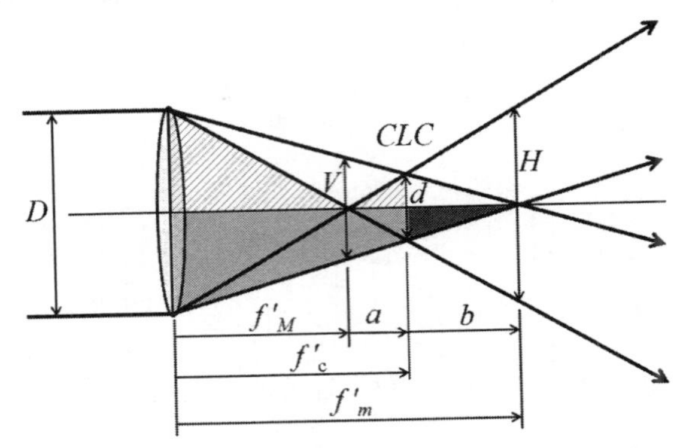

그림 9.10 원거리 물체의 초선과 최소 착란원의 초점 거리

그렇다면 등가 구면 렌즈의 굴절력은 얼마로 해야 하는가? 난시 렌즈는 두 초선(수평 초선, 수직 초선)의 굴절력 D_m과 D_M를 갖는 두 개의 원주 렌즈가 서로 수직한 방향으로 놓여 있는 것과 같다. 이에 대한 교차 원주 처방 표기는

$$D_{m,cyl} \times \Phi \doteqdot D_{M,cyl} \times (\Phi \pm 90^\circ) \tag{9.28}$$

이다. 이를 교차 원주 처방 표기를 구면-원주 처방 표기 변환 규칙을 적용하여 변환하면

$$D_{m,sph} \doteqdot (D_M - D_m)_{cyl} \times (\Phi \pm 90^\circ) \tag{9.29}$$

난시 렌즈를 등가 구면 렌즈 처방할 때, **등가 구면 렌즈**(SE ; spherical equivalent)의 굴절력은 구면-원주 처방 표기에서 구면 굴절력 $D_{m,sph}$과 원주 굴절력 $(D_M - D_m)_{cyl}$의 반을 더한 값이다.

$$SE = D_m{}' + \frac{D_M{}' - D_m{}'}{2} = \frac{D_M{}' + D_m{}'}{2} = D_c{}' \tag{9.30}$$

등가 구면 굴절력은 최소 착란원의 굴절력과 같다. 즉, 등가 구면 렌즈 처방은 그림 (9.11)에서와 같이 최소 착란원의 위치를 망막 위치와 일치하도록 하는 의미를 담고 있다.

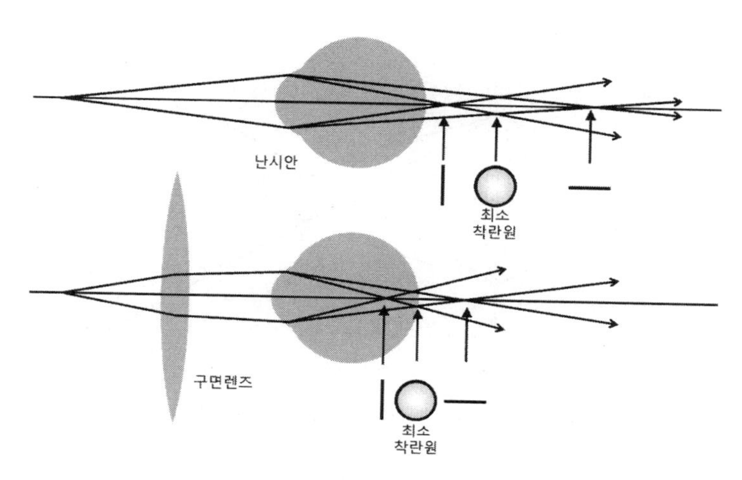

그림 9.11 최소 착란원과 등가 구면 렌즈

그림 (9.10)으로부터 원거리 물체에 대하여 굴절력 관계 식 (9.27)을 유도하였다. 여기서는 임의의 거리에 있는 물체 M에 대하여, 두 초선의 버전스 관계를 알아보자. 이를 위하여 그림 (9.12)에 있는 초선들 사이 거리 관계는

$$s_c' = s_M' + a, \qquad s_m' = s_c' + b \tag{9.31}$$

이고, 닮은 삼각형 관계와 식 (9.31)을 이용하면

$$\begin{aligned} \frac{d}{D} &= \frac{a}{s_M'} = \frac{s_c' - s_M'}{s_M'} \\ \frac{d}{D} &= \frac{b}{s_m'} = \frac{s_m' - s_c'}{s_m'} \end{aligned} \tag{9.32}$$

이 된다. 두 식의 좌변이 같으므로 우변도 같아야 되고, 거리를 버전스로 바꾸면

$$S_c' = \frac{S_m' + S_M'}{2} \tag{9.33}$$

즉 *최소 착란원의 버전스는 두 초선의 버전스의 평균*이다. 여기서 주의할 것은 버전스의 평균이 거리의 평균이 아니므로, 최소 착란원의 위치가 두 초선의 정중앙에 있는 것이 아니다.

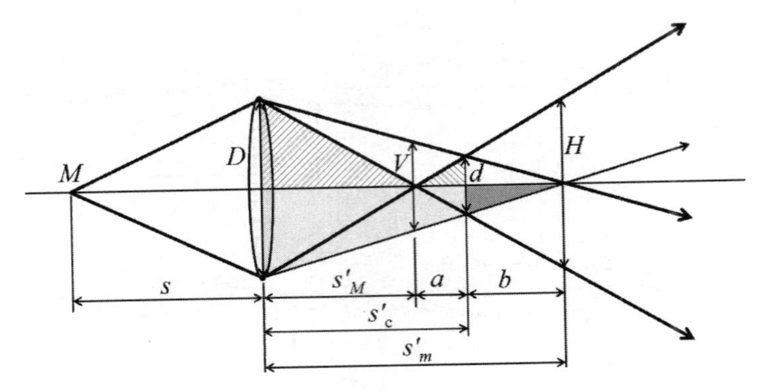

그림 9.12 근거리 물체의 초선과 최소 착란원 거리

근거리 물체에 대한 수직 초선의 길이 V와 수평 초선의 길이 H는 각각

$$\frac{V}{D} = \frac{s'_m - s'_M}{s'_m} \tag{9.34}$$

$$\frac{H}{D} = \frac{s'_m - s'_M}{s'_M} \tag{9.35}$$

이다.

요약

9.1 자오면: 비축 물점과 회전축을 포함하는 단면으로 반지름과 곡률은 $r=\infty \rightarrow R=0$

구결면: 자오면과 수직하고 주광선을 교선으로 하는 평면으로 R이 최대값

최소 착란원: 두 초선 사이에 빛이 원형으로 투사되는 것

9.2 원주 렌즈 굴절력 $D'_{\theta}=D'\sin^2\theta$

사교 원주 굴절력 $D_{\theta}=D_m\cos^2\theta+D_M\sin^2\theta$

9.3 얇은 난시 렌즈 사경선 굴절력 $D_{\theta}'=D_m'\cos^2\theta+D_M'\sin^2\theta$

9.4 처방전 전환법

구면-원주 렌즈 처방 표기법 $Q_{sph} \cong P_{cyl}\times\Phi$

구면-원주 렌즈 처방 표기법 전환 $(Q+P)_{sph} \cong -P_{cyl}\times(\Phi\pm 90^{\circ})$

교차 원주 변환 규칙 $Q_{cyl}\times(\Phi\pm 90^{\circ}) \cong (Q+P)_{cyl}\times\Phi$

교차 원주 처방 표기를 구면-원주 처방 표기 변환 규칙

$P_{cyl}\times\Phi \cong Q_{cyl}\times(\Phi\pm 90^{\circ}) \rightarrow P_{sph} \cong (Q-P)_{cyl}\times(\Phi\pm 90^{\circ})$

9.5 등가 구면 렌즈 처방 $SE=D_m'+\frac{D_M'-D_m'}{2}=\frac{D_M'+D_m'}{2}=D_c'$

연습 문제

9-1. 유리($n=1.52$)와 공기로 구분된 토릭면의 주 곡률은 +15 D와 +20 D이다. (a) 자오 굴절력 (b) 구결 굴절력 (c) CLC (d) 초선과 관련된 두 초점 사이 간격을 구하시오.
답] (a) 7.8 D, (b) 10.4 D, (c) 9.1 D (d) $f_m{}'-f_M{}'=48.72\ mm$

9-2. 공기와 유리($n=1.52$) 경계면을 이루는 토릭면의 곡률 반경은 $r_m=100\ mm$, $r_M=-250\ mm$이다. (a) 주굴절력 (b) 회전축에 대해 30° 인 단면에서의 굴절력 (c) 수직(30° 에 수직) 경선에서의 굴절력 (c) 주경선 굴절력 합
답] (a) $D_m{}'=+5.2\ D$, $D_M{}'=-2.08\ D$ (b) $D_{30}{}'=+3.38\ D$, $D_{120}{}'=-0.26\ D$
(c) 3.12 D

9-3. R_x :$-3.00\ DS$ ⊃ $+1.00\ DC\times45°$ 를 (-)원주와 교차 원주로 전환하시오.
답] $-2.00\ DS$ ⊃ $-1.00\ DC\times135°$, $-3.00\ DC\times135°$ ⊃ $-2.00\ DC\times45°$

9-4. Rx :$-1.50\ DC\times20°$ ⊃ $-2.50\ DC\times110°$ 구면-원주로 전환하시오.
답] $-1.50\ DS$ ⊃ $-1.00\ DC\times110°$, $-2.50\ DS$ ⊃ $1.00\ DC\times20°$

9-5. 물체점이 주굴절력 $D_M{}'=+5.00\ D$, $D_m{}'=+2.00\ D$를 갖는 얇은 난시 렌즈로부터 아주 먼 거리에 있다. 렌즈의 직경은 50 mm이다. (a) 초선의 위치 (b) 수평초선 길이와 수직초선 길이 (c) CLC의 직경과 위치를 구하시오.
답] (a) 위치 : 수직초선 =200 mm, 수평초선 = 500 mm
(b) 길이 : 수직초선 =75 mm, 수평초선 = 30 mm
(c) CLC 위치 = 285.714 mm, CLC 직경 =21.429

9-6. 아래 R_x의 등가 구면 처방을 구하시오.
(a) $+3.00\ DS$ ⊃ $+2.00\times45°$
(b) $-3.00\ DS$ ⊃ $-2.00\times135°$
(c) $-2.25\ DS$ ⊃ $+1.50\times90°$
(d) $+2.00\ DS$ ⊃ $+4.00\times180°$
답] (a) +4.00 D (b) -4.00 D (c) -1.50 D (d) +4.00 D

CHAPTER

10

비정시(Ametropia)

비정시는 눈의 자동 조절 능력이 떨어지거나, 눈의 상태 변화로 물체에 대한 상이 선명하게 맺힐 수 없는 상태의 눈을 의미한다. 따라서 비정시는 그 원인이 질환에서 기인한 것인지, 아니면 광학적 조절 이상 때문인지 알아야 정확하게 교정할 수 있다. 질환이 원인의 경우 안과 치료를 통해 교정해야 하고, 광학적 이상이 원인인 경우, 시술 및 렌즈 처방으로 교정할 수 있다.

사람 눈으로 인식되는 물체의 상은 근시, 원시 모두 도립상이다. 그림 (10.1)에서와 같이 근시와 원시 모두의 경우 굴절 광선은 망막 앞에서 교차하여 도립상을 형성한다. 다만 광선들의 교차점에서는 눈에서 판독할 수 있을 정도로 해상도가 높지 않다. 해상도가 가장 높은 평면이 근시인 경우, 망막 앞에, 원시의 경우 망막 뒤에 위치한다.

하지만 근시와 원시 개념을 쉽게 설명하기 위하여 **근시안**을 표시할 때, 눈으로 입사한 광선이 각막과 수정체에서 굴절된 후 **망막 앞에서 교차**하도록 묘사한다. 또한 **원시안**의 경우 굴절 광선이 **망막 뒤에서 교차**하도록 표시한다.

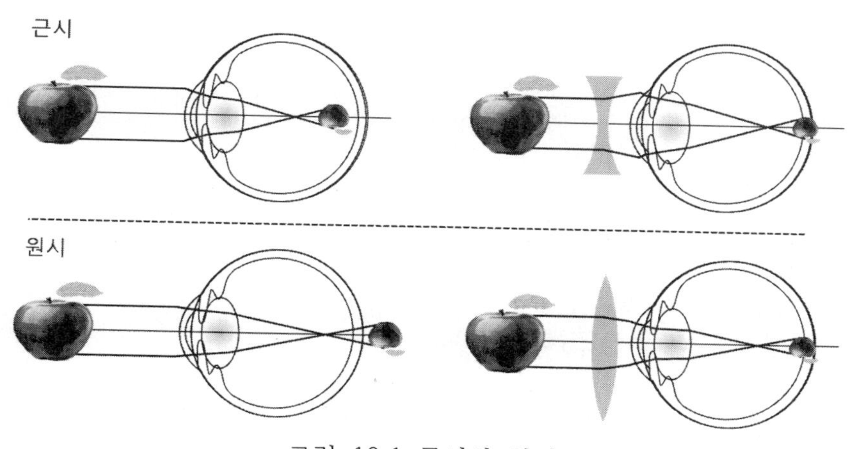

그림 10.1 근시와 원시

10.1 근시(Myopia)

근시안은 무한히 먼 물체의 상을 망막 앞쪽에 맺는다. 그림 (10.2)의 생략안에서 안축장 길이가 22.17 mm보다 길거나, 곡률 반경이 작아서 굴절력이 $+60.0\ D$ 이상인 경우가 이에 해당한다.

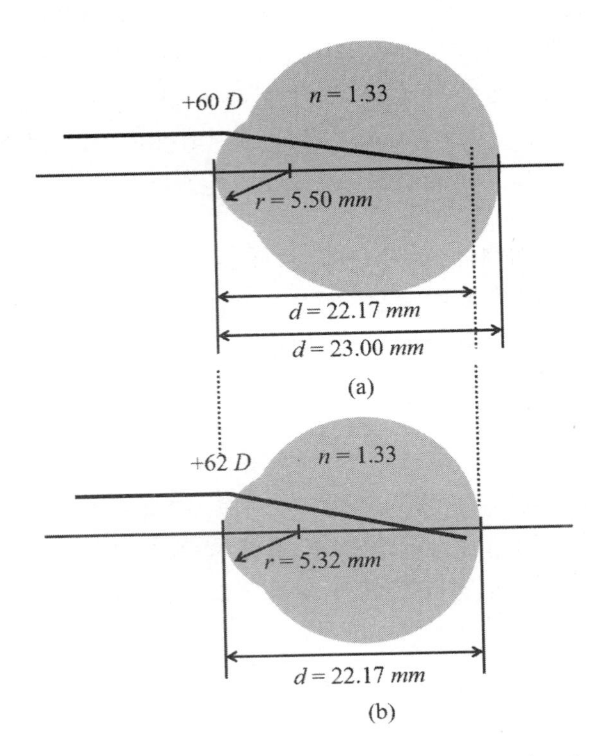

그림 10.2 근시안 (a) 안축장 길이가 긴 경우 (b) 굴절력이 과도한 경우

예를 들어, 그림 (10.1a)와 같이 눈의 굴절력이 $+60.00\ D$이지만 안축장 길이가 23 mm이면 먼 거리 물체의 상이 망막으로부터 0.83 mm 앞에 맺힌다. 수렴 광선이 망막 앞에 수렴한 후, 다시 퍼져서 망막 위치에서는 상의 흐림이 발생한다.

[예제 10.1.1]
안축장 길이(초점 거리)가 23 mm인 눈이 정시안 되려면 굴절력과 곡률 반경은?

풀이: 굴절력과 초점거리 관계식으로부터 굴절력은

$$D' = \frac{n'}{f'} = \frac{1000(1.33)}{23\ mm} = +57.83\ D \tag{10.1}$$

이고, 이로부터 곡률 반경은

$$D' = \frac{n' - n}{r}$$

$$57.83\ D = \frac{1.33 - 1.00}{r}$$

$$r = 5.71\ mm \tag{10.2}$$

따라서 안축장 길이가 23.00 mm인 눈이 정시안인 경우, 굴절력은 $D' = 57.83\ D$, 곡률 반경은 $r = 5.71\ mm$이어야 한다.

근시의 다른 예로, 그림 (10.2b)와 같이 안축장 길이는 22.17 mm이지만, 굴절력이 $+62.00\ D$인 경우를 고려해 보자. 굴절력이 과도하여 먼 곳 물체의 상 역시 망막 앞에 맺힌다.

굴절력이 $+62.00\ D$인 눈이 정시안이 되기 위한 안축장 길이는

$$f' = \frac{n'}{D'} = \frac{1000 \times 1.33}{62.00} = 21.50\ mm \tag{10.3}$$

따라서 먼 곳 물체의 상이 망막 앞 0.67 mm(= 22.17-21.50) 위치에 맺힌다.

[예제 10.1.2]
굴절력이 $+62.00\ D$인 눈이 정시안이 되기 위해서는 안축장 길이와 곡률 반경은 얼마인가?

풀이: 굴절력과 초점거리 관계식으로부터 초점 거리는

$$f' = \frac{n'}{D'} = \frac{1000(1.33)}{62.0\ D} = +21.45\ mm \tag{10.4}$$

이다. 굴절력과 곡률 반경 관계식을 이용하면

$$D' = \frac{n' - n}{r}$$

$$r = \frac{1000(1.33 - 1.00)}{62.00}\ mm = 5.32\ mm \tag{10.5}$$

이다.

근시안은 음(-)의 콘택트렌즈나 안경 렌즈를 착용하여 눈의 과도한 굴절력을 줄여 줌으로써 상의 위치를 뒤쪽으로 이동시켜서 망막 위치에 결상되도록 보정 해야 한다.

10.2 원시(Hyperopia)

근시안과 반대로 원시안은 굴절력이 부족하여 먼 곳 물체의 상을 망막 뒤쪽에 맺는다. 그림 (10.3)의 생략안에서 안축장 길이가 22.17 mm보다 짧거나, 곡률 반경이 커서 굴절력이 $+60.00\ D$보다 작으면 원시이다.

예를 들어, 그림 (10.3a)와 같이 눈의 굴절력이 $+60.00\ D$이지만 안축장 길이가 21.45 mm이면, 먼 물체의 상이 망막으로부터 0.72 mm 뒤에 맺힌다. 수렴 광선이 망막 위치에서 여전히 수렴 과정에 있으므로 망막에서는 상의 흐림이 발생한다.

안축장 길이가 21.45 mm인 눈이 정시안이 되려면,

$$D' = \frac{n'}{f'} = \frac{1000(1.33)}{21.45\ mm} = 62.00\ D \tag{10.6}$$

이므로 굴절력은 $+62.00\ D$이어야 한다. 하지만 굴절력이 이보다 작은 $+60.00\ D$이기 때문에 평행광은 망막 뒤에 상을 맺는다.

[예제 6.2.1] 안축장 길이가 21.00 mm인 정시안의 곡률 반경은 얼마인가?

풀이: 초점 거리와 곡률 반경 관계식일 이용하면

$$\frac{n'}{f'} = \frac{n'-n}{r}$$
$$\frac{1000(1.33)}{21.0\ mm} = \frac{1.33-1.00}{r}$$
$$r = 5.21\ mm \tag{10.7}$$

따라서 곡률 반경은 $r = 5.21\ mm$이어야 한다.

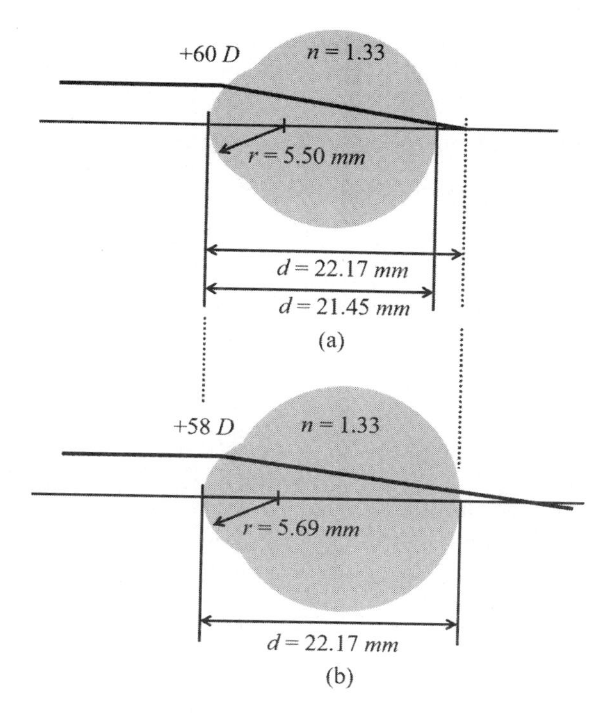

그림 10.3 원시안 (a) 안축장 길이가 짧은 경우 (b) 굴절력이 부족한 경우

원시의 다른 예로, 그림 (10.3b)와 같이 안축장 길이는 22.17 mm이지만, 굴절력이 $+58.00\ D$인 경우를 들 수 있다. 이 경우 굴절력이 부족하기 때문에 먼 곳 물체의 상이 망막 뒤에 맺힌다.

굴절력이 $+58.00\ D$인 눈이 정시안이 되기 위한 안축장 길이(초점 거리)는

$$f' = \frac{1000 \times 1.33}{58.00} = 22.93\ mm \tag{10.8}$$

이다. 따라서 먼 곳 물체의 상이 망막 뒤 0.76 mm 위치에 맺힌다. 굴절력이 $+58.00\ D$인 눈이 정시안이 되기 위해서는 안축장 길이가 22.93 mm이어야 한다. 원시안은 양(+)의 콘택트 렌즈나 안경 렌즈를 착용하여 눈의 부족한 굴절력을 증가시켜 뒤에 맺히는 상의 위치를 망막 위치로 당겨 줘야 한다.

10.3 원점과 근점(Far Point and Near Point)

근시인 사람도 물체를 선명하게 볼 수 있는 **선명상 영역**이 존재한다. 근시인 사람은 시력이 교정되지 않은 상태로 물체를 보려면 물체를 눈 가까운 곳으로 이동시켜서 보게 된다. 이는, 근시의 선명상 영역은 눈으로부터 가까운 곳에 있기 때문이다.

10.3.1 원점

근시인 사람이 멀리 있는 물체가 선명하게 보이지 않아서, 물체를 점점 눈에 가까이 가져오면 어느 순간 물체가 잘 보이는 점이 있다. 그림 (10.4)의 점선과 같이 멀리 있는 물체의 상점이 망막 앞에 있는데, 물체를 눈에 가까운 위치로 이동시키면 상점이 점차 망막으로 다가간다. 그림 (10.4)의 실선처럼 상점이 망막의 위치와 일치하는 순간, 물체는 선명하게 보이고, 그 때의 물체 위치를 **원점**(far point)라고 한다.

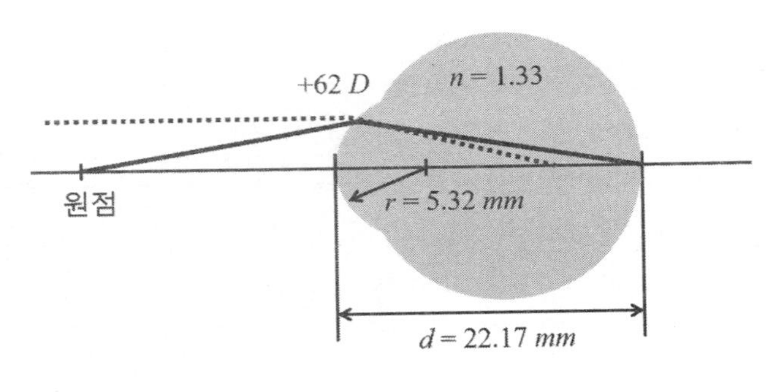

그림 10.4 근시안의 원점

근시안에 대하여 원점과 망막의 위치는 각각 물점과 상점으로 서로 **공액 관계**에 있다. 즉 원점에 있는 물체의 상은 정확히 망막에 맺힌다. 콘택트렌즈나 안경 렌즈로 시력을 교정하는 원리는 굴절력이 음(-)인 렌즈를 사용하여 원거리 물체의 상을 원점에 맺게 하는 것이다.

근시안과는 다르게 원시안의 원점은 망막 뒤에 있다. 그림 (10.5)의 점선과 같이 원시안의 경우 원거리 물체의 상이 망막 뒤에 맺힌다. 따라서 렌즈로 원시안을 교정하려면 굴절력이 (+)인 렌즈로 원거리 물체에 대한 상을 원점에 맺게 하면 된다.

근시안 또는 원시안을 교정하기 위하여 렌즈를 착용하여 렌즈가 원점에 상을 맺으면, 비정시안은 원점에 맺힌 렌즈의 상을 물체로 인식하고 최종 상을 망막에 맺음으로써 선명하게 물체를 볼 수 있다.

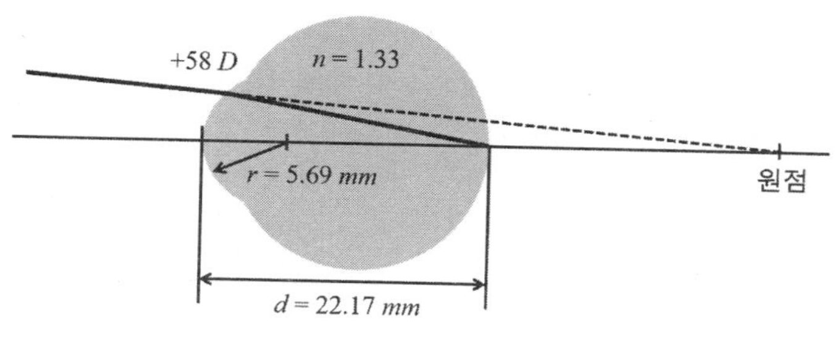

그림 10.5 원시안의 원점

10.3.2 근점과 선명상 영역

근시안의 경우 원점에 있는 물체를 서서히 눈에 더 가까운 곳으로 이동시키면 잘 보이던 물체가 어느 순간부터 흐려진다. 그 순간의 위치를 **근점**(near point)이라고 한다. 원점에서 물체가 가까운 위치로 이동하면, 선명상을 맺기 위해서는 눈의 조절이 필요하다. 조절은 한계가 있어 이를 **조절력**이라고 하고, 조절력 한계를 넘어서는 위치에 있는 물체에 대해서는 선명상을 맺을 수 없다. 따라서 그림 (10.6)에서와 같이 원점과 근점 사이의 구간을 **선명상 영역**이라고 하고, 이는 각 사람의 조절력에 따라 결정된다.

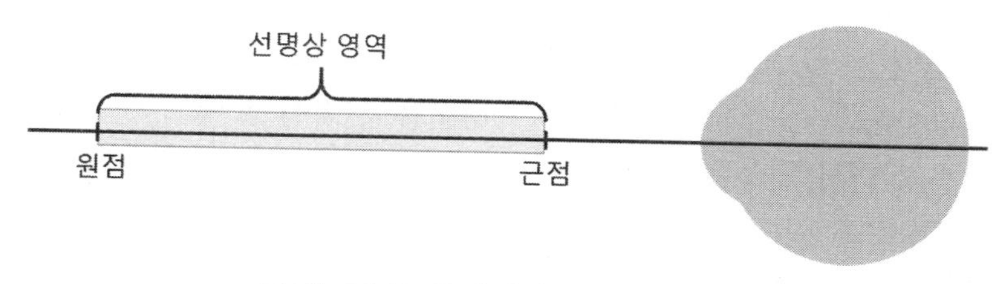

그림 10.6 근시안의 선명상 영역

원시안의 경우 원점은 망막 뒤에 있고, 근점은 망막으로부터 뒤쪽으로 더 먼 곳에 있다. 따라서 원시안에 대해서는 물리적인 선명상 영역은 존재하지 않는다. 이에 따라 원시인 사람은 렌즈로 시력 교정하지 않은 상황에서 좀 더 선명하게 보기 위하여 물체를 멀리하여 보려는 경향을 보인다. 반면 근시인 사람은 선명상 영역으로 물체를 당겨 보려고 한다.

그림 (10.7)에서 굵은 실선이 선명상 영역을 표시한 것이다. 그림 (10.7a)는 근시안이다. 선명상 영역은 그림 (10.6)과 같이 원점과 근점 사이 공간이다. 그림 (10.7b)는 정시안으로 원점은 원거리 (무한대)에 존재한다. 따라서 선명상 영역은 왼쪽 무한대에서 안구 앞 근점까지의 공간이다. 그림 (10.7c)는 원시안이다. 원시안의 원점은 망막 뒤쪽에 있고 근점은 안구 앞쪽에 존재한다.

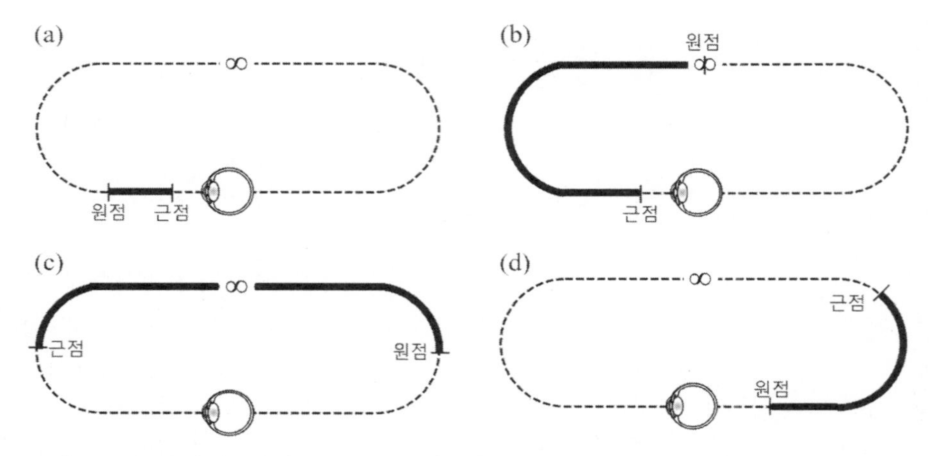

그림 10.7 선명상 영역 (a) 근시안 (b) 정시안 (c) 원시원 (d) 고도 원시안

안구 뒤쪽에 있는 물체를 볼 수 없기 때문에 선명상 영역은 왼쪽 무한대로부터 근점까지의 거리이다. 또한, 원시안의 경우 근점은 안구에서 왼쪽 꽤 먼 지점에 있으므로, 원시안인 사람은 물체를 멀게 하여 보려는 행동을 하게 된다. 그림 (10.7d)는 고도 원시안으로 원점과 근점 모두 안구 뒤쪽에 있다. 안구 뒤쪽에 있는 물체 볼 수 없기 때문에 사실상 고도 원시안인 사람은 선명상 영역이 존재하지 않는다. 따라서 물체를 선명하게 보기 위해서는 교정 렌즈를 이용하여야만 한다.

10.4 조절력(Amplitude of Accommodation)

눈으로부터 물체 거리가 변하면, 수정체의 곡률이 변해야 선명상을 맺을 수 있다. 선명상을 맺기 위하여 수정체의 곡률이 변하는 것을 **조절**이라고 한다. 정시안의 경우 눈 전체의 굴절력은 대략 60 D 정도이고, 각막의 굴절력이 눈 전체 굴절력의 3/2 이상이다. 나머지 굴절력은 수정체가 감당하는데, 각막의 굴절력이 고정되어 있는 반면 수정체의 굴절력은 변할 수 있다. 그 과정에서 수정체 뒷면은 거의 변화하지 않고 앞면의 곡률이 변화된다.

괄약근 모양의 섬모 근육이 이완되면 수정체 소대가 바깥쪽으로 당겨져 수정체의 적도 부분에 긴장을 유발한다. 이 장력으로 인해 수정체의 앞면이 다소 평평해진다. 조절이 최대로 발생하였을 때, 굴절력 변화량을 **조절력**이라고 한다. 나이가 들수록 조절력이 줄어드는데, 수정체가 단단해져서 유연성이 떨어지기 때문이다. 표(10.1)은 연령대별 조절력을 나타낸 것이다. 10세 어린이의 조절력은 대략 12.00 D(즉, 눈의 총 굴절력이 무한대 물체에 대하여 +60.00 D에서 근거리 물체의 경우 +72.00 D로 증가)인 반면, 75세 성인은 조절 능력을 거의 상실한다.

연령대	조절력[14]
10	12.5
20	9.75
30	7.25
40	4.00
50	2.50
60	1.25
70	0.50
75	0.00

표 10.1 연령대별 조절력

물체를 선명하게 보기 위한 조절에 대한 버전스 관계식은

$$D_{FP} = S + D_A \tag{10.9}$$

이다. 여기서 D_{FP}는 각막에서 원점까지 거리에 대한 버전스이고, S는 원점으로부터 물체 위치 변화에 따른 조절 자극, 그리고 D_A는 조절을 의미한다. 조절 자극은 물체와 각막 사이 거리에 대한 버전스로, 원점으로부터 물체가 이동함에 따라 **조절 자극**이 발생한다. 정시안의 경우, 원점은 무한대에 있으므로 $D_{FP}=0$이다. 예를 들어 물체가 정시안 각막으로부터 왼쪽 50 cm 위치에 있다면, 조절 자극은 $S=-2$ D이고 버전스 관계식은

14) 참고 문헌:
Steven H. Schwartz, Geometrical and Visual Optics 2nd Edition, Mc Graw Hill, chapter 8 (2002)

$$0 = -2 + D_A \tag{10.10}$$

가 되어, 물체를 선명하게 보기 위해서 $D_A = +2.0\ D$의 조절이 필요하다.

10.5 비정시 조절(Accommodation in Ametropia)

시력이 교정되지 않은 근시에 대한 조절을 논의해 보자. 근시안은 원거리 물체의 상을 망막 앞에 맺는다. 물체가 눈 쪽으로 다가와서 원점에 위치하면 눈은 조절 없이 물체를 선명하게 인식할 수 있다. 하지만 물체가 원점보다 눈에 가까운 위치에 놓여 있으면, 선명한 상을 맺기 위하여 눈은 조절이 필요하다.

예를 들어, 원점 거리가 -100.0 cm인 근시안 앞 50 cm 위치에 물체가 놓여 있다면 필요한 조절이 얼마인지를 알아보자. -100.0 cm인 근시이기 때문에 원점 버전스는

$$D_{FP} = \frac{1}{-1.0\ m} = -1.0\ D \tag{10.11}$$

이고, 물체의 위치가 50 cm이므로 물체 버전스는

$$S = \frac{1}{-0.5\ m} = -2.0\ D \tag{10.12}$$

이다. 이제 조절에 대한 버전스 관계식은

$$\begin{aligned} D_{FP} &= S + D_A - 1.0 = -2.0 + D_A \\ D_A &= +1.0\ D \end{aligned} \tag{10.13}$$

이 된다. 그러므로 +1.0 D 조절로 그 물체를 선명하게 볼 수 있다.

[예제 10.5.1]
교정되지 않은 -2.0 D 근시안 40 cm 앞에 물체가 놓여 있다면 필요한 조절 D_A는 얼마인가?

풀이: 물체 버전스는

$$S = \frac{1}{-0.4\ m} = -0.25\ D \quad (10.14)$$

이고, 조절 버전스 관계식 (10.9)에 의해

$$-0.2\ D = -0.25\ D + D_A$$
$$D_A = +0.05\ D \quad (10.15)$$

시력이 교정되지 않은 원시안에 대한 조절을 계산하는 방법은 근시와 같다. 다만, 원시안의 원점은 망막 오른쪽에 있기 때문에 (+) 값을 갖는 것만 다르다.

[예제 10.5.2]
교정되지 않은 +1.00 D 원시안 100 cm 앞에 물체가 놓여 있다면 필요한 조절 D_A는 얼마인가?

풀이: 물체 버전스는 $S = -1.00\ D$ 이므로, 버전스 관계식을 이용하면

$$+1.00\ D = -1.00\ D + D_A$$
$$D_A = +2.00\ D \quad (10.16)$$

10.6 조절과 근점(Accommodation and Near Point)

눈은 조절과 렌즈에 의한 시력 교정 없이 원점에 있는 물체의 선명상을 맺을 수 있다. 물체를 안구 쪽으로 서서히 이동시키면 한동안 여전히 선명상이 맺히는데, 근점까지 유효하다. 이는 눈의 조절력 때문에 가능하다. 즉, 원점과 근점 사이가 선명상 영역인데, 안구의 조절력 범위에 있기 때문이다.

원점이 무한대인 정시안의 경우, 조절력이 2.0 D인 환자의 근점을 찾아 보자. 최대 조절이 발생한 지점이 바로 근점이다. 정시안의 원점이 무한대이기 때문에 $D_{FP} = 1/\infty = 0.0\ D$이다. 최대 조절이 발생한 경우, 즉 근점에 대한 조절력이 적용된 버전스 관계식

$$D_{FP} = S + D_A$$
$$0.0 = S + 2.0$$
$$S = -2.0\ D \tag{10.17}$$

여기서 D_A는 조절력이다. 근점 물체 버전스 $S=-2.0\ D$이므로 근점의 거리는

$$s = \frac{100}{-2.0} = -50.0\ cm \tag{10.18}$$

따라서 선명상 영역은 왼쪽 무한대에서 눈앞 50 cm까지이다.

이제 ***시력이 -4.0 D인 근시안 환자의 조절력은 2.0 D이다. 시력이 교정되지 않은 이 환자의 근점을 찾아 보자.*** 최대 조절이 발생한 경우, 즉 근점에 대한 조절력이 적용된 버전스 관계식

$$D_{FP} = S + D_A$$
$$-4.0 = S + 2.0$$
$$S = -6.0\ D \tag{10.19}$$

근점 물체 버전스 $S=-6.0\ D$이므로 근점의 거리는

$$s = \frac{100}{-6.0} = -16.7\ cm \tag{10.20}$$

시력이 3.0 D 원시안의 조절력이 2.0 D이다. 이 환자의 시력이 교정되지 않은 경우 근점을 찾아 보자. 최대 조절이 발생한 경우, 즉 근점에 대한 조절력이 적용된 버전스 관계식으로부터

$$D_{FP} = S + D_A$$
$$+3.0 = S + 2.0$$
$$S = +1.0\ D \tag{10.21}$$

근점 물체 버전스 $S=+1.0\ D$이므로 근점의 거리는

$$s = \frac{100}{+1.0} = +100.0\ cm \tag{10.22}$$

콘택트 렌즈와 안경 렌즈로 교정된 비정시의 조절에 관한 내용은 부록 (Appendix E)에서 자세히 다루기로 한다.

10.7 모형안(Human Eye Model)

광학적 이상으로 인한 비정시를 교정하기 위하여 렌즈의 광학적 작용에 대한 이해와 눈의 광학적 구조를 알아야 한다. 인간 눈은 각막, 수양액, 수정체, 초자체, 망막으로 구성되어 있다.

모형안은 사람 눈을 광학적으로 단순화한 모델이다. 광학적 특성을 간단한 구조로 모델링하여 분석함으로써 눈에서 발생하는 광학적 현상을 쉽게 이해하기 위하여 도입한 것이다. 눈은 각막과 수정체로 구성된 광학계로서, 여러 개의 굴절 표면으로 이루어진 정교한 광학 시스템이다.

눈의 다중면의 복잡성 때문에 단순화된 눈의 광학 모델을 도입하여 광학적 작용에 대하여 효과적으로 분석할 수 있다. 그림 (10.8)은 모형안을 특징별로 비교한 것이다. 굴절면이 3개 이하이면 단순화된 모델, 4개 이상이면 정확한 모델로 분류한다. 특히 수정체의 굴절률을 핵과 피질로 구분할 수 있다.

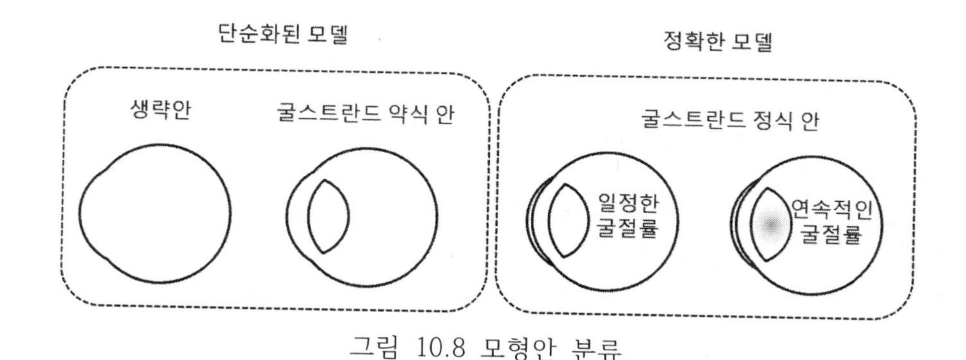

그림 10.8 모형안 분류

10.7.1 렌즈-스크린 모델

모형안에 대한 간단한 예로 **얇은 렌즈-스크린 모델**(thin lens and screen model)을 들 수 있다. 그림 (10.9)에서 보여주는 바와같이 60 D 얇은 렌즈와 상이 맺히는 스크린으로 구성된 것으로, 얇은 렌즈는 일반적인 정시안 굴절력 60 D을 의미하고, 스크린은 망막의 역할을 한다고 보면 된다.

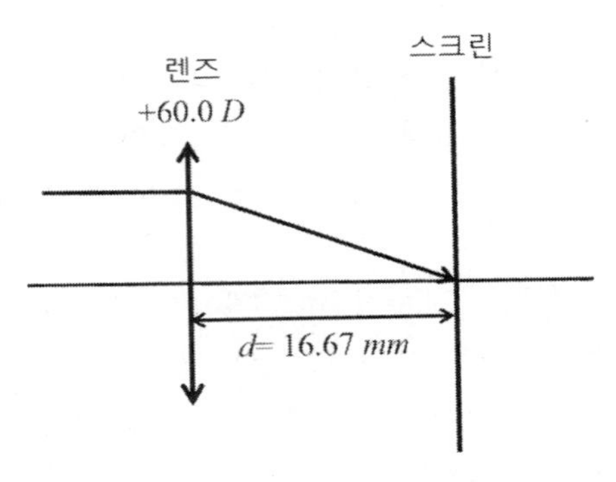

그림 10.9 렌즈-스크린 모델

렌즈와 스크린 사이 공간은 공기이다. 이 모델에서 정시안인 경우, 렌즈와 스크린 사이 거리는,

$$\frac{1000}{60} = 16.67\ mm \qquad (10.23)$$

이다.

그림 (10.10)은 렌즈-스크린 모델의 근시와 원시를 나타낸 것이다. 만일 렌즈-스크린 사이 거리가 16.67 mm보다 작거나 렌즈 굴절력이 60 D보다 작다면, 원거리 물체의 상은 스크린 뒤에 맺히기 때문에 원시안이다. 반대로 렌즈-스크린 사이 거리가 16.67 mm보다 크거나 렌즈 굴절력이 60 D보다 크면 평행 광선이 입사하여 스크린 앞에 상이 맺히기 때문에 근시안이다.

예를 들어 렌즈의 굴절력이 60 D이고, 렌즈-스크린 간격이 16.39 mm이면, -1 D 근시이다. 또한, 렌즈-스크린 간격이 16.67 mm이고 렌즈 굴절력이 61 D이면 역시 -1 D 근시이다. 이와는 반대로 렌즈의 굴절력이 60 D이고, 렌즈-스크린 간격이 16.95 mm이면, +1 D 원시이다. 또한, 렌즈-스크린 간격이 16.67 mm이고 렌즈 굴절력이 59 D이면 역시 +1 D 원시이다.

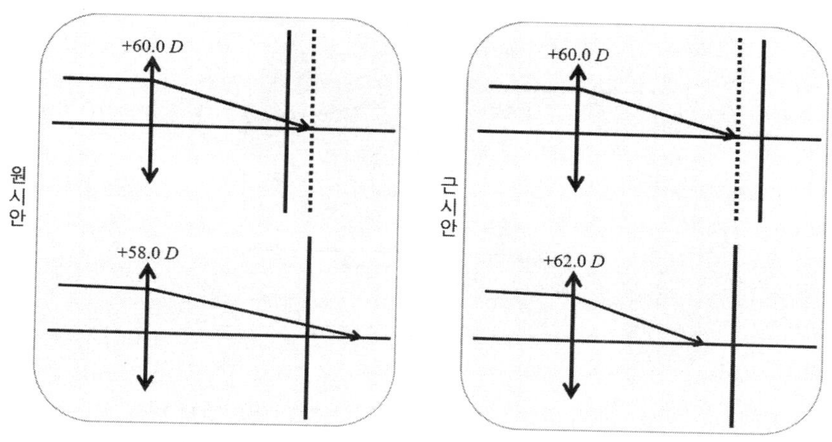

그림 10.10 렌즈-스크린 모델의 원시와 근시

10.7.2 생략안

생략안은 그림 (10.11)과 같이 전면이 구면이고 내부는 물의 굴절률($n=1.33$)을 갖는 액체로 채워져 있는 모형이다. 전면의 곡률과 내부 액체의 굴절률이 공기의 굴절률과 다르기 때문에 굴절력이 발생한다. 생략안의 전면 곡률 반경과 굴절력은 각각 5.55 mm, 1.33이고 안축장 길이는 22.37 mm이다. 생략안에 대하여 굴절 구면의 결상 방정식을 이용하여, 초점 거리를 계산해 보면

$$f' = \frac{n'}{n'-n} r = \frac{1.33}{1.33-1.00} 5.50 \ mm = 22.17 \ mm \tag{10.24}$$

이다. 따라서 정시안의 안축장 길이는 22.17 mm이다. 즉, 먼 곳에 있는 물체로부터 방출된 평행 광선이 생략안에 입사하면 물체의 상이 망막에 맺혀서 선명한 상이 형성된다. 그리고 생략안의 정시 굴절력은

$$D' = \frac{n'-n}{r} = \frac{1.33-1.00}{5.50} = 60.0 \ D \tag{10.25}$$

이다. 사람 눈 각막의 굴절력이 대략 +43 D이고 수정체의 굴절력은 대략 +17 D로 전체 굴절력이 대략 60 D정도이다.

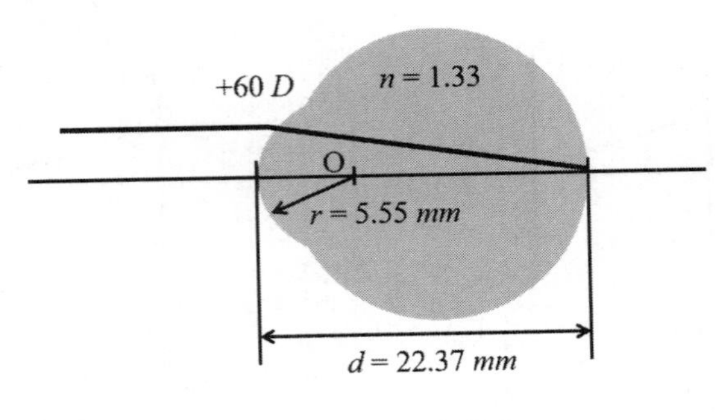

그림 10.11 생략안

만일 생략안에서, 곡률 반경과 안축장 길이 중 하나가 정시안의 길이와 다르거나 또는 둘 다 모두 다른 경우에 상이 맺히는 위치가 망막에서 벗어나므로 비정시안이라고 한다.

10.7.3 굴스트란드 모형안

굴스트란드 모형안은 가장 널리 사용되는 대표적인 모델이다. 그림 (10.12)와 같이 굴스트란드 모형안은 각막, 수정체, 망막으로 구성되었으며 안구 내부는 수양액으로 채워져 있다. 각막의 굴절률은 1.376이고, 수정체는 핵과 핵을 둘러싸고 있는 피질로 구성되었는데 굴절률은 각각 1.406과 1.336이다. 수양액의 굴절률은 1.336이다. 각 구조의 제원은 표 (10.2)에 정리되어 있다.

각막 전면과 후면의 굴절력은 각각

$$D_1' = \frac{1.376 - 1.000}{0.0077} = +48.831D$$
$$D_2' = \frac{1.334 - 1.376}{0.0068} = -6.176D \tag{10.26}$$

이다. 각막의 환산 두께 $c = 0.0005/1.376 = 0.000363$을 적용한 각막의 등가 굴절력은 $+43.053\ D$이다. 수정체의 전면 피질와 후면 피질의 굴절력은 각각 +7.523 D, +11.792 D이므로 수정체의 굴절력은 환산 두께 $c=0.002306\ m$를 적용하면 +19.110 D이다.

각막과 수정체 사이 거리에 대한 환산 두께 $c=0.0.004287\ m$를 적용하여, 눈 전체의 굴절력을 계산하면 +58.64 D이다. 좀 더 자세한 제원은 부록 (Appendix F)에서 확인할 수 있다.

면	반경	위치	매질	굴절률
각막 전면	+7.70	0.000	공기	1.000
각막 후면	+6.80	0.500	각막	1.376
수정체 전면	+10.00	3.600	수양액	1.334
핵 전면	+7.91	4.146	피질(전피)	1.386
핵 후면	-5.57	6.565	핵	1.406
수정체 후면	-6.00	7.200	피질(후피)	1.386
망막		24.386	초자체	1.336

* 길이의 단위는 mm

표 10.6 굴스트란드 모형안 제원

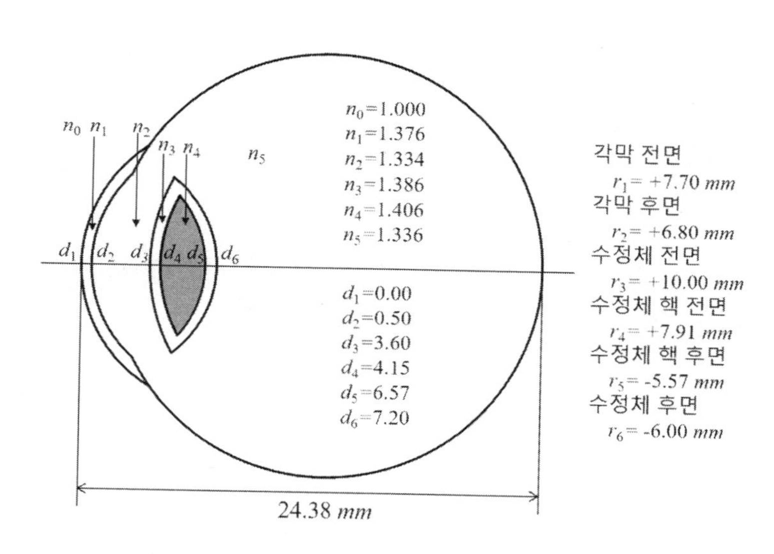

그림 10.12 굴스트란드 모형안

요약

10.3 **원점: 비정시의 경우** 망막 상점의 공액 물점.

물체가 원점에 있으면 망막에 상이 선명하게 맺힘

근점: 원점에 있는 물체를 서서히 눈에 더 가까운 곳으로 이동시킬 때, 상이 흐려지기 시작하는 순간 물체의 위치

선명상 영역: 원점과 근점 사이의 구간

10.4 **조절** :선명상을 맺기 위하여 수정체의 곡률이 변하는 것

조절력: 조절이 최대로 발생하였을 때, 굴절력 변화량

조절에 대한 버전스 관계식 $D_{FP} = S + D_A$

10.7 **얇은 렌즈-스크린 모델**: 얇은 렌즈와 상이 맺히는 스크린으로 구성된 모델

생략안: 전면이 구면이고 내부는 물의 굴절률($n = 1.33$)을 갖는 액체로 채워져 있는 모형

굴스트란드 모형안: 각막, 수정체, 망막이 있으며, 안구 내부는 방수와 유리체로 구성

연습 문제

10-1. 안축장 길이가 24 mm인 눈이 정시안인 경우, 눈 전체 굴절력은 얼마인가? 또 생략안(굴절률 $n=1.33$)으로 가정하는 경우 곡률 반경은 얼마인가?
답] 55.42 D, 5.95 mm

10-2. 안축장 길이가 21.56 mm인 눈이 정시안인 경우, 눈 전체 굴절력은 얼마인가? 또 생략안으로 가정하는 경우 곡률 반경은 얼마인가?
답] 61.69 D, 5.35 mm

10-3. 물체가 정시안 각막으로부터 왼쪽 200 cm 위치에 있는 경우 조절량을 구하시오.
답] +0.5 D

10-4. 교정되지 않은 -0.75 D 근시안 100 cm 앞에 물체가 놓여 있다면 필요한 조절은 얼마인가?
답] +1.00 D

10-5. 시력이 -5.0 D인 환자의 조절력은 2.5 D이다. 시력이 교정되지 않은 이 환자의 근점을 구하시오.
답] -13.33 cm

10-6. 시력이 4.0 D 원시안이고 조절력이 1.0 D인 환자의 시력이 교정되지 않은 경우, 이 환자의 근점을 구하시오.
답] 망막 오른쪽 33.33 cm

Part III 응용(Applications)

광학계와 빛의 상호 작용으로 발생하는 다양한 현상의 응용 가능성은 매우 크다. 광학 현상을 활용하는 산업 분야는 방위 산업, 가전제품, 의료 기기 등이 있다. 현재 활용되는 광학적 원리 및 기술은 기본적인 반사와 굴절 현상을 바탕으로 하는 것에서부터 양자 컴퓨터에 이르기까지 실로 다양하다.

하지만 여기에서는 앞에서 설명된 광학의 기본 원리와 기본 광학계를 제외한 다소 확장된 개념에 국한된 내용을 다루게 될 것이다. 안경 광학과 학생들이 배워야 할 내용인 동, 구, 집광력, 분해능 그리고 수차를 설명하였다.

스넬렌 시력표

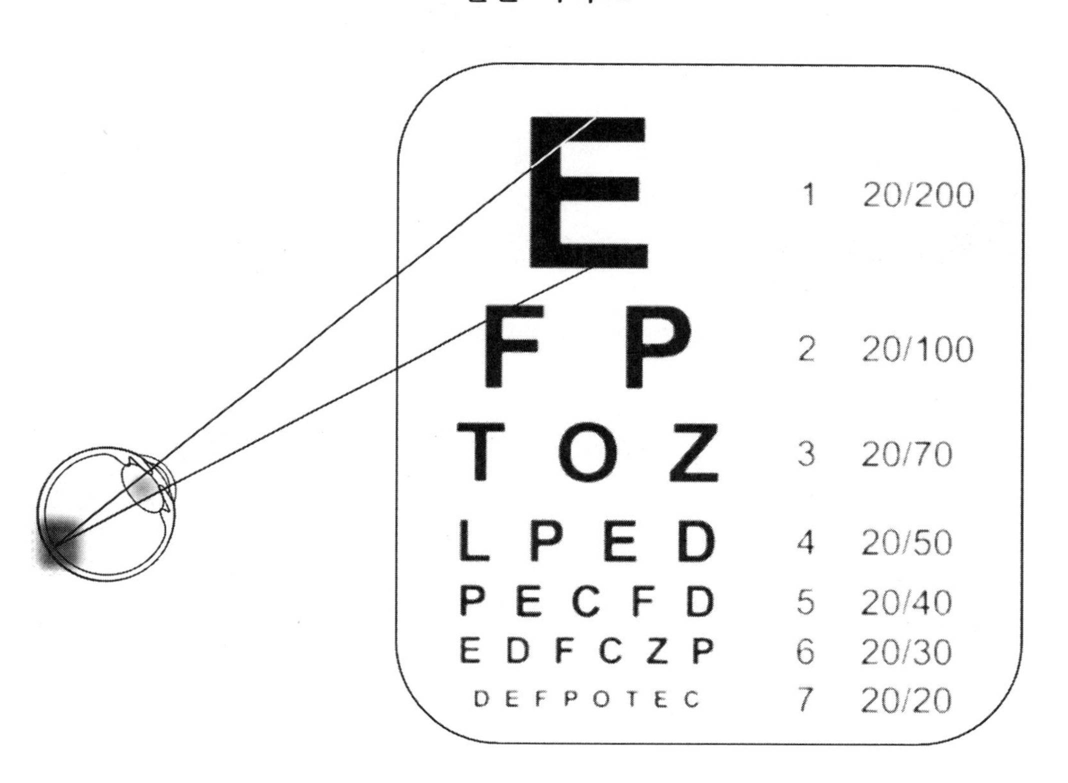
E
1 20/200
F P
2 20/100
T O Z
3 20/70
L P E D
4 20/50
P E C F D
5 20/40
E D F C Z P
6 20/30
D E F P O T E C
7 20/20

CHAPTER

11

조리개, 동, 구 (Aperture, Pupil, Port)

1. 시야조리개와 구
2. 거울의 시야각
3. 개구조리개와 동
4. 광학계의 동과 구

광학계를 구성하는 광학 요소 및 구조에 의하여 광학계를 통과하는 광량 및 광학계의 시야가 결정된다. 개구조리개는 밝기를 조절하고 시야조리개는 볼 수 있는 범위를 제한한다. 따라서 광학계를 구성할 때, 광학 요소를 선택하고 광학 요소들의 배치에 따라 광학적 특성이 좌우된다.

조리개와 렌즈의 중심 부분 및 가장자리를 지나는 광선들을 추적함으로써 시야, 결상점 등을 분석할 수 있다. 광선들 중 물점에서 출발하여 동과 개구조리개의 위치에서 광축과 교차하는 광선을 주광선이라고 한다. 따라서 **주광선**을 따라가면 입사동, 개구조리개와 출사동의 위치를 파악할 수 있다.

11.1 시야조리개와 구(Field Stop and Port)

시야조리개는 광학계에 의해 물체를 볼 수 있는 범위와 최종 상의 범위를 결정하는 광학 요소이다. 따라서 결상되는 물체의 크기 또는 시야각의 폭을 제한하는 광학 요소로, 입사동 위치에서 나머지 광학 요소를 바라볼 때 가장 작게 보이는 것(작은 각을 이루는 것)이 시야조리개이다. 시야는 광학계를 통해서 볼 수 있는 영역 또는 물체의 크기를 말한다.

*구(입사구, 출사구)는 시야조리개의 상*이다. 즉, 시야조리개를 제외한 나머지 광학 요소에 의해 만들어지는 시야조리개의 상이다. 입사구는 시야조리개 앞에 있는 모든 광학 요소들에 의해 형성되는 시야조리개의 상이고, 출사구는 시야조리개 뒤에 오는 모든 광학 요소들에 의해 형성되는 시야조리개의 상이다.

입사구는 물체의 횡 크기를 결정하며, 입사동에서 입사구의 가장자리를 잇는 선이 물체를 볼 수 있는 시야를 결정한다. 가장자리를 잇는 두 선 사이 각을 물체 시야각이라고 한다. 시야조리개가 상 평면에 위치할 때, 입사구는 공액인 물체 평면에 위치한다.

그림 (11.1)과 같이 방의 창문이 방 안에 있는 관찰자의 시야 즉, 밖을 내다볼 수 있는 물체 영역을 제한하는 것처럼, 출사구는 상의 영역을 제한하는 역할을 한다. 출사동에서 출사구의 가장자리를 잇는 선이 상을 볼 수 있는 시야를 결정한다. 가장자리를 잇는 선 사이 각을 상 시야각이라고 한다.

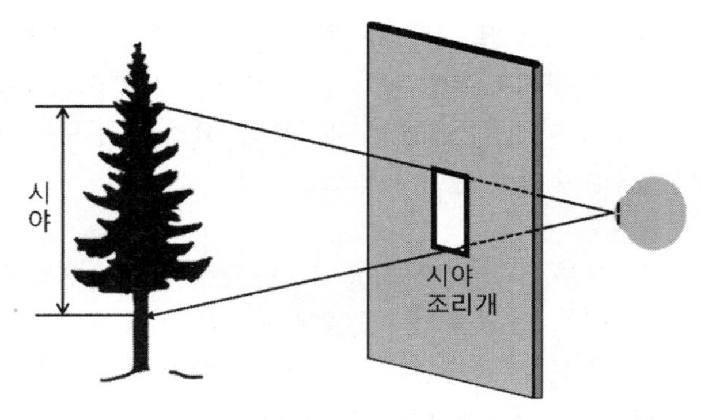

그림 11.1 시야조리개

11.2 거울의 시야각(Field Angle of Mirror)

광학계의 베네팅은 빛의 차단율을 의미하는데, 베네팅으로 시야를 정의한다. 앞에서 *입사동에서 입사구의 가장자리를 잇는 선*이 **시야**를 결정한다고 기술하였는데, 그 선을 정의하는 것이 다소 모호할 수 있다. 따라서 베네팅 개념을 도입하여 좀 더 명확히 시야를 정의한다.

그림 (11.2)는 물체 평면의 점에서 나오는 광선들을 표시한 것이다. 점 Q_1에서 나와서 조리개의 위쪽 가장자리와 아래쪽 가장자리를 지나는 광선들 모두 렌즈를 통과한다. 이 경우 베네팅은 0 %이다.

점 Q_2에서 나오는 광선 중 조리개 중심을 통한 광선이 렌즈 하단부를 지난다. 따라서 점 Q_2에서 나온 빛의 50 %가 속해 있는 조리개 중심 아랫부분을 지나는 광선들은 렌즈를 통과하지 못하기 때문에 베네팅은 50 %이다.

점 Q_3에서 나오는 광선 중 조리개 상단을 통과한 광선이 렌즈 하단을 지난다. 따라서 Q_3에서 나온 빛은 모두 렌즈를 통과하지 못하기 때문에 베네팅이 100 %이다.

시야는 베네팅 50 %에 해당하는 물체 영역으로 정의한다. 따라서 그림 (11.2)의 Q_2에서 아래쪽 대칭 영역까지를 시야로 정의한다.

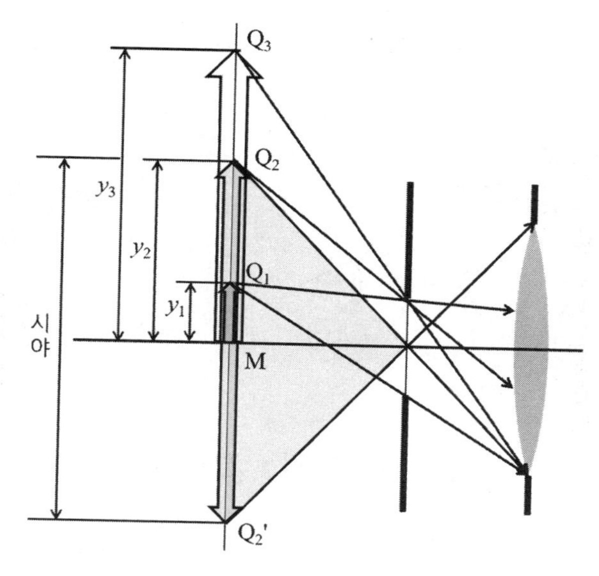

그림 11.2 베네팅

광학계에 의한 시야는 광학계의 크기나 모양 등의 특성에 따라 다르다. 예를 들어 그림 (11.3)에서와 같이 평면 거울에 의한 시야는 평면 거울의 크기에 따라 달라진다. 평면 거울의 경우 물체 크기와 상의 크기가 같다. 따라서 물체 시야각 (ω')과 상 시야각 (ω)이 같다. 즉 ($\omega' = \omega$)이다.

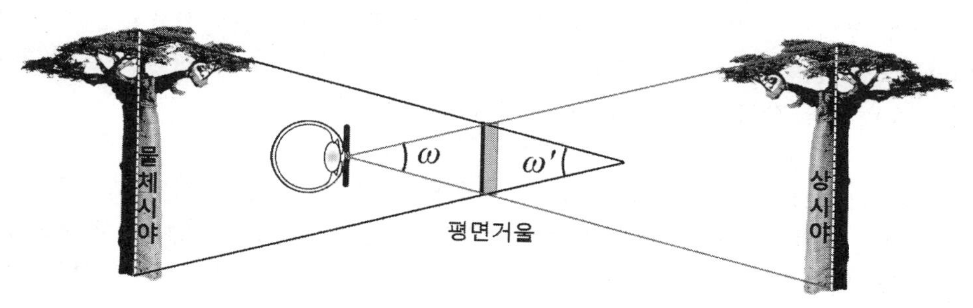

그림 11.3 평면 거울의 시야

반면 그림 (11.4)의 구면 거울의 경우, 물체 거리와 상 거리가 다르기 때문에 물체 시야각과 상 시야각이 다르다. 볼록 거울의 경우, 상 시야각보다 물체 시야각이 커서($\omega' > \omega$) 넓은 영역을 비춰 볼 수 있다.

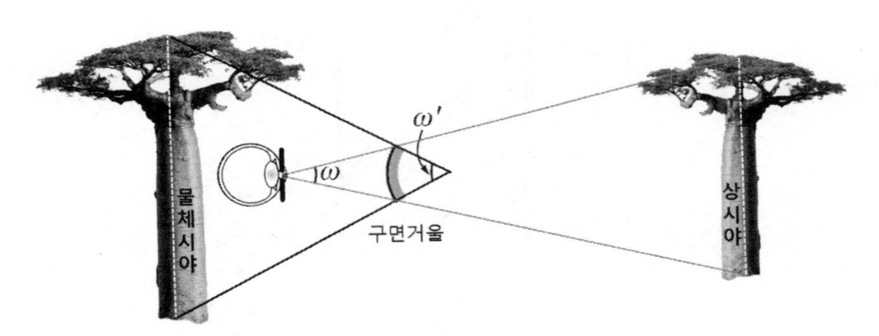

그림 11.4 구면 거울의 시야

11.3 개구조리개와 동(Aperture Stop and Pupil)

개구(aperture)는 렌즈, 거울, 프리즘과 같이 유한한 크기의 가장자리를 통과하는 광선 다발을 제한하는 광학 구성 요소이다. 빛의 통과를 제한하는 렌즈, 조리개 등의 광학 요소의 횡 크기로 광량이 조절된다.

조리개(stop)는 불투명한 평면을 말하는데 조리개 중심부는 빛을 통과시키고, 조리개 표면에 부딪히는 빛은 차단하여 빛의 세기를 조절하기 위해 사용되는 광학 요소이다. 모든 광학 요소는 조리개가 될 수 있다. 렌즈와 같이 크기가 고정된 것과 카메라 조리개와 같이 크기를 조절할 수 있는 것이 있다.

개구조리개(aperture stop) 또는 구경 조리개는 광학계를 구성하는 모든 광학 요소들 중에서 광량을 가장 많이 제한하는 것이다. *동(입사동, 출사동)은 개구조리개의 상*이다. 입사동은 개구조리개 앞에 오는 모든 광학 요소들에 의해 형성된 개구조리개의 상을 의미한다. 출사동은 개구조리개 뒤에 오는 모든 광학 요소들에 의해 형성된 개구조리개의 상이다.

11.4 광학계의 동과 구(Pupil and Port)

예제를 통해서 광학계의 개구조리개, 시야조리개, 동, 구를 찾는 방법을 설명해 보자. 광학계는 물체 M의 오른쪽으로 순서대로 렌즈 1(L_1), 조리개(A), 렌즈 2(L_2)로 구성되었다. 광학 요소와 구조는 표 (11.1)과 같다.

광학 요소	초점 거리	직경	간격
렌즈 1(L_1)	$f_1{}' = 100\ mm$	$D_{L_1} = 16\ mm$	$\overline{ML_1} = 200\ mm$
조리개(A)	$f_2{}' = \infty$	$A = 5\ mm$	$\overline{L_1A} = 200\ mm$
렌즈 2(L_2)	$f_2{}' = 50\ mm$	$D_{L_2} = 12\ mm$	$\overline{AL_2} = 100\ mm$

표 11.1 광학계 제원

11.4.1. 개구조리개

우선 개구조리개를 찾아보자. 그림 (11.5)는 광학계 구조이다. 광학 요소들 중 하나가 개구조리개인데, 물점의 위치에 따라 달다질 수 있다. 물점에서 광학계를 보았을 때, 가장 작게 보이는 광학 요소가 개구조리개이다. 물점에서 광학계를 보면 렌즈 1은 직접 보이지만, 조리개와 렌즈 2는 렌즈 1에 의한 상이 보인다. 조리개와 렌즈 2의 상 위치는 결상 방정식으로 계산된다.

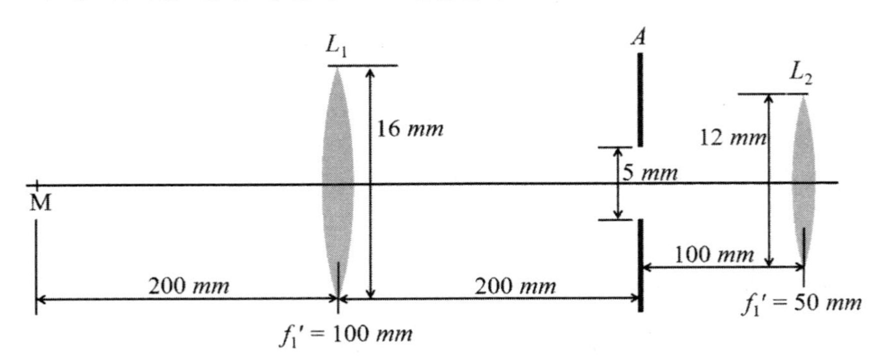

그림 11.5 광학계 구조

개구조리개를 찾기 위해서 물점에서 광학계를 바라보았을 때, 광학 요소들이 보이는 크기를 그림 (11.6)과 같이 비교해야 한다. 조리개의 상 거리는

$$\frac{1}{s_1{}'} = \frac{1}{-200} + \frac{1}{100} \quad \rightarrow \quad s_1{}' = +200\ mm \tag{11.1}$$

이다. 따라서 첫 번째 렌즈 왼쪽 200 mm이고 물점 위치과 같다. 크기는

$$y_A{}' = m_\beta y_A = \frac{s_1{}'}{s_1} y_A = \frac{+200}{-200} 5 = -5\ mm \tag{11.2}$$

여기서 주의할 것은 조리개는 렌즈의 오른쪽에 있지만 위 계산 과정에서 물체 거리의 부호를 (-)로 하여 -200 mm로 계산하였다. 이는 물점 M에서 렌즈를 통해 조리개를 바라보기 때문이다. 이 경우 물체 M이 있는 공간이 상 공간이고 조리개는 물체 공간에 있는 것으로 취급한다. 따라서 광선이 조리개로부터 렌즈 쪽으로 진행하는 상황이므로 거리의 부호를 바꾸어 적용해야 한다.

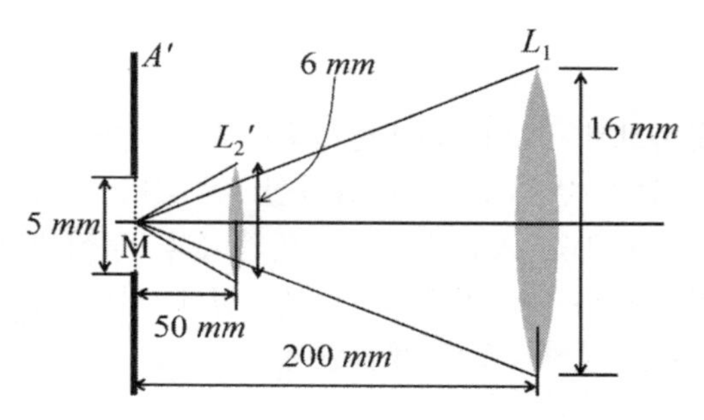

그림 11.6 물점에서 바라본 광학 요소의 크기와 위치

렌즈 2의 상 위치는 결상 방정식으로부터

$$\frac{1}{s_2{}'} = \frac{1}{-300} + \frac{1}{100} \quad \rightarrow \quad s_2{}' = +150\ mm \tag{11.3}$$

이다. 따라서 렌즈 1로부터 왼쪽으로 150 mm, 물점으로부터 오른쪽으로 50 mm 위치에 있다. 크기는

$$y'_{L_2} = m_\beta \, y_{L_2} = \frac{s_2'}{s_2} y_{L_2} = \frac{+150}{-300} 12 = -6 \ mm \tag{11.4}$$

여기서도 조리개의 경우와 같은 이유로 렌즈 2의 물체 거리는 (-) 부호를 붙였다. 그리고 물체의 크기는 -6 mm로 (-) 부호인데, 광축에 대하여 대칭적으로 보고 크기만 다루기 때문에 절댓값으로 사용한다.

이제 그림 (11.6)의 물점으로부터 렌즈 1, 조리개의 상, 렌즈 2의 상을 잇는 각을 계산한다. 물점으로부터 렌즈 1의 중심과 가장자리를 잇는 선을 그어 각 θ_{L_1}을 계산하면

$$\theta_{L_1} = 2 \ \arctan\left(\frac{8}{200}\right) = 4.59^\circ \tag{11.5}$$

조리개 상의 위치는 물점 위치와 같으므로 물점과 조리개 상이 이루는 각 θ_A는

$$\theta_A = 2 \ \arctan\left(\frac{2.5}{0}\right) = \infty \tag{11.6}$$

이다. 여기서 조리개의 크기는 5 mm이다.

마지막으로 물점과 렌즈 2 상의 가장자리를 잇는 선이 이루는 각 θ_{L_2}는

$$\theta_{L_2} = 2 \ \arctan\left(\frac{3}{50}\right) = 6.87^\circ \tag{11.7}$$

이다. 여기서 렌즈 2의 상 크기는 6 mm이다.

물점에서 보았을 때, 렌즈 1, 조리개의 상, 렌즈 2의 상의 겉보기 각은 각각 $\theta_{L_1} = 4.59^\circ$, $\theta_A = \infty$, $\theta_{L_2} = 6.87^\circ$으로 θ_{L_1}이 가장 작으므로 개구조리개는 렌즈 1이다.

11.4.2 입사동과 출사동

입사동은 개구조리개 앞에 있는 광학 요소에 의한 개구조리개의 상이다. 하지만 개구조리개인 렌즈 1 앞에는 광학 요소가 없기 때문에, 렌즈 1은 개구조리개임과 동시에 입사동이 된다.

출사동은 개구조리개 뒤에 있는 광학 요소에 의한 개구조리개의 상이다. 렌즈 1 뒤에는 조리개와 렌즈 2가 있다. 조리개는 렌즈 1의 상을 만들지 않는다. 반면 렌즈 2에 의한 렌즈 1의 상은 결상 방정식에 의해

$$\frac{1}{s'} = \frac{1}{-300} + \frac{1}{50} \quad \rightarrow \quad s' = +60 \ mm \tag{11.8}$$

이다. 따라서 렌즈 2 오른쪽 60 mm 위치에 생기고 상의 크기는

$$D_{L1}' = D_{L1}\frac{s'}{s} = 16\frac{60}{-300} = -3.2 \ mm \tag{11.9}$$

이다. 즉, 3.2 mm 크기의 도립상이 생긴다. 이것이 출사동이다. 입사동과 출사동은 그림 (11.7)에서 보는 바와 같다.

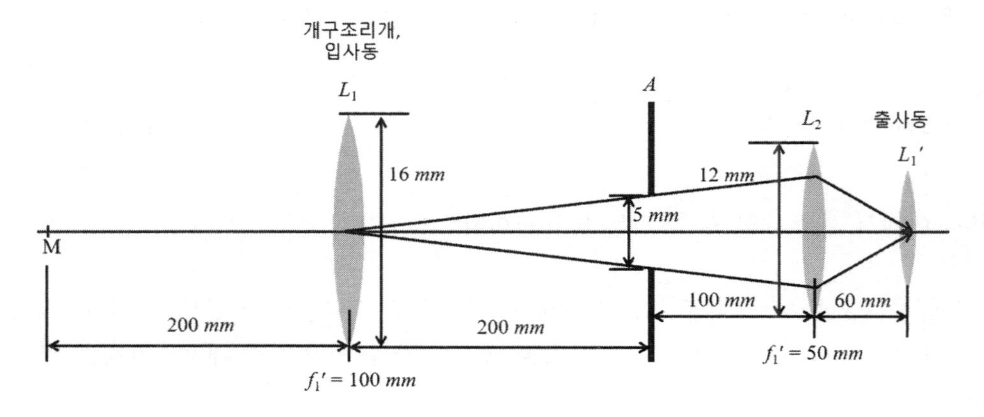

그림 11.7 입사동과 출사동

11.4.3 입사구, 출사구, 시야조리개

다음 단계는 입사구를 찾고, 시야조리개와 출사구를 결정한다. 시야조리개는 개구조리개가 아닌 다른 광학 요소 중 하나이다. 개구조리개에서 물체 공간을 보았을 때, 개구조리개를 제외하고 가장 작게 보이는 것이 입사구이다. 즉, 그림 (11.8)과 같이 개구조리개인 렌즈 1에서 물체가 있는 방향을 바라보았을 때, 조리개의 상과 렌즈 2의 상이 보인다. 렌즈 1의 중심에서 조리개 상의 가장자리를 잇는 선이 만드는 각은

$$\theta_A' = 2\ \arctan\left(\frac{2.5}{200}\right) = 1.43^\circ \tag{11.10}$$

그리고 렌즈 1 중심에서 렌즈 2의 상 가장자리를 잇는 선을 그었을 때의 각은

$$\theta_{L_2}' = 2\ \arctan\left(\frac{3.0}{150}\right) = 2.29^\circ \tag{11.11}$$

이다. 조리개 상의 각 θ_A'이 작기 때문에, 조리개가 시야조리개이다.

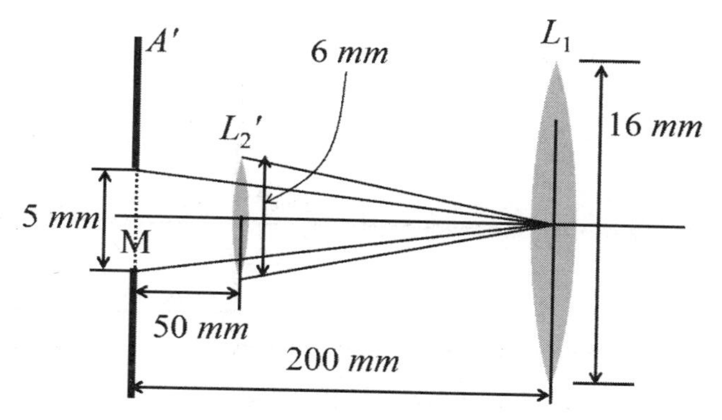

그림 11.8 개구조리개에서 바라 본 광학 요소의 위치와 크기

입사구는 시야조리개 앞에 있는 광학계에 의한 시야조리개의 상이기 때문에 렌즈 1에 의해 물점에 만들어진 조리개 상이 입사구이다. 출사구는 시야조리개의 뒤에 있는 시야조리개의 상이기 때문에, 렌즈 2에 의해 생성되는 조리개의 상이다.

$$\frac{1}{s'}=\frac{1}{-100}+\frac{1}{50} \quad \rightarrow \quad s'=+100\ mm \tag{11.12}$$

즉 출사구는 렌즈 2 오른쪽 100 mm 위치에 -5 mm 크기이다. 입사구와 출사구는 그림 (11.9)와 같다. 시야는 동과 구에 의해 결정된다. 그림 (11.10)에서와 같이, 물체 시야각 θ는 입사동 중심에서 입사구 가장자리를 잇는 선으로 결정된다. 또한 상 시야각은 출사동의 중심에서 출사구 가장자리를 잇는 선에 의해 결정된다.

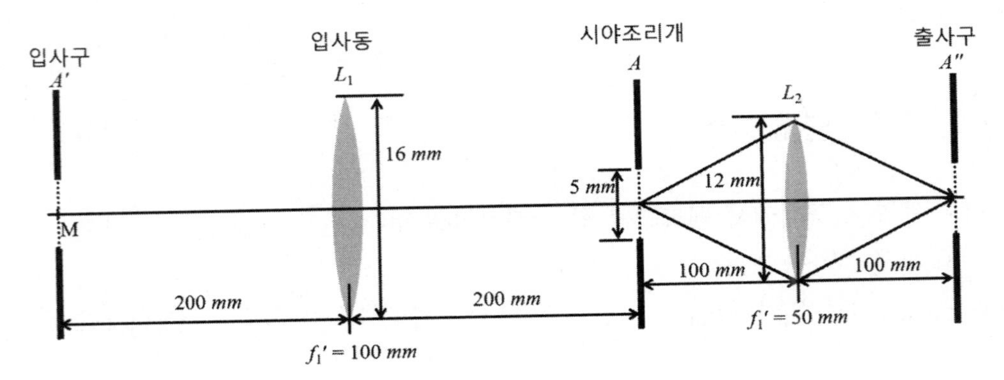

그림 11.9 입사구와 출사구

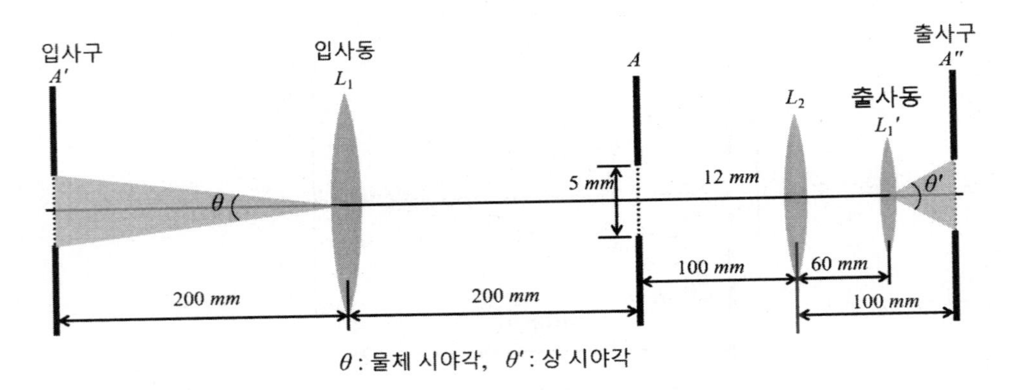

그림 11.10 물체 시야와 상 시야

요약

11.1 개구조리개는 밝기를 조절하고 시야조리개는 볼 수 있는 범위를 제한한다.
구(입사구, 출사구)는 시야조리개의 상
베네팅: 빛의 차단율
11.3 동(입사동, 출사동)은 개구조리개의 상

연습 문제

11-1. 그림 (11.3)에서 개구조리개, 시야조리개, 입사동, 출사동, 입사구, 출사구는?
답] 풀이 과정 참조

11-2. 아래 그림에서 개구조리개, 시야조리개, 입사동, 출사동, 입사구, 출사구는? 또 물체 시야각 ω와 상 시야각 ω'비는? (구면 겨울의 곡률 반경은 r, 직경은 d이다. 그리고 조리개와 구면 거울 사이 거리는 l이다.)
답] 풀이 과정 참조

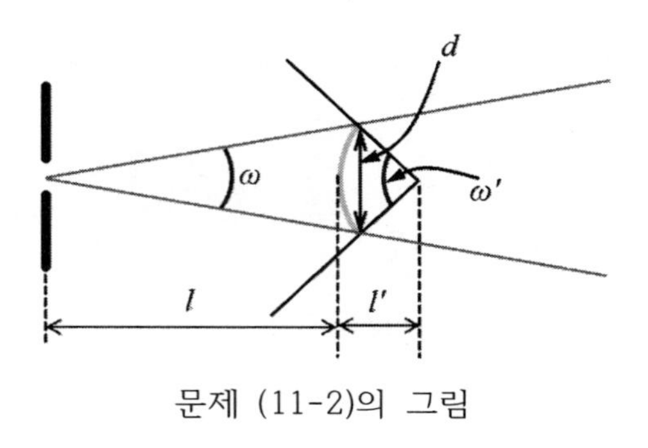

문제 (11-2)의 그림

11-3. 렌즈가 있고 렌즈의 오른쪽 20 mm 지점에 조리개가 있다. 렌즈의 초점 거리와 직경은 각각 +50 mm, 25 mm이다. 조리개의 직경은 20 mm 이다. 물체는 왼쪽 무한대에 있다. (a) 개구조리개는 무엇인지 찾고, 입사동, 출사동의 위치 찾으시오. (b) 시야조리개는 무엇인지 찾고, 입사구와 출사구의 위치를 구하여라. 물체 시야각과 상 시야각을 구하여라.
답] (a) 렌즈: 개구조리개, 입사동, 출사동 (b) 조리개: 시야조리개, 출사구

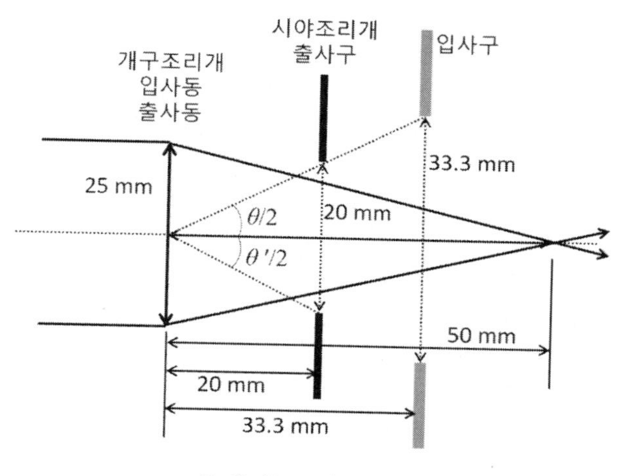

문제 (11-3)의 그림

11-4. 초점 거리 +50 mm, 직경 25 mm인 렌즈가 직경이 20 mm인 조리개의 20 mm 앞에 있다. 물체는 렌즈 왼쪽 100 mm 위치에 있다. (a) 개구조리개는 무엇인지 찾고, 입사동과 출사동 위치를 계산하여라. (b) 시야조리개는 무엇인지 찾고, 입사구와 출사구의 위치를 구하여라. 베네팅 50 %인 물체 시야각과 상 시야각을 구하여라.

답] (a) 렌즈: 시야조리개, 입사구, 출사구 (b) 조리개: 개구조리개, 출사동

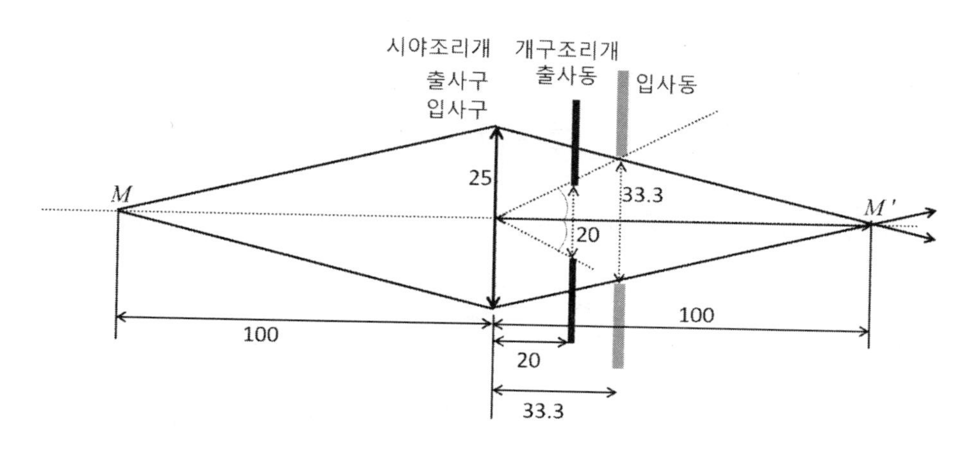

문제 (11-4)의 그림

CHAPTER

12

분해능(Resolution)

분해능은 서로 떨어져 있는 두 물체를 서로 구별할 수 있는 능력을 의미한다. 분해능은 해당 광학 기기의 성능을 나타내는 주요 지표이다. 눈도 광학계의 일종이고 눈의 분해능 시력과 직접적인 관계가 있다. 분해능이 작다면, 아주 가까워 보이는 두 물체도 서로 구분할 수 있음을 의미한다.

12.1 집광력(Light Gethering Power)

상을 맺는 데 기여하는 빛의 양이 충분해야만 상을 명확히 인지할 수 있다. 눈으로 물체를 인식하고 망원경을 이용하여 천체 별을 관측할 때, 상점에 도달하는 빛의 밝기는 물체를 구분하는데 있어 매우 중요한 요소이다. 빛을 충분히 모으기 위해서는 광학계의 직경을 크게 하는 것이 필요하나, 이 방법은 한계가 있다. 또한, 먼 곳에 있는 별로부터 관측 지점까지 도달하는 빛의 양이 매우 적기 때문에, 천체 망원경의 렌즈에 의한 빛의 흡수를 줄이기 위하여 반사 망원경을 사용하기도 한다. 빛을 모을 수 있는 능력을 광학계의 집광력이라고 한다. 집광력은 광학계의 크기 및 광학계를 구성하는 광학 요소들의 구조 및 배열에 따라 달라진다. 따라서 집광력을 이해하고, 주어진 광학계의 집광력을 분석하는 것은 광학계에 의한 상을 인식하는 데 필요하다.

12.1.1 개구수

개구수(numerical aperture, NA)는 집광력,}을 나타내는 값이다. 개구수가 클수록 많은 양의 빛 전달이 가능하기 때문에 광학 렌즈의 성능을 나타내는 하나의 척도이다. 회절 효과를 고려해야 되는 광학계의 경우에는, 분해능을 떨어뜨리는 회절 한계를 결정하는 척도로 사용된다. 물체 공간과 상 공간에 대한 개구수의 정의 NA, NA'는 각각

$$NA = n\sin\theta, \quad NA' = n'\sin\theta' \tag{12.1}$$

이다. 그림 (12.1a)에 있는 θ는 물체점에서 방출되어 입사동의 가장자리로 가는 광선의 경사각이고, θ'은 출사동의 가장자리를 지나 상점으로 가는 광선의 경사각이다. 그림 (12.1b)는 광학 요소들에 의한 집광력을 표시한 것으로, 음영 처리된 부분을 지나는 광선은 광학계 끝부분까지 전달되지 못하여 빛의 손실이 일어나는 것을 의미한다. 광학 요소들의 설계가 좋지 않으면, 개구수가 떨어지고 광손실이 발생한다.

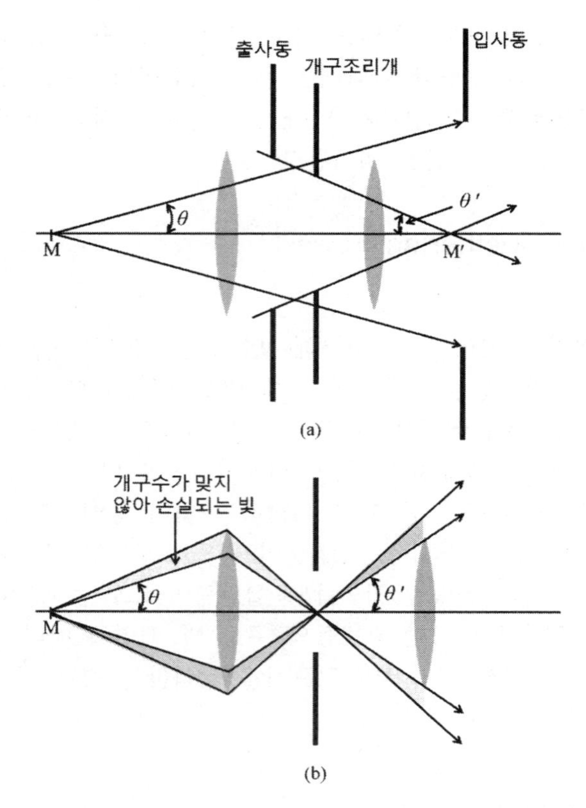

그림 12.1 (a) 개구조리개 (b) 개구수

광 통신에 사용되는 광섬유의 개구수는 광섬유가 내부 전반사 조건을 만족하면서 광원으로부터 빛을 얼마나 받을 수 있는지를 나타내는 능력 수치로 보통, 0.1 ~ 0.3 정도의 값이다. 단일 모드 광섬유의 경우 대략 0.1, 다중 모드 광섬유의 경우는 대략 0.15 ~ 0.3 정도이다. 따라서 개구수는 광섬유의 성능을 나타내는 지표 중 하나이다. 일반적으로 광섬유의 기본 구조는 중앙에 굴절률(n_f)이 높은 코어(core)가 있고, 코어를 감싸는 클래딩(cladding)으로 구성되어 있다. 광섬유의 한쪽 끝의 단면으로 입사한 광선은 광섬유의 외벽에서 연속적으로 내부 전반사를 일으키며 멀리 떨어진 끝 단까지 전파된다.

우선 그림 (12.2a)와 같이 굴절률 (n_f)인 코어가 주변 굴절률 (n_0)에 노출되어 있는, 즉 **클래딩이 없는 광섬유 경우**에 대한 내부 전반사 현상을 다뤄보자. 그림 (12.2b)에서 입사 광선의 굴절은 스넬의 법칙

$$n_0 \sin\alpha = n_f \sin\alpha' \tag{12.2}$$

을 만족한다. 여기서 그림 (12.2b)와 같이 광섬유 내부에서 광섬유와 주변의 경계면에서 전반사가 일어나는 경우, 입사면의 굴절각은 $\alpha' = (90° - \alpha_c)$이므로 이를 식 (12.2)에 적용하면

$$\begin{aligned} n_0 \sin\alpha &= n_f \sin(90 - \alpha_c) \\ &= n_f \cos\alpha_c \end{aligned} \tag{12.3}$$

이고, 코어에서의 내부 전반사 조건은

$$\begin{aligned} n_f \sin\alpha_c &= n_0 \sin 90° \\ \sin\alpha_c &= \frac{n_0}{n_f} \end{aligned} \tag{12.4}$$

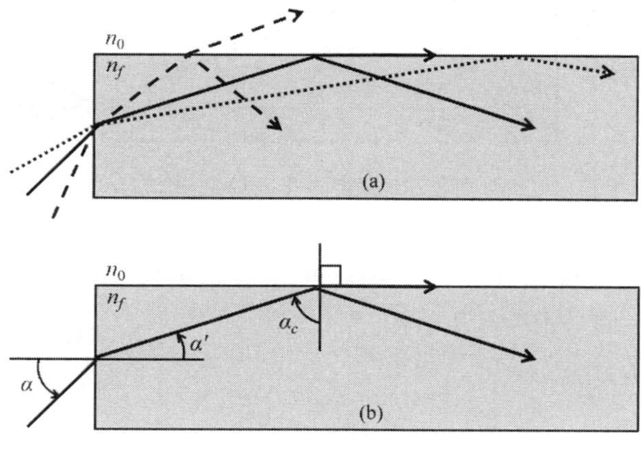

그림 12.2 클래딩이 없는 광섬유

식 (12.4)에 삼각함수 공식을 적용하여

$$\cos\alpha_c = \sqrt{1 - \sin^2\alpha_c} = \frac{\sqrt{n_f^2 - n_0^2}}{n_f} \tag{12.5}$$

을 얻을 수 있다. 따라서 클래딩이 없는 경우 개구수는, 식 (12.5)를 식 (12.3)에 대입하면

$$
\begin{aligned}
NA &= n_0 \sin\alpha = n_f \cos\alpha_c \\
&= n_f\left(\frac{\sqrt{n_f^2 - n_0^2}}{n_f}\right) \\
&= \sqrt{n_f^2 - n_0^2}
\end{aligned}
\qquad (12.6)
$$

을 얻는다. 따라서 클래딩이 없는 광섬유의 개구수는 광섬유와 주변의 굴절률로 결정된다.

그림 (12.3)과 같이 광섬유를 감싸는 **클래딩이 있는 경우**를 다뤄보자.

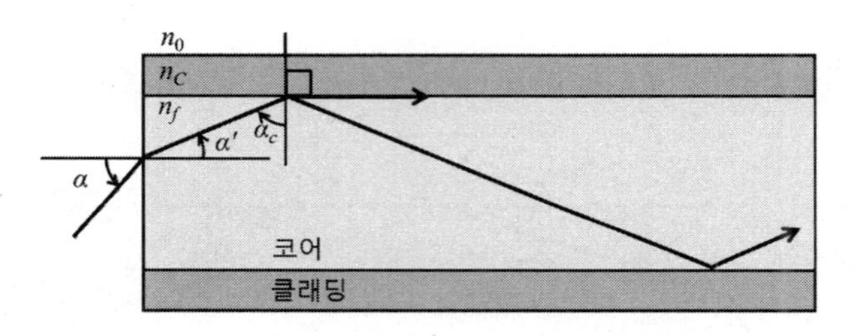

그림 12.3 클래딩이 있는 광섬유

광섬유 내부에서 전반사는 코어와 클래딩의 굴절률 차에 의해 발생한다. 따라서 코어와 클래딩에서 내부 전반사 조건은

$$
\begin{aligned}
n_f \sin\alpha_c &= n_c \sin 90^\circ \\
\sin\alpha_c &= \frac{n_c}{n_f}
\end{aligned}
\qquad (12.7)
$$

이 된다. 클래딩이 있는 경우와 클래딩이 없는 경우의 차이점은 주변의 굴절률 n_0가 클래딩의 굴절률 n_c로 대체되었다는 것이다. 여기서도 삼각 함수 공식

$$\cos\alpha_c = \sqrt{1-\sin^2\alpha_c} = \frac{\sqrt{n_f^2 - n_c^2}}{n_f} \tag{12.8}$$

을, 식 (12.3)에 대입하면, 클래딩이 있는 광섬유의 개구수는

$$\begin{aligned} NA &= n_0 \sin\alpha = n_f \cos\alpha_c \\ &= n_f\left(\frac{\sqrt{n_f^2 - n_c^2}}{n_f}\right) \\ &= \sqrt{n_f^2 - n_c^2} \end{aligned} \tag{12.9}$$

을 얻는다. 클래딩의 굴절률로 바뀐 것을 제외하면, 개구수 식이 클래딩이 없는 경우와 결과가 같다. 주어진 광섬유의 개구수는 굴절률을 대입하여 계산할 수 있다. 만일 개구수가 1인 광섬유는 모든 광선을 손실 없이 끝단까지 전달할 수 있음을 의미한다.

[예제 12.1.1]
클래딩이 없는 광섬유($n_f = 1.56$)가 공기($n_0 = 1.00$)에 놓여 있는 경우 개구수는?

풀이: 광섬유와 공기 경계면에서의 내부 전반사 조건

$$n_f \sin\alpha_c = n_0 \sin 90^\circ$$
$$\alpha_c = \arcsin\left(\frac{n_0}{n_f}\right) = \arcsin\left(\frac{1.00}{1.56}\right) = 39.87^\circ$$
$$\alpha' = 90 - \alpha_c = 50.13^\circ$$

개구수는

$$\begin{aligned} NA &= n_0 \sin\alpha \\ &= n_f \sin\alpha' = 1.56 \sin 50.13^\circ = 1.20 \end{aligned}$$

[예제 12.1.2]
클래딩이 없는 광섬유($n_f = 1.56$)가 물($n_0 = 1.33$) 속에 잠겨 있는 경우 개구수는?

풀이: 광섬유와 물의 경계면에서의 내부 전반사 조건으로부터 임계각을 계산하면

$$n_f \sin\alpha_c = n_0 \sin 90^\circ$$
$$\alpha_c = \arcsin\left(\frac{n_0}{n_f}\right) = \arcsin\left(\frac{1.33}{1.56}\right) = 58.49^\circ$$

입사면의 굴절각은

$$\alpha' = 90 - \alpha_c = 31.51^\circ$$

이다. 따라서 개구수는

$$NA = n_0 \sin\alpha$$
$$= n_f \sin\alpha' = 1.56 \sin 31.51^\circ = 0.82$$

공기 중에 놓여 있는 경우보다 개구수가 적다. 이는 광섬유가 공기 중에 있는 것보다 물속에 있을 때 광섬유의 굴절률과 주변의 굴절률 차 $n_f - n_0$가 더 적기 때문이다. 이에 따라 물속에 잠겨 있는 광섬유의 임계각 α_c이 작아서 더 많은 광선이 내부 전반사되지 못하고 물속으로 빠져나가기 때문이다.

[예제 12.1.3]
클래딩($n_c = 1.42$)에 둘러 쌓인 광섬유($n_f = 1.56$)가 물($n_0 = 1.33$) 속에 잠겨 있는 경우 개구수는?

풀이: 개구수는 식 (12.9)에 의해

$$NA = n_0 \sin\alpha = \sqrt{n_f^2 - n_c^2} = \sqrt{1.56^2 - 1.42^2} = 0.65$$

예제 12.1.1에서 공기 중에 놓여 있는 클래딩 없는 광섬유의 개구수가 1보가 크기 때문에 모든 입사 광선은 손실 없이 끝단까지 전달된다. 그리고 광섬유가 물속에 잠겨 있는 경우, 클래딩이 있는 것과 없는 것의 결과를 비교하면 클래딩이 있는 광섬유의 개구수가 줄어든다.

클래딩의 굴절률이 코어와 공기의 굴절률 사잇값을 갖기 때문이다. 즉

$n_0 < n_c < n_f$이므로, 코어-클래딩의 굴절률 차가 코어-공기 굴절률 차보다 작아서 내부 전반사 각이 줄어든다. 따라서 클래딩은 코어를 보호하는 등의 장점이 있으나 개구수는 떨어진다.

12.1.2 f-수

상대 구경 또는 f-수(f/No)는 광학계의 밝기를 나타내는 값으로, f-수가 커질수록 광학계를 통과하는 광량이 적어 어둡다. f-수는

$$f/No = \frac{f'}{D} \tag{12.10}$$

으로 정의된다. 그림 (12.4)의 f'는 광학계의 초점 거리이고, D는 광학계의 직경이다. 광학계 직경이 커지면 이 광학계를 통과하는 광량이 커지고, f-수는 광량에 반비례하기 때문에 f-수와 직경은 서로 역 비례한다. 광학계를 통과하는 광량은 광학계의 단면적에 비례하므로, 광량과 직경의 제곱에 비례한다.

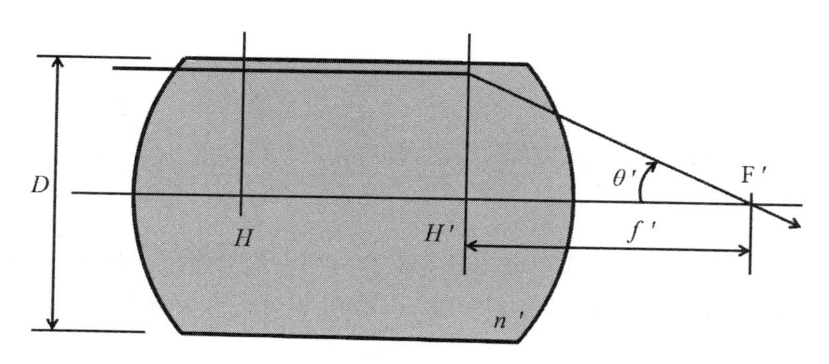

그림 12.4 아플라나틱 광학계의 f-수

집광량을 나타내는 개구수는

$$\begin{aligned} NA &= n'\sin\theta' \\ &= n'\sin[\arctan(\frac{D}{2f'})] \\ &\approx \frac{n'}{2}\frac{D}{f'} \end{aligned}$$

$$= \frac{n'}{2}\frac{1}{f/No} \tag{12.11}$$

개구수와 f-수는 서로 반비례 관계에 있다. 개구수는 광량과 비례하는 반면 f-수는 광량과 반비례하기 때문이다.

카메라처럼 조리개의 크기와 조리개의 노출 시간을 조절할 수 있는 광학계는, 맑은 날에는 f-수를 크게 조절해도 광량이 충분하다. 또 f-수가 작은 값으로 조절된 경우, 집광량이 크기 때문에 조리개의 노출 시간을 짧게 할 수 있다.

[예제 12.1.4]
초점 거리가 $f' = 100\ mm$이고, $f/4$인 광학계의 직경 D는 얼마인가? 또 $f/2$의 직경은 $f/4$ 직경의 몇 배인가?

풀이:
$f/4$의 직경은

$$f/4 = \frac{f'}{D_4} \quad \rightarrow \quad D_4 = \frac{f'}{f/4} = \frac{100\ mm}{4} = 25\ mm$$

$f/2$의 직경은

$$f/2 = \frac{f'}{D_2} \quad \rightarrow \quad D_2 = \frac{f'}{f/2} = \frac{100\ mm}{2} = 50\ mm$$

따라서 $f/2$의 직경은 $f/4$ 직경의 2배이다. f-수는 직경에 역 비례하기 때문에 f-수 1/2로 줄어들면 직격은 2배 커진다. 집광에 기여하는 단면적은 길이의 제곱에 비례하므로 4배이다.

12.2 분해능(Resolution)

분해능은 광학계가 물체를 구분할 수 있는 능력이다. 눈은 빛을 집속하는 광학계로서 눈의 분해능은 시력과 관련 있다. 광학계의 분해능은 개선될 수 있는 여지가 있지만 한계가 있고, 분해능의 한계는 여러 가지 원인으로 결정된다. 먼저 광학계의 크기가 유한 하기 때문에 물체로부터 방출된 빛의 일부만이 광학계를 통과함으로써 물체에 대한 정보 일부를 잃게 된다. 다음으로 광학계의 불완전성을 들 수 있는데, 렌즈와 같은 광학계의 표면이 완전하게 매끄럽지 못해 입사하는 빛의 일부가 산란되면서 정보의 흩어짐이 발생한다. 또한, 광학계의 수차와 회절은 분해능을 떨어뜨리는 주요한 원인이 된다. 수차로 인하여 광학계의 가장자리로 통과하는 빛과 중심부를 통과하는 빛에는 서로 다른 값의 굴절력이 작용한다. 이로써 결상점의 차이가 발생한다. 물체의 가장자리나 좁은 틈을 지나는 빛에 회절이 발생하여 분해능이 떨어진다.

광학계의 분해능을 저하 시키는 원인들로 인하여, 한 점에서 방출된 빛은 광학계를 통과한 후 다시 한 점으로 모이지 못하고 흐릿한 원을 형성한다. 그림 (12.5)는 결상점이 맞지 않아 상이 흐려지는 현상을 보여준다. 또한, 그림 (12.6)은 개구의 크기에 따른 상이 흐려지는 현상을 보여준다. 개구의 크기가 커질수록 가장자리 광선들로 인하여 상의 흐림이 더 심해진다.

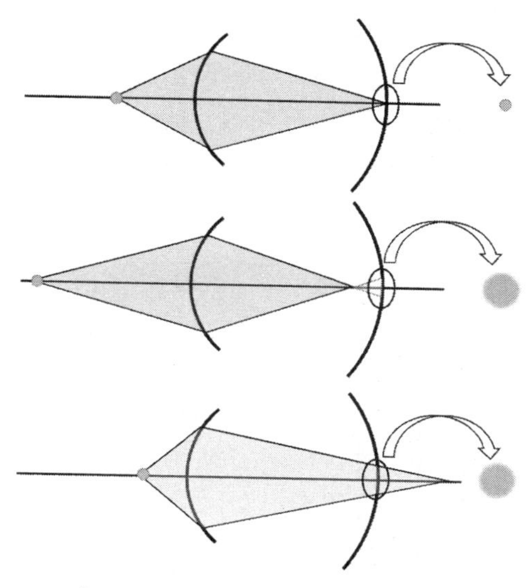

그림 12.5 결상점에 따른 상의 흐림

즉, 물체의 각 점에서 방출된 빛이 결상점에서 확대된 원을 형성하고, 원들이 서로 겹치면서 물체를 구분할 수 없게 된다. 분해능 차원에서 좋은 광학계는 결상점에 맺히는 원들이 작아서 서로 겹침이 적어서 물체를 구분할 수 있는 능력이 뛰어나다는 것을 의미한다.

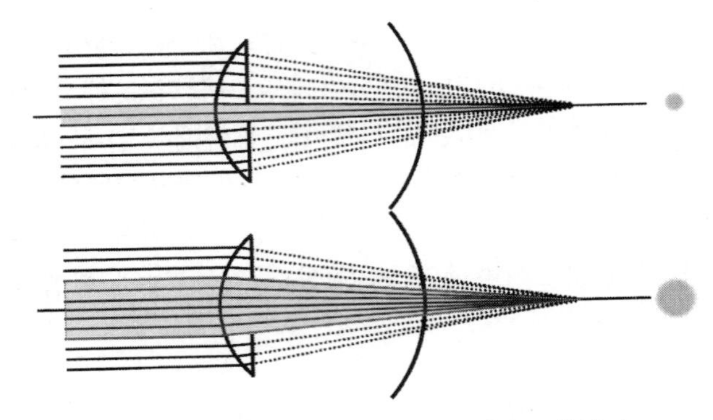

그림 12.6 개구의 크기에 따른 해상도

12.2.1 개구에 의한 회절

회절은 빛이 개구의 가장자리 부근이나 렌즈의 테두리를 지나갈 때, 또는 작은 개구를 지날 때 퍼지는 현상이다. 수차가 없는 렌즈라도 회절 때문에 광선을 한 점으로 집속시키지 못한다. 이는 광학계 해상도에 한계가 있음을 의미한다. 그림 (12.7)에서와 같이 개구가 크면 회절이 약하게 나타나고, 개구가 줄어들면 빛의 퍼짐이 커져서 회절 현상이 강해진다. 회절이 강해지면 빛들의 겹침 현상이 심해져서 분해능이 떨어진다.

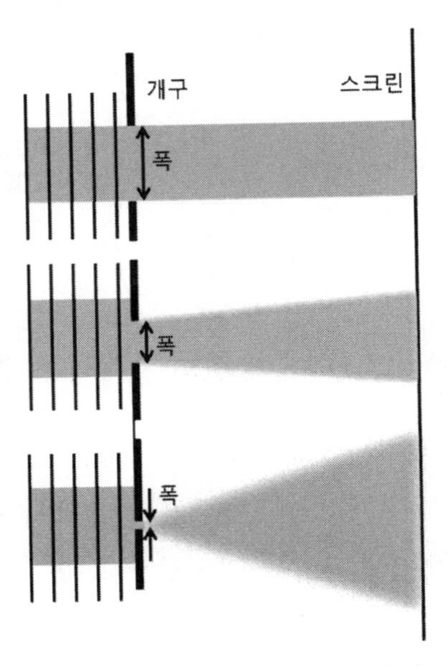

12.7 개구 크기에 따른 회절

그림 (12.8a)와 같이 원형 개구를 지난 빛은 회절 무늬를 만드는데, 중앙에 매우 밝은 원이 생기고 주변에는 어두운 무늬와 밝은 무늬가 동심원을 그리면서 반복적으로 나타난다. 중앙의 밝은 원형 무늬를 에어리 원판이라고 한다. 이 원 안에 전체 빛 에너지의 약 84%가 집중되어 있어 주변의 밝은 무늬들은 상대적으로 희미하게 보인다. 에어리 원판 가장자리는 첫 번째 어두운 무늬가 둘러싸고 있는데, 중심에서 첫 번째 어두운 무늬를 잇는 선이 중앙선과 이루는 각은 빛의 회절 이론에 따라

$$\sin\omega = 1.22\frac{\lambda}{D} \tag{12.12}$$

이 된다. 회절은 빛의 파동성 때문에 발생하는 것이므로 물리 광학에서 자세히 다루고 여기서는 결과만 사용한다.

분해능은 서로 떨어져 있는 두 물체를 구분할 수 있는 능력을 의미한다. 레일리는 광학계가 만든 회절 무늬를 이용하여 각 분해능을 정의하였다. 사람 눈의 동공과 같은 원형 개구가 만든 회절 무늬에 대하여, 그림 (12.8b)와 같이 원형 개구에 대한 에어리 원판의 정중앙을 잇는 선과 첫 번째 어두운 무늬를 잇는 두 직선을 그었을 때, 두 직선이 이루는 각을 각 분해능으로 정의하였다.

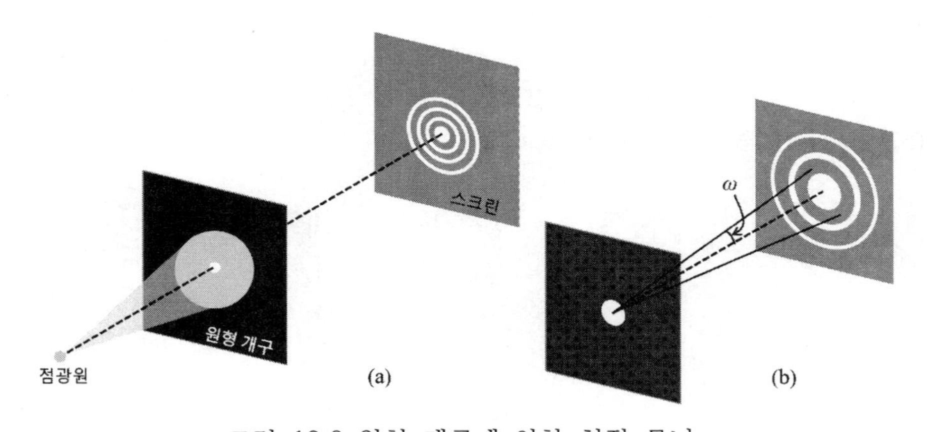

그림 12.8 원형 개구에 의한 회절 무늬

각 분해능은 위 식 (12.12)에서 ω을 의미하고, ω가 작은 경우

$$\omega = \arcsin\left(1.22\frac{\lambda}{D}\right) \approx 1.22\frac{\lambda}{D} \tag{12.13}$$

이다. 여기서 D는 광학계의 직경, λ는 빛의 파장이다. 예를 들어 눈으로 전방에 있는 두 개의 점을 볼 때, 동공의 직경이 D이고, 전방에 있는 점의 색깔에 해당하는 파장은 λ이다. 우리 눈으로 두 점을 구분할 수 있기 위해서는 눈에서부터 두 점을 선으로 그었을 때, 두 직선의 사잇각이 각 분해능보다 크면 두 점을 구분할 수 있음을 의미한다.

[예제 12.2.1]
사람 동공이 4 mm이면, 빨간색 계열의 빛($\lambda = 680\ nm$)에 대한 사람 눈의 각 분해능은 얼마인가?

풀이: 각 분해능 식 (12.13)을 이용하면

$$\begin{aligned}\omega &= 1.22\frac{\lambda}{D}\\ &= 1.22\frac{680\times10^{-9}\ m}{4\times10^{-3}\ m}\\ &= 2.07\times10^{-4}rad\\ &= 0.012^{\circ}\end{aligned}$$

그림 (12.9a)에서와 같이 두 물체의 사이 간격이 크면, 그 두 물체를 구분하는 것은 어렵지 않다. 하지만 두 물체가 점점 가까워지면 그림 (12.9b)처럼 구분하는 것이 어려워지고, 어느 순간부터는 그림 (12.9c)와 같이 물체가 하나인지 두 개인지 구분할 수 없는 순간이 온다.

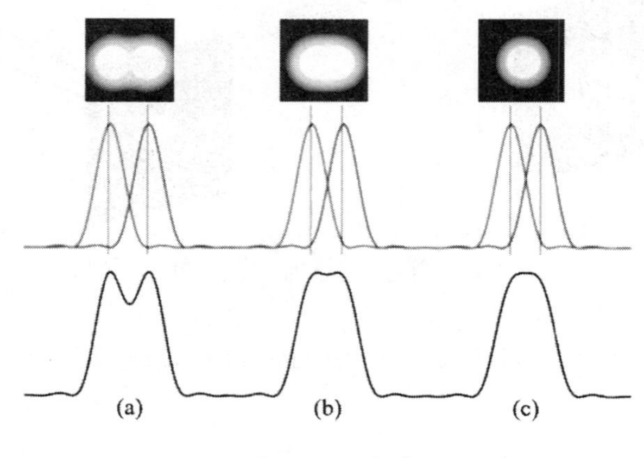

그림 12.9 분해능

레일리는 물체로부터 나온 빛이 광학계에 의한 회절 무늬 겹침 정도로 분해능을 정의하였다. 회절 무늬의 첫 번째 어두운 부분과 근접한 회절 무늬의 에어리 원판 정중앙을 잇는 선이 이루는 각을 각 분해능으로 정의하였다. 즉, 두 회절 무늬의 에어리 원판이 더 가까워지면 두 개의 원이 아니라 찌그러진 하나의 원으로 인식되기 때문이다.

12.2.2 선 분해능과 시력

그림 (12.10)에서, 원형 개구로부터 두 점 사이를 잇는 선이 이루는 각과 스크린을 잇는 각(각 분해능)이 일치한다. 선 분해능 s는

$$s = f'\tan\omega \approx f'\sin\omega \approx f'\omega = 1.22\lambda\frac{f'}{D} \tag{12.14}$$

와 같이 정의된다. 이는 두 물체를 구분할 수 있기 위해서는 두 물체가 선 분해능 이상으로 떨어져 있어야만 가능하다는 의미이다.

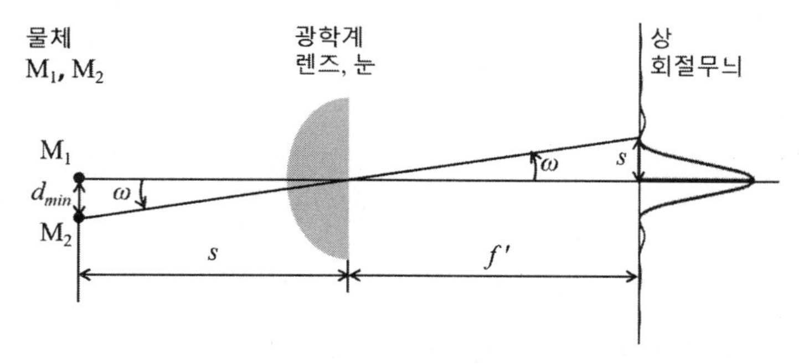

그림 12.10 선 분해능

선 분해능은 $f-$수와 관계가 있다. 위 식 (12.14)에서

$$\frac{f'}{D} = f/No \tag{12.15}$$

이므로

$$s = 1.22\lambda \cdot f/No. \tag{12.16}$$

주어진 광학계의 선 분해능 s가 작으면, 가까이 있는 물체도 구분할 수 있다. 따라서 s가 작은 광학계일수록 우수한 광학계이다. 역으로 s 값이 크거나, 또는 f-수가 큰 광학계는 분해능이 떨어진다. 따라서 *선 분해능은 주어진 광학계로 물체를 구분할 수 있는 최소 간격*이다.

[예제 12.2.2]
그림 (12.10)과 같이 사람이 전방 $s=5\ m$에 있는 빨간색 계열($\lambda=680\ nm$) 작은 두 점을 바라본다. 사람 동공이 4 mm이면, 두 점을 구분할 수 있기 위한 두 점 사이 최소 간격은 얼마인가?

풀이:
앞 예제에서, 분해각은 $\omega=0.012^{\circ}$ 이다. 그림 (12.10)에서 두 물체 M_1과 M_2를 구분하기 위한 관계는

$$\tan\omega=\frac{d_{\min}}{5\ m}$$

이다. 따라서 최소 거리 $d_{\min}$는

$$\begin{aligned} d_{\min} &= 5\tan\omega \\ &= 5\tan 0.012^{\circ} \\ &= 0.00104\ m \\ &= 1.04\ mm \end{aligned}$$

[예제 12.2.3]
파장 $\lambda=600\ nm$ 빛에 대하여 초점 거리 20 cm인 $f/2$ 렌즈의 선 분해능은 얼마인가? 또 같은 파장의 빛에 대하여 $f/22$의 선 분해능은 얼마인가? 두 렌즈 중에서 분해능이 우수한 렌즈는 어느 것인가?

풀이:
$f-$수 관계식 $f/No=f'/D$ 으로부터 직경은

$$D_2=\frac{f'}{f/2}=\frac{20\ cm}{2}=10\ cm$$
$$D_{22}=\frac{f'}{f/22}=\frac{20\ cm}{22}=0.91\ cm$$

이다. 선 분해능은

$$s_2 = 1.22\lambda \cdot f/2 = 1.22\lambda \cdot 2 = 1.22 \times (600 \times 10^{-9}\ m0) \times 2 = 1.46 \times 10^{-6}\ m$$

$$s_{22} = 1.22\lambda \cdot f/22 = 1.22\lambda \cdot 22 = 1.22 \times (600 \times 10^{-9}\ m0) \times 22 = 1.61 \times 10^{-5}\ m$$

$s_2 < s_{22}$이므로 $f/2$가 $f/22$보다 더 좁은 간격의 물체를 구분할 수 있기 때문에 $f/2$의 선 분해능이 우수하다.

그림 (12.11)은 선과 공간이 연속되는 격자[그림 (12.11a)]와 광학계에 의해 맺힌 상[그림 (12.11b, c]을 보여준다. 광학계에 의한 회절로 인하여 상의 흐려짐이 발생하여 선과 사이 공간의 경계가 흐릿해진다. 분해능이 좋지 않은 광학계가 만든 상[그림 (12.11c)]는 선과 공간의 구분이 어렵다. 만일 같은 공간 안에 선의 수가 많으면 사이 공간이 좁아지므로 물체의 구분이 더 어려워진다. 선 분해능이 낮은 광학계일수록 더욱더 구분이 어렵다.

격자 아래 그래프는 수평선 방향으로 세기를 나타낸 것이다. 물체 격자에 대한 세기는 격자와 공간의 세기 구분이 명확한 반면, 상의 격자 세기의 최고점($I_{\max}$)과 최저점($I_{\min}$) 차이가 줄어들어 격자의 식별이 어려워진다. 이 값을 수치로 나타낸 값, 마이켈슨 대비 감도(C, contrast sensitivity) 또는 가시도 (Visibility)는

$$C = \frac{I_{\max} - I_{\min}}{I_{\max} + I_{\min}} \tag{12.17}$$

로 정의된다. 대비감도 식의 분자에 있는 값인 세기 차이가 크면 상이 선명하고, 반대로 작으면 상의 선명도가 떨어진다. 변조 전달 함수(MTF ; Modulation Transfer Function)는 물체의 대비 감도 C_O와 상의 대비 감도 C_I의 비율

$$MTF = \frac{C_I}{C_O} \tag{12.18}$$

로 정의된다. 이 값은 1과 0 사이 값이고, 1이면 해당 광학계가 완전한 분해능을 갖는 것을 의미하고, 0에 가까워질수록 광학계의 분해능이 떨어지는 것을 의미한다.

그림 (12.11)은 광학계(눈)에 의한 상이다. 분해능이 낮은 광학계(비정시)에 의해 맺힌 상은 해상도가 좋지 않고, 분해능이 높은 광학계(정시안)에 의한 상은 상대적으로 해상도가 우수하다.

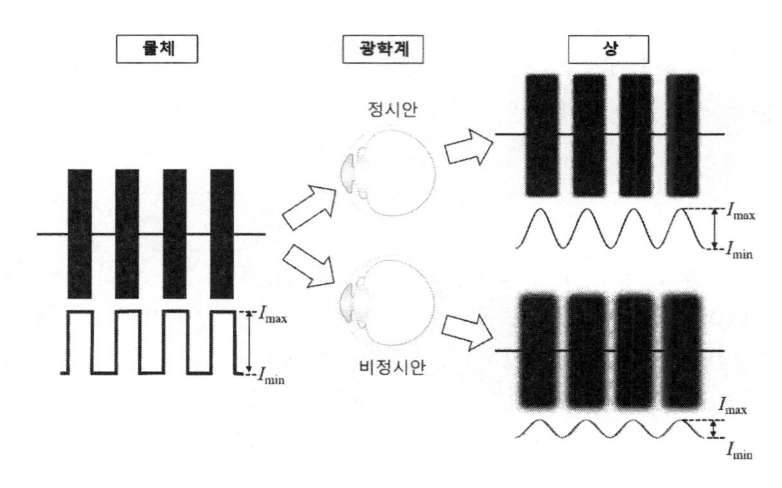

그림 12.11 광학계의 분해능

[예제 12.2.4]
스넬렌 시표에서 쓰이는 글자 중 그림 (12.12) 6/6 글자 영문 **E**에 대하여, 6 m 거리에서 측정되는 시력 1.0용 글자의 크기는 얼마인가?

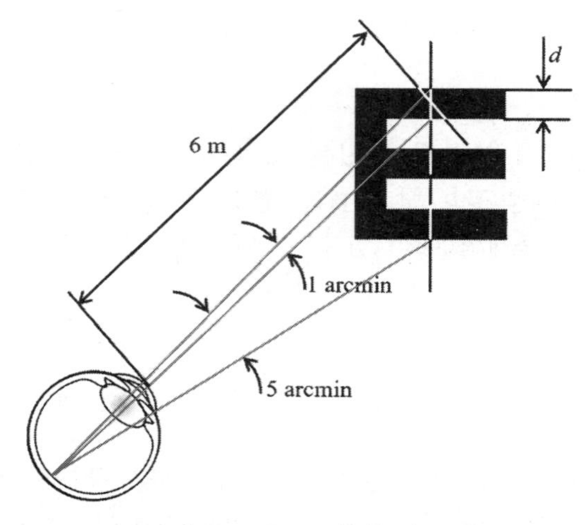

그림 12.12 스넬렌 시표각

풀이: 환자와 시력표 사이 거리가 6 m이고, 환자가 보는 시력표 문자는 1 ar$cmin$이다. 그리고 시력표 문자 **E**는 두께가 각각 1 ar$cmin$인 3개의 수평선과 2개의 공간으로 구성되어 있으므로 전체 폭은 5 ar$cmin$이다.
따라서

$$6(m)\times 5(\mathrm{ar}cmin)\frac{\pi}{180}\left(\frac{rad}{\deg}\right)\times\frac{1}{60}\left(\frac{\deg}{\mathrm{ar}cmin}\right)$$
$$=0.00872\ m$$
$$=8.72\ mm$$

이다. 따라서 시력 1.0에 해당하는 글자의 폭은 8.72 mm으로 제작되어야 한다.

12.3 바늘구멍과 심도(Pinhole and Depth)

바늘구멍의 직경이 매우 작아서 통과한 광량이 매우 적어서 어둡지만 근축 광선만 통과시키기 때문에 수차를 줄일 수 있어 분해능은 높다. 뿐만 아니라 심도(피사체 심도, 초점 심도)가 깊어서 선명상 영역이 넓다.

12.3.1 바늘구멍

바늘구멍 카메라는 매우 작은 개구 즉, 작은 구멍을 일컫는 광학계이다. 매우 작은 개구는 제한적인 빛만 통과시키기 때문에 이상적인 바늘구멍 카메라로 인한 상은 단 하나의 광선으로 상을 특징지을 수 있다. 그림 (12.13a)와 같이 크기가 있는 물체가 바늘구멍 카메라 앞에 놓여 있는 경우를 다뤄 보자. 물체의 바닥에서 방출된 광선들 중에서 단 하나의 광선이 바늘구멍을 통과하여 카메라의 스크린 면의 윗부분에 상을 맺는다. 반면 물체의 꼭대기에서 방출된 광선은 바늘구멍을 통과한 후 카메라 스크린 면 아랫부분에 상을 맺는다. 따라서 바늘구멍 카메라에 의해 맺힌 상은 도립상이 된다.

이상적인 바늘구멍 카메라는 구멍의 크기가 작기 때문에 해상도는 높지만 구멍을 통과하는 광량이 너무 적어서 상을 구분하기 어렵다. 이에 따라 실질적인 바늘구멍 카메라의 구멍은 상을 구분할 수 있는 정도의 빛을 통과시킬 수 있는 크기로 만들어진다. 이 때문에 광량은 증가하지만 대신 상의 흐림이 발생한다. 상의 선명도는 한 점에서 방출된 광선들이 스크린 면 위치에 만든 원의 크기에 의존한다.

원의 크기가 작을수록 상의 선명도는 높아지고, 원이 커질수록 원들 간에 겹침이 생겨 선명도는 떨어진다. 즉 해상도 저하가 나타난다. 그림 (12.13b)처럼 점광원과 바늘구멍 가장자리를 잇는 원뿔 모양이 형성되므로, 바늘구멍이 커질수록 스크린에 맺힌 원의 크기도 비례하여 증가한다. 따라서 최적의 구멍 크기는 목적에 맞게 결정된다.

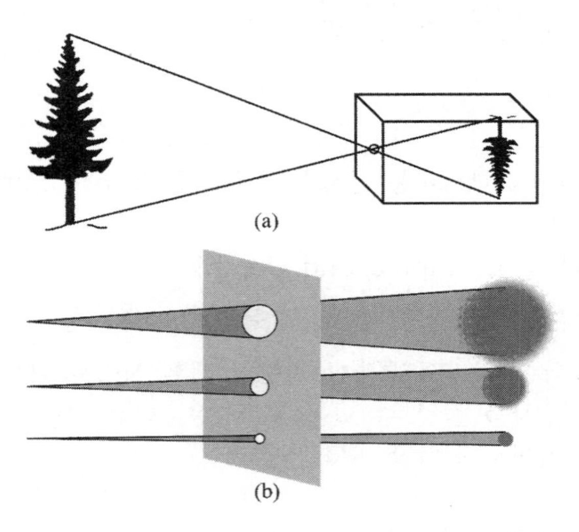

그림 12.13 (a) 바늘구멍 카메라 (b) 구멍 크기에 따른 해상도

또 한 가지 고려해 볼 것은 구멍이 작아질수록 기하 광학적으로 해상도는 높아지는데, 파동성 측면에서는 회절이 증가하게 되어 오히려 해상도가 악화된다. 따라서 근본적으로 이상적인 상을 얻을 수는 없는데, 이를 회절 한계라 한다.

광학계로서 바늘구멍의 크기가 작기 때문에 구멍을 통과하는 빛을 제한하는데, 특히 광축으로부터 먼 곳으로 입사하는 광선을 차단한다. 이로써 광학계의 가장자리로 입사하는 광선들이 유발하는 구면 수차, 코마 등의 수차를 줄여주는 효과가 있다.

12.3.2 피사체 심도와 초점 심도

한 점에서 발산된 광선들이 이상적인 광학계를 통과하면 다시 한 점에 모인다. 하지만 모든 광학계는 수차와 회절 한계로 인하여 완전한 상을 맺을 수 없다. 그리고 고정된 스크린 면에 맺힌 상의 해상도는 물체의 위치에 따라 달라진다. 상이 완전하지는 못하더라도, 물체를 충분히 구분할 수 있을 정도의 해상도를 낼 수 있는 물체 위치의 범위를 **피사체 심도**라고 한다.

눈을 통해 물체를 보는 경우에 눈의 피사체 심도 때문에, 물체가 특정 지점에 정확히 놓이지 않더라도 알아볼 수 있다. 그리고 물체의 상점이 정확히 망막 위에 맺히지 않더라도, 물체를 구분할 수 있는 상점의 영역을 **초점 심도**라고한다. 결상 측면에서 좋은 광학계는 초점 심도가 깊은 것을 의미하는데, 분해능이 높은 결상점의 범위가 넓기 때문이다.

사람 눈의 경우 수정체의 조절력이 크면 선명상 영역(원점과 근점 사이 영역)이 매우 넓다. 나이가 들수록 조절력이 떨어지면 선명상 영역도 좁아져서 다초점 렌즈 등으로 시력을 교정하는 광학적 처방이 요구된다. 여기서 주목할 것은 기하학적 구조 (크기, 곡률 반경)이 고정되어 있는 광학계의 심도와 조절로 인한 곡률 반경이 변할 수 있는 수정체의 선명상 영역하고는 의미가 다르다는 것이다.

요약

12.1 개구수 $NA = n\sin\theta$

클래딩이 없는 광섬유 개구수 $NA = \sqrt{n_f^2 - n_0^2}$

클래딩이 있는 광섬유 개구수 $NA = \sqrt{n_f^2 - n_c^2}$

f-수 $f/No = \frac{f'}{D}$

개구수와 f-수는 서로 반비례

12.2 분해능: 광학계가 물체를 구분할 수 있는 능력

각 분해능 $\sin\omega = 1.22\frac{\lambda}{D}$

선 분해능 $s = 1.22\lambda\frac{f'}{D}$

마이켈슨 대비 감도 $C = \frac{I_{\max} - I_{\min}}{I_{\max} + I_{\min}}$

12.3 **피사체 심도**: 물체를 충분히 구분할 수 있을 정도의 해상도를 낼 수 있는 물체 위치의 범위

초점 심도: 물체를 구분할 수 있는 상점의 영역

연습 문제

12-1. 렌즈가 공기 중에 놓여 있는 경우 개구수는 0.4이다. 렌즈에 의해 집속되는 원뿔형 빛의 반각을 구하시오.
답] $23.58°$

12-2. 초점 거리가 100 mm인 렌즈가 $f/4$가 되도록 설정되었다. 입사동의 직경은 얼마인가?
답] 25 mm

12-3. 위 렌즈에서 NA는 얼마인가?
답] 0.02

12-4. 파장이 589 nm일 때, 직경 2.5 mm의 무수차 렌즈에 의해 생성되는 에어리 원판의 반지름에 대응하는 각 분해능은 얼마인가?
답] $0.000287 rad$, $0.0165°$

12-5. 굴절률이 1.5인 클래딩으로 굴절률이 1.7인 광섬유를 감싸고 있을 때, 다음을 구하시오. (a) NA (b) 임계각 (c) 전반사 조건을 만족하는 광선의 경사각
답] (a) 0.80 (b) $61.93°$ (c) $53.13°$

12-6. 바늘구멍 카메라의 길이가 500 mm이다. 파장 589 nm 별 빛에 대한 바늘구멍의 최적 직경은 얼마인가? 물체는 무한대에 놓여 있다. 여기서 카메라의 길이는 초점 거리와 같고 회절 무늬의 에어리 원판 직경과 상 번짐에 의한 직경은 같다.
답] 0.85 mm

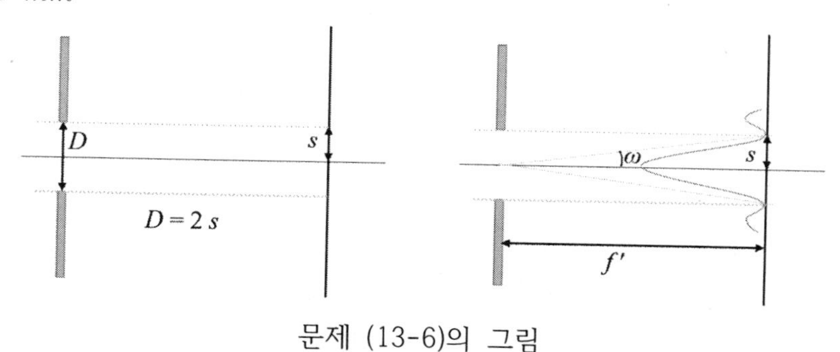

문제 (13-6)의 그림

12-7. 3 m 직경의 천체 망원경 렌즈로 분해할 수 있는 달 표면에 있는 두 점 간의 최소 간격은 얼마인가? 달은 380,000 km 떨어져 있고, 파장은 589 nm이다.
답] 91.02 m

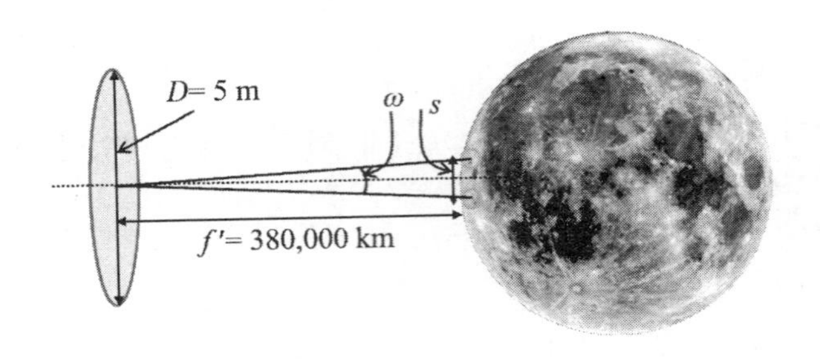

문제 (13-7)의 그림

CHAPTER

13

색수차(Chromatic Aberration)

1. 파장과 굴절률
2. 분산과 아베수
3. 색수차
4. 공기 중 색지움 조합

광학계의 수차로 인하여 상의 흐림이 발생한다. 수차는 색수차와 단색 수차로 구분된다. 색수차는 광학계의 분광에 의하여 파장에 따른 결상점이 다르게 나타나는 현상을 말한다. 단색 수차는 광학계로 입사하는 빛의 위치에 따른 굴절력의 차이로 결상점이 다른 현상을 말한다. 이번 장에서는 색수차를 설명한다.

13.1 파장과 굴절률(Refractive Index and Wavelength)

백열 전구에서 방출되는 빛은 모든 파장을 포함하는 백색광의 연속 스펙트럼을 보인다. 프라운호퍼는 태양 빛을 분석한 결과 연속 스펙트럼과는 다르다는 것을 확인하였다. 이는 태양에서 방출된 빛이 태양 주변의 분자와 지구 대기층을 통과하면서 일부 파장의 빛이 흡수되기 때문이다. 이에 따라 광학에서 프라운호퍼선은 태양 빛의 흡수 스펙트럼을 의미한다. 그림 (13.1)에서 볼 수있는 흡수선 중 D, F, C-선의 파장은 각각 589 nm, 486 nm, 656 nm이다.

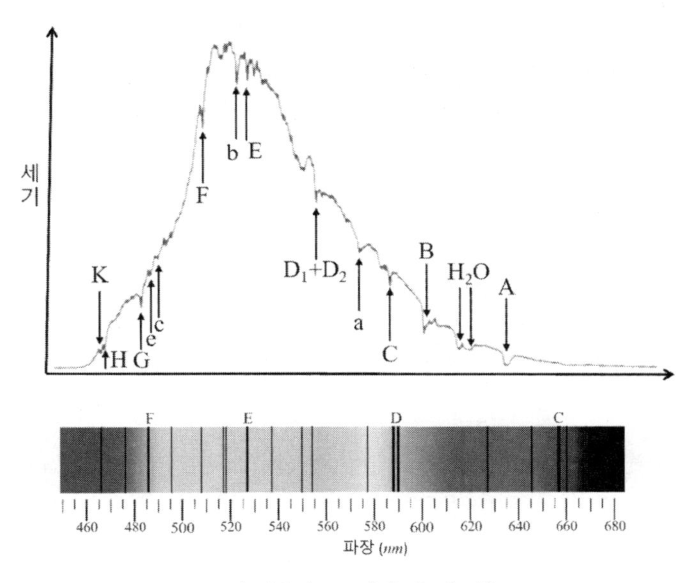

그림 13.1 프라운호퍼 선

굴절률은 매질 속에서 빛의 전파 속력, 즉 $n = c/v$으로 정의된다. 이 굴절률은 파장에 따라 다른 값을 갖는데, 파장이 다르면 매질 내에서의 전파 속력이 다르기 때문이다. 하지만 진공 중에서는 모든 파장의 빛의 전파 속력이 같다. 따라서 진공의 굴절률은 하나의 값 1로 유일하다.

일반적으로 대표되는 굴절률은 D-선 즉, 589 nm 파장의 빛에 대한 굴절률이다. 색수차는 파장별로 굴절률이 달라서 발생하는 현상이다. 따라서 색수차를 분석하기 위해서는 해당 물체의 파장별 굴절률을 알아야 한다.

13.2 분산과 아베수(Dispersion and Abbe's Number)

전자기파 스펙트럼은 모든 파장을 포함하는데, 가시광선은 그중 일부분의 파장, 대략 400~700 nm 영역의 전자기파를 일컫는다. 빛의 혼합은 가산 혼합으로, 가시광선 영역의 모든 파장이 섞이면 무색이 되는데 우리는 이를 백색광이라고 부른다. 모든 전자기파는 진공 중에서 속력은 모두 일정한 값 $c = 2.99792 \times 10^8\ m/s$이어서, 백색광은 모든 파장의 빛이 섞인 상태로 진행하므로 색이 나뉘지 않는 한 백색광 상태를 유지한다.

하지만 전자기파가 진공이 아닌 매질을 통과할 때는 속력이 줄어드는데, 이 같은 사실은 푸코에 의해 밝혀졌다. 푸코는 회전 거울을 이용하여 1850년에 수중에서의 광속은 공기 중의 광속보다 줄어든다는 사실을 확인하였다. 또한, 매질 내에서 감속 비율은 파장에 따라 각기 다르다. 진공 중에서 파장이 λ인 빛은 굴절률이 n인 매질 내에서의 파장은

$$\lambda' = \lambda / n \tag{13.1}$$

로 줄어들고, 전파 속력은

$$v' = f\lambda' = f\frac{\lambda}{n} = \frac{f\lambda}{n} = v/n \tag{13.2}$$

으로 역시 굴절률로 나눈 값으로 줄어든다. 여기서 λ, v는 각각 진공 중 파장과 전파 속력이다. 파장과 속력은 매질 내에서 굴절률 n으로 나눈 값으로 줄어든다. 하지만 매질에 대한 굴절률 n은 파장에 따라 달라서, 해당 빛의 파장과 속력의 축소 비율이 각기 다르다.

예를 들어서 일반 유리 BK7의 파장별 굴절률은 노란색, 파란색, 빨간색의 굴절률이 각각 $n_D = 1.51633$, $n_F = 1.52191$, $n_C = 1.51385$이다. 이를 이용하면 BK7 유리 내에서 각각의 파장과 속력은 표 (13.1)의 값과 같다.

색	진공 중 파장	굴절률	매질 내 파장	매질 내 속력
노란색	586.7	$n_D = 1.51633$	386.9	1.97709×10^8
파란색	486.1	$n_F = 1.52191$	319.4	1.96984×10^8
빨간색	656.3	$n_C = 1.51385$	433.5	1.98032×10^8
단위 : 파장(nm), 속력(m/s)				

표 13.1 파장과 속력

같은 매질에 대해서도 파장별로 굴절률이 다르기 때문에, 스넬의 법칙에 의한 굴절각 또한 각기 다르다. 이에 따라 백색광은 매질의 경계면에서 굴절에 의해 파장별로 진행 경로가 나뉘는데 이를 분산이라고 한다. 그림 (13.2)는 프리즘에 의한 분산을 보여준다.

그림 13.2 프리즘에 의한 분산

매질의 분산능 ω는

$$\omega = \frac{n_F - n_C}{n_D - 1} \tag{13.3}$$

으로 정의된다. 분자는 파란색과 빨간색의 굴절률 차, 분모는 노란색과 공기의 굴절률 차이다. 따라서 파장별 빛이 느끼는 굴절률 차이가 분산을 만들기 때문에, 굴절률 차이가 클수록 분산능이 커져서 색의 구별이 더 확연해진다.

결상 관점에서 보면 색들이 크게 분리되면 파장별 결상점의 차이가 커서 분해능이 떨어진다. 광학계의 특성을 나타내는 지표 중 하나는 아베수인데, 이는 분산능의 역수로 정의된다.

$$V = \frac{1}{\omega} = \frac{n_D - 1}{n_F - n_C} \tag{13.4}$$

[예제 13.2.1]
위 굴절률 표를 이용하여 분산능과 아베수를 구하여라.

풀이: 식 (13.3)과 (13.4)를 이용하면

$$\omega = \frac{1.52191 - 1.51385}{1.51633 - 1} = 0.0156$$
$$V = \frac{1.51633 - 1}{1.52191 - 1.51385} = 64.06$$

13.3 색수차(Chromatic Aberration)

수차는 광선들의 결상점이 달라서 나타나는 현상으로, 파장에 따라 결상점이 달라져서 발생하는 수차를 색수차라고 한다. 주어진 광학계에 의하여 파장별 굴절률 차이의 결과로 색수차가 발생한다.

13.3.1 얇은 프리즘의 색수차

얇은 프리즘은 안광학 기기에 많이 쓰이는 부품으로, 프리즘은 색수차를 유발한다. 얇은 프리즘의 프리즘 굴절력은

$$P^{\triangle} = (n-1)\beta \tag{13.5}$$

이다. n은 굴절률이고, β는 프리즘의 정각이다. 그림 (13.3)에서와 같이, 파장별로 프리즘의 굴절률이 다르기 때문에, 노란색(D-선), 파란색(F-선) 그리고 빨간색(C-선)의 파장별 프리즘 굴절력은 각각

$$P_d^{\triangle} = (n_D - 1)\beta, \quad P_F^{\triangle} = (n_F - 1)\beta, \quad P_C^{\triangle} = (n_C - 1)\beta \tag{13.6}$$

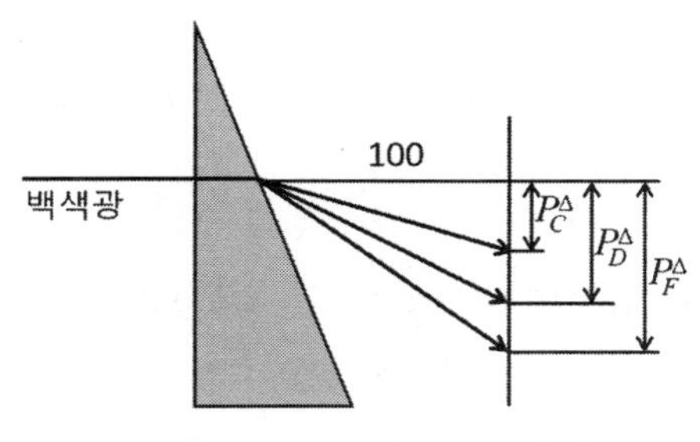

그림 13.3 프리즘 굴절력

색수차는 파란색의 프리즘 굴절력과 빨간색의 프리즘 굴절력 차로 정의된다. 즉,

$$\text{색수차} = \Delta P^{\triangle} = P_F^{\triangle} - P_C^{\triangle} \tag{13.7}$$

이다. 굴절률과 정각 β로 쓰면

$$\text{색수차} = (n_F - n_C)\beta \tag{13.8}$$

식 (13.6)의 첫 번째 식에서 β를 노란색의 프리즘 굴절력 $P_D^{\triangle}$으로 정리하면 $\beta = P_d^{\triangle}/(n_D - 1)$이 되고, 이것을 식 (13.8)에 대입하면

$$\begin{aligned}\text{색수차} &= \frac{n_F - n_C}{n_D - 1} P_D^{\triangle} \\ &= \omega P_D^{\triangle}\end{aligned} \tag{13.9}$$

여기서 ω는 분산능으로, 아베수 V의 역수이므로

$$\text{색수차} = \frac{P_D^{\triangle}}{V} \tag{13.10}$$

프리즘의 색수차는 노란색의 프리즘 굴절력을 아베수로 나눈 값이다. 따라서 아베수가 큰 프리즘은 색수차가 줄어든다.

수차가 제거된 프리즘을 색지움 프리즘이라고 한다. 색수차는 상의 질을 떨어뜨리는데, 프리즘은 필연적으로 일정량의 색수차를 유발한다. 색수차를 제거하기 위하여 두 프리즘으로 기저 방향을 반대로 겹쳐서 색지움 프리즘을 설계할 수 있다. 색지움 프리즘 설계란 주어진 굴절력을 고정하고, 두 프리즘의 각각의 굴절력과 정각을 결정하는 것이다.

목표로 하는 등가 프리즘 굴절력이 $P_D^{\triangle}$이고, 각각의 프리즘 굴절력을 $P_{1D}^{\triangle}$, $P_{2D}^{\triangle}$이라고 하자. 두 프리즘이 겹쳐 있기 때문에 등가 프리즘 굴절력은 단순 합이다, 즉

$$P_D^{\triangle} = P_{1D}^{\triangle} + P_{2D}^{\triangle} \tag{13.11}$$

프리즘 1과 프리즘 2가 유발하는 색수차는 식 (13.10)에 의해 각각

$$\text{색수차1} = P_{1D}^{\triangle} / V_1, \quad \text{색수차2} = P_{2D}^{\triangle} / V_2 \tag{13.12}$$

이다.

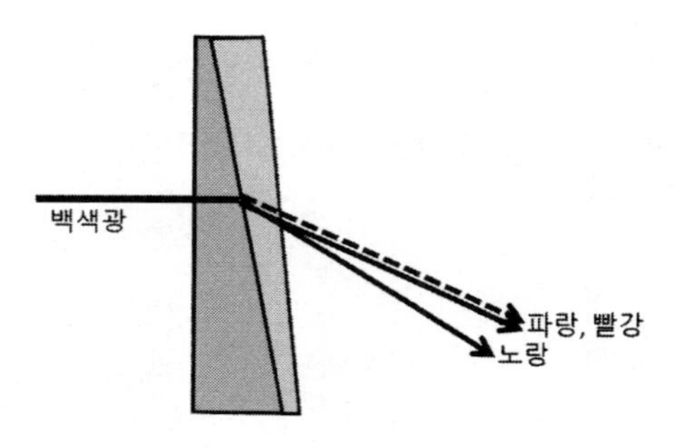

그림 13.4 색지움 프리즘

색지움은 두 개의 프리즘이 유발하는 색수차는 서로 (+)와 (-)의 보완 관계에 있어 합이 0인 경우이다.

$$\text{색수차} = \frac{P_{1D}^{\triangle}}{V_1} + \frac{P_{2D}^{\triangle}}{V_2} = 0 \tag{13.13}$$

따라서 식 (13.11)과 식 (13.13)으로부터

$$P_{1D}^{\triangle} = \frac{P_D^{\triangle} V_1}{V_1 - V_2}, \quad P_{2D}^{\triangle} = -\frac{P_D^{\triangle} V_2}{V_1 - V_2} \tag{13.14}$$

이다. 여기서 색수차는 파란색과, 빨간색의 굴절률 차이로 정의된 것이지만, 임의의 두 파장의 색수차 계산 및 색지움 설계에도 위 식을 사용할 수 있다. 즉, 아베수 V_1, V_2를 계산할 때, 원하는 파장에 대한 굴절률을 이용하면 된다.

주의해야 할 점은, 색지움은 선택된 두 파장의 빛이 겹쳐지는 것을 의미한다. 즉, 모든 파장의 빛이 겹쳐지는 것이 아니라는 것이다. 단순히 두 개의 프리즘을 겹치는 것으로는 모든 색의 분산을 없애는 것이 어렵다.

[예제 13.3.1]
표 (13.2)를 이용하여 BK7 유리와 F4로 구성된 $8^{\triangle}$의 빨간색과 파란색의 색지움 프리즘을 설계하여라.

색(파장) (nm)	굴절률	
	BK7	F4
노란색($\lambda_D = 586.7nm$)	1.51680	1.61659
파란색($\lambda_F = 486.1nm$)	1.52238	1.62848
빨간색($\lambda_C = 656.3nm$)	1.51432	1.61164

표 13.2 BK7, F4의 굴절률

풀이: 등가 프리즘 굴절력은

$$P_D^{\triangle} = P_{1D}^{\triangle} + P_{2D}^{\triangle} = 8^{\triangle}$$

이고, 두 프리즘의 아베수는 빨간색과 파란색의 굴절률을 이용하여 계산하면

$$V_1 = \frac{1.51680 - 1}{1.52238 - 1.51432} = 64.12$$
$$V_2 = \frac{1.61659 - 1}{1.62848 - 1.61164} = 36.61$$

그리고 두 프리즘의 프리즘 굴절력은 각각

$$P_{1D}^{\triangle} = \frac{P_D^{\triangle} V_1}{V_1 - V_2} = \frac{8 \times 64.12}{64.12 - 36.61} = +18.65^{\triangle}$$

$$P_{2D}^{\triangle} = -\frac{P_D^{\triangle} V_2}{V_1 - V_2} = -\frac{8 \times 36.61}{64.12 - 36.61} = -10.65^{\triangle}$$

프리즘 굴절력이 각각 $+18.65^{\triangle}$, $-10.65^{\triangle}$인 프리즘 두 개를 겹쳐놓으면, 등가 프리즘 굴절력은 $+8.0^{\triangle}$이고 빨간색과 파란색의 한 점에 상을 맺는다.

13.3.2 얇은 렌즈의 색수차

그림 (13.5)에서와 같이 얇은 렌즈에 의해서도 프리즘과 같은 이유로 색수차가 발생한다. 따라서 얇은 렌즈의 색수차 정의도 프리즘의 색수차 정의와 유사하다. 즉, 파란색에 대한 굴절력과 빨간색에 대한 굴절력 차이를 얇은 렌즈의 색수차로 정의한다.

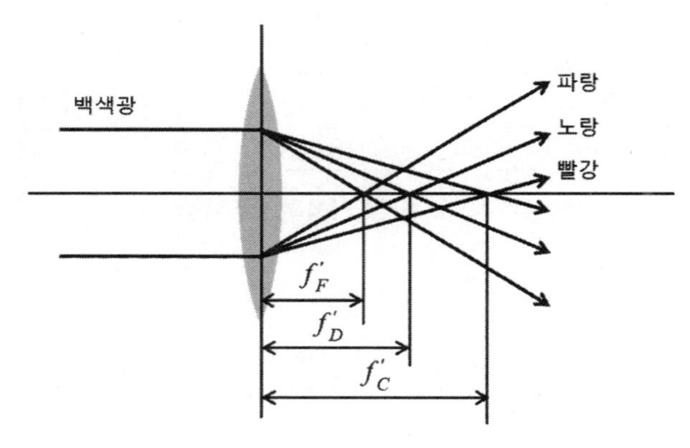

그림 13.5 얇은 렌즈 색수차 : 원거리 물체

공기 중($n=1$)에 있는 얇은 렌즈의 노란색에 대한 렌즈 제작자의 공식은

$$\frac{1}{f_D{}'} = (n_D - 1)\left(\frac{1}{r_1} - \frac{1}{r_2}\right) \equiv (n_D - 1)k \tag{13.15}$$

이다. 여기서 $f_D{}'$는 노란색의 초점 거리로 파란색의 초점 거리 $f_F{}'$보다는 길고, 빨간색의 초점 거리 $f_C{}'$보다는 짧다. 그리고 주어진 렌즈에 대하여 곡률 반지름

r_1과 r_2는 고정된 값이므로 간단하게 표현하기 위하여 상수 k로 표기한다. 즉,

$$k = \left(\frac{1}{r_1} - \frac{1}{r_2}\right) \tag{13.16}$$

초점 거리의 역수가 굴절력이므로, 노란색, 파란색 그리고 빨간색에 대한 굴절력은 각각

$$D_D' = (n_D - 1)k, \quad D_F' = (n_F - 1)k, \quad D_C' = (n_C - 1)k \tag{13.17}$$

이다. 얇은 렌즈에 대한 종 색수차(LCA: Longitudinal Chromatic Aberration)는

$$\text{종 색수차} = \Delta D' = D_F' - D_C' \tag{13.18}$$

로 정의한다. 종 색수차 식 (13.18)에 식 (13.17)을 대입하여 정리하면

$$\text{종 색수차} = (n_F - n_C)k \tag{13.19}$$

이 된다. k를 노란색의 굴절력 D_D'으로 정리하여 $k = D_D'/(n_D - 1)$를 대입하면

$$\text{종 색수차} = \frac{n_F - n_C}{n_D - 1} D_D' \tag{13.20}$$

$(n_F - n_C)/(n_D - 1)$는 아베수 V의 역수이므로

$$\text{종 색수차} = \frac{D_D'}{V} \tag{13.21}$$

따라서 색수차는 아베수에 반비례한다. 따라서 색수차를 줄이려면 아베수가 큰 렌즈를 선택하면 된다.

[예제 13.3.2]
BK7 유리로 만들어진 곡률 반경 100 mm인 얇은 양볼록 렌즈의 종 색수차를 구하여라.

풀이: 종 색수차 식 (13.20)을 이용하여

$$
\begin{aligned}
\text{종 색수차 } &= \frac{D_D'}{V} \\
&= \frac{n_F - n_C}{n_D - 1} D_D' \\
&= \frac{n_F - n_C}{n_D - 1}(n_D - 1)k \\
&= (n_F - n_C)\left(\frac{1}{r_1} - \frac{1}{r_2}\right) \\
&= (1.52238 - 1.51432)\left(\frac{1}{0.1\ m} - \frac{1}{-0.1\ m}\right) \\
&= 0.16\ D
\end{aligned}
$$

[예제 13.3.3]
BK7으로 제작된 렌즈의 초점 거리는 $f_D' = 60\ mm$이다. 디옵터 단위로 종 색수차를 구하시오.

풀이: 종 색수차 식 (13.20)에서 굴절력 D_D'을 초점 거리 f_d'로 변환하여 값을 대입하면

$$
\begin{aligned}
\text{종 색수차 } &= \frac{n_F - n_C}{n_D - 1} D_D' \\
&= \frac{n_F - n_C}{n_D - 1} \frac{1}{f_D'} \\
&= \frac{1.52238 - 1.51432}{1.51680 - 1} \frac{1}{0.06\ m} \\
&= 0.26\ D
\end{aligned}
$$

앞에서 정의한 색수차는 굴절력, 또는 초점 거리를 사용하였기 때문에 원거리 물체에 대한 색수차 정의로 볼 수 있다. 그림 (13.6)의 근거리 물체에 대한 색수차는 물체 버전스 S와 상 버전스 S', 그리고 버전스 관계식을 이용하여 정의할 수 있다.

$$\text{종 색수차 } = \Delta S' = S_F' - S_C' \tag{13.22}$$

빨간색과 파란색의 버전스 관계식 $S_F' = S_F + D_F'$, $S_C' = S_C + D_C'$을 이용하면 색수차는

$$\text{종 색수차} = S_F' - S_C' = (S_F + D_F') - (S_C + D_C') \tag{13.23}$$

이 된다. 모든 색은 한 점에서 방출되기 때문에 $S_F = S_C$이다. 따라서

$$\text{종 색수차} = D_F' - D_C' \tag{13.24}$$

이는 앞에서의 원거리 물체에 대한 색수차 정의와 같아졌기 때문에

$$\text{종 색수차} = \frac{D_D'}{V} \tag{13.25}$$

으로 쓸 수 있다. 즉, 원거리 물체에 대한 종 색수차 식 (13.21)과 근거리 물체에 대한 종 색수차 식 (13.25)가 같다. 따라서 물체의 위치에 상관없이 색수차는 항상 식 (13.25)를 사용하면 된다.

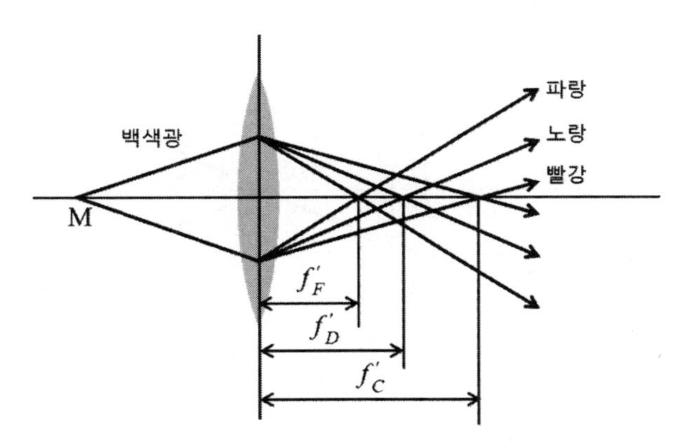

그림 13.6 얇은 렌즈 종 색수차 : 근거리 물체

렌즈에 의해 발생 된 두 파장에 대한 색수차는 렌즈의 색지움 설계로 그림 (13.7)과 같이 제거될 수 있다. 볼록 렌즈와 오목 렌즈를 조합하면 서로의 색수차를 보완하여 색수차가 제거된다. 두 렌즈가 서로 접해 있는 경우, 노란색에 대한 등가 굴절력은

$$D_D' = D_{1D}' + D_{2D}' \tag{13.26}$$

이다. 식 (13.25)에 의해, 얇은 렌즈 1과 얇은 렌즈 2가 유발하는 색수차는 각각 D_{1D}'/V_1, D_{2D}'/V_2이다. 색지움은 두 개의 프리즘이 유발하는 색수차의 합이 0인 경우이다.

$$\text{종 색수차} = \frac{D_{1D}'}{V_1} + \frac{D_{2D}}{V_2} = 0 \tag{13.27}$$

이다. 식 (13.26)과 (13.27)로부터

$$D_{1D}' = \frac{D_D' V_1}{V_1 - V_2}, \quad D_{2D}' = -\frac{D_D' V_2}{V_1 - V_2} \tag{13.28}$$

을 얻을 수 있다.

원하는 임의의 두 파장의 색지움을 원한다면, 그 두 파장에 대한 굴절률을 이용하여 각각의 아베수를 계산하여 식 (13.28)을 이용하면 된다.

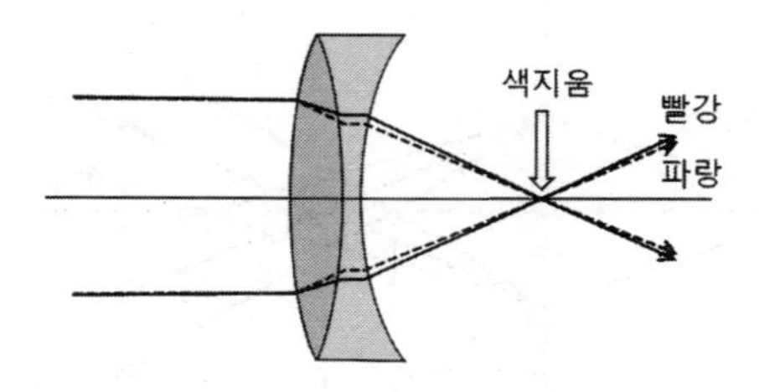

그림 13.7 얇은 렌즈 색지움

[예제 13.3.4]
BK7 유리와 F4로 구성된 8 D의 얇은 렌즈의 빨간색과 파란색의 색지움을 설계하여라.

풀이:
프리즘 굴절력은

$$D_D' = D_{1D}' + D_{2D}' = 8\ D$$

이다. 두 프리즘의 아베수는 각각

$$V_1 = \frac{1.51680 - 1}{1.52238 - 1.51432} = 64.12$$
$$V_2 = \frac{1.61659 - 1}{1.62848 - 1.61164} = 36.61$$

이다. 위 두 식을 연립하여 프리즘 굴절력을 계산하면

$$D_{1D}' = \frac{D_D' V_1}{V_1 - V_2} = \frac{8 \times 64.12}{64.12 - 36.61} = +18.65 \ D$$
$$D_{2D}' = -\frac{D_D' V_2}{V_1 - V_2} = -\frac{8 \times 36.61}{64.12 - 36.61} = -10.65 \ D$$

이다. 등가 프리즘 굴절력이 $+8\ D$이면서 빨간색과 파란색의 색수차를 제거되어 한 점에 결상 하려면, $+18.65\ D$과 $-10.65\ D$인 두 렌즈를 그림 (13.7)과 같이 겹쳐 놓으면 된다.

13.3.3 선형 종 색수차

앞에서 종 색수차는 파란색과 빨간색의 굴절력 차 $D_F' - D_C'$로 정의되었다. 굴절력 차가 아닌 그림 (13.8)의 초점 거리 차 $f_F' - f_C'$를 선형 종 색수차(linear LCA)라고 한다. 이 값은 종 색수차로부터 유도할 수 있다. 색수차를 초점 거리로 바꾸면

$$D_F' - D_C' = \frac{D_D'}{V} \rightarrow \frac{1}{f_F'} - \frac{1}{f_C'} = \frac{1}{f_D' V} \tag{13.29}$$

이고, 위 식을 초점 거리 차로 정리하여 선형 종 색수차를 $f_F' - f_C'$로 정의하면

$$\text{선형 종색수차} = f_F' - f_C' = \frac{f_C' f_F'}{f_D' V} \approx \frac{f'}{V} \tag{13.30}$$

여기서 초점 거리는 서로 큰 차이가 없으므로 $f_D' \approx f'$로, $f_C' f_F' \approx f'^2$으로 놓았다. 만일 선형 종 색수차가 (+) 값이면, 파란색의 결상점이 빨간색의 결상점보다 뒤에 있는 것을 의미한다. (-) 값이면 그 반대이다.

13.3.4 횡 색수차

선형 종 색수차는 광축 방향으로 결상점 차이로 정의되었다. 종 색수차가 발생하면 광축의 횡 방향 (즉, 수직 방향)의 결상점 차이가 필연적으로 발생하는데 이를 횡 색수차(TCA: Transverse chromatic aberration)라고 한다. 그림 (13.8)에서 시야각 θ를 가지고 물점 Q로부터 입사하는 백색광의 주광선은 굴절되지 않고 광심을 통과한다. 종 색수차가 존재하면, 각각의 D, F, C 선의 파장에 대응하는 서로 다른 근축 초점에 상이 형성된다. 상의 끝단 Q_F'와 Q_C'는 주광선 위에 있으며 상의 크기가 같지 않다. 상의 크기 차이는 횡 색수차(TCA)라 불리는 색번짐을 만든다. 선형 횡 색수차(Linear TCA; linear transverse chromatic aberration)는

$$
\begin{aligned}
\text{선형 횡 색수차} &= y_C' - y_F' \\
&= (f_C' - f_F')\tan\theta \\
&= (\text{선형 종 색수차})\ \tan\theta \\
&= \frac{f'}{V}\tan\theta \qquad (13.31)
\end{aligned}
$$

이다. 즉 선형 종 색수차에 탄젠트(tan)가 곱해진 것으로, 탄젠트 함수의 특징에 따라 각 θ가 증가하면 선형 횡 색수차는 급격히 증가한다.

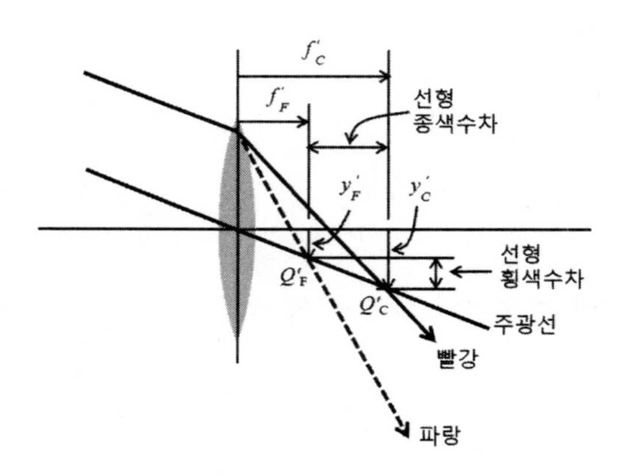

그림 13.8 선형 종색수차와 선형 횡색수차

[예제 13.3.5]

100 mm의 초점 거리를 가진 BK7 재질의 얇은 렌즈에서 선형 횡 색수차를 구하여라. 무한 거리에 있는 물체의 시야각은 4.8° 이다.

풀이: 앞 예제에서 BK7의 아베수 64.12를 이용하여 계산한다.

$$\text{선형 횡 색수차} = \frac{f'}{V}\tan\theta = \frac{0.1\ m}{64.12}\tan 4.8^{\circ} = 0.13\ mm$$

13.4 공기 중 색지움 조합(Achromatic Combination)

13.4.1 호이겐스 접안 렌즈

일반적으로 접안 렌즈는 확대경 역할을 하여 상을 확대시키는 것을 의미한다. 호이겐스는 공기 중에 서로 떨어져 있는 두 개의 렌즈의 조합으로, D 선 근처 모든 파장에서 초점 거리가 일정한 값을 갖도록 즉 색지움이 되도록 설계될 수 있음을 발견하였다. 호이겐스 접안 렌즈는 동일한 광학 유리로 만들어질 수 있다. 색지움 렌즈와 차이점은 색지움 렌즈가 접하도록 설계되는 반면, 호이겐스 접안 렌즈는 그림 (13.9)와 같이 두 렌즈가 공기층을 두고 서로 떨어져 있는 구조이다. 간격이 d인 두 렌즈의 등가 굴절력은

$$D' = D_1' + D_2' - dD_1'D_2' \tag{13.32}$$

이고, 두 렌즈의 굴절력은 각각

$$D_1' = (n-1)(\frac{1}{r_1} - \frac{1}{r_2}) = (n-1)k_1 \tag{13.33}$$

$$D_2' = (n-1)(\frac{1}{r_3} - \frac{1}{r_4}) = (n-1)k_2 \tag{13.34}$$

이므로, 위 두 식 (13.33)과 (13.34)의 굴절력을 식 (13.32)의 등가 굴절률에 대입하여 정리하면

$$D' = nk_1 + nk_2 - k_1 - k_2 - dn^2k_1k_2 + 2dnk_1k_2 - dk_1k_2 \tag{13.35}$$

파장에 따라 굴절률이 다르면 색수차가 발생하므로, 색지움이 되기 위하여 등가 굴절력이 굴절률에 무관해야 한다. 따라서 굴절률로 미분 값은 0이 되어야 한다.

$$\frac{dD'}{dn} = k_1 + k_2 - 2dk_1k_2(n-1) = 0 \tag{13.36}$$

이로부터

$$D_1' + D_2' - 2dD_1'D_2' = 0 \tag{13.37}$$

이다. 따라서 두 렌즈 사이 간격 d는

$$d = \frac{D_1' + D_2'}{2D_1'D_2'} \tag{13.38}$$

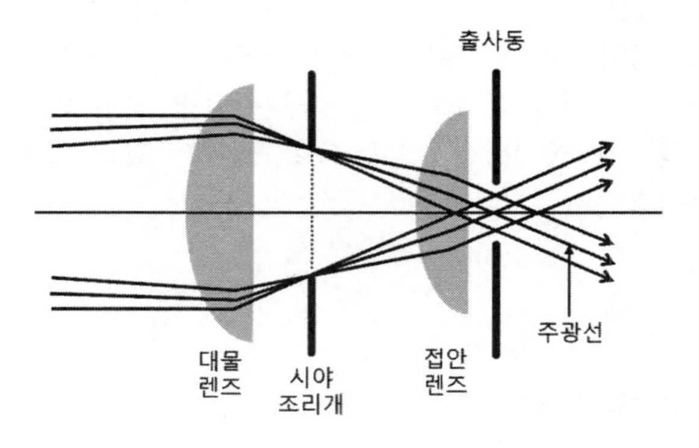

그림 13.9 호이겐스 접안 렌즈

호이겐스 접안 렌즈의 등가 굴절력을 초점 거리로 쓰면

$$d = \frac{D_1' + D_2'}{2D_1'D_2'} = \frac{f_1' + f_2'}{2} \tag{13.39}$$

이다. 동일한 유리로 만들어진 두 렌즈의 간격이 두 렌즈의 초점 거리의 평균값과 같다면, 두 초점 거리 f_1'와 f_2' 근처 파장의 빛들이 같은 초점 거리를 갖는다. 즉 파장에 따른 수차 없이 한 점에 모인다. 앞에 있는 렌즈는 시야 렌즈(field lens)로 뒤에 있는 렌즈는 접안 렌즈(ocular lens)로 부르고, 두 렌즈 모두 평볼록 렌즈 모양이다.

호이겐스 접안 렌즈로 사용되는 두 렌즈의 초점 비율이

$$k = \frac{f_1'}{f_2'} = 2.0 \sim 2.5 \tag{13.40}$$

일 때, 가장 효율적이다. 두 렌즈를 각각 시야 렌즈(field lens)와 접안 렌즈(ocular lens)라고 한다.

[예제 13.4.1]
초점 거리 50 mm이고 $k=2$인 호이겐스 접안 렌즈를 설계하여라.

풀이: 식 (13.40)을 이용하면

$$k = \frac{f_1'}{f_2'} = 2.0 \quad \rightarrow \quad f_1' = 2f_2'$$
$$d = \frac{f_1' + f_2'}{2} = \frac{3}{2} f_2'$$
$$f' = \frac{f_1' f_2'}{f_1' + f_2' - d} = \frac{4}{3} f_2' = 0.05\ m$$
$$f_2' = 0.038\ m$$
$$f_1' = 0.075\ m$$
$$d = 0.056\ m$$

13.4.2 람스덴 접안 렌즈

색지움을 위한 람스덴 접안 렌즈는 그림 (13.10)과 같이 시야 렌즈와 접안 렌즈로 구성된다. 접안 렌즈의 물측 초평면은 시야 렌즈 앞에 위치하고 있고, 람스덴 설계가 횡 색수차를 보정하는 데는 떨어지지만, 다른 수차를 보정하는 데는 호이겐스 접안 렌즈보다 우수하다. 색지움 최적 간격은

$$d = 0.7 f_1' \tag{13.41}$$

이고, 두 렌즈의 최적의 초점 비율은

$$\frac{f_1'}{f_2'} = 1.0 \sim 1.4 \tag{13.42}$$

로 알려져 있다.

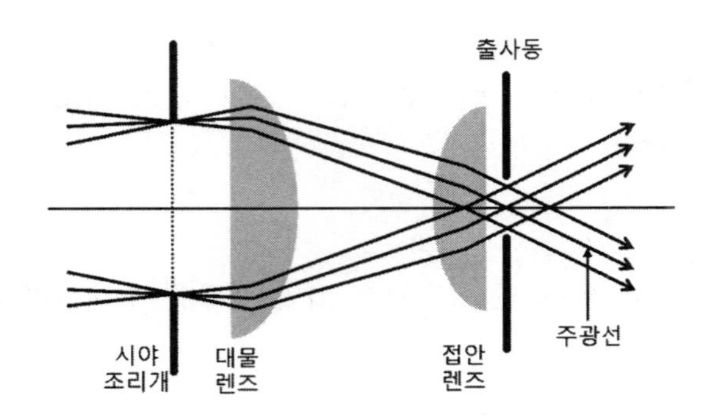

그림 13.10 람스덴 접안 렌즈

[예제 13.4.2]
$k = 1.2$인 경우, 초점 거리 100 mm를 가진 람스덴 접안 렌즈를 설계하여라. 단 $d = 0.7f_1'$ 이고 $f_1' = 1.2f_2'$로 주어졌다.

풀이: 두 렌즈 시스템의 등가 굴절력 식 (8.2)의 굴절력을 초점 거리 $f'(=\frac{1}{D'})$로 바꿔서 값을 대입하면

$$D' = D_1' + D_2' - dD_1'D_2'$$
$$\frac{1}{f'} = \frac{1}{f_1'} + \frac{1}{f_2'} - d\frac{1}{f_1'}\frac{1}{f_2'} = \frac{f_2' + f_1' - d}{f_1' f_2'}$$
$$f' = \frac{f_1' f_2'}{f_2' + f_1' - d}$$

$$f' = \frac{f_1' f_2'}{f_1' + f_2' - d} = \frac{1.2}{1.36} f_2' = 100\ mm$$
$$f_2' = 113.33\ mm$$
$$f_1' = 226.66\ mm$$
$$d = 95.20\ m$$

요약

13.1 프라운호퍼 선:은 태양 빛의 흡수 스펙트럼

13.2 분산능 $\omega = \dfrac{n_F - n_C}{n_D - 1}$

아베수 $V = \dfrac{n_D - 1}{n_F - n_C}$

프리즘 색수차 $\dfrac{n_F - n_C}{n_D - 1} P_D^{\triangle} = \dfrac{P_D^{\triangle}}{V}$

13.3 얇은 렌즈 색수차 $\dfrac{n_F - n_C}{n_D - 1} D_D{}' = \dfrac{D_D{}'}{V}$

선형 종색수차 $f_F{}' - f_C{}' = \dfrac{f'}{V}$

선형 횡색수차 $\dfrac{f'}{V}\tan\theta$

13.4 호이겐스 접안렌즈 간격 $d = \dfrac{D_1{}' + D_2{}'}{2D_1{}'D_2{}'} = \dfrac{f_1{}' + f_2{}'}{2}$

연습 문제

13-1. 표에 있는 데이터를 이용하여 다음 재질의 분산과 아베수와 분산을 계산하여라.

답] 각막: 56.2836, 0.01776, 수양액: 53.3333, 0.01875, 수정: 68.4328, 0.01461

재질	n_C	n_D	n_F	아베수	분산
각막	1.3751	1.3771	1.3818		
수양액	1.3341	1.3360	1.3404		
수정체	1.4565	1.4585	1.4632		

문제 (13-1)의 표

13-2. 크라운 글라스 재질의 얇은 렌즈가 D-선 파장에 대하여 초점 거리가 120 mm이다. D, F, C-선 파장에 대한 렌즈 굴절률은 각각 1.5231, 1.5293, 1.5204 이다. F와 $C-$선 파장에서 초점 거리와 종 색수차(LCA)를 구하여라.

답] $f_F{}' = 118.59\ mm$, $f_C{}' = 120.62\ mm$, $LCA = +0.14178\ D$

13-3. 물체가 무한 거리에 있고, 광축에 대하여 12° 각도로 보이는 물체에 대하여 문제 2의 렌즈에 대하여 횡 색수차(TCA)를 구하여라.

답] 0.031416 D

13-4. 시야 렌즈와 접안 렌즈의 초점 거리가 각각 56 mm와 25 mm인 호이겐스 접안 렌즈를 설계하여라.

답] $f' = 34.57mm$

13-5. 초점 거리 65 mm인 시야 렌즈 $k = 1.2$인 람스덴 접안 렌즈를 설계하여라. 여기서$d = 0.7f_1{}'$이다.

답] $f_1{}' = 97.5\ mm$, $f_2{}' = 81.25\ mm$

CHAPTER

14

단색 수차(Monochromatic Aberration)

수차는 색수차와 단색 수차로 구분할 수 있다. 파장에 따라 광학계의 굴절률을 다르게 느껴서 굴절 정도가 달라서 색수차가 발생한다. 따라서 여러 파장의 빛이 광학계에 같은 점으로 입사하더라도 색수차가 발생한다. 반면, 단색 수차는 동일 파장의 빛이 광학계에 입사하는 위치가 다르면 결상점의 차이가 발생하여 나타나는 현상이다.

근축 광학에서는 광축에 가까이 입사하는 광선들만 다루기 때문에 결상점이 모두 같아서 수차가 발생하지 않았다. 하지만 빛이 광축으로부터 입사하는 높이가 달라지면, 광학계의 굴절력이 다르게 되고, 입사 높이에 따라 결상점이 일치하지 않아서 수차가 발생한다.

14.1 자이델 수차(Seidel Aberrations)

독일의 수학자 자이델(Ludwig Von Seidel)이 물체 거리와 상 거리를 계산할 수 있는 근축 근사(가우스 광학)를 기반으로 하는 1차 광학과 비교하여 3차 수차 또는 자이델 수차라고 하는 5가지 단색 수차를 분석하였다.

14.1.1 구면 수차

구면 렌즈는 광축으로부터 가장자리 방향으로 멀어질수록 **프리즘 굴절력이 강해**지므로, 광선의 입사 높이에 따라 결상점이 달라진다. 광축에서 먼 곳으로 입사한 광선일수록 렌즈에 가까운 곳에 상을 맺는데, 결상점의 차이를 종 구면 수차(또는 구면 수차)라고 한다. 그림 (14.1)은 볼록 렌즈와 오목 렌즈에 의한 구면 수차를 보여준다.

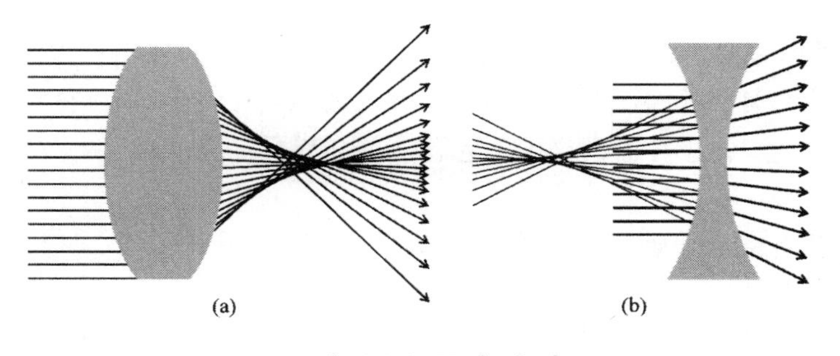

그림 14.1 구면 수차

구면 수차는 여러 가지 방법으로 줄일 수 있다. **첫 번째** 방법은 벤딩이다. 적절한 벤딩은 렌즈의 구면 수차를 효과적으로 줄일 수 있다. 구면 수차량은 렌즈 제1면과 제2면의 곡률 반경으로 정의된 코딩턴 **모양 인자**(또는 **형상 인자**) σ에 의존한다. 렌즈의 굴절력을 일정하게 유지하면서 모양을 변화시킬 수 있는데, 이를 벤딩이라고 한다. 그림 (14.2)는 렌즈 벤딩에 따른 모양 인자 변화와 구면 수차를 보여준다. 제2면이 평면이고 제1면이 볼록일 때, 대략적으로 구면 수차가 최소가 된다.

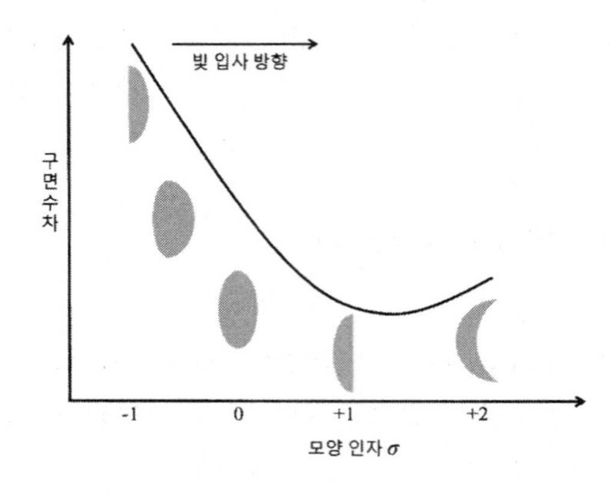

그림 14.2 벤딩에 따른 구면 수차 변화

두 번째 방법은 조리개를 이용하여 렌즈의 가장자리로 통과하는 빛을 차단하는 것인데, 가장자리로 입사하는 광선이 큰 수차를 유발하기 때문이다. 이런 이유로 안경 렌즈 설계에 구면 수차는 큰 고려 대상이 아니다. 왜냐하면, 사람 눈의 동공이 작기 때문에 안경 렌즈 가장자리로 입사하는 광선들은 대부분 차단되므로 망막까지 이르지 못하여, 구면 수차가 크지 않기 때문이다. 조리개를 이용하여 개구를 줄이면 수차가 줄어들고 초점 심도는 깊어져서 해상도가 높아진다. 하지만 조리개를 너무 줄이면 통과하는 광량이 부족하고, 심하면 회절이 증가할 수 있다.

세 번째 방법은 음(-) 렌즈와 양(+) 렌즈를 겹쳐서, 수차를 줄이는 방법이다. 겹쳐지는 두 렌즈는 서로의 수차를 보완할 수 있도록 벤딩된 것이다. 렌즈의 겹침으로 어느 정도 수차를 줄일 수는 있지만, 완전히 제거되지는 못한다.

마지막으로 렌즈를 비구면으로 설계하는 방법이 있다. 비구면 안경 렌즈는 구면 렌즈에서 발생하는 비점 수차와 구면 수차를 해소하기 위해 렌즈의 한쪽 면이나 양쪽 면을 비구면으로 설계한 렌즈다. 즉, 구면 렌즈의 굴절력 차이를 없애기 위하여 렌즈 높이에 따라 곡률을 다르게 설계한 것이다. 비구면 안경 렌즈의 장점은 색분산이 적으며 주변부 시야 흐림이 매우 적다는 것이다.

14.1.2 코마

코마와 비점 수차의 구분에 어려움을 겪는 경우가 있는데, 코마는 구면 수차와 마찬가지로 **굴절면의 굴절력이 일정하지 않아서 발생**한다. 광선들이 광축과 평행하게 입사하는 경우 구면 수차가 발생한다. 반면에 코마는 광선들이 광축에 비스듬하게 입사할 때 발생한다. 즉, 먼 곳에 있는 비축 물점에서 서로 평행하게 방출된 광선들에 의해서 발생한다.

코마가 발생하는 또 다른 원인은 광선이 광축에 나란하게 입사하더라도, 광학계 일부가 비스듬하게 틀어져 있으면 역시 코마가 발생한다. 광학계 중심부와 가장자리로 입사하는 광선에 작용하는 굴절력이 다르고 이로 인해 수직 높이에 따른 상의 크기도 달라진다. 그림 (14.3)과 같이 코마로 인하여 스크린에 맺힌 상이 혜성과 유사한 모양이어서 혜성을 뜻하는 이름으로 붙여진 것이다. 즉, 광축에서 멀어질수록 상이 커져서 마치 꼬리가 있는 혜성 모양을 보인다.

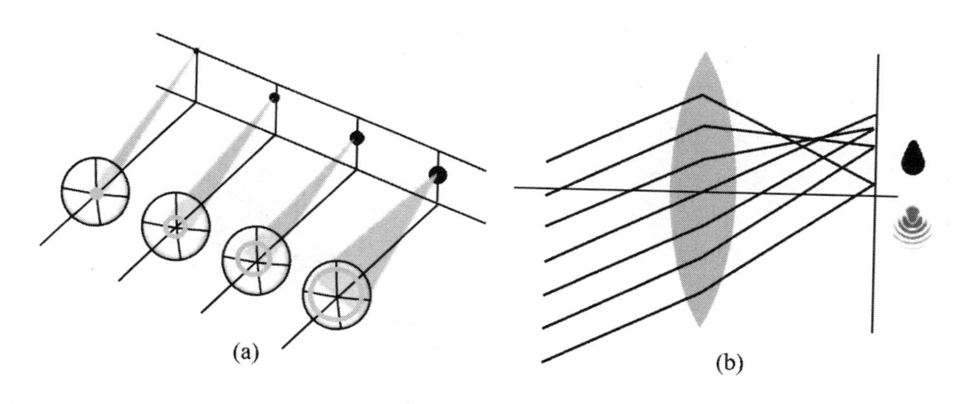

그림 14.3 코마

구면 수차와 같이 코마도 광축에서 벗어나 가장자리로 입사하는 광선일수록 코마가 커진다. 그리고 역시 구면 수차와 같이 코마도 벤딩에 의존하게 되는데, 그림 (14.4)에서와 같이 최적의 벤딩에 의하여 코마가 최소가 될 수 있다. 구면 수차와 같은 이유에서 즉, 동공이 작아서 가장자리로 입사하는 광선들은 동공에서 걸러지기 때문에, 안경 렌즈 설계에 코마도 고려 대상이 아니다.

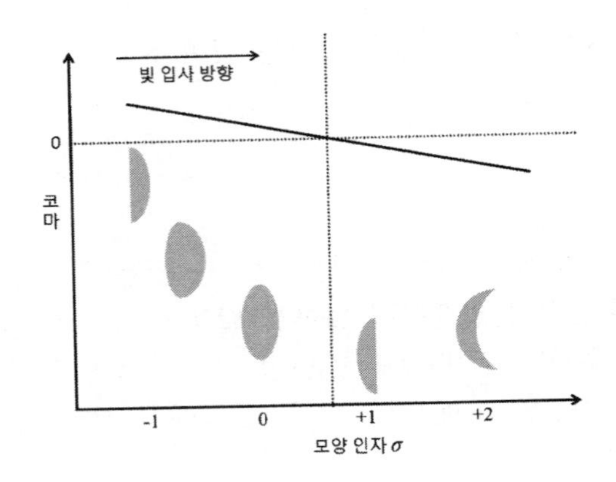

그림 14.4 벤딩에 따른 코마

14.1.3 비점 수차

그림 (14.5)에서와 같이 비점 수차는 비축점의 점 광원에서 **발산 광선**들이 방출되어 광학계에 입사할 때 발생한다. 비축점으로부터 발생된 광선들이 렌즈의 중심부로 입사하더라도 비점 수차는 발생하므로 *안경 렌즈 설계에 매우 중요하게 고려해야 한다*. 안경 렌즈의 제1면 굴절력을 조절하여 비점 수차를 최소화할 수 있다.

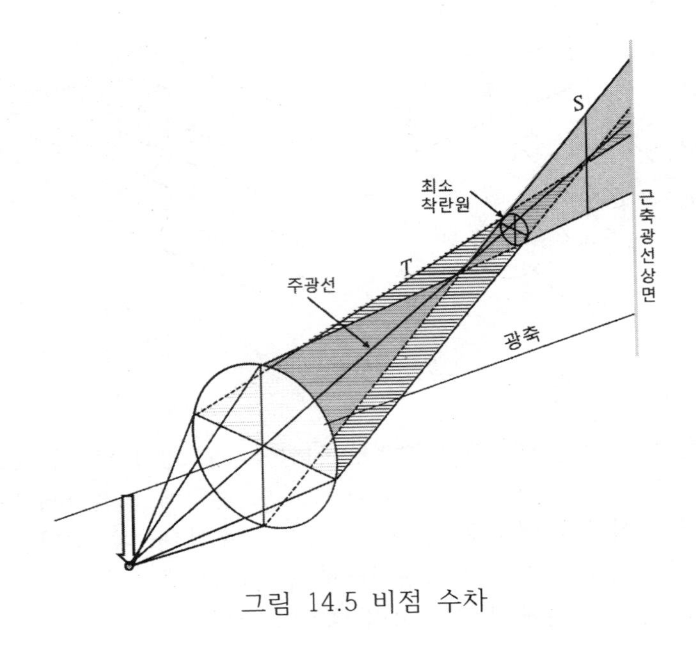

그림 14.5 비점 수차

그림 (14.6)은 비축점에서 나와서 얇은 렌즈의 절점을 통과하는 광선을 보여준다.

비축점에서 방출되어 입사각 θ에 따른 수직 광선들이 맺는 상은, T로 표기된 상면을 형성한다. 반면 수평 광선들이 맺는 상은, S로 표기된 상면을 형성한다. 각 θ가 작은 영역에서는 두 상면이 거의 일치하여 차이가 매우 작지만, 각이 커짐에 따라 두 상면 사이의 곡률 차이가 더 커진다.

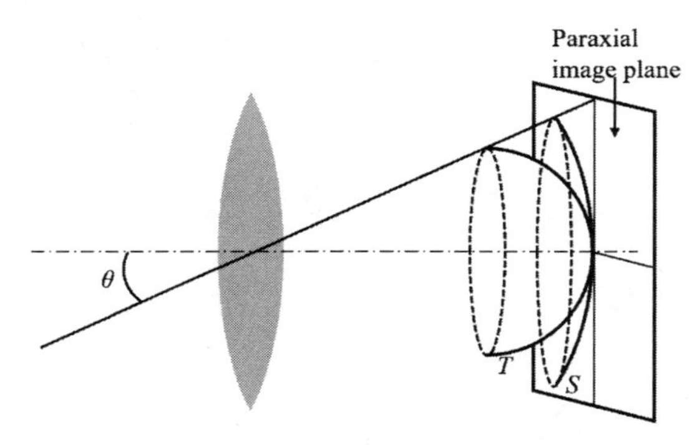

그림 14.6 비점 수차 상면

그림 (14.6)을 회전시키면 3차원 상면을 얻을 수 있는데 두 면은 각각 T (찻잔 : Teacup), S(컵 받침 ; Saucer) 모양이 된다.

14.1.4 상면 만곡

렌즈, 눈이 구면 모양이어서 구면을 통과한 광선들이 맺는 상면은 평면이 될 수 없다. 그림 (14.7)은 광축을 중심으로 가장자리로 갈수록 상이 맺히는 면이 굽어진다.

렌즈가 구면이어서 평평한 물체에 대한 물체 거리가 같지 않아서, 상 거리가 일정치 않기 때문에 상면이 굽어지는 것이다. 이에 따라 수차가 발생하는데 이를 상면 만곡(또는 페츠발 상면 만곡)이라고 한다.

그림 (14.7)에 있는 스크린이 상면의 가운데 부분에 맞춰진 경우, 상의 가장자리 부분의 흐림 현상이 발생한다. 반면 스크린이 상면의 가장자리에 맞춰지면 상의 가운데 부분이 흐려진다.

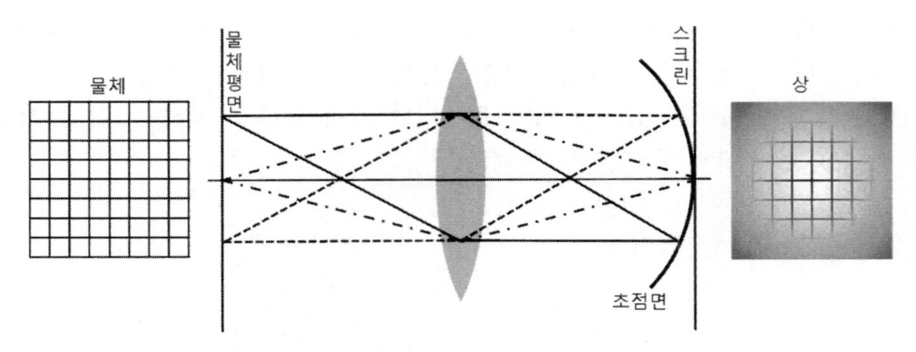

그림 14.7 상면 만곡

14.1.5 왜곡 수차

왜곡 수차는 물체에 대한 가장자리와 중심부의 횡배율이 달라서 발생하는 수차이다. 그림 (14.8)의 베럴(barrel) 왜곡은 음 렌즈의 경우 가장자리 물체 축소 비율이 중앙부의 축소 비율보다 커서, 물체의 가장자리가 두루 뭉실하게 보이는 현상이다. 반면 핀쿠션(pincushion) 왜곡은 양 렌즈에 의해 가장자리 확대 비율이 중심부 확대 비율보다 크기 때문에 발생하는 현상이다. 왜곡 수차를 줄이기 위해서는 안경 렌즈를 설계할 때, 중심부와 가장자리의 배율이 같아지도록 해야 한다.

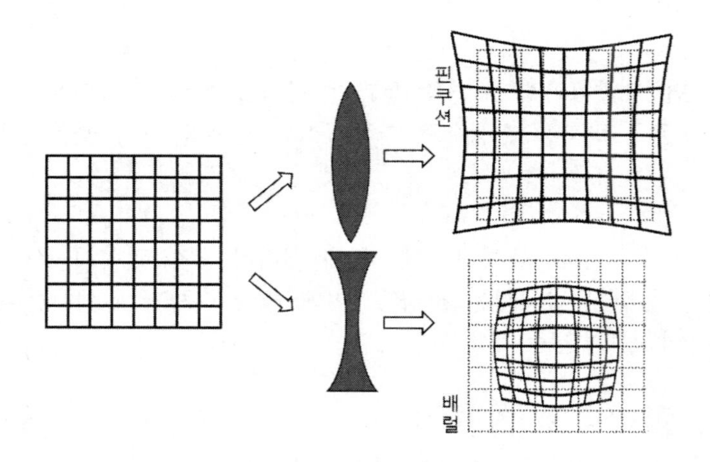

그림 14.8 왜곡 수차

14.2 광선 추적

주어진 물점에 대한 공액 상점은 광선 추적을 통하여 찾을 수 있다. 그림 (14.9)의 굴절 구면에 대한 광선 추적 과정은 매질의 경계면에서 근사 없는 스넬의 법칙을 이용한다.

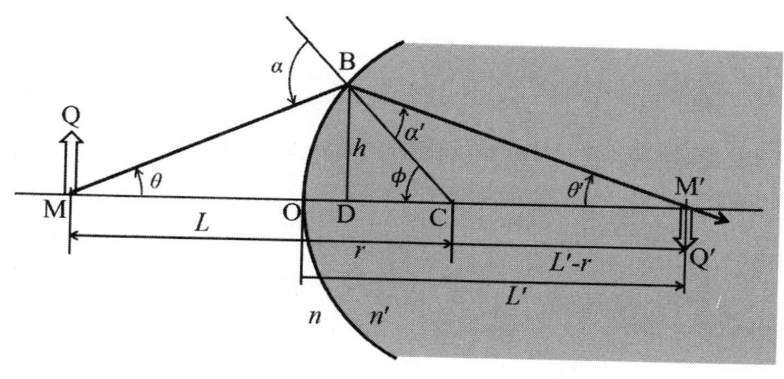

그림 14.9 광선 추적

삼각형 $\triangle CMB$에서, 삼각 함수 방정식을 이용하면

$$\frac{\sin\alpha}{r-L}=\frac{\sin\theta}{r}$$

$$\sin\alpha=\frac{r-L}{r}\sin\theta \qquad (14.1)$$

구면의 한 점 B에서 스넬의 법칙은

$$\sin\alpha'=\frac{n}{n'}\sin\alpha \qquad (14.2)$$

이고, 삼각형 $\triangle CMB$과 삼각형 $\triangle CBM'$의 각 관계식

$$\phi=\alpha-\theta=\alpha'-\theta' \quad \rightarrow \quad \theta'=\alpha'-\alpha+\theta \qquad (14.3)$$

여기서 각의 부호는 부호 규약에 따른다. 위 세 식을 조합하여

$$\theta' = \arcsin\left(\frac{n}{n'}\sin\alpha\right) - \arcsin\left(\frac{r-L}{r}\sin\theta\right) + \theta \tag{14.4}$$

또 삼각형 $\triangle CBM'$에서, 삼각 함수 방정식을 이용하면

$$\frac{\sin\alpha'}{L'-r} = \frac{\sin\theta'}{-r}$$

$$L' = r\left(1 - \frac{\sin\alpha'}{\sin\theta'}\right) \tag{14.5}$$

위 결과식으로부터 θ', L'을 구하는 과정을 반복(렌즈와 다중면으로 구성된 광학계의 경우)하여 최종 상의 위치를 계산한다.

그림 (14.10)은 광선 추적으로부터 근사 없이 계산된 상 거리 L'과 근축 근사를 적용하여 계산된 상 거리 s'를 보여준다. 수차는 이 두 값의 차 $L'-s'$로 정의된다. 수차의 값은 (+), (-) 값이 모두 가능하다. 수차에 대한 수학적 결과는 복잡하여 중요 내용만 다음 절에서 소개한다.

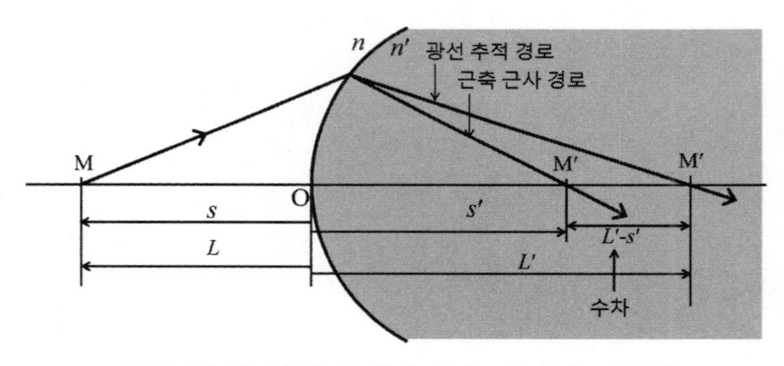

그림 14.10 광선 추적과 근축 근사의 결상점

14.3 3차 수차 이론(Third-order Aberration)

14.3.1 삼각 함수의 전개

자주 쓰이는 삼각 함수 $\sin\theta$, $\cos\theta$, 그리고 $\tan\theta$ 의 값은 각각의 무한 급수로 전개할 수 있다.

$$\sin\theta = \theta - \frac{\theta^3}{3!} + \frac{\theta^5}{5!} - \frac{\theta^7}{7!} + \cdots \tag{14.6}$$

$$\cos\theta = 1 - \frac{\theta^2}{2!} + \frac{\theta^4}{4!} - \frac{\theta^6}{6!} + \cdots \tag{14.7}$$

$$\tan\theta = \theta + \frac{\theta^3}{3!} + \frac{2\theta^5}{15} + \frac{17\theta^7}{315} + \cdots \tag{14.8}$$

수학적인 근축 근사는 각 θ가 작은 경우로 국한하므로 θ의 제곱 이상 고차 항은 더욱 작아 무시할 수 있다. 따라서 근삿값은

$$\sin\theta \approx \theta, \quad \cos\theta \approx 1, \quad \tan\theta \approx \theta \tag{14.9}$$

이다.

근축 근사 없는 스넬의 법칙, $n\sin\theta = n'\sin\theta'$을 무한 급수로 쓰면

$$n\left(\theta - \frac{\theta^3}{3!} + \frac{\theta^5}{5!} - \frac{\theta^7}{7!} + \cdots\right) = n'\left(\theta' - \frac{\theta'^3}{3!} + \frac{\theta'^5}{5!} - \frac{\theta'^7}{7!} + \cdots\right) \tag{14.10}$$

인데, 근축 근사를 적용하면 θ의 1차 항 즉, 첫 번째 항만 남기고 나머지 고차 항은 모두 무시하여

$$n\theta = n'\theta' \tag{14.11}$$

로 쓴다. 이 경우 모든 광선은 광학계에 입사 높이에 상관없이 한 점에 모여 상점을 형성하므로 수차가 나타나지 않는다. 따라서 광학계의 수차를 분석하기 위해서는 무시된 θ의 고차 항까지 고려해야 한다.

14.3.2 광축 물점의 수차

삼각 함수의 전개식에서 모든 무한 항을 사용하면 정확한 결상점을 계산할 수 있다. 하지만 무한 항을 포함하여 계산하는 것은 불가능하기 때문에 가능한 범위 내에서 고차 항을 적용하여 수차를 분석한다. 자이델(Seidel)은 3차 항까지 고려하여 단색 수차를 분석하였는데, 이로부터 다섯 가지 수차를 유도하였다. 삼각 함수의 3

차 항은

$$\sin\theta \approx \theta - \frac{\theta^3}{3!} \tag{14.12}$$

$$\cos\theta \approx 1 - \frac{\theta^2}{2!} \tag{14.13}$$

$$\tan\theta \approx \theta + \frac{\theta^3}{3!} \tag{14.14}$$

으로 근사한 것을 의미한다. 근축 근사 상점과 실제 상점과의 차이를 수차라고 한다. 그림 (14.11)에서 볼 수 있는 바와 같이 수평 방향 수차는 종수차(LA, δ_L), 수직 방향 수차는 횡수차(TA, δ_T)이다.

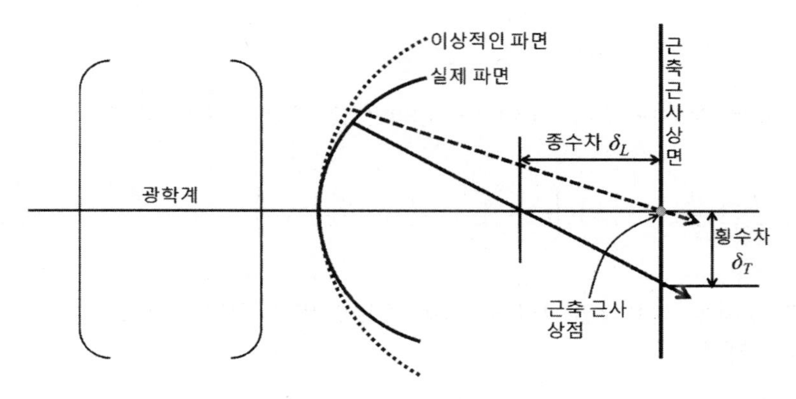

그림 14.11 종수차, 횡수차

그림 (14.12) 광축상 물점과 상점 사이의 광 경로를 나타낸다. 즉 근축 근사(1차)에서는 두 경로 즉, MOM'과 MBM'에 대한 광경로(OPL)가 페르마 원리에 따라 일치한다.

$$OPL_{MOM'} = OPL_{MBM'} \tag{14.15}$$

하지만 1차 그 이상 근사에서는 두 광경로가 같지 않다. 특히 경계면 상의 점 B의 위치에 따라 광경로가 달라진다. 점 B를 지나는 경로에 대한 광경로 차를 $\Delta OPL(B)$라 하면

$$\begin{aligned} a(B) &= \Delta OPL(B) = OPL_{MOM'} - OPL_{MBM'} \\ &= (nl + n'l') - (ns + n's') \\ &= -\frac{h^4}{8}\left[\frac{n}{s}\left(\frac{1}{s} + \frac{1}{R}\right)^2 + \frac{n'}{s'}\left(\frac{1}{s'} - \frac{1}{R}\right)^2\right] \\ &= ch^4 \end{aligned} \tag{14.16}$$

여기서 $c = -\frac{1}{8}\left[\frac{n}{s}\left(\frac{1}{s} + \frac{1}{R}\right)^2 + \frac{n'}{s'}\left(\frac{1}{s'} - \frac{1}{R}\right)^2\right]$이다.

위 결과는 광축상 물점에 대한 3차 **구면 수차**인데, 높이 h의 h^4에 비례하여, 가장 자리를 통과하는 광선의 높이 h에 따라 구면 수차가 매우 급격하게 증가하는 것을 알 수 있다. 다른 수차는 비축 물점에 의하여 발생한다.

종 구면 수차 δ_L과 횡 구면 수차 δ_T는 각각

$$\delta_L = \frac{s'}{n_L}\frac{d}{dh}a(B) \tag{14.17}$$

$$\delta_T = \frac{\delta_L}{\tan\theta} \approx \frac{s'^2}{n_L h}\frac{d}{dh}a(B) \tag{14.18}$$

이다.

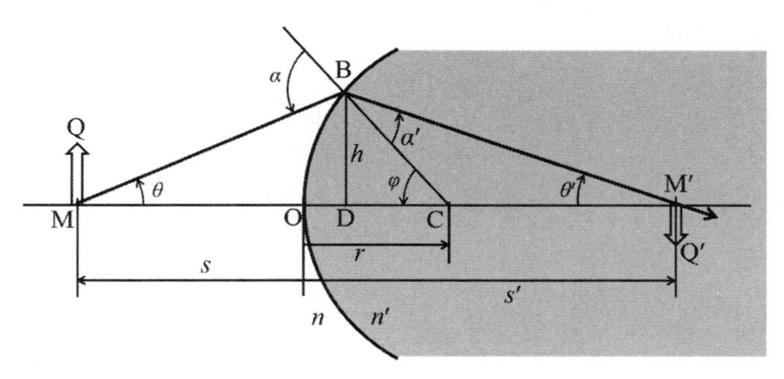

그림 14.12 구면에서의 3차 이론

[예제 14.3.1]
광축에 중심이 맞춰져 있는 멀리 있는 점으로부터 광선이 방출되어 굴절 구면으로 입사한다. 볼록 구면의 곡률 반경은 $R = 5\,cm$이고, 굴절률은 $n_L = 1.6$이다. 광선이

높이 $h=1.0\,cm$로 입사할 때 종 구면 수차 δ_L과 횡 구면 수차 δ_T를 구하여라.

풀이:
식 (14.16)을 이용하여 계산한다. 물체가 멀리 있으므로 $s\rightarrow -\infty$를 식 (14.16)에 적용하면

$$a(B)=-\frac{h^4}{8}\left[\frac{n}{s}\left(\frac{1}{s}+\frac{1}{R}\right)^2+\frac{n'}{s'}\left(\frac{1}{s'}-\frac{1}{R}\right)^2\right]=-\frac{h^4}{8}\left[\frac{n_L}{s'}\left(\frac{1}{s'}-\frac{1}{R}\right)^2\right]$$

이다. 여기서 $n=1.0$ (공기), $n'=n_L=1.6$이다. 위 식을 h로 미분하면

$$\frac{d}{dh}a(B)=-\frac{4h^3}{8}\left[\frac{n_L}{s'}\left(\frac{1}{s'}-\frac{1}{R}\right)^2\right]$$

근축 광선의 상 거리 s'를 찾기 위하여, 굴절 구면 결상 방정식을 이용한다.

$$\frac{n_L}{s'}=\frac{n}{s}+\frac{n_L-n}{R}\rightarrow s'=10.667\ cm$$

$$\begin{aligned}\frac{d}{dh}a(B)&=-\frac{4h^3}{8}\left[\frac{n_L}{s'}\left(\frac{1}{s'}-\frac{1}{R}\right)^2\right]\\&=-\frac{1^3}{2}\left[\frac{1.6}{10.667}\left(\frac{1}{10.667}-\frac{1}{5.000}\right)^2\right]\\&=-0.0008467\end{aligned}$$

종 구면 수차와 회 구면 수차는 각각 식 (4.17)과 (4.18)로부터

$$\delta_L=\frac{s'}{n_L}\frac{d}{dh}a(B)=-0.005645\,cm$$

$$\delta_T=\frac{s'^2}{n_Lh}\frac{d}{dh}a(B)=-0.06021\,cm$$

14.3.3 비축 물점의 수차

그림 (14.13)에서, 세 개의 광선이 각각 비축 물점 Q에서 출발한 광선이 A, O, B을 통과한 후 상점 Q'에 도달한다. QAQ'를 지나는 광선은 구면 중심을 지나

기 때문에 굴절없이 직진한다. 따라서 다른 두 광선에 비하여 최단 거리인 경로이다. 나머지 두 광선 QOQ', QBQ'를 지나는 광선은 중심을 지나는 광선과의 광경로 차로 수차를 계산한다.

$$\Delta OPL(B) = OPL_{QBQ'} - OPL_{QAQ'} = c\rho'^4 \tag{14.19}$$

$$\Delta OPL(O) = OPL_{QOQ'} - OPL_{QAQ'} = cb'^4 \tag{14.20}$$

$$\mathrm{a}(B) = \Delta OPL(B) - \Delta OPL(O) = c(\rho'^4 - b'^4) \tag{14.21}$$

$$\rho'^2 = r^2 + b^2 + 2rb\cos\theta, \qquad (b \propto h') \tag{14.22}$$

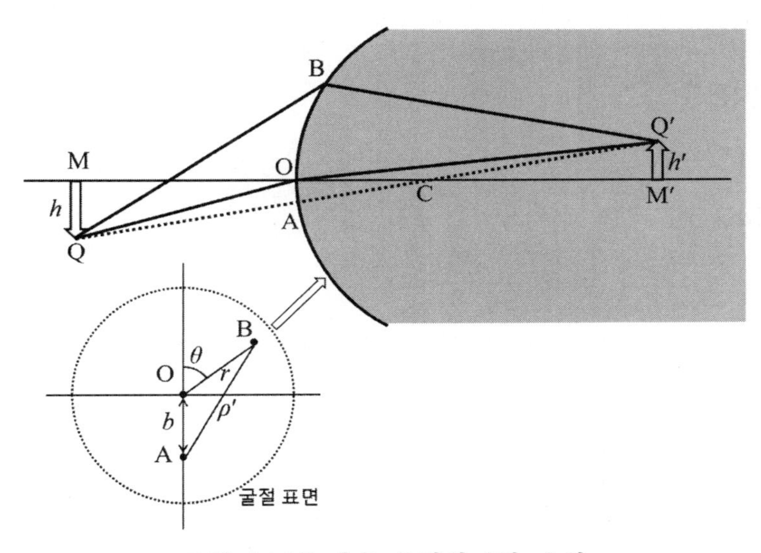

그림 14.13 비축 물점의 3차 수차

점 B를 지나는 광선의 수차 함수 $a(B)$를 계산하면

$$a(B) = C_S\, r^4 \qquad \text{(구면수차)} \tag{14.23}$$

$$+\, C_C\, h' r^3 \cos\theta \qquad \text{(코마수차)} \tag{14.24}$$

$$+\, C_A\, h'^2 r^2 \cos^2\theta \qquad \text{(비점수차)} \tag{14.25}$$

$$+\, C_{CF}\, h'^2 r^2 \qquad \text{(상면만곡)} \tag{14.26}$$

$$+\, C_D\, h'^3 r \cos\theta \qquad \text{(왜곡수차)} \tag{14.27}$$

을 얻을 수 있다.

위 식 (14.23) ~ (14.27)의 다섯 개 항을 자이델(Seidel)의 단색 수차라고 한다. 이 중 구면 수차(Spherical aberration), 코마 (Coma), 비점 수차(Astigmatism)는 **상의 흐림**을 유발하고, 나머지 두 개 상면 만곡(Curvature of Field), 왜곡 수차 (Distortion)는 **상의 변형**을 유발한다.

구면 수차는 h'에는 무관하여 비축 상점이 중심으로부터 어디에 상이 형성되는지 상관없다. 즉 광축 위의 상점 뿐만 아니라 비축 상점에서도 구면 수차가 발생한다. 다만 r의 4제곱에 비례하므로 광학계의 광축으로부터 빛의 입사 높이에 매우 민감하게 작용하여 가장자리로 입사하는 광선일수록 구면 수차가 급격하게 증가한다. 반면 나머지 4개 수차는 빛의 입사 높이와 비축 상점에 따라 증가한다. 이 중에서 코마가 입사 높이에 가장 민감하게 반응하고, 왜곡 수차는 비축 상점의 높이에 따라 가장 급격하게 증가한다.

14.3.3.1 구면 수차

비축점에 대한 구면 수차 함수, 식 (14.23)으로부터 종 구면 수차 δ_L과 횡 구면 수차 δ_T는 각각

$$\delta_L = \frac{s'}{n_L}\frac{da(B)}{dr} = \frac{s'}{n_L}\left(\frac{d}{dr}C_s r^4\right) = \frac{4C_S s'}{n_L} r^3 \tag{14.28}$$

$$\delta_T = \frac{s'\delta_L}{r} = \frac{4C_S s'^2}{n_L} r^2 \tag{14.29}$$

이다. 자세한 유도 과정은 생략하기로 한다. 여기서 n_L은 굴절 매질의 굴절률이고, r은 그림 14.13에 있는 것으로 광선이 입사하는 높이이다. 또 s'는 근축 광선의 상 거리이다. 그리고 상수 C_s는 굴절면의 특성에 따라 결정되는 상수이다.

렌즈는 두 개의 구면으로 구성되어 있다. 따라서 빛이 두 개의 면을 지나면서 발생한 구면 수차가 렌즈에 의한 구면 수차가 된다. 구면에 대한 광경로 분석을 연속으로 적용하고, **얇은 렌즈** (중심 두께 $d=0$ 적용)에 대한 결과를 유도하면

$$\frac{1}{L'} - \frac{1}{s'}$$
$$= \frac{h^2}{8f^3 n_L(n_L-1)}\left[\frac{n_L+2}{n_L-1}\sigma^2 + 4(n_L+1)p\sigma + (3n_L+2)(n_L-1)p^2 + \frac{n_L^3}{n_L-1}\right]$$

(14.30)

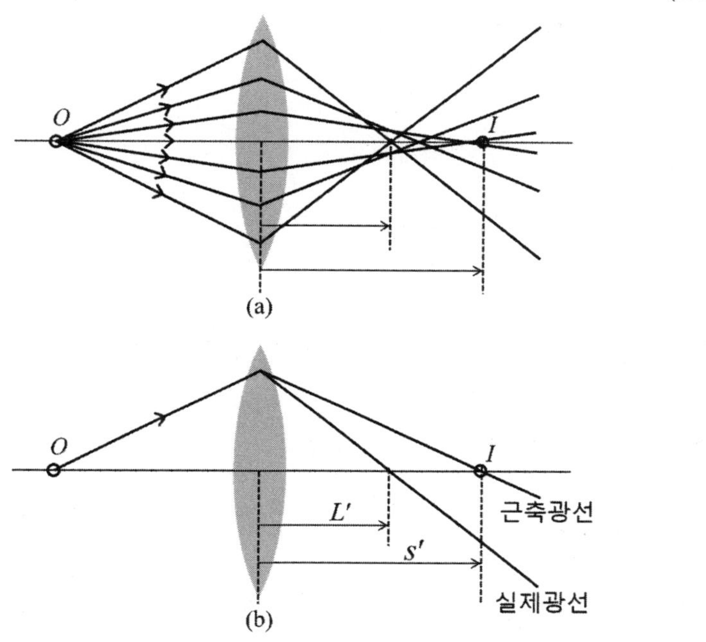

그림 14.14 (a) 얇은 렌즈에 의한 구면 수차 (b) 근축 광선, 실제 광선 경로

여기서 L'는 상점, s'는 근축 상점, 그리고 n_L은 렌즈의 굴절률이다. 또 코딩턴 형상 인자 σ와 계수 p는 각각

$$\sigma = \frac{r_2 + r_1}{r_2 - r_1}, \quad p = \frac{s' - s}{s' + s} \tag{14.31}$$

로 정의된 값이다. r_1과 r_2는 각각 렌즈의 제1면과 제2면의 곡률 반경이다. 그리고 σ는 형상 인자이고, p에 기술된 s와 s'는 물체 거리와 상 거리이다.

앞에서 언급한 바와 같이 구면 수차는 광선의 입사 높이 h에 매우 민감하게 작용한다. 또한, 렌즈의 모양에 따라 구면 수차 값이 달라진다. 즉 모양을 변화(벤딩)

시켜 형상 인자를 조절하면 구면 수차를 줄일 수 있다. 형상 인자가

$$\sigma = -\frac{2(n_L^2-1)}{n_L+2}p = -\frac{2(n_L^2-1)}{n_L+2}\frac{s'-s}{s'+s} \tag{14.32}$$

일 때, **구면 수차가 최솟값**을 갖는다.

[예제 14.3.2]
형상 인자가 0이 될 조건을 설명하시오.

풀이: 형상 인자 식 (14.31)을 적용하여

$$\sigma = \frac{r_2+r_1}{r_2-r_1} = 0$$

이기 위해서는 분자가 0이어야 한다. 따라서

$$r_2+r_1=0 \quad \rightarrow \quad r_1=-r_2$$

즉, 등 볼록 렌즈 또는 등 오목 렌즈인 경우 형상 인자가 0이다.

[예제 14.3.3]
형상 인자가 1이 될 조건을 설명하시오.

풀이: 형상 인자 식 (14.31)을 적용하여

$$\sigma = \frac{r_2+r_1}{r_2-r_1} = 1$$
$$r_2+r_1=r_2-r_1$$

인 조건을 만족하기 위해서는 $r_1=0$, 또는 $r_2=\infty$이다. 반지름이 0일 수는 없으므로, 형상 인자가 1이 되기 위한 조건은 $r_2=\infty$이다. 즉 제2면이 평평한 경우이다.

[예제 14.3.4]
굴절률이 $n_L = 1.50$인 렌즈에 대하여 무한 물체에 대하여, 구면 수차가 최소인 형상 인자 값을 구하시오.

풀이: 무한 물체이기 때문에

$$s = -\infty$$
$$p = \frac{s' - s}{s' + s} = \frac{s'/s - 1}{s'/s + 1} = \frac{s'/(-\infty) - 1}{s'/(-\infty) + 1} = -1$$

구면 수차가 최소가 되는 형상 인자는 식 (14.32)로부터

$$\sigma = -\frac{2(n_L^2 - 1)}{n_L + 2} p = -\frac{2(1.5^2 - 1)}{1.5 + 2}(-1) = +0.71$$

14.3.3.2 코마

그림 (14.15)는 비축점 P에서 나온 광선이 점 P'에 결상 되는 것을 보여 준다. 근축 근사 없이 광축 가까이 있는 물체로부터 발산하는 광선이 굴절되는 경우 아베의 사인 조건(Abbe sine condition)을 만족해야 한다.

이 조건은 스넬의 법칙과 삼각 함수 공식을 이용하여 얻을 수 있다. 점 M에서의 굴절에 대하여 스넬의 법칙은

$$n \sin\phi = n' \sin\phi' \tag{14.33}$$

이다. 삼각형 $\triangle PCM$에서의 삼각 함수 공식은

$$\frac{\sin\theta}{r} = \frac{\sin(180^\circ - \phi)}{\overline{PC}} = \frac{\sin\phi}{\overline{PC}} \tag{14.34}$$

또 삼각형 $\triangle P'CM$에 대한 삼각 함수 공식은

$$\frac{\sin\theta'}{r} = \frac{\sin\phi'}{\overline{P'C}}$$
$$= \frac{n}{n'}\frac{\sin\phi}{\overline{P'C}}$$

$$= \frac{n}{n'\overline{P'C}}\frac{\overline{PC}\sin\theta}{r} = \frac{n\sin\theta}{n'r}\frac{\overline{PC}}{\overline{P'C}} \tag{14.35}$$

이다. 식 (14.33)과 (14.34)를 이용하였다. 직각 삼각형 $\triangle OPC$와 $\triangle IPC$는 서로 닮은꼴이므로

$$-\frac{h}{h'} = \frac{\overline{PC}}{\overline{P'C}} \tag{14.36}$$

관계에 있다. 식 (14.36)의 우변을 식 (14.35)에 대입하면 아베의 사인 조건

$$ny\sin\theta + n'y'\sin\theta' = 0 \tag{14.37}$$

을 얻을 수 있다. 여기서 y와 y'는 각각 물체과 상의 횡 방향 크기이고, n와 n'는 각각 입사 매질과 출사 매질의 굴절률이다. 또 각 θ와 θ'는 광선 사이 각이다.

식 (14.37)부터 횡 배율은

$$m_\beta = \frac{y'}{y} = -\frac{n\sin\theta}{n'\sin\theta'} \tag{14.38}$$

이다. 코마가 없으려면 그림 (14.15)에서 굴절에 의한 상의 횡 배율이 모든 영역에서 같아야만 한다. 즉, 모든 각 θ에 대하여

$$\frac{\sin\theta}{\sin\theta'} = \text{일정} \tag{14.39}$$

조건을 만족해야 한다.

코마가 0인 경우의 코딩턴 형상 인자는

$$\sigma = -\left(\frac{2n_L^2 - n_L - 1}{n_L + 1}\right)p = \left(\frac{2n_L^2 - n_L - 1}{n_L + 1}\right)\left(\frac{s - s'}{s + s'}\right) \tag{14.40}$$

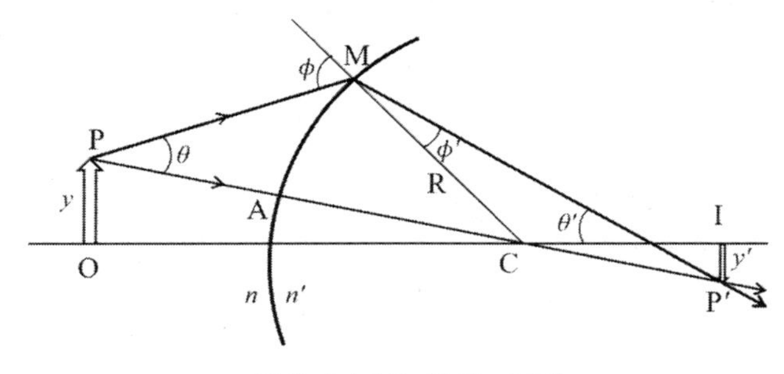

그림 14.15 사인 조건

[예제 14.3.4]
굴절률이 $n_L = 1.50$이고 초점 거리 +20 cm인 렌즈에 대하여 무한 물체에 대하여, 코마가 0인 경우 형상 인자 값을 구하시오.

풀이: 얇은 렌즈 결상 방정식을 이용하여 상거리를 계산하면

$$\frac{1}{s'} = \frac{1}{-\infty} + \frac{1}{20\ cm} \quad \rightarrow \quad s' = 20\ cm$$

코마가 없기 위한 형상 인자는

$$\begin{aligned}\sigma &= \left(\frac{2n_L^2 - n_L - 1}{n_L + 1}\right)\left(\frac{s - s'}{s + s'}\right) \\ &= \left(\frac{2n_L^2 - n_L - 1}{n_L + 1}\right)\left(\frac{1 - s'/s}{1 + s'/s}\right) \\ &= \left(\frac{2 \times 1.5^2 - 1.5 - 1}{1.5 + 1}\right)\left(\frac{1 - 12/(-\infty)}{1 + 12/(-\infty)}\right) \\ &= \frac{2.0}{2.5} = 0.8\end{aligned}$$

구면 수차가 없는 경우인 (예제 14.3.3) 형상 인자는 +0.71이고 코마가 없는 경우 (예제 14.3.4)의 형상 인자는 0.80이다. 구면 수차와 코마 모두 제거된 광학계를 **아플라나틱(aplanatic)** 광학계라고 한다.

14.3.3.3 비점 수차

굴절 구면의 비점 수차 S와 T에 대한 코딩턴 방정식은

$$\frac{n'}{s'} - \frac{n}{s} = \frac{n'\cos\theta' - n\cos\theta}{r} \qquad (14.40)$$

$$\frac{n'\cos\theta'}{t'} - \frac{n\cos^2\theta}{t} = \frac{n'\cos\theta' - n\cos\theta}{r} \qquad (14.41)$$

이다. 여기서 s와 t는 물체 거리이고, s'와 t'는 상 거리이다. 그리고 n과 n'는 각각 입사면과 굴절면의 굴절률이다. 식 (14.40)과 (14.41)의 s'와 t'를 각 θ에 따라 그래프를 그리면 그림 (14.6)의 S, T 모양을 얻을 수 있다.

얇은 렌즈의 비점 수차 S와 T에 대한 코딩턴 방정식은

$$\frac{1}{s'} - \frac{1}{s} = \cos\theta\left(\frac{n\cos\theta'}{\cos\theta} - 1\right)\left(\frac{1}{r_1} - \frac{1}{r_2}\right) \qquad (14.42)$$

$$\frac{1}{t'} - \frac{1}{t} = \frac{1}{\cos\theta}\left(\frac{n\cos\theta'}{\cos\theta} - 1\right)\left(\frac{1}{r_1} - \frac{1}{r_2}\right) \qquad (14.43)$$

이다. 여기서 n은 렌즈의 굴절률이다.

얇은 렌즈가 광축으로부터 정면으로 정렬되지 못하고 일정 각으로 기울어지면 이로 인하여 비점 수차가 발생한다. 시력 교정용 안경 렌즈는 얼굴 모양 또는 안경테 구조 때문에 안경 렌즈가 정면으로부터 일정 각으로 기울어질 수 있다. 이로 인하여 렌즈 굴절력이 변하는데 이를 유효 굴절력이라고 한다.

굴절력이 D'인 얇은 렌즈가 정면으로부터 각 θ만큼 회전된 경우, 3차 코딩턴 방정식에 의해 유효 굴절력은

$$E_T = D'T_c \qquad (14.44)$$

$$E_S = D'S_c \qquad (14.45)$$

로 쓰여진다. 여기서 D'는 굴절력이고, T_c는 수직 방향 굴절력 변화 인자

$$T_c = \frac{2n + \sin^2\theta}{2n\cos^2\theta} \tag{14.46}$$

이다. 그리고 S_c는 수평 방향 굴절력 변화 인자

$$S_c = 1 + \frac{\sin^2\theta}{2n} \tag{14.47}$$

이다. 따라서 비점 수차는 렌즈의 굴절률 n과 비축 입사각 θ에 의존한다.

비점 수차(OA: Oblique Astigmatism)는 두 축에 대한 비점 수차 변화 인자의 차로 정의 된다. 즉

$$\begin{aligned} OA &= E_T - E_S \\ &= D'\left(\frac{2n+\sin^2\theta}{2n\cos^2\theta} - \frac{2n+\sin^2\theta}{2n}\right) \\ &= D'\left(\frac{2n+\sin^2\theta - 2n\cos^2\theta - \sin^2\theta\cos^2\theta}{2n\cos^2\theta}\right) \\ &= D'\frac{1-\cos^2\theta}{\cos^2\theta}\left(\frac{2n+\sin^2}{2n}\right) \\ &= D'\tan^2\theta\left(1+\frac{\sin^2\theta}{2n}\right) \end{aligned} \tag{14.48}$$

식 (14.48)은 원래 렌즈의 굴절력 D'에 두 항 $(1+\sin^2\theta/2n)$, $\tan^2\theta$의 곱으로 구성되어 있다. 괄호 안 두 번째 항은 $n \geq 1$이기 때문에, 각 θ에 따라 값이 $0 \leq \sin^2\theta/2n \leq 0.5$이지만, $\tan^2\theta$값은 각이 커짐에 따라 급격하게 증가하므로 식 (14.48)은 $OA \approx D'\tan^2\theta$에 가까워 진다.

비점 수차는 렌즈 중심으로 입사하는 광선에 의해서도 발생 되기 때문에 안경 렌즈 설계에 중요하게 고려해야 한다. 뿐만아니라 그림 (14.16)과 같이 안경테의 모양에 따라서 안경 렌즈가 수직 방향과 수평 방향으로 편향될 수 있다. 따라서 광선이 얼굴의 정면으로 입사하더라도 편향된 안경 렌즈에 대하여 비스듬한 방향으

로 입사하게 되고, 비점 수차를 유발한다. 그림 (14.16a)의 경우, 얼굴형상 각(face-form angle) θ에 대하여 **유효 렌즈 굴절력**과 90° 축에 대한 **유도 원주 굴절력**(induced cylinder)은 코딩턴 방정식에 의하여 각각

$$\text{유효 렌즈 굴절력 } D_{90}' = D'\left(1 + \frac{\sin^2\theta}{2n}\right) \tag{14.49}$$

$$\text{유도된 실린더 굴절력(90° 축) } D'\tan^2\theta \tag{14.50}$$

여기서 D'는 얇은 렌즈의 굴절력이다.

안경 렌즈는 그림 (14.16b)와 같이 수직 방향으로도 편향될 수 있다. 수직 방향의 유효 렌즈 굴절력은 수평 방향 유도 굴절력과 같은 방법으로 D_{180}', 180° 방향 유도 원주 굴절력을 계산할 수 있다.

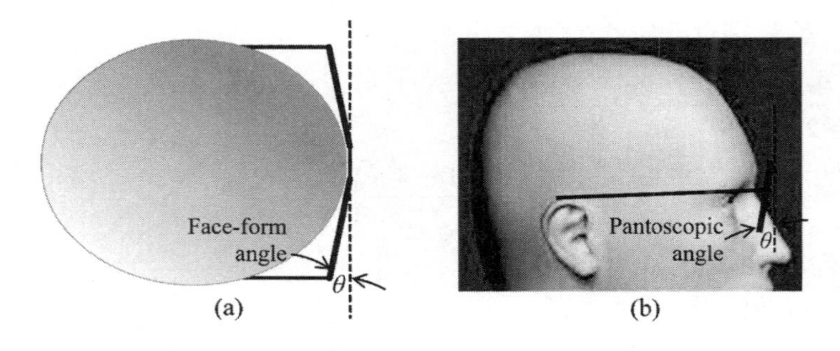

그림 14.16 안경 렌즈 편향에 따른 비점 수차

[예제 14.3.5]
-5.000 DS의 처방을 받은 환자는 얼굴 형상 각도가 20도인 프레임을 선택하였다. 렌즈가 폴리카보네이트 ($n = 1.586$)인 경우 환자가 느끼는 유효 렌즈 굴절력과 유도된 실린더 굴절력은?

풀이: 식 (14.49)와 (14.50)을 이용한다.

$$D_{90}' = D'\left(1+\frac{\sin^2\theta}{2n}\right)$$
$$=-5.000\left(1+\frac{\sin^2 20^\circ}{2\times 1.586}\right)$$
$$=-5.184\,D$$

$$D'\tan^2\theta = -5.000\times\tan^2(20^\circ)$$
$$=-0.662\,D$$

[예제 14.3.6]
-6.00 DS 폴리카보네이트 렌즈를 판토스코픽(pantoscopic) 각도가 15° 인 프레임에 장착하면 유효 렌즈 굴절력은?

풀이: 식 (14.49)와 (14.50)을 이용한다.

$$D_{180}' = D'\left(1+\frac{\sin^2\theta}{2n}\right)$$
$$=-6.000\left(1+\frac{\sin^2 15^\circ}{2\times 1.586}\right)$$
$$=-6.127\,D$$

$$D'\tan^2\theta = -6.000\times\tan^2(20^\circ)$$
$$=-0.431\,D$$

[예제 14.3.7]
$+10.00_{sph} \circlearrowleft -6.00_{cyl}\times 90^\circ$ 폴리카보네이트 렌즈의 판토스코픽 각도가 15° 이다. 렌즈 정면 방향으로 유효 렌즈 굴절력은?

풀이: 식 (14.44) ~ (14.47)을 이용하여 계산 한다.

$$E_T = D'T_c = +10.00\left[\frac{2\times 1.586\times\sin^2(15^\circ)}{2\times 1.586\times\cos^2(15^\circ)}\right] = +10.94\,D$$

$$E_S = D'S_c = +4.00\left[1+\frac{\sin^2(15)}{2\times 1.586}\right] = +4.08\,D$$

따라서 15° 기울어짐에 따라 유효 렌즈 굴절력은 $+10.94_{sph} \circlearrowleft -6.86_{cyl}\times 90^\circ$ 이 된다.

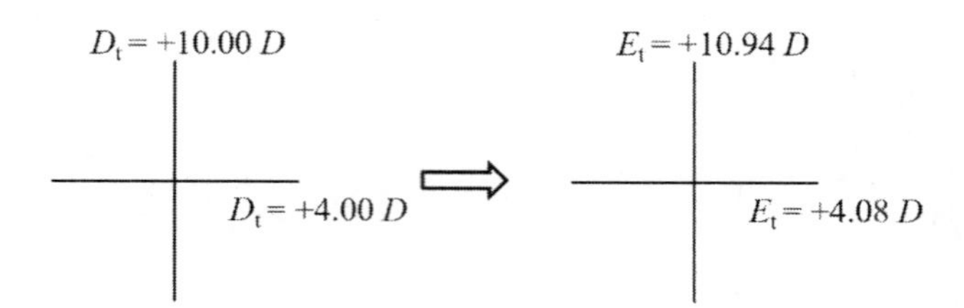

[예제 14.3.8]
-6.00_{sph} ⌯ $-2.00_{cyl} \times 90°$ 폴리카보네이트 렌즈의 얼굴 형상(face-form) 각도가 10° 이다. 렌즈 정면 방향으로 유효 렌즈 굴절력은?

풀이: 식 (14.44) ~ (14.47)을 이용하여 계산한다.

$$E_T = D' T_c = -6.00\left[\frac{2\times 1.586 + \sin^2(10°)}{2\times 1.586 \times \cos^2(10°)}\right] = -6.25\,D$$

$$E_S = D' S_c = -8.00\left[1 + \frac{\sin^2(10)}{2\times 1.586}\right] = -8.08\,D$$

따라서 10° 기울어짐에 따라 유효 렌즈 굴절력은 -6.25_{sph} ⌯ $-1.83_{cyl} \times 90°$ 이 된다.

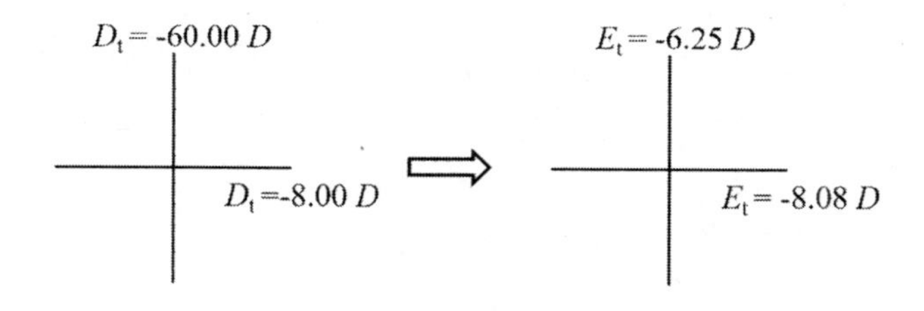

또한, 안경 렌즈의 편향에 따라 비점 수차가 발생한다. 이에 따라 굴절력 변화로 교정시력에 맞지 않아 불편함이 발생할 수 있다. 이 불편함은 렌즈의 교정시력을

$$D'_c = D' H_c \qquad (14.51)$$

로 수정하면 불편함을 다소 해소할 수 있다. 여기서 굴절력 변화 인자 H_c는

$$H_c = \frac{T_c + S_c}{2} = \frac{(2n + \sin^2\theta)(1 + \cos^2\theta)}{4n\cos^2\theta} \tag{14.52}$$

이다.[15)]

14.3.3.4 상면 만곡

이상적으로 설계된 광학계는 상을 평면에 생성한다. 하지만 굴절 구면, 렌즈 등으로 구성된 일반적인 광학계는 상면이 평면이 아닌 구면을 형성한다. 이것을 페츠발 상면이라고 한다.

곡률 반경이 r_{ptz}인 페츠발 상면을 형성하는 광학계의 굴절력은

$$D' = \frac{n}{f'} = \frac{n' - n}{r} = -\frac{n}{r_{ptz}} \tag{14.52}$$

이므로 곡률 반경은

$$r_{ptz} = -\frac{nr}{n' - n} \tag{14.53}$$

페츠발 상면의 곡률은

$$R_{ptz} = -\frac{1}{f'} = \frac{n - n'}{nr} = -\frac{D'}{n} \tag{14.54}$$

k 개의 연속된 구면의 페츠발 상면의 곡률은

$$R_{ptz} = n'_k \sum_{j=1}^{k} \frac{1}{n_j n'_j} \frac{n_j - n_j'}{r_j} = n'_k \sum_{j=1}^{k} \frac{D'_j}{n_j n'_j} \tag{14.55}$$

---

15) 참고 문헌:

1. Michael P. Keating, *Geometric, Physical, and Visual Optics* 2nd Edition, Butterworth-HeineMann, Chapter 20 (2002).
2. Michael P. Keating, *Oblique Central Refraction in Spherocylindrical Lenses Tilted Around an Off-Axis Meridial*, Optometry and Vision SCience, 70, 785-791 (1993).

두 개의 얇은 렌즈를 이용하면 페츠발 상면은 평면이 될 수 있다. 이 조건은

$$n_1 f'_1 + n_2 f'_2 = 0 \tag{14.56}$$

이다. k 개의 얇은 렌즈에 대한 페츠발 곡률 반경은

$$\sum_{j=1}^{k} \frac{1}{n_j f'_j} = \frac{1}{r_{ptz}} \tag{14.57}$$

14.3.3.5 왜곡 수차

왜곡 수차는 물체의 영역에 따라 상의 배율이 다르기 때문에 발생한다. 광학계가 탄젠트 조건을 만족하면 왜곡 수차가 보정될 수 있다. 탄젠트 조건이 영역별 상 배율을 일정하게 하는 조건이다. 배율이 일정하므로 물체 1과 물체 2의 배율은 같아야 한다. 즉

$$\frac{y'_1}{y_1} = \frac{y'_2}{y_2} \tag{14.58}$$

그림 (14.17)에서 물체 크기와 각 관계는

$$\begin{aligned} y_1 &= ME \tan\theta_1 \\ y'_1 &= E'M' \tan\theta'_1 \\ y_2 &= ME \tan\theta_2 \\ y'_2 &= E'M' \tan\theta'_2 \end{aligned} \tag{14.59}$$

식 (14.59)를 식 (14.58)에 대입하면

$$\frac{\tan\theta'_1}{\tan\theta_1} = \frac{\tan\theta'_2}{\tan\theta_2} = \text{일정} \tag{14.60}$$

가 되어 탄젠트 비율이 일정인 조건이 만족 되면 왜곡 수차가 보정 된다. 탄젠트 조건을 만족하는 렌즈를 오도스코픽(orthoscopic)이라 부른다.

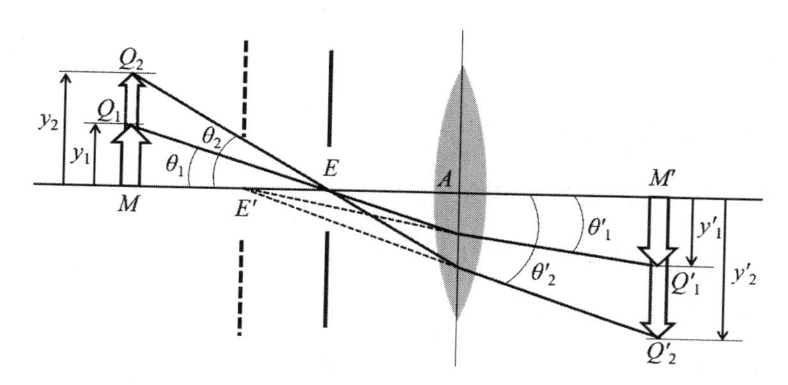

그림 14.17 왜곡 수차 보정을 위한 탄젠트 조건

요약

14.3 형상 인자 $\sigma = \dfrac{r_2 + r_1}{r_2 - r_1}$

위치 인자 $p = \dfrac{s' - s}{s' + s}$

구면 수차가 최소 일 때 형상 인자 $\sigma = \dfrac{2(n_L^2 - 1)}{n_L + 2} p$

코마가 0일 때 형상 인자 $\sigma = \left(\dfrac{2n_L^2 - n_L - 1}{n_L + 1}\right)\left(\dfrac{s - s'}{s + s'}\right)$

안경 렌즈 기울어짐에 따른 비점 수차

유효 렌즈 굴절력 $D_{90}{}' = D'\left(1 + \dfrac{\sin^2\theta}{2n}\right)$

유도된 실린더 굴절력 $= D'\tan^2\theta$

연습 문제

14-1. $r_1 = +75\ mm$, $r_2 = +25\ mm$인 얇은 렌즈의 형상 인자는 얼마인가?
답] -2

14-2. $r_1 = -30\ mm$, $n = 1.60$, $-25\ D$인 얇은 렌즈의 형상 인자를 구하시오.
답] $\sigma = +0.6$

14-3. +15 D인 등볼록 렌즈의 앞 200 mm에 위치한 물체에 대한 위치 인자를 구하시오. (렌즈의 굴절률은 1.5로 계산한다.)
답] p=-0.33

14-4. $+8.00_{sph} \bigcirc -4.00_{cyl} \times 90°$ 굴절률 1.5인 재질로 만들어진 렌즈의 판토스코픽 각도가 15°이다. 렌즈 정면 방향으로 유효 렌즈 굴절력은?
답] $+8.77_{sph} \bigcirc -4.68_{cyl} \times 90°$

14-5. $-7.00_{sph} \bigcirc -2.00_{cyl} \times 90°$ 굴절률 1.5인 재질로 만들어진 렌즈의 얼굴 형상 각도가 10°이다. 렌즈 정면 방향으로 유효 렌즈 굴절력은?
답] $-7.29_{sph} \bigcirc -2.02_{cyl} \times 90°$

CHAPTER

15

행렬 방법(Matrix Method)

1. 기본 행렬
2. 시스템 행렬
3. 주요점

앞서 굴절 구면, 거울, 렌즈에 의한 물체의 결상 방정식을 배웠으며, 주어진 물체의 상을 분석하는 데 활용할 수 있게 되었다. 상의 특징을 찾는 방법은 결상 방정식만 있는 것이 아니다. 이번 장에서는 근축 영역에서의 행렬 방법을 소개한다. 주요 광학계, 즉 굴절 구면, 거울, 렌즈 등의 행렬 성분의 식을 익히면 복잡한 광학계도 행렬 연산 방법으로 보다 쉽게 분석할 수 있다.

그림 (15.1)은 다섯 번의 굴절과 한 번의 반사 후 상을 맺는 다소 복잡한 광학계이다. 이 광학계에 의한 결상을 이론적으로 분석하려면 여러 번의 결상 방정식을 반복해서 사용해야 한다. 첫 번째 면에 대한 결상 방정식으로 상 거리를 계산하고, 전달 방정식으로 두 번째 면에 대한 물체 거리를 계산한 다음 두 번째 면에 대한 결상 방정식을 계산하는 과정을 반복해야 한다. 이 과정에서 복잡함은 물론이고 계산상의 오류가 발생할 수 있는 여지가 다분하다. 만일 행렬 방법을 이용하는 경우, 굴절, 반사, 렌즈 등의 알려진 행렬에 주어진 반지름, 굴절률, 초점 거리 등 광학계의 주요 값을 적용하여 행렬 연산하는 것으로 충분하다.[16)]

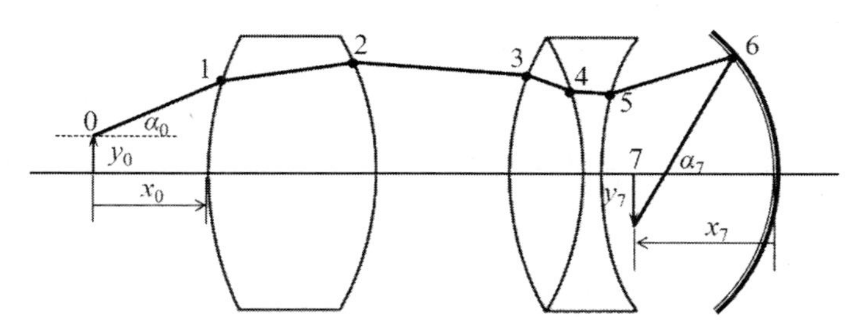

그림 15.1 다중 면에 의한 광선의 굴절과 반사

15.1 기본 행렬(Basic Matrix)

여기서 다룰 행렬 성분은 각과 높이에 대한 것이다. 따라서 광학계에 의하여 굴절과 반사 그리고 공간 이동에 의한 광선의 각과 높이의 변화를 나타내는 것으로 이해하면 된다. 이를 위하여 주요 광학계에 대한 행렬 성분 식을 차례로 유도해 보자.

---

16) 참고문헌:

1. Frank L. Tedrotti, S. J. and Leno S. Pedrotti, Introduction to Optics 2nd Edition, Prentice-Hall, chapter 4 (1993)

15.1.1 이동

그림 (15.2)는 공간상의 한 점에서 다른 점으로의 이동을 나타낸 것이다.

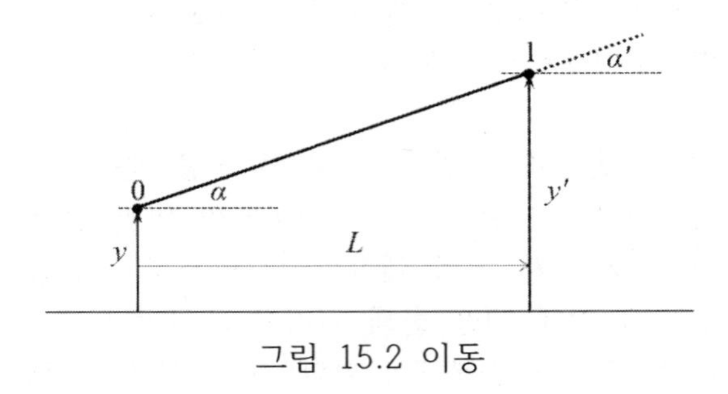

그림 15.2 이동

수평 방향으로 거리 L만큼 이동할 때, 점 0과 점 1에서의 광선의 방향과 수직 방향 좌표는 각각

$$y' = y + L\tan\alpha \tag{15.1}$$
$$\alpha' = \alpha \tag{15.2}$$

이다. 근축 근사 $\tan\alpha_0 \approx \alpha_0$를 적용하면

$$y' = (1)y + (L)\alpha \tag{15.3}$$
$$\alpha' = (0)y + (1)\alpha \tag{15.4}$$

위 식을 행렬 형식으로 쓰면

$$\begin{aligned}\begin{bmatrix} y' \\ \alpha' \end{bmatrix} &= \begin{bmatrix} 1 & L \\ 0 & 1 \end{bmatrix}\begin{bmatrix} y \\ \alpha \end{bmatrix} \\ &= T\begin{bmatrix} y \\ \alpha \end{bmatrix} \end{aligned}\tag{15.5}$$

여기서 T는 이동에 대한 행렬 성분은

$$T = \begin{bmatrix} 1 & L \\ 0 & 1 \end{bmatrix} \tag{15.6}$$

이다. 광선이 점 0에서 점 1로 오른쪽으로 이동하였기 때문에 거리 L의 부호가 (+)이다.

15.1.2 굴절

광선이 서로 다른 매질의 경계에서 굴절되는 경우의 행렬을 유도해 보자. 그림 (15.3)에서 부호 규약에 따라, 각의 부호는 각각

$$\alpha > 0,\ \alpha' > 0,\ \theta > 0,\ \theta' > 0,\ \phi < 0 \tag{15.7}$$

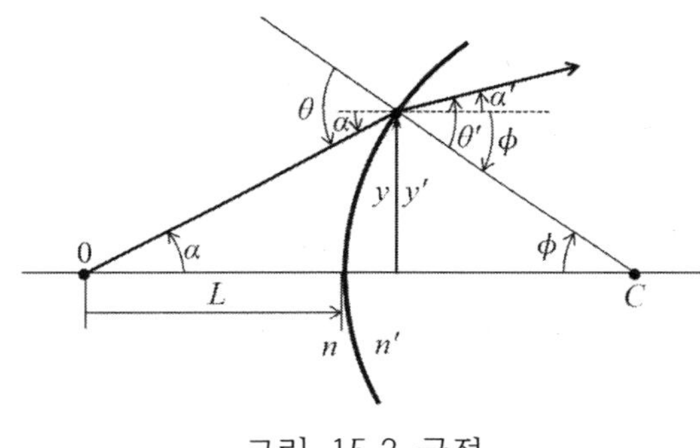

그림 15.3 굴절

굴절 전 좌표는 (y,α)이고, 굴절 후 좌표는 (y',α')로 놓자. 굴절 전, 후의 높이는 변화가 없기 때문에

$$y' = y \tag{15.8}$$

이다. 각 α'와 α는

$$\alpha' = \theta' + \phi = \theta' - \frac{y}{r} \tag{15.9}$$

$$\alpha = \theta + \phi = \theta - \frac{y}{r} \tag{15.10}$$

여기서 각과 거리는 부호 규약을 적용하였다.[17]

17) 각 사이 관계를 절댓값을 붙여 쓴 다음, 부호 규약을 적용하여 절댓값을 소거하면

근축 근사를 적용한 스넬의 법칙

$$n\theta = n'\theta' \tag{15.11}$$

이다. 식 (15.8)과 (15.9)를 식(15.10)에 대입하여 정리하면

$$\begin{aligned}\alpha' &= \left(\frac{n}{n'}\right)\theta - \frac{y}{r} \\ &= \left(\frac{n}{n'}\right)\left(\alpha + \frac{y}{r}\right) - \frac{y}{r}\end{aligned} \tag{15.12}$$

또는

$$\alpha' = \left[\frac{1}{r}\left(\frac{n}{n'} - 1\right)\right]y + \frac{n}{n'}\alpha \tag{15.13}$$

식 (15.8)과 (15.13)을 선형 방정식으로 나타내면

$$\begin{aligned}y' &= (1)y + (0)\alpha \\ \alpha' &= \left[\frac{1}{r}\left(\frac{n}{n'} - 1\right)\right]y + \frac{n}{n'}\alpha\end{aligned} \tag{15.14}$$

이고, 굴절에 대하여 행렬 형태로 쓰면

$$\begin{aligned}\begin{bmatrix} y' \\ \alpha' \end{bmatrix} &= \begin{bmatrix} 1 & 0 \\ \frac{1}{r}\left(\frac{n-n'}{n'}\right) & \frac{n}{n'} \end{bmatrix}\begin{bmatrix} y \\ \alpha \end{bmatrix} \\ &= R\begin{bmatrix} y \\ \alpha \end{bmatrix}\end{aligned} \tag{15.15}$$

$|\alpha'| + |\phi| = |\theta'| \quad \rightarrow \quad \alpha' - \phi = \theta'$
$|\theta| = |\phi| + |\alpha| \quad \rightarrow \quad \theta = -\phi + \alpha$

이 된다. 그리고

$|\tan\phi| = |\frac{y}{r}| \quad \rightarrow \quad -\tan\phi \sim -\phi = \frac{y}{r}$

여기서 R는 굴절에 대한 행렬 성분은

$$R = \begin{bmatrix} 1 & 0 \\ \frac{1}{r}\left(\frac{n-n'}{n'}\right) & \frac{n}{n'} \end{bmatrix}$$
$$= \begin{bmatrix} 1 & 0 \\ -\frac{1}{f'} & \frac{n}{n'} \end{bmatrix} \qquad (15.16)$$

이다.[18)]

[예제 15.1.1]
그림 (15.4)에서와 같이, 곡률 반경 $r=-20\ cm$이고 굴절률이 $n'=1.50$인 굴절 구면 앞 40 cm 위치에 물체가 놓여 있다. 상의 위치와 배율을 행렬 방법으로 계산하여라. 주변은 공기 $n=1.00$이다.

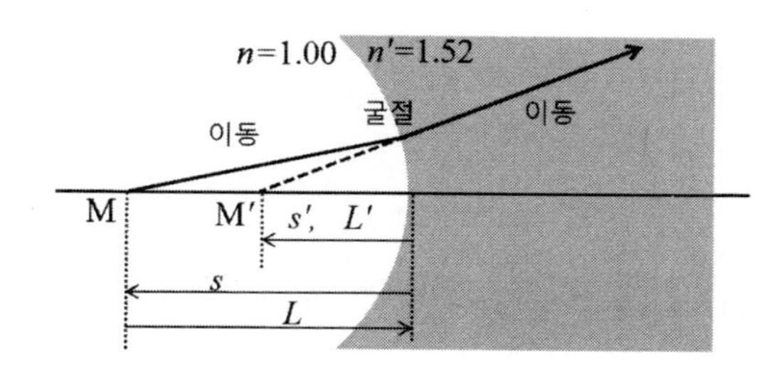

그림 15.4 굴절에 의한 결상

풀이: 광학계에 대하여 광선은 이동-굴절-이동이 순차적으로 발생하므로, 행렬 M은

$$M = T_2 R T_1$$

---

18) 굴절 구면 결상 방정식의 면 굴절력 항에서 곡률 반경 r과 초점 거리 f'의 관계
$$\frac{n'-n}{r} = \frac{n'}{f'}$$
로부터, 굴절에 대한 행렬 성분은
$$\frac{1}{r}\left(\frac{n-n'}{n'}\right) = -\frac{1}{f'}$$
임을 알 수 있다.

$$= \begin{bmatrix} 1 & L' \\ 0 & 1 \end{bmatrix} \begin{bmatrix} 1 & 0 \\ \frac{1}{r}\left(\frac{n-n'}{n'}\right) & \frac{n}{n'} \end{bmatrix} \begin{bmatrix} 1 & L \\ 0 & 1 \end{bmatrix}$$

$$= \begin{bmatrix} 1 & L' \\ 0 & 1 \end{bmatrix} \begin{bmatrix} 1 & 0 \\ \frac{1}{-20}\left(\frac{1.00-1.50}{1.50}\right) & \frac{1.00}{1.50} \end{bmatrix} \begin{bmatrix} 1 & 40 \\ 0 & 1 \end{bmatrix}$$

$$= \begin{bmatrix} 1+\frac{L'}{60} & 40+\frac{4}{3}s' \\ \frac{1}{60} & \frac{4}{3} \end{bmatrix}$$

$$= \begin{bmatrix} M_{11} & M_{12} \\ M_{21} & M_{22} \end{bmatrix}$$

결상점은 굴절 광선이 광축과 교차하는 점이므로

$$M_{12} = 0$$

$$40 + \frac{4}{3}L' = 0, \quad \rightarrow \quad L' = -30 \ cm$$

배율은

$$M_{11} = 1 + \frac{L'}{60} = 1 + \frac{-30}{60} = \frac{1}{2}$$

결상 방정식을 이용하는 경우

$$\frac{n'}{s'} = \frac{n}{s} + \frac{n'-n}{r}$$

$$\frac{1.50}{s'} = \frac{1.00}{-40} + \frac{1.50-1.00}{-20}$$

$$s' = -30 \ cm$$

횡배율은

$$m_\beta = \frac{ns'}{n's} = \frac{1.00\times(-30)}{1.50\times(-40)} = \frac{1}{2}$$

이다. 위 두 결과를 비교하면 결과가 일치함을 확인할 수 있다.

행렬 방법의 결과와 기존의 결상 방정식 결과를 비교함으로써, 행렬 방법이 옳다는 것을 확인하였다. 이 예제의 경우, 한 번의 굴절만을 다루는 것이어서 결상 방정식을 이용하는 것이 행렬 방법보다 더 간편하다. 하지만 앞에서 언급한 바와 같이 다중 면으로 구성된 복잡한 광학계일수록 행렬 방법의 유효성이 높다.

15.1.3 반사

그림 (15.5)에서와 같이, 구면 거울 반사에 대한 행렬를 유도해 보자.

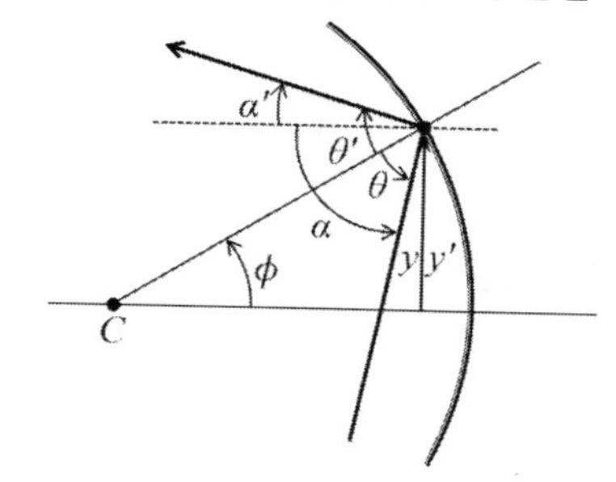

그림 15.5 반사

부호 규약에 따라, 각의 부호는 각각

$$\alpha > 0,\ \alpha' < 0,\ \phi > 0,\ \theta > 0,\ \theta' < 0 \tag{15.17}$$

굴절 전 좌표는 (y, α)이고 굴절 후 좌표는 (y', α')로 놓자. 굴절 전과 후의 높이 변화가 없기 때문에

$$y' = y \tag{15.18}$$

이다. 각 사이 관계로부터 α는

$$\alpha = \theta - \phi = \theta - \frac{y}{r} \tag{15.19}$$

또 각 α'은

$$\alpha' = \theta' - \phi = \theta' - \frac{y}{r} \tag{15.20}$$

여기서 반사의 법칙 $\theta' = -\theta$를 적용하고, 식 (15.19)를 식(15.20)에 대입하여 정리하면

$$\begin{aligned} \alpha' &= \theta' - \phi = -\theta - \frac{y}{r} \\ &= -\left(\alpha + \frac{y}{r}\right) - \frac{y}{r} \\ &= -\alpha - \frac{2}{r}y \end{aligned} \tag{15.21}$$

위 식을 선형 방정식으로 나타내면

$$y' = (1)y + (0)\alpha \tag{15.22}$$

$$\alpha' = \left(-\frac{2}{r}\right)y + (-1)\alpha \tag{15.23}$$

이고, 반사에 대하여 행렬 성분은

$$\begin{aligned} \begin{bmatrix} y' \\ \alpha' \end{bmatrix} &= \begin{bmatrix} 1 & 0 \\ -\frac{2}{r} & -1 \end{bmatrix} \begin{bmatrix} y \\ \alpha \end{bmatrix} \\ &= L \begin{bmatrix} y \\ \alpha \end{bmatrix} \end{aligned} \tag{15.24}$$

여기서 L은 반사에 대한 행렬이다. 즉,

$$\begin{aligned} L &= \begin{bmatrix} 1 & 0 \\ -\frac{2}{r} & -1 \end{bmatrix} \\ &= \begin{bmatrix} 1 & 0 \\ -\frac{1}{f'} & -1 \end{bmatrix} \end{aligned} \tag{15.25}$$

15.1.4 렌즈

렌즈는 두 개의 굴절 구면과 면 사이 공간으로 구성되어 있다. 따라서 렌즈의 효과는 굴절-이동-굴절로 세 번의 작용으로 나타낼 수 있다. 세 번의 작용은 각각

$$\begin{bmatrix} y_1 \\ \alpha_1 \end{bmatrix} = M_1 \begin{bmatrix} y_0 \\ \alpha_0 \end{bmatrix}, \quad \begin{bmatrix} y_2 \\ \alpha_2 \end{bmatrix} = M_2 \begin{bmatrix} y_2 \\ \alpha_2 \end{bmatrix}, \quad \begin{bmatrix} y_3 \\ \alpha_3 \end{bmatrix} = M_3 \begin{bmatrix} y_2 \\ \alpha_2 \end{bmatrix} \tag{15.26}$$

이다. 이 세 번의 작용은 하나의 식

$$\begin{bmatrix} y_3 \\ \alpha_3 \end{bmatrix} = M_3 M_2 M_1 \begin{bmatrix} y_0 \\ \alpha_0 \end{bmatrix} \tag{15.27}$$

으로 나타낼 수 있다. 여기서 행렬 순서를 잘 지켜야 한다. 맨 오른쪽에 최초 좌표가 있고, 작용하는 순서대로 오른쪽으로 행렬을 표기하면 된다. 연산 순서는 바꿔도 되지만 행렬 표기 순서를 바꾸면 결과가 달라진다.

이동, 굴절, 반사를 동반하는 다중 면에 대한 일반적인 행렬 방정식은

$$\begin{bmatrix} y_N \\ \alpha_N \end{bmatrix} = M_N M_{N-1} \cdots M_2 M_1 \begin{bmatrix} y_0 \\ \alpha_0 \end{bmatrix} \tag{15.28}$$

이고, 등가 행렬은

$$M = M_N M_{N-1} \cdots M_2 M_1 \tag{15.29}$$

이다. 그림 (15.6)과 같이, 렌즈의 경우 등가 행렬 M_L은 굴절-이동-굴절을 순차적으로 포함하므로

$$M_L = R_2 T R_1 \tag{15.30}$$

R은 굴절, T는 이동 행렬을 의미하므로 위 식은으로부터 렌즈의 행렬 성분은

$$M_L = \begin{bmatrix} 1 & 0 \\ \dfrac{n_L - n'}{n'} \dfrac{1}{r_2} & \dfrac{n_L}{n'} \end{bmatrix} \begin{bmatrix} 1 & d \\ 0 & 1 \end{bmatrix} \begin{bmatrix} 1 & 0 \\ \dfrac{n - n_L}{n_L} \dfrac{1}{r_1} & \dfrac{n}{n_L} \end{bmatrix} \tag{15.31}$$

으로 쓰여진다. 여기서 n과 n'는 각각 렌즈 왼쪽과 오른쪽 매질의 굴절률이고 n_L은 렌즈의 굴절률이다. 그리고 d는 렌즈의 중심 두께이다.

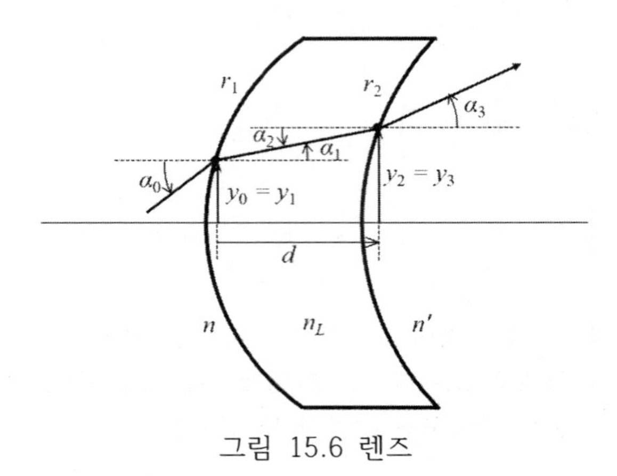

그림 15.6 렌즈

만일 중심 두께를 무시($d=0$)할 수 있는 얇은 렌즈이고, 렌즈 주변의 굴절률이 같다면 ($n'=n$) 얇은 렌즈의 행렬 성분은

$$M_L = \begin{bmatrix} 1 & 0 \\ \dfrac{n_L - n}{n}\left(\dfrac{1}{r_2} - \dfrac{1}{r_1}\right) & 1 \end{bmatrix} \tag{15.32}$$

여기서 행렬 성분 M_{21}은 렌즈 제작자의 공식

$$\frac{1}{f'} = \frac{n_L - n}{n}\left(\frac{1}{r_1} - \frac{1}{r_2}\right) \tag{15.33}$$

이므로 중심 두께를 무시할 수 있는 얇은 렌즈 행렬 방정식은

$$M_L = \begin{bmatrix} 1 & 0 \\ -\dfrac{1}{f'} & 1 \end{bmatrix} \tag{15.34}$$

로 쓰여진다. 여기서 f'는 얇은 렌즈의 초점 거리이다.

15.1.5 기본 광학계 행렬 성분

표 (15.1)은 앞에서 유도한 광학계의 행렬 성분을 정리한 것이다. 평면에서의 굴절 행렬은 구면 굴절 행렬 성분에서 반지름이 무한대 $r=\infty$로 대체하면 된다. 마찬가지로 구면 거울 행렬 성분에서 반지름을 무한대로 바꾸면 평면거울에서의 반사 행렬이 된다. 다중 광학계에 대한 행렬 성분은 표 (15.1)에 있는 기본 행렬 성분들을 조합하여 얻을 수 있다.

광학계 작용	행렬
이동	$\begin{bmatrix} 1 & L \\ 0 & 1 \end{bmatrix}$
구면 굴절	$\begin{bmatrix} 1 & L \\ \frac{1}{r}\left(\frac{n-n'}{n'}\right) & \frac{n}{n'} \end{bmatrix}$
평면 굴절	$\begin{bmatrix} 1 & 0 \\ 0 & \frac{n}{n'} \end{bmatrix}$
얇은 렌즈 굴절	$\begin{bmatrix} 1 & 0 \\ -\frac{1}{f'} & 1 \end{bmatrix}$
구면 거울 반사	$\begin{bmatrix} 1 & 0 \\ -\frac{2}{r} & -1 \end{bmatrix}$

표 15.1 광학계 기본 행렬 성분

15.2 시스템 행렬(System Matrix)

15.2.1 행렬식

굴절, 반사, 렌즈 등 간단한 광학계와 다중 면으로 구성된 복잡한 광학계를 포괄하는 광학계의 행렬은

$$M = \begin{bmatrix} A & B \\ C & D \end{bmatrix} \tag{15.35}$$

와 같이 성분으로 표현할 수 있다. 행렬 성분들은 광학계의 특징과 위치에 따라서 달라진다. 광학계 행렬식(determinant)은

$$Det(M) = AD - BC = \frac{n_0}{n_f} \tag{15.36}$$

로 표현된다. 여기서 n_0와 n_f는 각각 광학계 처음과 마지막 매질의 굴절률이다. 광학계 행렬식은 광학계 특징과 상관없이, 항상 광학계의 입사 매질의 굴절과 출사 매질의 굴절률 비로 표현된다. 표 (15.1)에 정리된 이동, 굴절, 반사, 렌즈 모든 광학계의 행렬식을 계산하면 n_0/n_f 또는 1임을 알 수 있다. 1인 경우는 입사 매질과 출사 매질의 굴절률이 같아서 $n_0 = n_f$인 경우이므로, 항상 식 (15.36)이 성립한다.

여러 개의 광학 작용이 발생하는 경우

$$Det(M) = Det(M_N)Det(M_{N-1}) \cdots Det(M_2)Det(M_1) \tag{15.37}$$

이므로 광학계 전체 행렬식은 각각의 작용에 대한 행렬식의 곱이다. 광학적 작용이 몇 번이든 상관없이 전체 행렬식은 항상 식 (15.36)이 되므로, 결정자는 중간 계산이 적절하였는지 검산하는 유용한 도구가 된다.

15.2.2 시스템 행렬 성분

광학계의 특징을 내포하는 행렬 성분은 각각 의미를 담고 있다. 임의의 광학계에 대한 행렬은 광선의 최초 좌표와 광학계와 작용한 후 광선의 좌표는

$$\begin{bmatrix} y_f \\ \alpha_f \end{bmatrix} = \begin{bmatrix} A & B \\ C & D \end{bmatrix} \begin{bmatrix} y_0 \\ \alpha_0 \end{bmatrix} \tag{15.38}$$

으로 쓰여지므로, 출사 광선의 선형 방정식은

$$y_f = Ay_0 + B\alpha_0 \tag{15.39}$$

$$\alpha_f = Cy_0 + D\alpha_0 \tag{15.40}$$

이다. 각각의 행렬 성분이 의미하는 바는 다음과 같다.

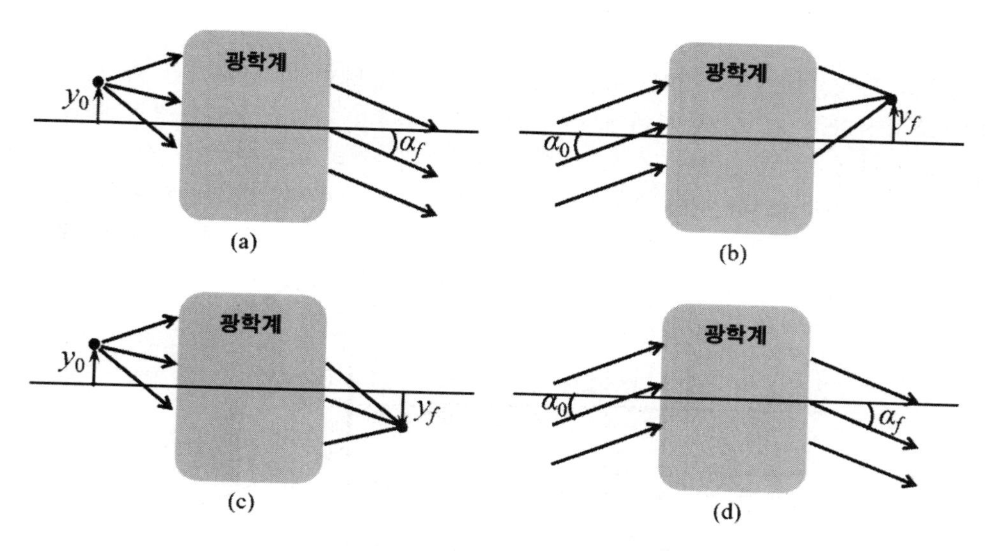

그림 15.7 행렬 성분 의미

1. D=0. 그림 (15.7a)
$\alpha_f = Cy_0$가 되어 α_0에 무관하다. 즉, 입사면의 한 점에서 발산하는 광선들의 입사각 α_0가 다르더라도 출사각 α_f는 일정하므로 출사 광선들은 나란하다.

2. A=0. 그림 (15.7b)
$y_f = B\alpha_0$가 되어 y_0에 무관하다. 즉, 평행한 광선들이 입사하여 광선들의 입사각 α_0가 일정하면 입사 높이 y_0가 다르더라도 출사 광선은 높이가 일정한 한 점 y_f에 모인다.

3. B=0. 그림 (15.7c)
$y_f = Ay_0$가 되어 α_0에 무관하다. 즉, 입사면의 한 점에서 발산하는 광선들의 입사각 α_0가 다르더라도 출사 광선은 높이가 일정한 한 점 y_f에 모인다.

4. C=0. 그림 (15.7d)
$\alpha_f = D\alpha_0$가 되어 y_0에 무관하다. 즉, 입사 광선들의 입사각 α_0가 일정하면 출사

각 α_f는 일정하여 출사 광선들은 나란하다. 따라서 나란하게 입사한 광선들이 광학계를 지난 후 나란하게 출사한다.

15.3 주요점(Cardinal Points)

광학계의 특징은 그 광학계에 대한 행렬로 표현되기 때문에, 광학계의 특징을 나타내는 주요점과 행렬 성분 사이에 연관 관계가 있다. 그림 (15.8)은 광학계의 주요점 6개(주점 2개, 초점 2개, 절점 2개)를 보여준다. 거리 r, v는 제1 정점으로부터 제1 주점과 제1 절점까지의 거리이다. 또 거리 w, s는 제2 정점으로부터 제2 주점과 제2 절점까지의 거리이다. 또 p와 q는 정점으로부터 각각 제1 초점과 제2 초점 사이 거리이다. f_1과 f_2는 주점으로부터 초점까지의 거리이다.

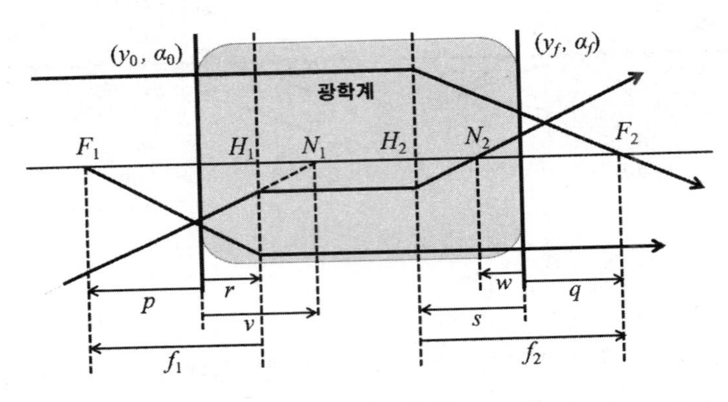

그림 15.8 광학계의 주요점

그림 (15.9a)에 광학계 행렬식 (15.39)와 (15.40)을 적용하면, 입사 광선 좌표는 (y_0, α_0)이고 출사 광선의 좌표는 $(y_f, 0)$이다. 여기서 α_f는 0인데 출사 광선이 광축에 평행하기 때문이다.

$$y_f = Ay_0 + B\alpha_0 \tag{15.41}$$

$$0 = Cy_0 + D\alpha_0 \quad \rightarrow \quad y_0 = -\frac{D}{C}\alpha_0 \tag{15.42}$$

그림 (15.9a)에서 각 α_0이 작은 경우 $\tan\alpha_0 \sim \alpha_0$를 적용하여

$$\alpha_0 = \frac{y_0}{-p} \tag{15.43}$$

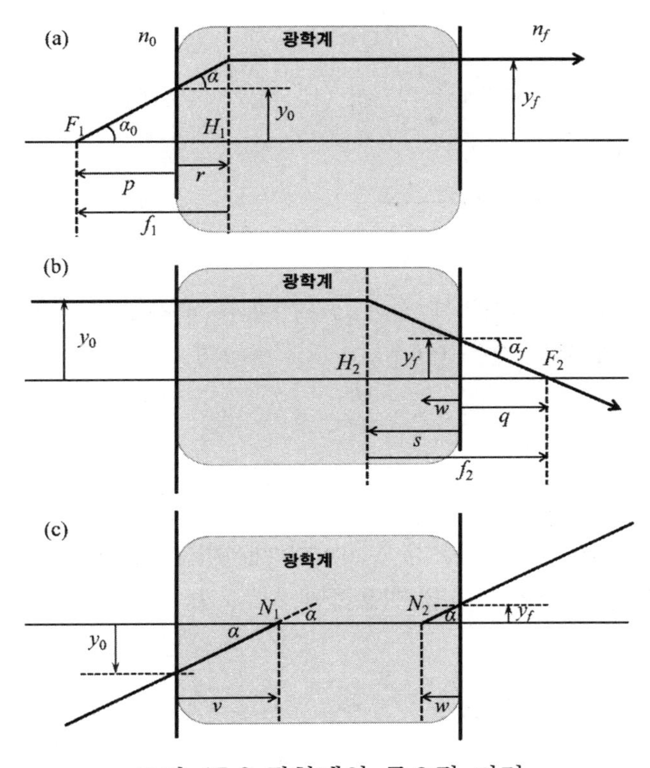

그림 15.9 광학계의 주요점 거리

위 식의 (-) 부호는 제 1초점 F_1이 광학계 왼쪽으로 거리 p 위치에 있다는 의미이다. 식 (15.42)와 (15.43)으로부터

$$p = -\frac{y_0}{\alpha_0} = \frac{D}{C} \tag{15.44}$$

또한 $\alpha_0 = y_f / (-f_1)$이므로

$$f_1 = -\frac{y_f}{\alpha_0} = \frac{-(Ay_0 + B\alpha_0)}{\alpha_0} = \frac{AD}{C} - B \tag{15.45}$$

$$f_1 = -\frac{AD-BC}{C} = \frac{Det(M)}{C} = \left(\frac{n_0}{n_f}\right)\frac{1}{C} \tag{15.46}$$

여기서 행렬식 (15.36)을 이용하였다. 식 (15.44)와 (15.46)으로부터

$$r = p - f_1 = \frac{D}{C} - \frac{n_0}{n_f}\frac{1}{C} = \frac{1}{C}\left(D - \frac{n_0}{n_f}\right) \tag{15.47}$$

같은 방법으로 그림 (15.9b)에서 거리 q, f_2와 s 관계를 유도할 수 있다. 그림 (15.9c)에서 각 α이 작은 경우 $\tan\alpha \sim \alpha$를 적용하여

$$\alpha = -\frac{y_0}{v} \tag{15.48}$$

이다. 위 식에서 음의 부호 (-)는 $y_0 < 0$이기 때문이다. 절점을 지나는 광선이므로 각 배율이 1이어서 $\alpha_0 = \alpha_f = \alpha$을 이용하면

$$\alpha = Cy_0 + D\alpha \quad \rightarrow \quad \frac{y_0}{\alpha} = \frac{1-D}{C} \tag{15.49}$$

식 (15.48)과 (15.49)로부터

$$v = \frac{D-1}{C} \tag{15.50}$$

또한 각 α와 절점 거리 w 사이 관계로부터

$$\alpha = -\frac{y_f}{w}$$

$$\begin{aligned} w &= -\frac{y_f}{\alpha} \\ &= -\frac{Ay_0 - B\alpha}{\alpha} = -A\frac{y_0}{\alpha} - B \\ &= -A\frac{1-D}{C} - B = -\frac{(AD-BC)-A}{C} \end{aligned}$$

$$= \frac{(n_0/n_f) - A}{C} \tag{15.51}$$

여기서 $Det(M) = AD - BC = n_0/n_f$를 이용하였다.

위에서 유도한 관계식은 표 (15.2)에 정리되어 있다.

관계	주요점	기준점
$p = \frac{D}{C}$	F_1	정점
$q = -\frac{A}{C}$	F_2	
$r = \frac{D - n_0/n_f}{C}$	H_1	
$s = \frac{1-A}{C}$	H_2	
$v = \frac{D-1}{C}$	N_1	
$w = \frac{n_0/n_f - A}{C}$	N_2	
$f_1 = p - r = \frac{n_0/n_f}{C}$	F_1	주점
$f_2 = q - s = -\frac{1}{C}$	F_2	

표 15.2 행렬 성분과 주요점 관계

주요 사항을 정리하면

1. 입사 매질과 출사 매질의 굴절률이 같으면, 주점과 절점이 일치하고 $r = v$, $s = w$**이다.**

2. 입사 매질과 출사 매질의 굴절률이 같으면, 제1 초점 거리와 제2 초점 거리의 크기가 같다.

3. 주점 사이 거리와 절점 사이 거리가 같고 $r - s = v - w$ **관계가 만족 된다.**

[예제 15.3.1]

초점 거리가 각각 $f_1{}'$과 $f_2{}'$인 두 개의 얇은 렌즈 사이 간격이 d이다. 이 광학계의 등가 초점 거리 f'를 행렬 성분 관계식을 이용하여 구하여라.

풀이: 광학계에 대하여 광선은 굴절-이동-굴절이 순차적으로 발생하므로, 행렬은 M은

$$M = \begin{bmatrix} 1 & 0 \\ -\dfrac{1}{f_2{}'} & 1 \end{bmatrix} \begin{bmatrix} 1 & d \\ 0 & 1 \end{bmatrix} \begin{bmatrix} 1 & 0 \\ -\dfrac{1}{f_2{}'} & 1 \end{bmatrix}$$
$$= \begin{bmatrix} 1 - \dfrac{d}{f_1{}'} & d \\ -\dfrac{1}{f_2{}'}\left(\dfrac{d}{f_1{}'} - 1\right) - \dfrac{1}{f_1{}'} & 1 - \dfrac{d}{f_2{}'} \end{bmatrix}$$

이 된다. 초점 거리는

$$f' = -\frac{1}{C}$$

이므로

$$f' = \frac{1}{f_1{}'} + \frac{1}{f_2{}'} - \frac{d}{f_1{}' f_2{}'}$$

이다.

[예제 15.1]
아래 그림과 같이 물체가 굴절 구면 앞 16 cm 위치에 놓여 있다. 상거리를 행렬 방법으로 계산하시오.

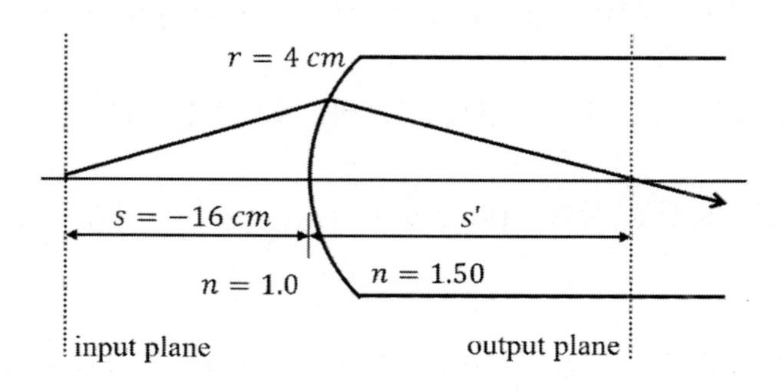

그림 15.10 굴절 구면에 의한 결상

풀이: 물체에서 나온 광선은 이동 T_1, 굴절 R, 이동 T_2 순서로 진행된다. 따라서 행렬은

$$
\begin{aligned}
M &= T_2RT_1 \\
&= \begin{bmatrix} 1 & s' \\ 0 & 1 \end{bmatrix} \begin{bmatrix} 1 & 0 \\ \frac{1}{r}\frac{n-n'}{n'} & \frac{n}{n'} \end{bmatrix} \begin{bmatrix} 1 & s \\ 0 & 1 \end{bmatrix} \\
&= \begin{bmatrix} 1 & s' \\ 0 & 1 \end{bmatrix} \begin{bmatrix} 1 & 0 \\ \frac{1}{4}\frac{1.00-1.50}{1.50} & \frac{1.00}{1.50} \end{bmatrix} \begin{bmatrix} 1 & -16 \\ 0 & 1 \end{bmatrix} \\
&= \begin{bmatrix} 1-\frac{s'}{12} & 16-\frac{2s'}{3} \\ -\frac{1}{12} & -\frac{2}{3} \end{bmatrix}
\end{aligned}
$$

이다. 행렬 성분 $B=0$일 때, 출사면이 상면이 된다. 따라서

$$
\begin{aligned}
& 16-\frac{2s'}{3}=0 \\
& s' =+24\,cm
\end{aligned}
$$

횡 배율 m_β는 행렬 성분 A이므로, 횡배율은

$$
\begin{aligned}
m_\beta &= A \\
&= 1-\frac{s'}{12} \\
&= -1
\end{aligned}
$$

이다.

요약

15.1 이동 행렬 $T=\begin{bmatrix}1 & L\\0 & 1\end{bmatrix}$

굴절 행렬 $R=\begin{bmatrix}1 & 0\\ \frac{1}{r}\left(\frac{n}{n'}-1\right) & \frac{n}{n'}\end{bmatrix}$

반사 행렬 $L=\begin{bmatrix}1 & 0\\ -\frac{2}{r} & -1\end{bmatrix}$

렌즈 행렬 $M_L=\begin{bmatrix}1 & 0\\ -\frac{1}{f'} & 1\end{bmatrix}$

연습 문제

15-1. 렌즈 왼쪽 40 cm 위치에 있는 물체에 대하여 상의 위치와 배율을 행렬 방법을 이용하여 각각 구하여라. 렌즈의 굴절률은 $n_L = 1.5$, 두께는 $d = 2\ cm$이고, 등오목 렌즈의 반경은 $r_1 = -20\ cm$, $r_2 = +20\ cm$이다.

답] 렌즈 왼쪽 13.91 cm, 배율 0.33

15-2. 렌즈 왼쪽 40 cm 위치에 있는 물체에 대하여 상의 위치와 배율을 행렬 방법을 이용하여 각각 구하여라. 렌즈의 굴절률은 $n_L = 1.5$, 두께는 $d = 2\ cm$이고, 등볼록 렌즈의 곡률 반경은 $r_1 = +20\ cm$, $r_2 = -20\ cm$이다.

답] 렌즈 오른쪽 40.0 cm, 배율 -1

15-3. 앞 문제의 경우에 대하여 행렬 방법을 이용하여 주요점 위치를 계산하여라.

답] $p = -19.4\ cm$, $q = +19.4\ cm$, $r = -6.07\ cm$,
$s = -0.6\ cm$, $v = +0.6\ cm$, $w = +6.07\ cm$

CHAPTER

16

검안 기기(Ophthalmic Instruments)

1. 각막 곡률계
2. 렌즈 미터
3. 검영기

임상에서 눈의 상태 및 굴절 이상 정도를 측정하는데 검안 기기 또는 안광학 기기가 사용된다. 검안 기기는 다른 분야의 기기와 마찬가지로 전자 성능이 내포되어 있으며, 전자 성능을 높여 측정의 자동화가 빠르게 진행되고 있다. 본 교재에서는 전자 성능을 제외하고 광학적 원리만을 다루기로 한다.

검안 기기의 광학적 작동 원리를 이해해야만 측정된 값의 중요성을 정확하게 인식할 수 있다. 또한, 굴절 이상과 같은 눈의 상태에 대한 원인을 이해할 수 있어, 처방 및 시력 교정의 효과를 높일 수 있다.

16.1 각막 곡률계 (Keratometer, Ophthalmometer)

각막 곡률계 (Keratometer, Ophthalmometer)는 각막 전면의 곡률 반경을 측정할 때 사용되는 기기이다. 콘택트렌즈를 착용함에 있어, 정확한 각막 전면의 곡률 반경을 적용하여 처방된 렌즈를 착용해야만 시기능 개선의 만족도를 높일 수 있다. 각막 곡률계는 각막 전면에서 반사되는 빛인 맺는 물체의 상을 측정하여 각막 전면의 곡률 반경을 알 수 있다.

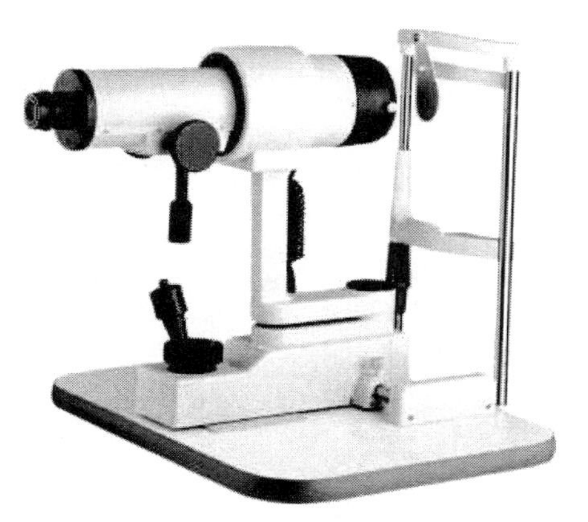

그림 16.1 케라토미터

또한 모든 방향의 각막 곡률 반경을 측정할 수 있어 각막 난시의 주 경선 (강주경선, 약주 경선) 방향과 난시 정도를 측정할 수 있다. 눈을 깜빡이고 난 후 마이어 상의 일부가 깨지는 시간을 측정하는 비침입성 눈물막 파괴 시간을 측정할 수 있다.

16.1.1 각막 곡률 반경 측정

각막 표면을 볼록 거울로 간주하고 각막 곡률계의 마이어는 물체가 된다. 볼록 거울에 의해 형성되는 일정 거리에 있는 물체의 상의 크기는 볼록 거울의 곡률 반경에 비례한다. 실제 각막 곡률을 측정할 때 각막이 볼록 거울과 같은 작용을 하고 마이어는 물체가 된다.

각막의 횡 배율은 마이어 상 크기 y'과 마이어 크기 y의 비율이다.

$$m_\beta = \frac{y'}{y} = \frac{ns'}{n's} \rightarrow s' = -\frac{y's}{y} \tag{16.1}$$

여기서 부호 (-)는 각막 표면에서 반사되어 상이 형성되기 때문에 구면 거울에 의한 상의 형성과 같은 상황이기 때문에 붙여졌다. 즉, 굴절률은 $n' = -n$을 적용 하였다. 마이어의 크기 (직경) y와 마이어와 각막 사이 거리 s는 고정되어 있어 주어진 값이다. 각막 전면의 반사에 의한 상, 즉 퍼킨제 상 I의 크기 (직경) y'를 측정하여 식 (16.1)에 대입하면 상거리 s'를 계산할 수 있다.
구면 거울의 결상 방정식

$$\frac{1}{s'} = -\frac{1}{s} + \frac{2}{r} \tag{16.2}$$

을 이용하면 각막의 곡률 반경 r은

$$r = -\frac{2sy'}{y - y'} \tag{16.3}$$

이 된다. 상의 크기 y'를 측정하면 식 (16.3)을 이용하여 각막의 곡률 반경 r을 계산할 수 있다. 만일 계산 과정을 거치지 않고 각막 곡률계에서 바로 눈금으로 읽을 수 있다면 매우 편리할 것이다. 하지만 문제는 식 (16.3)에서 상의 크기 y'가 분자 뿐만 아니라 분모에도 있어서 y'에 선형 함수가 아니다. 이 때문에 각막 곡률계에 눈금을 곡률 반경을 표시하는 데 어려움이 있다.

만인 물체 거리 (각막-마이어 거리) s가 매우 커서 무한대로 취급할 수 있다면 식 (16.2)는

$$s' = \frac{r}{2} \tag{16.4}$$

가 되고, 이 결과를 식 (16.1)에 대입하면

$$r = -\frac{2sy'}{y} \tag{16.5}$$

이 된다. 이 식 (16.5)는 상의 크기 y'의 선형 함수이므로 곡률계의 눈금으로 쉽게 표시할 수 있어, 곡률 반경을 바로 눈금으로 읽을 수 있다. 선형 함수 결과를 얻을 수 있었던 것은 앞에서 *물체가 무한히 먼 곳에 있다*는 가정을 했기 때문에 가능했다. 물체(마이어)를 무한히 먼 곳에 둘 수 없지만, 각막의 곡률 반경 (대략 $r = 7.7mm$)보다 충분히 먼 곳에 위치 시키면 식 (16.5)는 큰 오차 없이 적용될 수 있다.

각막 전면의 곡률 반경을 알면 굴절력을 계산할 수 있다. 곡률 반경과 굴절력 사이 관계식

$$D' = \frac{n-1}{r} \tag{16.6}$$

을 이용하면 된다. 식 (16.5)로 측정된 각막의 곡률 반경 r값과 굴절률을 식 (16.6)에 대입하면 굴절력이 된다. 여기서 곡률 반경은 미터 (m) 단위로 환산하여 대입하면, 굴절력의 단위는 디옵터 (D)가 된다.

16.1.2 토릭 각막면 측정

각막은 일반적으로 구면 모양으로, 구는 회전 대칭이어서 각막의 모든 방향으로 곡률 반경이 같다. 이에 따라 각막의 모든 방향으로 굴절력이 일정하다. 만일 각막이 구면이 아닌 토릭면이면 방향에 따라 곡률 반경과 굴절력이 다르다. 토릭면의 굴절력을 정의하려면 토릭면의 주경선(구결면, 자오면)의 방향과 굴절력을 결정해야 한다.

그림 (16.2)는 각막 곡률계의 마이어 상을 측정하는 구조도이다. 광원에서 나온 빛이 거울에서 반사되어 마이어를 지난 피검사자의 눈으로 향한다. 대부분의 빛은 각막을 통과하지만 일부는 각막 전면에서 반사된다. 반사된 빛이 구면 거울에 의해 상을 형성하는 것처럼, 각막 전면에서 반사된 빛이 마이어 상을 맺는다. 대물 렌즈와 접안 렌즈로 구성된 광학계를 이용하여 검사자가 마이어의 상을 관찰한다.

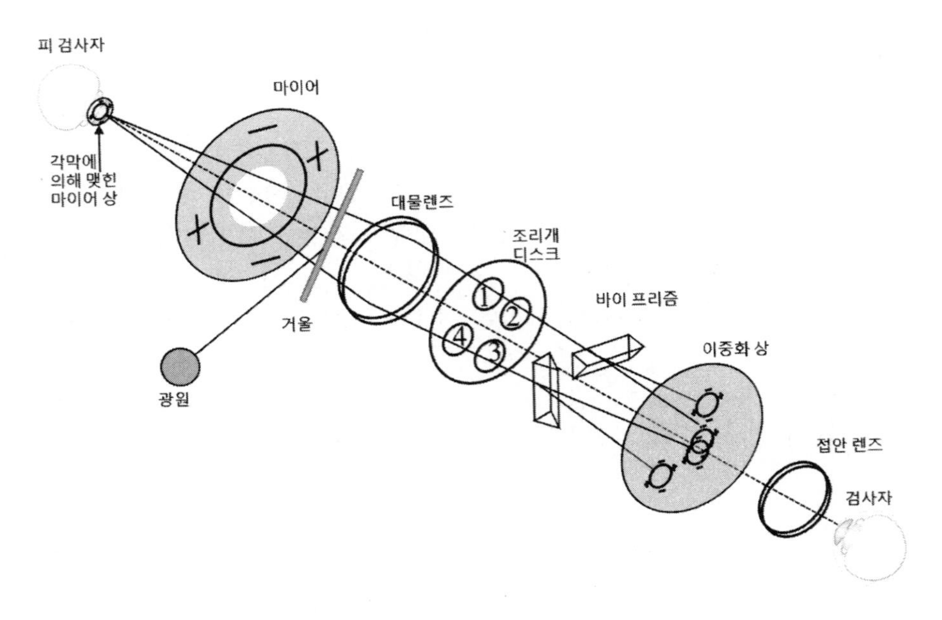

그림 16.2 각막 곡률계 마이어 상

대물 렌즈와 접안 렌즈 사이에는 조리개 디스크와 바이 프리즘이 배치되어 있다. 조리개 디스크는 마이어 상을 여러 개로 분리하는 역할을 한다. 바이 프리즘은 조리개 디스크를 통과한 상을 두 개로 나누어 이중화 시킨다. 이중화된 상의 크기를 측정하여 식 (16.5)와 (16.6)을 이용하여 각막 전면의 곡률 반경과 굴절력을 계산한다.

그림 (16.3)은 이중화 상을 정렬시켜 마이어 상 크기를 측정하는 과정을 나타낸 것이다. 그림 (16.3a)는 대인 렌즈의 초점이 맞지 않을 상태이다. 대안 렌즈를 조절하여 초점을 맞추면 그림 (16.3b)와 같이 된다. 조리개 디스크 1번과 3번을 열어 이중화된 마이어 상을 상·하 정렬하고, 2번과 4번을 열어 좌·우 정렬 한다.

바이 프리즘을 조절하여 마이어 상의 표식 (+, -)일치시키면 그림 (16.3c)가 된다.

이때 마이어 상의 중심 간 거리가 마이어 상의 크기 y'가 된다. 측정된 상의 크기를 식 (16.5)에 대입시켜 곡률 반경을 계산하고, 식 (16.6)을 이용하여 굴절력을 산출한다. 마이어 상이 그림 (16.3과 같이 측정되면 그 각막은 구면으로 난시가 없는 상태이다.

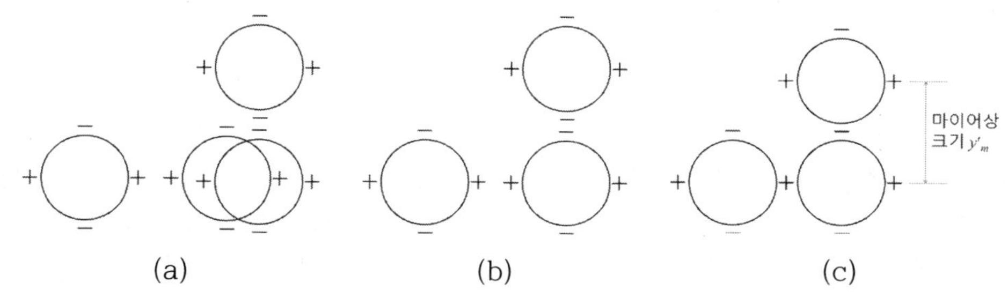

그림 16.3 구면 형태의 각막 전면에 의한 마이어 상 (a) 초점이 맞지 않은 상태 (b) 초점이 맞은 상태 (c) 마이어 상 크기

바이 프리즘을 이용하여 마이어 상을 생성시키는 이유는 피검자의 미세한 눈동자가 움직임에도 마이어 상이 흔들려서 정확하게 마이어 상의 크기를 측정하기 어렵게 된다. 하지만 이중화된 상이 흔들리더라도 그 크기를 측정하는 것이 수월하다.

난시가 있는 각막은 구면이 아닌 토릭면 모양을 한다.

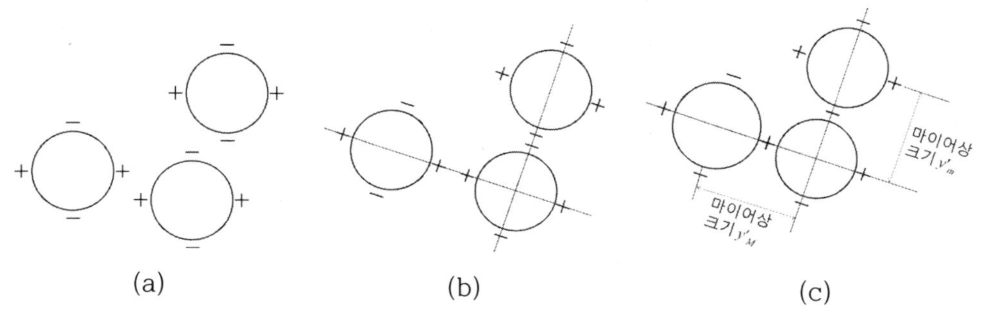

그림 16.4 (a) 토릭면 형태의 각막 전면에 의한 마이어 상 (b) 주 경선으로 정렬된 상태 (c) 주경선 방향의 상 크기

토릭면 모양의 각막 전면에 의해 맺힌 마이어 상은 그림 (16.4a)와 같이 이중화 상의 방향이 서로 틀어져 보인다. 그림 (16.2)의 조리개 디스크 방향을 돌려서 그림 (16.4b)와 같이 정렬 시킨다. 마지막으로 바이 프리즘의 위치를 이동 시켜 그림

(16.4c)와 같이 표식을 일치시킨다. 그리고 표시 사이의 거리를 측정하여 두 주경선 방향으로 마이어 상이 크기 y'_m와 y'_M을 측정하여 식 (16.5)와 (16.6)을 이용하여 주경선 방향의 곡률 반경 및 굴절력을 계산한다.

16.2 렌즈 미터(Lensmeter)

렌즈 미터는 안경 렌즈나 콘텍트렌즈의 굴절력을를 측정하는 검안 기기이다. 렌즈 미터를 이용하여 상측 정점 굴절력 (후면 정점 굴절력)을 측정할 수 있다. 프리즘 굴절력을 측정하여 기저 방향을 알 수 있고, 경선의 위치가 표시되기 때문에 광학 중심점을 찾아서 인점을 찍는데 이용된다. 렌즈 미터는 바달 광하계를 사용한다.

16.2.1 바달 광학계

바달 렌즈는 그림 (16.5)와 같이 음 렌즈와 양 렌즈가 붙여진 더블릿 구조이다.

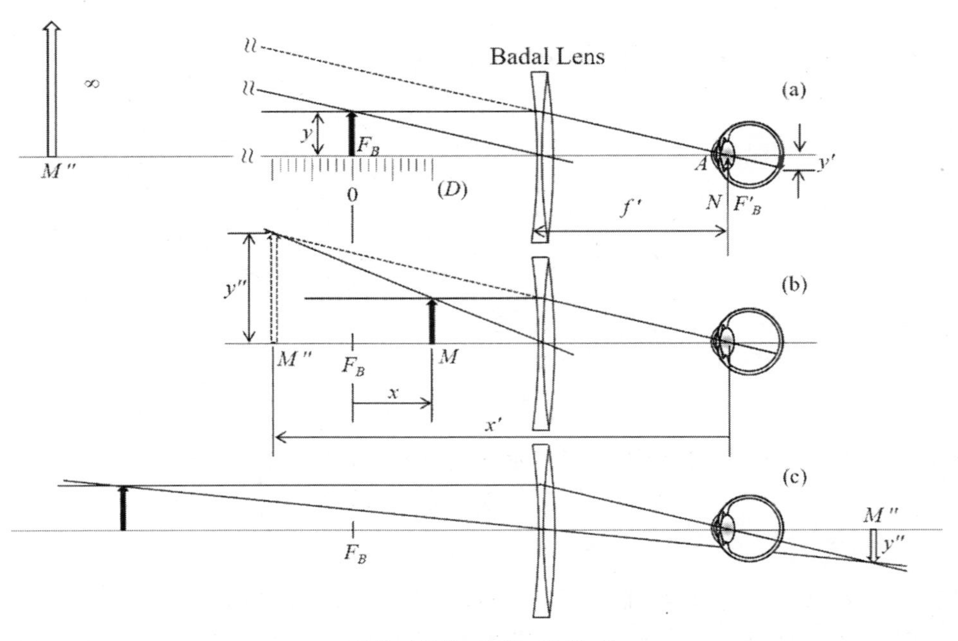

그림 16.5 바달 광학계

바달 광학계는 바달 렌즈와 눈금 (디옵터 단위) 0위치에 타깃 (물체)가 놓여져 있는 구조의 광학계이다. 바달 렌즈는 검사자 각막 전방 대략 93 mm위치에 놓여 있는데, 이는 타깃 거리와 안구의 절점 N (각막 전면으로부터 대략 7 mm) 까지의 거리를 100 mm가 되게 설계되었다. 이를 디옵터로 환산하면 +10.0 D이다.

타깃이 기준점 0에 위치하는 경우 바달 렌즈에 의한 타깃 상은 그림 (16.5a)와 같이 왼쪽 무한대 위치에 맺힌다. 타깃을 안구 쪽으로 이동시키면 그림 (16.5b)와 같이 왼쪽에 정립 허상이 맺힌다. 타깃을 더 가까이 이동시키면 상은 점점 흐려지는데, 이를 이용하여 근점을 찾을 수 있다.

타깃을 기준점보다 먼 쪽으로 이동시키면 그림 (16.5c)와 같이 안구 오른쪽에 도립 실상이 맺힌다. 타깃을 더 멀리 움직여 상이 가장 선명하게 맺히는 점을 찾으면 그 점이 원점이 된다.

비달 광학계를 이용하면 비정시 교정 시력을 측정할 수 있다. 그림 (16.5b)은 물체 (타깃)가 기준점 F_B에서 위치 M으로 거리 x만큼 이동된 것을 보여준다. 이때 상은 점 M''에 맺혔고, 안구 절점 (N 또는 F'_B로부터 왼쪽으로 거리 x'위치에 맺혔다. 이 경우 얇은 렌즈 뉴턴 방정식은

$$xx' = -f'^2$$

$$x\frac{1}{D'_A} = -f'^2$$

$$D'_A = -x\frac{1}{f'^2} = -xD'^2 \quad (16.7)$$

이다. 여기서 비정시 교정시력은 $D'_A = 1/x'$이고, D'는 바달 렌즈의 굴절력이다.

16.2.2 렌즈 미터 종류

수동 렌즈 미터는 검사자가 직접 접안 렌즈를 눈으로 보고 렌즈 굴절력을 측정하기 위한 조절이 필요하다. 가격이 낮고 소형이므로 이동이 쉽다. 광원이 기기에 내장되어 있어 어두운 밤에도 사용이 가능 하다.

자동 렌즈 미터는 측정하고자 하는 안경 렌즈를 설치하면 자동으로 굴절력을 측정한다. 상대적으로 가격이 비싸고 부피가 커서 휴대나 운반이 어렵다. 주변이 밝은 곳에서만 사용 가능하다. 수동 렌즈 미터는 단순히 안경 굴절력 측정에 사용되는 반면, 자동 렌즈 미터는 가입도 등의 안경 렌즈의 특성까지도 알 수 있어 다양하게 활용할 수 있다.

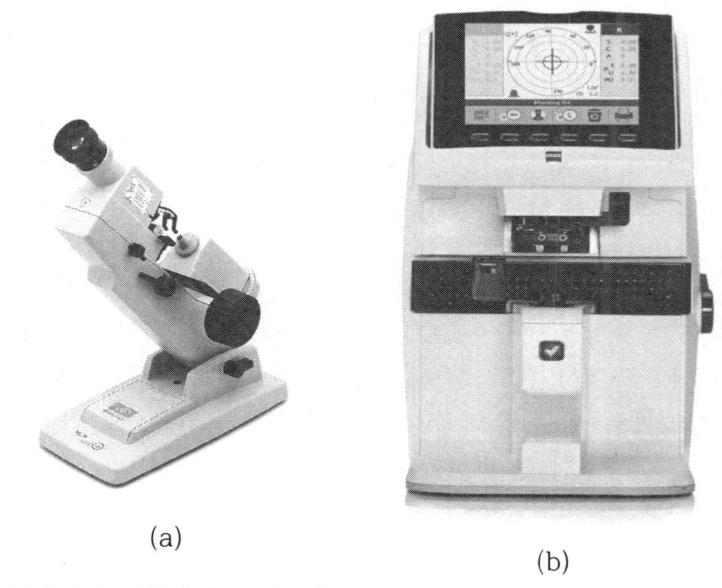

(a) (b)

그림 16.5 (a) 망원경식 수동 렌즈 미터 (b) 투영식 자동 렌즈 미터

16.2.3 광학적 원리

그림 (16.6)은 렌즈 미터 내부 바달 렌즈를 포함한 광학계 구조이다. 안경 렌즈가 없는 상태에서는 바달 렌즈에 의해 평행 광속이 관측된다. 굴절력 측정을 위한 안경 렌즈를 삽입하면 상점이 달라지고 평행 광속이 깨진다. 콜리메이터(collimator)를 돌리면 타깃의 위치가 변화되고 평행광속이 되도록 조절할 수 있다. 이 상태에서 디옵터 단위로 표기된 눈금을 읽으면 안경 렌즈의 굴절력을 측정할 수 있다.

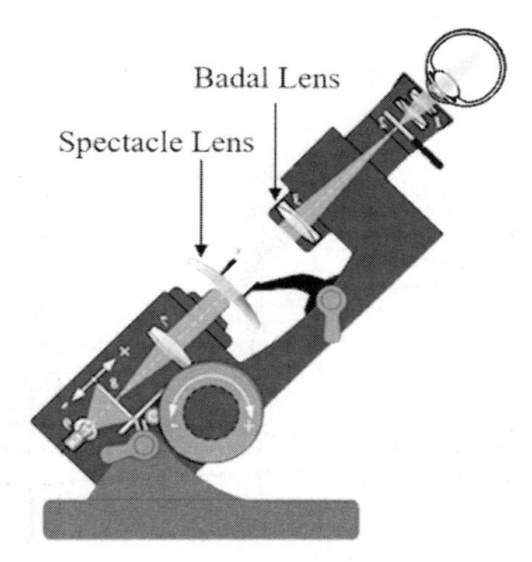

그림 16.6 렌즈 미터 광학적 구조

그림 (16.7)은 안경 렌즈 굴절력을 계산하기 위한 렌즈 미터 광학적 원리 개념도이다. 그림 (16.7a)는 타깃 (물체) M이 기준점 F_B에 있고, 빛은 바달 렌즈를 거치는 과정에서 평행 광속이 되어 관찰자의 눈으로 입사한다.

그림 (16.7b)는 굴절력을 측정하기 위한 안경 렌즈를 삽입한 상태이다. 렌즈가 삽입되어 평행 광속이 깨지므로, 타깃의 위치를 이동시켜 관측자의 눈으로 입사하는 빛을 평행 광속이 되도록 조절한 상태이다. 타깃 M은 기준점으로부터 x만큼 이동하였고, 타깃의 상은 M'에 맺혔다. 안경 렌즈로부터 상까지의 거리는 x'이다.

뉴턴 방정식

$$xx' = -f'^2_B \tag{16.8}$$

으로부터 타깃 이동 거리 x를 계산하면

$$-xf_v' = -f'^2_B$$

$$x = +\frac{f'^2_B}{f'_v} = +\frac{D'_v}{D'^2_B} \tag{16.9}$$

이 된다. 굴절력 단위가 디옵터 (D)이기 때문에 측정된 거리 x의 단위는 미터 (m)이고 타깃의 이동 거리이다. 그리고 굴절력 D'_B는 렌즈 미터에 사용된 바달 렌즈의 굴절력이므로 주어지는 값이다.

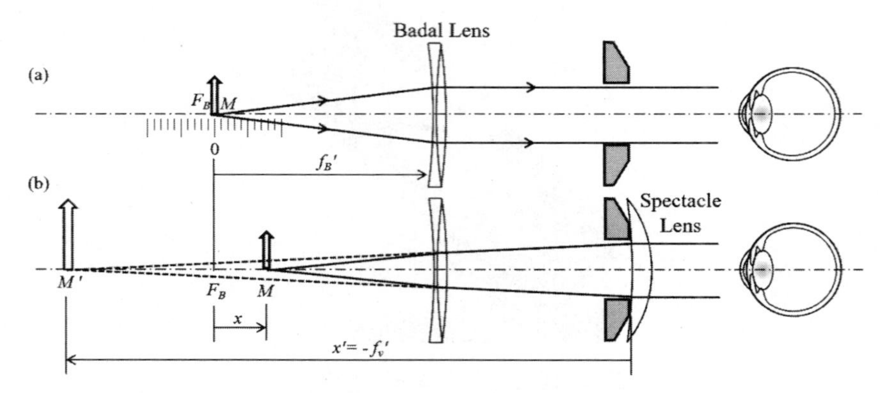

그림 16.7 렌즈 미터 광학적 원리 개념도

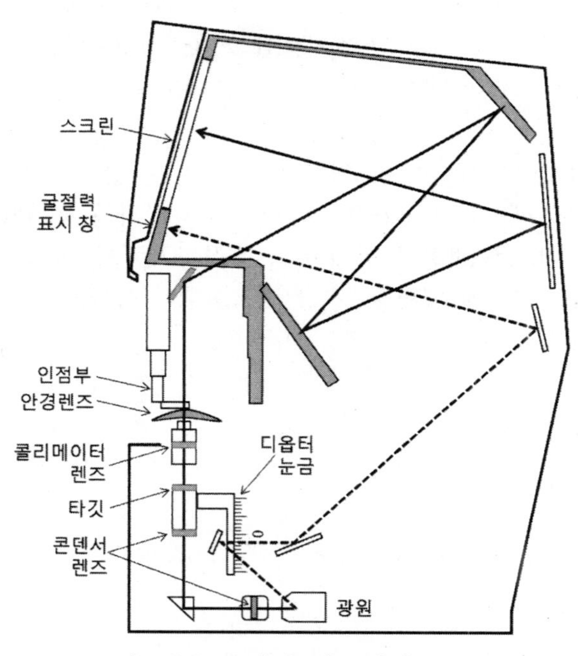

그림 16.8 투영식 렌즈미터 구조

타깃 이동 거리 x를 측정하면 안경 렌즈의 굴절력을 알 수 있다. 즉,

$$D'_v = xD'^2_B \tag{16.10}$$

이다.

자동 렌즈 미터 (투영식 렌즈 미터)는 안경 렌즈의 굴절력 및 광학적 특성을 자동으로 스크린에 표시한다. 이를 위하여 광원이 있고, 광원에서 나온 빛은 나누어져서 눈금과 타깃으로 입사한다.

콜리메이터 렌즈는 타깃으로 입사하는 빛을 평행 광속으로 조절하는데 사용된다. 그림 (16.8)의 점선으로 표시된 영역은 수동 렌즈 미터의 바달 광학계와 같은 역할을 한다.

16.3 검영기(Retinoscope)

검영기는 망막에서 반사된 빛에 의한 상점을 관측하여 눈의 굴절 상태를 측정하는 안광학 기기이다.

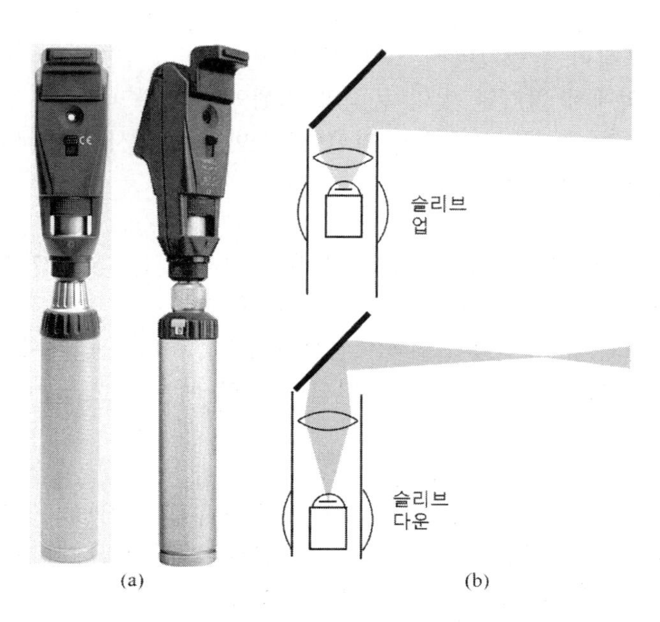

그림 16.9 검영기

검영기에서 나온 빛을 안구로 입사하여 망막에서 반사된 빛이 모이는 점 즉, 근점과 원점을 관측할 수 있다. 그림 (16.9a)는 검영기이고 (16.9b)는 슬리브 업과 다운에 따른 발산광과 수렴광을 보여준다. 여기서는 검영기를 통해 안구를 관찰할 때 발생하는 동행과 역행의 원리만을 다루기로 한다.

그림 (16.10)은 검영기를 이용한 관측 시스템 개념도이다. 검영기에서 나온 빛이 피검사자의 안구로 입사한다. 입사된 빛은 각막과 수정체를 거쳐 망막에 도달한다. 망막에서 일부 빛이 반사되어 반대 방향으로 진행하여 검사자가 이 빛을 관측한다.

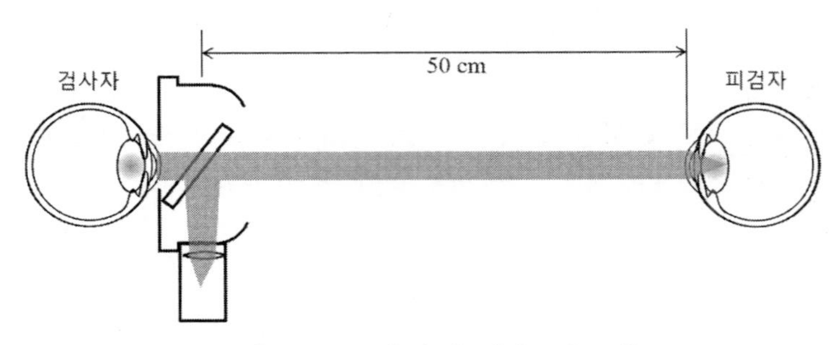

그림 16.10 검영기 관측 시스템

검영기를 좌·우로 움직여 망막에서 반사되는 빛을 관찰한다. 입사빛이 움직이는 방향과 반사빛의 움직이는 방향이 같으면 **동행**, 반대 방향이면 **역행**이라고 한다. 그림 (16.11)은 망막에서 반사된 빛의 동행과 역행의 원리를 나타낸 것이다. 입사 빛이 안구 뒤에 수렴하는 경우 동행이 발생한다. 반대로 입사 빛이 안구 앞에 수렴하는 경우 역행이 발생한다.

그림 (16.11a)는 동행의 원리를 나타낸 것이다. 입사 빛은 수렴 광으로 망막 뒤의 한 점에 수렴한다. 음영 처리된 빔은 중심이 아래 방향으로 이동하였다. 입사 광선이 망막에서 반사되어 상이 맺히는 점 (검정색 점)이 역시 중심에서 아래 방향으로 이동하였다. 입사 빛과 망막 상 이동 방향이 아래 방향으로 같기 때문에 동행이 나타난다.

그림 (16.11b)는 안구 앞에 수렴하는 입사 빛이 안구에 입사한다. 음영 처리된 입사 빛은 중심에서 아래 방향으로 이동하였다. 입사 빛은 망막에서 반사되어 중앙선 위쪽에 상 (검정색 점)을 맺는다. 입사 빛이 중심선 아래 방향으로 이동하였지만, 망막에서 반사 빛은 중심선 위에 상을 맺기 때문에 이동 방향이 반대이다. 이러한 현상을 역행이라고 한다.

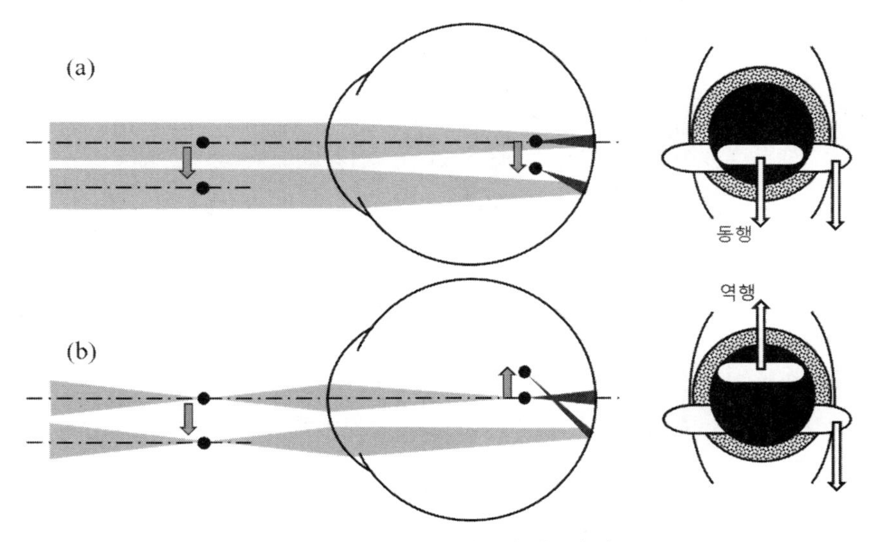

그림 16.11 동행과 역행 원리

동행이 발생하는 안구는 원시, 또는 -2 D이하의 약도 근시이다. 역행이 발생하는 안구는 -2 D이상의 근시이다. 동행이나 역행이 일어나지 않고 반사빛의 밝기만 변하는 상태를 중화라고 하고, 이에 해당하는 안구는 -2 D의 근시이다. -2 D는 그림 (16.10)에서 보여주는 바와 같이 검영기와 피검자의 안구 사이 거리를 50 cm로 하였기 때문에 나온 수치이다.

Appendix

A. 단위 전환(Unit Conversion)

물리량을 표현할 때 숫자 뒤에 단위를 붙여서 사용한다. 물리량을 표현하는 단위는 길이, 질량, 시간, 온도, 전류, 밝기, 물질량의 기본 단위 7가지와 에너지, 속도, 가속도 등이 있다. 예를 들어 길이를 나타낼 때는 숫자 뒤에 미터(m)를 붙여서 책상의 길이를 1.6 m로 표현한다. 시간을 표현할 때는 숫자 뒤에 시간의 단위인 초(s)를 붙인다.

[예제 A.1]
지구와 태양 사이 거리는 대략 150,000,000,000 m인데, 이를 표현하기 위하여 십의 거듭제곱 즉, 1.5×10^{11} m로 쓸 수 있다. 또 다른 방법으로는 단위 앞에 접두어를 붙여서 150 Gm로 표현할 수 있다.

[예제 A.2]
빛의 파장을 나타내는 단위로 주로 쓰이는 nm는 $10^{-9}m$이고 원자 정도의 크기를 나타내는 단위로, 원자들 중 가장 가볍고 작은 수소 원자의 크기가 대략 0.0000000001 m $(=10^{-10}\ m)$또는 0.1 nm로 쓴다. 앞의 예에서 미터(m) 앞에 붙인 G(기가), n(나노)는 단위의 앞에 붙이기 때문에 접두어라고 하고, 각각의 척도는 표 (Appendix A.1)과 같다.

[예제 A.3]
다른 예로 노란색의 파장은 $\lambda = 589\ nm$의 단위를 미터로 바꾸면

$$589\ nm = 589\left(\frac{1\ m}{10^{+9}\ nm}\right)\ nm = 589 \times 10^{-9}\ m \qquad \text{(A.1)}$$

[예제·A.4]
단위 전환은 접두어를 바꾸는 것을 의미한다. 예를 들어 자동차의 속력이 시속 100 km 즉, 100 km/h을 초속으로 바꿔보자.

$$100\frac{km}{h} = 100\frac{\left(\frac{1000\ m}{1\ km}\right)km}{\left(\frac{3600\ s}{1\ h}\right)h} = 27.78\frac{m}{s} \quad (A.2)$$

한 시간에 100 km를 가는 자동차는 1초에 27.78 m를 달린다.

[예제 A.5]
수술에 쓰이는 펨토세컨 레이저(femtosecond laser)는 수십 ~ 수백 펨토초(1 fs = 10^{-15} s) 동안 적외선 영역의 빛(대략 800 nm)을 반복률 (1 kHz; 초당 1천 번)로 에너지를 조사하는 펄스 레이저이다. 절개 선폭이 대략 10 $\mu m (=10^{-5} m)$이므로 칼보다 더 매우 날카롭게 각막을 절개할 수 있어, 절개 부위의 복원 시간이 짧아 시술 후 빠르게 일상생활이 가능하다.

접두어	명칭	거듭제곱
T	테라	10^{12}
G	기가	10^{9}
M	메가	10^{6}
k	킬로	10^{3}
h	헥토	10^{2}
da	데카	10^{1}
d	데시	10^{-1}
c	센티	10^{-2}
m	밀리	10^{-3}
μ	마이크로	10^{-6}
n	나노	10^{-9}
p	피코	10^{-12}
f	펨토	10^{-15}

표 Appendix A.1 단위 접두어

B. 두꺼운 렌즈(Thick Lens)

제1면 굴절에 의한 상측 굴절력은

$$D_1' = \frac{n_1'}{f_1'} = -\frac{n_1}{f_1} \tag{B.1}$$

이고 물체 버전스와 상 버전스는 각각

$$S_1 = \frac{n_1}{s_1}, \quad S_1' = \frac{n_1'}{s_1'} \tag{B.2}$$

물체가 무한대에 있을 때, $s_1 \to \infty$, $S_1 \to 0$이고
버전스 관계식은

$$S_1' = S_1 + D_1' = D_1' \tag{B.3}$$

으로부터 상 거리는

$$s_1' = \frac{n_1'}{D_1'} \tag{B.4}$$

이 된다.

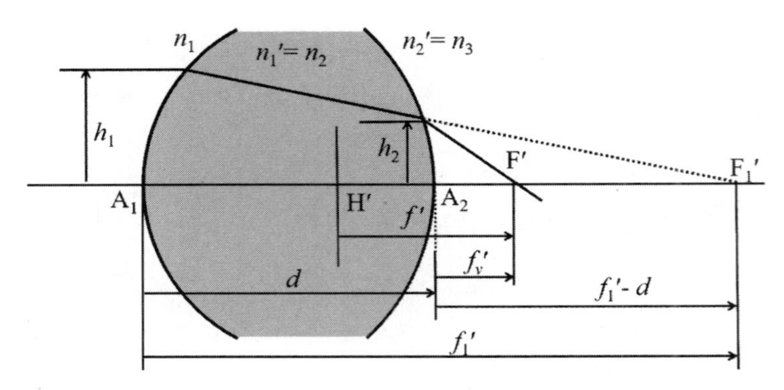

그림 B.1 두꺼운 렌즈의 제1면 결상

제2면에 의한 굴절을 다루기 위하여, 제1면 굴절에 의한 상은 제2면의 물체가 된다. 제2면의 물체 거리와 제1면의 상 거리 관계, 즉 전달식은

$$s_2 = s_1{}' - d \tag{B.5}$$

이다. 여기서 d는 렌즈의 중심 두께이고 $n_1{}' = n_2$이므로 제2면의 물체 거리와 물체 버전스는 각각

$$s_2 = \frac{n_2 - dD_1{}'}{D_1{}'}, \quad S_2 = \frac{n_2}{s_2} = \frac{n_2 D_1{}'}{n_2 - dD_1{}'} \tag{B.6}$$

이다. 제2면에 대한 버전스 관계식으로부터 상 버전스는

$$S_2{}' = S_2 + D_2{}', \quad S_2{}' = \frac{D_1{}' + D_2{}' - c_2 D_1{}' D_2{}'}{1 - c_2 D_1{}'} \tag{B.7}$$

에서 c_2는 환산 두께 $c_2 = d/n_2$이다.

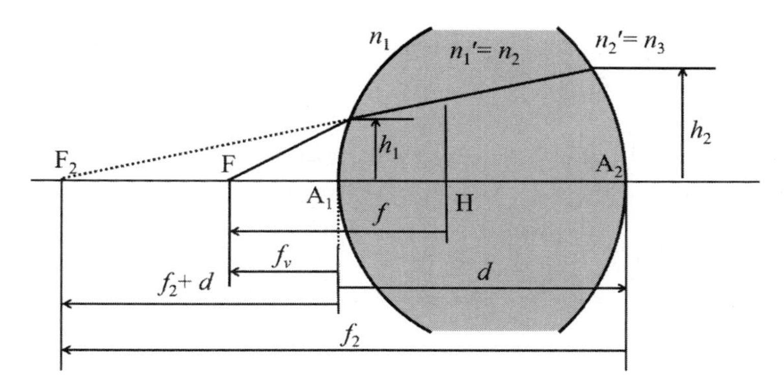

그림 B.2 두꺼운 렌즈의 제2면 결상

상측 정점 초점 거리는 $s_2' = f_v' = A_2F'$이고, 굴절률 관계 $n_2' = n_3$를 적용하면

$$S_2' = \frac{n_2'}{s_2'} = \frac{n_3}{s_2'} = \frac{n_3}{f_v'} \tag{B.8}$$

위 두 식으로부터

$$\frac{A_2F'}{n_3} = \frac{f_v'}{n_3} = \frac{1 - c_2D_1'}{D_1' + D_2' - c_2D_1'D_2'} \tag{B.9}$$

등가 굴절력을 구해 보자.

$$\frac{h_2}{h_1} = \frac{A_2F_1'}{A_1F_1'} = \frac{f_1' - d}{f_1'} = 1 - \frac{d}{f_1'} \tag{B.10}$$

$n_1' = n_2$이므로 $f_1' = n_2/D_1'$이고, 환산 두께 $c = d/n_2$를 이용하면

$$\frac{h_2}{h_1} = 1 - cD_1' \tag{B.11}$$

주점과 후면 정점으로부터 초점 사이 거리 비는

$$\frac{h_2}{h_1} = \frac{A_2F'}{f'} = \frac{A_2F'D'}{n_3} \tag{B.12}$$

여기서 D'는 두 면의 굴절력과 중심 두께 효과를 포함하는 두꺼운 렌즈의 등가 굴절력으로 $D' = n'/f' = n_3/f'$ 관계를 이용하였다. 위 두 식으로부터

$$\frac{A_2F'}{n_3} = \frac{1 - cD_1'}{D'} \tag{B.13}$$

식 (B.9)와 식 (B.13)의 좌변이 같고, 우변의 분자도 같기 때문에 우변의 분모도 서로 같아야 한다. 따라서 등가 굴절력을 제1면의 굴절력 D_1', 제2면의 굴절력 D_2'와 중심 두께 효과로 인한 등가 굴절력으로 표시하면

$$D' = D_1' + D_2' - dD_1'D_2' \tag{B.14}$$

가 된다. 상측 정점 초점 거리 f_v'는 후면 정점 A_2에서 상측 초점 F'까지의 거리, A_2F'이므로 식 (B.9)로부터

$$f_v' = A_2F' = \frac{n_3(1 - c_2D_1')}{D'} \tag{B.15}$$

상측 주점 거리는 후면 정점 A_2로 부터 제 2주점 H'까지의 거리 A_2H'

$$A_2H' = A_2F' + F'H' = \frac{n_3(1 - c_2D_1')}{D'} - \frac{n_3}{D'} = -\frac{n_3c_2D_1'}{D'} \tag{B.16}$$

이 된다. 따라서

$$\frac{A_2H'}{n_3} = -\frac{c_2D_1'}{D'} \tag{B.17}$$

물측 초점 거리와 물측 주점 거리를 구해보자.

$$\frac{h_1}{h_2} = \frac{F_2A_1}{F_2A_2} = \frac{-(f_2+d)}{-f_2} = 1 + \frac{d}{f_2} \tag{B.18}$$

물측 초점 거리 $f_2 = n_2/D_2$와 환산 거리 $c = d/n_2$를 이용하여

$$\frac{h_1}{h_2} = 1 + cD_2 \tag{B.19}$$

$$\frac{h_1}{h_2} = \frac{FA_1}{FH} = \frac{A_1F}{-f} = \frac{A_1FD}{n_1} \tag{B.20}$$

위 두 식으로부터 물측 초점 거리는

$$\frac{A_1F}{n_1} = \frac{1+cD_2}{D} \tag{B.21}$$

물측 주점 거리는 제 1정점 A_1로부터 제 1주점 H까지의 거리 A_1H이므로

$$A_1H = A_1F + FH = \frac{n_1(1+cD_2)}{D} - \frac{n_1}{D} = \frac{n_1cD_2}{D} \tag{B.22}$$

이다. 이로부터

$$\frac{A_1H}{n_1} = \frac{cD_2}{D} \tag{B.23}$$

굴스트란드 방정식을 요약하면 표 (B.1)과 같다.

등가 굴절력	$D' = D_1' + D_2' - dD_1'D_2'$
물측 주점 거리	$\frac{A_1H}{n_1} = \frac{cD_2}{D}$
물측 초점 거리	$\frac{A_1F}{n_1} = \frac{1+cD_2}{D}$
상측 주점 거리	$\frac{A_2H'}{n_3} = -\frac{cD_1'}{D'}$
상측 초점 거리	$\frac{A_2F'}{n_3} = \frac{1-cD_1'}{D'}$
두꺼운 렌즈가 공기 중에 놓여 있는 경우 $n_1 = n_3 = 1$	

표 B.1 굴스트란드 방정식

여기서 주목할 점은 두꺼운 렌즈의 양쪽 매질을 굴절이 같다면(렌즈가 공기 중에 놓여 있거나, 물속에 잠겨 있는 경우) 주점과 절점의 위치가 일치한다. 즉 $H = N$, $H' = N'$이다.

렌즈의 모양에 따라 주점은 렌즈의 내부 또는 외부에 위치할 수 있다. 그리고 두꺼운 렌즈의 한 면이 평면이면, 즉 평-볼록 또는 평-오목인 렌즈의 주점 중의 하나는 반드시 볼록 면의 정점과 일치한다. 예를 들어 렌즈의 제 2면이 평면이면 $D_2 = D_2' = 0$이므로, 물측 주점 거리 식 (B.23)의 우변이 0이므로 좌변도 $A_1H = 0$이어야 한다. 즉 정점 A_1과 주점 H가 일치해야 한다. 따라서 제1 주점이 전면 정점에 있다. 마찬가지로 제 1면이 평면이면 식 (B.17)의 우변이 0이어서, 좌변은 $A_2H' = 0$가 되어, 제 2 주점의 위치는 후면의 정점과 일치한다.

C. 프리즘의 꺾임각(Deviation Angle of Prism)

제1면에 의한 꺾임각은 $\delta_1 = \alpha_1 - \alpha_1{}'$이고, 근축 근사를 적용하면 제1면에서 굴절에 대한 스넬의 법칙은

$$n_1 \sin\alpha_1 = n_1{}' \sin\alpha_1{}' \quad \rightarrow \quad n_1\alpha_1 = n_1{}'\alpha_1{}' \tag{C.1}$$

여기서 주변의 굴절률 n_1을 공기의 굴절률 1로, 프리즘의 굴절률 $n_1{}'$를 n으로 놓으면

$$1\alpha_1 = n\alpha_1{}' \tag{C.2}$$

제2면에 의한 꺾임각은 $\delta_2 = \alpha_2 - \alpha_2{}'$이고, 제2면에서 굴절에 대한 스넬의 법칙은 근축 근사를 적용하면

$$n_2 \sin\alpha_2 = n_2{}' \sin\alpha_2{}' \quad \rightarrow \quad n_2\alpha_2 = n_2{}'\alpha_2{}' \tag{C.3}$$

여기서 프리즘의 굴절률 n_2를 n으로, 주변의 굴절률 $n_2{}'$를 공기의 굴절률 1로 놓으면

$$n\alpha_2 = 1\alpha_2{}' \tag{C.4}$$

프리즘 전체 꺾임각은

$$\begin{aligned} \delta &= \delta_1 + \delta_2 \\ &= (\alpha_1 - \alpha_1{}') + (\alpha_2 - \alpha_2{}') \\ &= (n\alpha_1{}' - \alpha_1{}') + (\alpha_2 - n\alpha_2) \end{aligned} \tag{C.5}$$

프리즘 정각과 입사각, 굴절각 관계식 $\beta = \alpha_1{}' - \alpha_2$를 적용하면, 전체 꺾임각은

$$\delta = n(\alpha_1{}' - \alpha_2) - (\alpha_1{}' - \alpha_2)$$

$$= (n-1)\beta \tag{C.6}$$

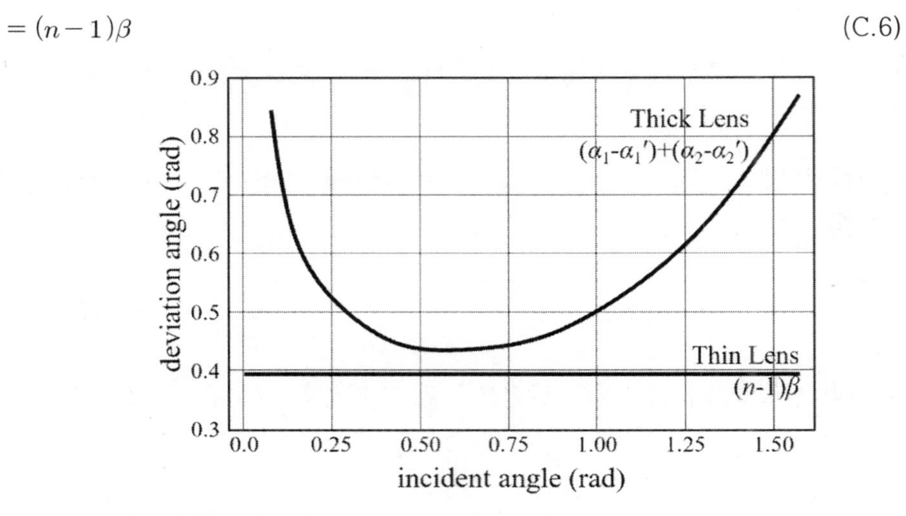

그림 C.1 입사각에 따른 꺽임각 ($n = 1.50$, $\beta = 45^\circ$)

얇은 프리즘의 예로, 공기 중에 놓여 있는 얇은 직각 프리즘의 경우

$$n\sin\alpha = \sin\alpha' \tag{C.7}$$

이고, 각 사이 관계는

$$\alpha = -\beta \quad (\alpha < 0,\ \beta > 0) \tag{C.8}$$

$$\alpha' = \alpha - \delta = -\beta - \delta \quad (\alpha' < 0,\ \delta > 0) \tag{C.9}$$

이를 근축 근사가 적용된 스넬의 법칙에 대입하면

$$n\alpha = \alpha' \;\rightarrow\; n(-\beta) = -\beta - \delta$$
$$\delta = (n-1)\beta \tag{C.10}$$

로 앞의 일반적인 프리즘 꺽임각 결과와 같다.

D. 결상 방정식의 버전스 표현(Vergence Representation)

다중면으로 구성된 광학계를 분석하기 위하여, 각 면에 대한 굴절 관계식을 적용한다. j-번째 구면의 굴절 방정식은

$$\frac{n_j'}{s_j'} = \frac{n_j}{s_j} + \frac{n_j' - n_j}{r_j} \quad \rightarrow \quad S_j' = S_j + D_j' \tag{D.1}$$

이다.

j-번째 면과 $j+1$-번째 면 사이의 전달 방정식은

$$\begin{aligned} s_{j+1} &= s_j' - d_j \\ \frac{n_{j+1}}{S_{j+1}} &= \frac{n_j'}{S_j'} - d_j \\ S_{j+1} &= \frac{S_j'}{1 - c_j S_j'} \end{aligned} \tag{D.2}$$

여기서 $c_j = d_j / n_j'$이고, $n_{j+1} = n_j'$이다.

j-면의 횡배율은

$$m_{\beta j} = \frac{n_j s_j'}{n_j' s_j} = \frac{S_j}{S_j'} \tag{D.3}$$

이고 광학계 전체 횡배율은

$$\begin{aligned} m_\beta &= \frac{S_j}{S_j'} \cdot \frac{S_{j+1}}{S_{j+1}'} \cdots \frac{S_k}{S_k'} \\ &= m_{\beta j} \cdot m_{\beta j+1} \cdots m_{\beta k} \end{aligned} \tag{D.4}$$

따라서 광학계 전체의 횡배율은 각 면의 횡배율의 곱이다.

[예제 D.1]
아래 그림 (D.1)과 같이 두 개의 얇은 렌즈로 구성된 광학계의 최종 횡 배율을 계산하여라.

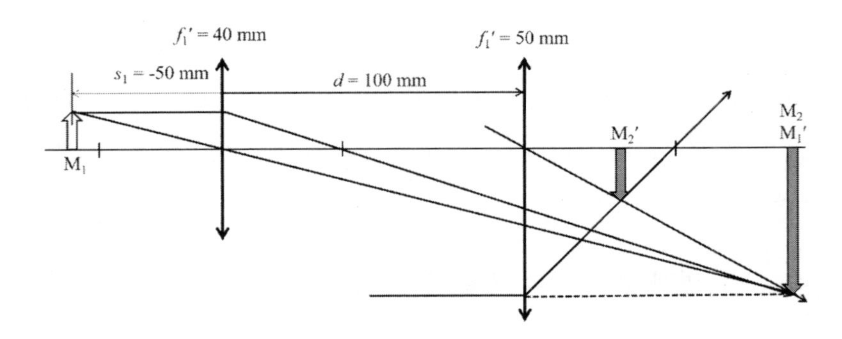

그림 D.1 광학계 구조 및 결상 관계

풀이 : 첫 번째 렌즈의 굴절력은

$$D_1 = \frac{1}{f_1'} = \frac{1}{0.04\ m} = +25\ D$$

이고, 환산 거리 c_1

$$c_1 = \frac{d}{n} = \frac{0.1\ m}{1} = 0.1\ m$$

첫 번째 렌즈의 버전스 관계식은

$$S_1' = S_1 + D_1' = -20\ D + 25\ D = +5\ D$$

전달 방정식은

$$S_2 = \frac{S_1'}{1 - c_1 S_1'} = \frac{5}{1 - 0.1 \times 5} = +10\ D$$

두 번째 렌즈의 굴절력은

$$D_2 = \frac{1}{f_2{'}} = \frac{1}{0.05\ m} = +20\ D$$

이고, 두 번째 렌즈의 버전스 관계식은

$$S_2{'} = S_2 + D_2{'} = 10\ D + 20\ D = +30\ D$$

따라서 횡배율은

$$m_\beta = \frac{S_1}{S_1{'}}\frac{S_2}{S_2{'}} = \frac{-20\ D}{5\ D}\frac{10\ D}{30\ D} = -\frac{4}{3}$$

E. 교정된 비정시 조절(Corrected Eye Accommodation)

E.1 콘택트렌즈로 교정된 비정시의 조절

비정시안을 교정하는 방법으로 레이저 시술 방법이 있고, 콘택트렌즈 또는 안경 렌즈를 착용하는 방법이 있다. 콘택트렌즈는 각막에 접촉하게 착용하지만, 안경 렌즈는 각막으로부터 일정 거리만큼 떨어진 곳에 작용한다. 따라서 콘택트렌즈를 사용하는 경우와 안경 렌즈를 사용하는 경우의 정해진 물체에 대한 선명성을 맺기 위한 눈의 조절량은 서로 다르다. 그러므로 시력 교정하려고 할 때 환자의 조절력을 고려하여야 할 중요 사항이다.

*예를 들어 -4.0 D **콘택트렌즈로 완전 교정**된 근시 환자의 각막 앞 20.0 cm 위치에 물체가 있는 경우, 선명상을 위한 눈의 조절량을 구해보자.*
콘택트렌즈로 되었기 때문에 정시안과 같은 상황으로 인식하면 된다. 정시안 앞 20.0 cm 위치에 물체가 있으면 물체 버전스가 -5.0 D이므로 조절량은 $D_A = +5.0\ D$이다. 다른 경우와 비교 설명하기 위하여, 순차적으로 풀어서 설명하기로 한다.

-4.0 D인 비정시안에 콘택트렌즈로 교정하려면 콘택트렌즈 굴절력은 역시 -4.0 D이고 원점은 $-25.0\ cm(=100/(-4.0)$에 있다. 물체가 20.0 cm 위치에 있으면 콘택트렌즈에 의한 상의 위치는 얇은 렌즈 결상 방정식으로부터

$$S' = S + D'$$
$$S' = -5.0D - 4.0D = -9.0D$$

상 거리는 $s' = 100/-9.0 = -11.1\ cm$이다. 조절 관계식은

$$D_{FP}' = S + D_A'$$
$$-4.0 = -9.0D + D_A'$$
$$D_A' = +5.0\ D$$

이다. 즉 콘택트렌즈를 작용하여 완전 교정된 비정시안 앞 20 cm 위치에 있는 물체를 선명하게 보기 위하여 눈은 5.0 D만큼 조절해야 한다.

E.2 안경 렌즈로 교정된 비정시의 조절

E.2.1 근시안

물체가 원점 위치에 있으면 눈은 조절없이 선명한 상을 맺는다. 물체가 원점 위치로부터 이동하면 망막 상이 흐려진다. 물체를 선명하게 보기 위해서 조절이 필요해진다. 이때 **조절량**은 **원점의 버전스와 물체 버전스 차**가 된다. 안경 렌즈로 교정된 경우에도 원리는 같다. 다만 안경 렌즈를 착용하였을 때, 조절량은 나안 생태의 **원점 버전스**와 안경 렌즈에 의해 맺힌 **상 버전스 차**가 조절량이다.

그림 (E.1a)는 원점과 물점이 같아서 조절이 필요 없어 조절량 D_A이 0이다. (E.1c)는 원거리 물체에 대하여 안경 렌즈가 상을 원점에 맺어서 원점과 상점이 같기 때문에 조절이 필요 없어 역시 조절량 D_A가 0이다.

그림 (E.1b)는 물점이 원점으로부터 이동하여 조절을 유발하여 D_{FA}와 S의 차 D_A만큼 조절된다. 그림 (E.1d)는 물체가 원거리에서 눈에 가까운 곳으로 이동하여 안경 렌즈에 의한 상이 원점으로부터 눈 쪽으로 이동하여 조절 자극이 발생한다. 조절량 D_A는 원점 버전스 D_{FA}와 상 버전스 S의 차가 된다.

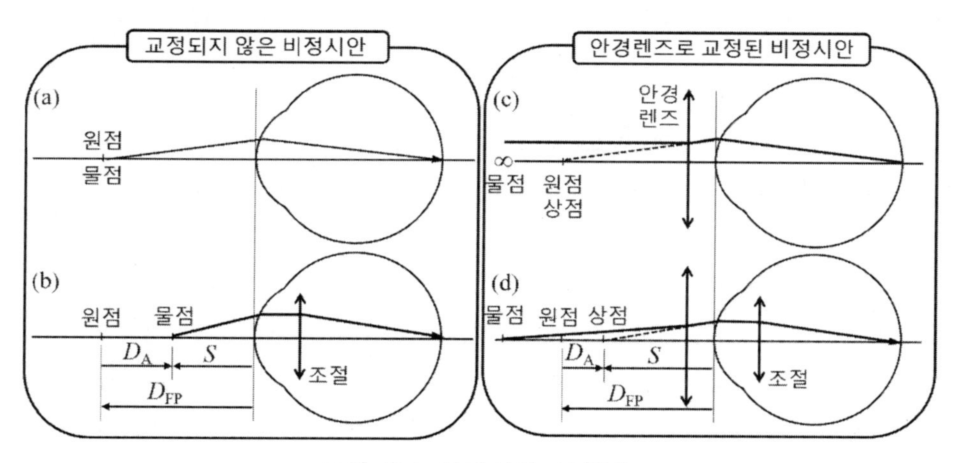

그림 E.1 비정시안 조절량

따라서 조절량 D_A은 나안인 상태에서는 원점 버전스와 물점 버전스를 각각 구하여 그 차이를 계산하면 된다. 안경 렌즈로 교정된 상태에서는 원점 버전스와 상점 버전스를 각각 구하고 그 차이를 계산하면 된다.

안경 렌즈로 교정된 눈의 조절량을 구하는 과정은 **원점 버전스(D_{FP}')**와 안경 렌즈에 의한 **상의 위치(안경 렌즈 상 버전스, 즉 눈에 대한 물체 버전스 S)**를 계산하여 조절량 관계식을 이용한다. 세부 과정은 아래와 같다.

원점 버전스 계산

1. 원점 거리로부터 원점 버전스 D_{FP}'를 계산한다.

안경 렌즈에 의해 맺힌 상의 위치와 상 버전스 계산

2. 안경 렌즈 굴절력을 계산한다.
3. 안경 렌즈에 의한 상 거리를 계산한다.
4. 안경 렌즈에 의한 상 거리를 정간 거리를 고려하여 눈으로부터의 거리를 구하고 눈에 대한 물체 버전스 S를 계산한다.
   (눈은 안경에 의한 상을 물체로 인식)

버전스 관계식을 이용하여 조절량 계산

5. 조절 관계식을 적용하여 조절량 D_A'를 계산한다.

안경 렌즈로 완전 교정된 근시안의 조절량을 논의해 보자. 앞서 논의한 -4.0 D 근시안을 가진 사람이 콘택트렌즈가 아닌 안경 렌즈(정간 거리 12 mm)로 교정하였고, 물체는 역시 각막 왼쪽으로 - 20 cm에 위치해 있는 경우 조절량을 구해보자.

교정 시력이 -4.0 D이므로 원점은 -25.0 cm에 있다. 이 경우 안경 렌즈의 초점 거리는 -(25.0-1.2)=-23.8 cm이어야 하므로, 안경 렌즈 교정시력은

$$D' = -\frac{100}{23.8} = -4.2\ D$$

위 안경 렌즈 교정시력은 유효 굴절력으로도 계산할 수 있다. 콘택트렌즈 교정시력을 안경 렌즈 교정시력으로 변환하기 위하여 유효 굴절력 관계식을 이용하면

$$D_S' = \frac{D_C'}{1-cD_C'} = \frac{-4\ D}{1-(-0.012\ m)(-4\ D)} = -4.2\ D$$

가 되어 위 결과와 일치한다. 여기서 c는 안경 렌즈의 정간 거리 12 mm이고, 콘택트렌즈로부터 왼쪽이므로 부호 규약에 따라 (-) 보호를 붙였다.

눈 앞 20 cm 위치에 있는 물체는 안경 렌즈로부터 (20-1.2)=18.8 cm 앞에 있으므로 안경 렌즈에 대한 물체 버전스는 100/(-18.8)=-5.3 D이다. 안경 렌즈에 의한 상 버전스는 버전스 관계식을 이용하면

$$S' = S + D'$$
$$S' = -5.3 + (-4.2) = -9.5 \ D$$

이다. 즉 안경 렌즈 왼쪽 100/(-9.5)=-10.5 cm 위치에 상이 생긴다. 눈으로부터는 -10.5 + (-1.2) = -11.7 cm 왼쪽에 상이 있으므로, 눈에 대한 물체 버전스는 100/(-11.7) = -8.54 D이고 이 값을 조절 관계식에 대입하면

$$D_{FP}' = S + D_A'$$
$$-4.0 = -8.5D + D_A'$$
$$D_A' = +4.5 \ D$$

이다. 환자가 20 cm 위치의 물체를 보기 위한 조절량은 콘택트렌즈로 교정하였을 때 5.0 D이고, 안경 렌즈로 교정하였을 때 4.5 D이다. 안경 렌즈를 사용하였을 때 근시안의 조절량이 줄어든다. 따라서 근시안인 환자는 콘택트렌즈로 교정하였을 때보다, 안경 렌즈로 교정하였을 때 조절량이 줄어 눈의 피로가 감소될 수 있다.

E.2.2 원시안

이제 *안경 렌즈로 완전 교정된 원시안 조절량을 논의해 보자. +4.0 D 원시안을 가진 사람이 콘택트렌즈가 아닌 안경 렌즈(정간 거리 12 mm)로 교정하였고, 물체는 역시 각막 앞 20 cm에 위치해 있는 경우 조절량을 구해보자.*
조절량 계산 과정은 근시안의 경우와 같다.

교정시력이 +4.0 D이므로 원점은 오른쪽으로 +25.0 cm 위치에 있다. 원시인 경우 초점은 망막 오른쪽에 있으므로, 안경 렌즈의 초점 거리는 (25.0+1.2) cm이므로, 안경 렌즈 교정시력은

$$D' = \frac{100}{26.2} = +3.8\ D$$

콘택트렌즈 교정시력을 안경 렌즈 교정시력으로 변환하기 위하여 유효 굴절력 관계식을 이용하면

$$D_S{}' = \frac{D_C{}'}{1 - cD_C{}'} = \frac{+4\ D}{1 - (-0.012\ m)(+4\ D)} = +3.8\ D$$

위 식과 같은 결과을 얻는다. 눈 앞 20 cm 위치에 있는 물체는 안경 렌즈로부터 (20-1.2) = 18.8 cm앞에 있고 버전스로 환산하면 -5.3 D이다. 안경 렌즈에 의한 상 버전스는 버전스 관계식으로 계산하면

$$S' = -5.3 + 3.8 = -1.5\ D$$

이다. 즉 안경 렌즈 왼쪽 100/(-1.5)=-66.7 cm 위치에 상이 생긴다. 눈으로부터는 -66.7 + (-1.2) = -67.9 cm 왼쪽에 상이 있으므로, 눈에 대한 물체 버전스는 100/(-67.9) = -1.5 D이고 이 값을 조절 관계식에 대입하면

$$D_{FP}{}' = S + D_A{}'$$
$$+5.0 = -1.5D + D_A{}'$$
$$D_A{}' = +6.5\ D$$

환자가 20 cm 위치의 물체를 보기 위한 조절량은 콘택트렌즈로 교정하였을 때 5.0 D이고, 안경 렌즈로 교정하였 때 6.5 D이다. 안경 렌즈를 사용하였을 때 원시안의 조절량이 커지는 것을 알 수 있다. 따라서 고령자들은 조절력이 작기 때문에 안경 렌즈로 바꾸면 조절량이 늘어나서 눈의 피로가 가중될 수 있고, 환자에 따라 조절력을 넘어서는 경우에는 완전 교정이 안 될 수도 있음을 고려해야 한다.

F 굴스트란드 모형안(Gullstrand's Schematic Eye)

굴스트란드 (Allvar Gullstrand ; 1862~1930)는 스웨덴 Landskrona에서 태어났으며, 안과 의사이자 안경사였다. 그는 웁살라 대학의 안과 의사와 광학 교수를 역임했다. 눈에 대한 빛의 굴절 현상 연구에 물리 및 수학적 방법을 적용했으며, 1911년 노벨 생리 의학상을 받았다.

굴스트란드 모형안의 구조는 그림 (F.1)과 같고, 굴스트란드 모형안의 굴절력 및 주요점 위치는 표 (F.1)과 같다. 굴스트란드 모형안은 각막의 전・후면, 수정체의 전・후면의 굴절면이 4개이다. 수정체 구조를 단순화하여 일정한 굴절률을 갖는 것으로 정의한 단순화된 모델과 핵과 피질로 구분하여 굴절률이 일정하지 않은 구조를 갖는 정확한 모델로 구분할 수 있다. 이 경우 수정체 핵을 피질과 핵으로 구분하여 굴절면이 6개가 된다.

요소	명칭	값
굴절률	각막	1.376
	수양액	1.334
	수정체 피질	1.386
	수정체 핵	1.406
	유리체	0.336
굴절면 위치(mm)	각막 전면	0.00
	각막 후면	0.50
	수정체 전면	3.60
	수정체 핵 전면	4.15
	수정체 핵 후면	6.57
	수정체 후면	7.20
곡률 반경(mm)	각막 전면	7.70
	각막 후면	6.80
	수정체 전면	10.00
	수정체 핵 전면	7.91
	수정체 핵 후면	-5.76
	수정체 후면	-6.00

굴절력(D)	각막 전면	48.8312
	각막 후면	-6.1765
	각막 등가 굴절력	42.8520
	수정체 전면	5.2000
	수정체 핵 전면	2.5284
	수정체 전면-수정체 핵 전면 전체	7.7232
	수정체 핵 후면	3.4722
	수정체 후면	8.3333
	수정체 핵 후면-수정체 후면 전체	11.7923
각막 전체	굴절력(D)	42.8520
	물측 주점 위치(mm)	0.0409
	상측 주점 위치(mm)	-0.4312
	물측 초점 위치(mm)	-18.2156
	상측 초점 위치(mm)	24.3000
	물측 절점 위치(mm)	6.1300
	상측 절점 위치(mm)	5.6500
수정체 전체	굴절력(D)	19.4392
	물측 주점 위치(mm)	5.678
	상측 주점 위치(mm)	5.805
안구 전체	굴절력(D)	59.9858
	물측 주점 위치(mm)	1.4600
	상측 주점 위치(mm)	1.7290
	물측 초점 위치(mm)	-16.6706
	상측 초점 위치(mm)	22.2720
	물측 절점 위치(mm)	7.6600
	상측 절점 위치(mm)	7.8800
	중심와 위치(안축장길이)(mm)	24.38

-길이의 원점은 각막 전면 정점 임, 굴절력의 단위(D) 길이 단위(mm)
-참고문헌: Bozo Vojnikovic and Ettore Tamajo, "Gullstrand's Optical Schematic System of the Eye - Modified by Vojnikovic & Tamajo", Coll. Antropol. 37 (2013) Suppl. 1: 41-45

표 F.1 굴스트란드 모형안 제원

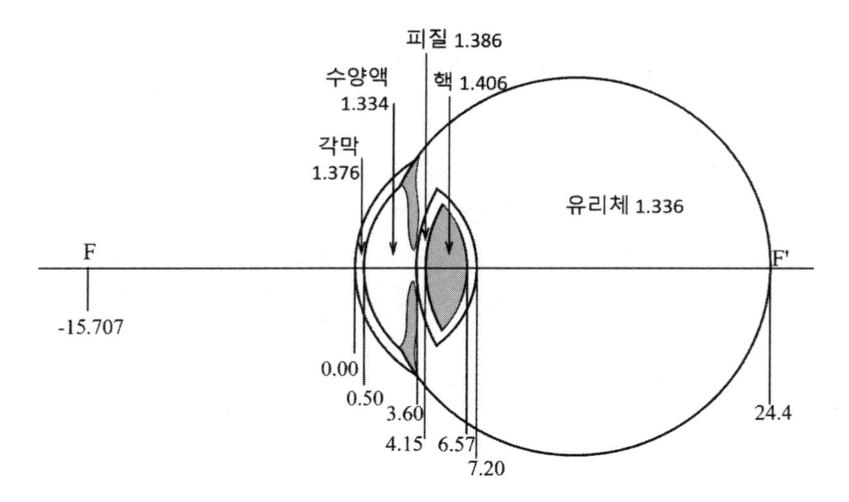

그림 F.1 굴스트란드 모형안

G. 환산 시스템(Reduced System)

공기 중에 놓여 있는 평판은 두께가 얇아 보이며 이를 환산 두께 $c = d/n$가 됨을 5장에서 설명하였다. 광학계에서 굴절률이 다른 매질에 의한 환산 거리 변화가 적용된 상태를 환산 시스템이라고 한다. 굴절률이 다른 다중 매질에서 광학 현상을 분석할 때, 환산 시스템을 적용하면 혼란을 줄일 수 있다. 여기서는 문자들 사이 혼란을 줄이기 위하여 환산 거리를 c를 쓰는 대신 문자에 윗줄을 그어 표기하기로 한다. 즉 거리 d의 환산 거리는 $\overline{d} = d/n$으로 표기 한다.

G.1 환산 거리

그림 (G. 1)은 평판과 얇은 렌즈로 구성된 광학계 앞에 물체 (M)이 놓여 있다. 렌즈에 대하여 기하학적 물체 거리는

$$s = d_1 + d_2 + d_3 \tag{G.1}$$

이다. 하지만 평판은 실제 두께보다 얇아 보이므로 물체 거리는 환산 두께가 적용된 값을 사용해야 한다. 따라서 물체 거리는

$$\begin{aligned} \overline{s} &= \overline{d}_1 + \overline{d}_2 + \overline{d}_3 \\ &= d_1 + \frac{d_2}{n} + d_3 \end{aligned} \tag{G.2}$$

이다. 여기서 평판 주위는 공기 중이므로 $\overline{d}_1 = d_{1,}\ \overline{d}_2 = d_2$이다.

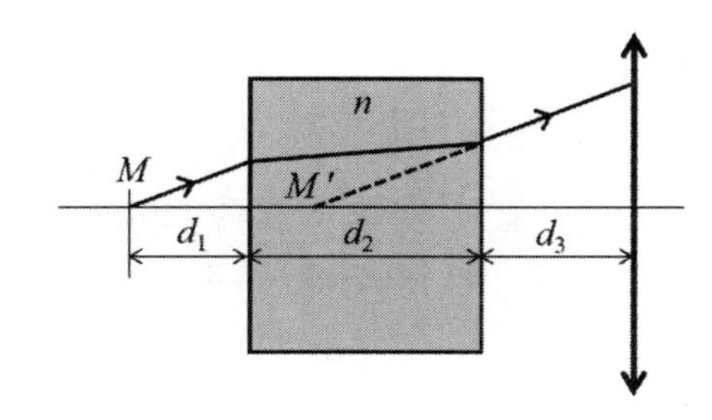

그림 G.1 환산 거리

G.2 환산 시스템

그림 (G.2a)는 상측 매질이 굴절률이 서로 다른 값을 갖는 다중 매질이다. 각 매질의 기하학적 두께는 각각 공기($n_2 = 1.00$) $d_1 = 10.0\,cm$, 유리($n_2 = 1.50$) $d_2 = 12.0\,cm$, 물($n_3 = 1.33$) $d_3 = 13.3\,cm$, 그리고 플라스틱 ($n_4 = 1.49$) $d_4 = 29.8\,cm$ 이다. 최종 상의 위치를 알아보자.

각 매질의 환산 두께는 각각

$$\bar{d}_1 = \frac{10.0\,cm}{1.00} = 10.0\,cm,\ \bar{d}_2 = \frac{12.0\,cm}{1.50} = 8.0\,cm$$

$$\bar{d}_3 = \frac{13.3\,cm}{1.33} = 10.0\,cm,\ \bar{d}_4 = \frac{29.8\,cm}{1.49} = 20.0\,cm$$

이다. 환산 두께를 적용한 환산 시스템은 그림 (G.2b)와 같다. 점선은 각 매질의 경계면이다. 환산 시스템의 모든 공간은 공기 ($n = 1.00$)이다. 따라서 환산 시스템인 그림 (G.2b)는 굴절력 $+6.0\,D$인 얇은 렌즈가 공기 중에 놓여 있는 것과 같다.

버전스 방정식을 이용하여 상 버전스를 계산하면

$$\overline{S'} = \overline{S} + \overline{D'}$$

$$\overline{S'} = -2.0\,D + 6.0\,D$$

$$= +4.0\,D$$

이다. 따라서 상 거리는

$$\overline{s'} = \frac{1}{S'} = \frac{100}{+4.0} = +25\,cm$$

가 된다. 환산 시스템에서 상은 얇은 렌즈 오른쪽 $25\,cm$ 위치에 맺힌다. 이 위치는 물로 채워진 공간에 있으며, 물 표면으로부터 오른쪽으로 $7\,cm(25.0-10.0-8.0=7.0)$ 위치에 상이 맺힌다.

실제 공간에서 상의 위치를 찾기 위해서 물 두께 $7\,cm$는 기하학적 거리로 전환하면 $7\,cm \times 1.33 = 9.31\,cm$가 되므로 물 표면으로부터 오른쪽으로 $9.31\,cm$에 상이 맺히는 것을 알 수 있다.

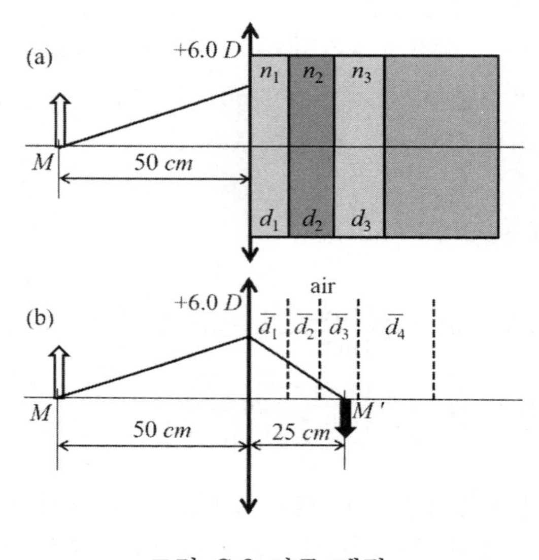

그림 G.2 다중 매질

G.2.1 단일 굴절 구면의 환산 시스템

환산 시스템을 단일 굴절 구면에도 적용할 수 있다. 단일 굴절 구면의 실제 시스템은 환산 시스템에서 얇은 렌즈로 치환할 수 있다. 따라서 환산 시스템에서의 얇은 렌즈의 디옵터 굴절력은 실세 시스템의 단일 굴절 구면의 디옵터 굴절력과 같아야 한다.

그림 (G.3)는 단일 굴절 구면이다. 물체 공간의 굴절률과 물체 거리는 n_1과 s_1, 상

공간의 굴절률과 상 거리는 n_2과 s_2이다. 따라서 물체 공간과 상 공간의 환산 거리는 각각

$$\overline{s_1} = \frac{s_1}{n_1}, \quad \overline{s_2} = \frac{s_2}{n_2} \tag{G.3}$$

실제 시스템과 환산 시스템의 물체 버전스와 상 버전스는

$$S_1 = \frac{n_1}{s_1}, \quad S_2 = \frac{n_2}{s_2}$$
$$\overline{S_1} = \frac{1}{\overline{s_1}}, \quad \overline{S_2} = \frac{1}{\overline{s_2}} \tag{G.4}$$

이다. 여기서 환산 시스템은 공기 중 상황으로 대체하는 것이기 때문에 식 (G.4)의 분자는 공기의 굴절률 1을 사용한다. 환산 시스템의 디옵터 굴절력은

$$\overline{S_2} = \overline{S_1} + \overline{D}' \tag{G.5}$$

이다. 식 (G.3)과 (G.4)를 이용하여 환산 시스템의 물체 버전스와 상 버전스를 실제 시스템의 거리로 표현하면

$$\overline{S_1} = \frac{1}{\overline{s_1}} = \frac{1}{s_1/n_1} = \frac{n_1}{s_1} = S_1$$
$$\overline{S_2} = \frac{1}{\overline{s_2}} = \frac{1}{s_2/n_2} = \frac{n_2}{s_2} = S_2 \tag{G.6}$$

식 (G.6)으로부터 환산 시스템과 실제 시스템의 버전스는 항상 일치한다.

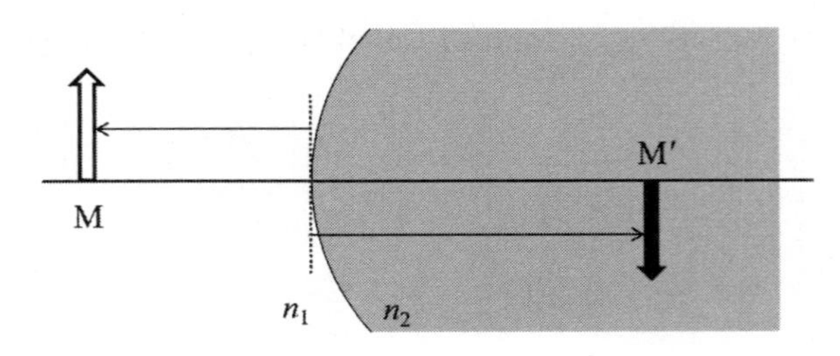

그림 G.3 단일 굴절 구면 환산 시스템

[예제 G.1] 실제 시스템은 그림 (G.4)와 같다. 물에 거리가 $s_1 = 29.8\,cm$인 경우 환산 시스템으로 나타내어라.

풀이: 실제 시스템의 버전스 관계식을 이용하여 상 거리를 구한다. 물체 버전스는

$$S_1 = \frac{n_1}{s_1} = \frac{1.49}{-29.8\,cm} \times 100 = -5.00\,D$$

$$S_2 = S_1 + D' = -5.00\,D + (-3.00\,D) = -8.00\,D$$

$$s_2 = \frac{n_2}{S_2} = \frac{1.33}{-8.00} = -16.63\,cm$$

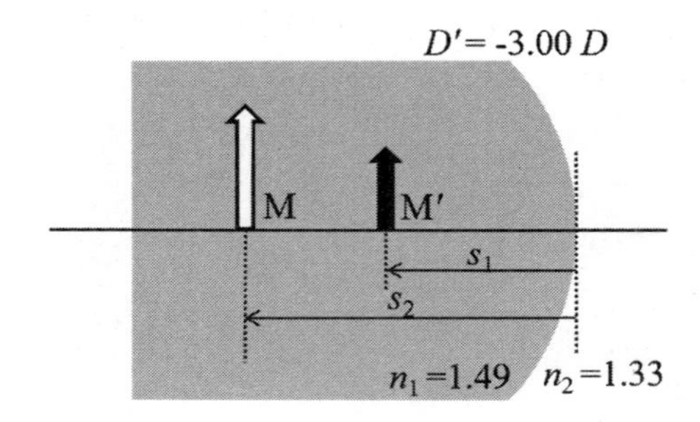

그림 G.4 실제 시스템

환산 시스템으로 대체하기 위하여 환산 버전스와 환산 거리를 계산하자. 환산 앞에서 설명한 바와 같이 환산 버전스는 물체 버전스와 일치한다. 이를 이용하여 환산 거리를 계산하면

$$\overline{S_1} = S_1 = -5.00\,D = \frac{1}{\overline{s_1}}$$

$$\overline{s_1} = \frac{1}{\overline{S_1}} = \frac{100}{-5.00\,D} = -20.00\,cm$$

$$\overline{S_2} = S_2 = -8.00\,D = \frac{1}{\overline{s_2}}$$

$$\overline{s_2} = \frac{1}{\overline{S_2}} = \frac{100}{-8.00\,D} = -12.50\,cm$$

$\overline{s_1}$과 $\overline{s_2}$를 이용하여 환산 시스템을 구성하면 그림 (G.5)와 같다.

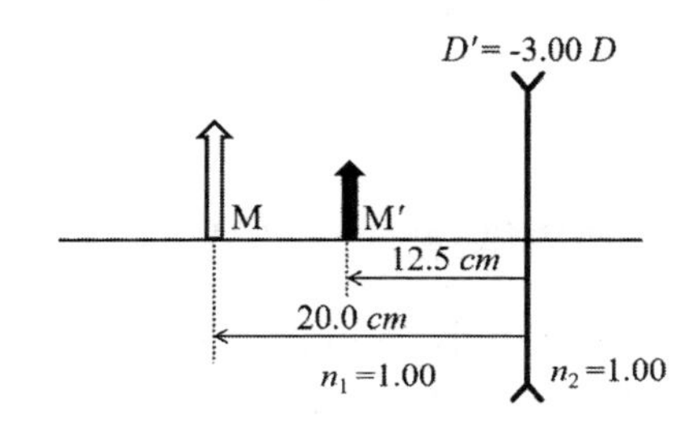

그림 G.5 환산 시스템

[예제 G.2] 실제 시스템은 그림 (G.6)과 같다. 환산 시스템으로 나타내어라.

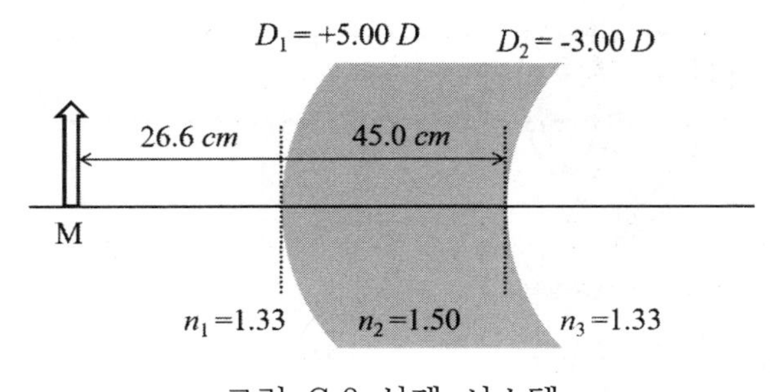

그림 G.6 실제 시스템

물체 거리와 렌즈 두께의 환산 거리를 구하면

$$\overline{s} = \frac{-26.6\,cm}{1.33} = -20.0\,cm$$

$$\overline{d} = \frac{45.0\,cm}{1.50} = 30.0\,cm$$

이다. 따라서 환산 시스템은 그림 (G.7)과 같다.

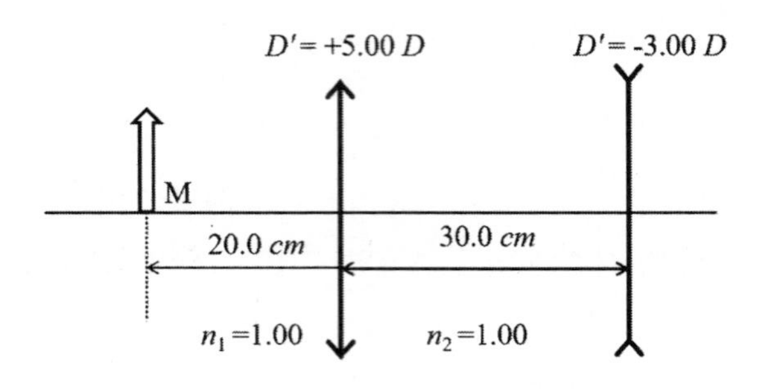

그림 G.7 환산 시스템

G.2.2 굴스트란드 모형안의 환산 시스템

그림 (G.8a)는 굴스트란드 모형안이다. 그리고 그림 (G.8b)는 그림 (G.8a)의 점선 부분을 확대하여 굴절률과 각 면의 위치를 표시한 것이다.

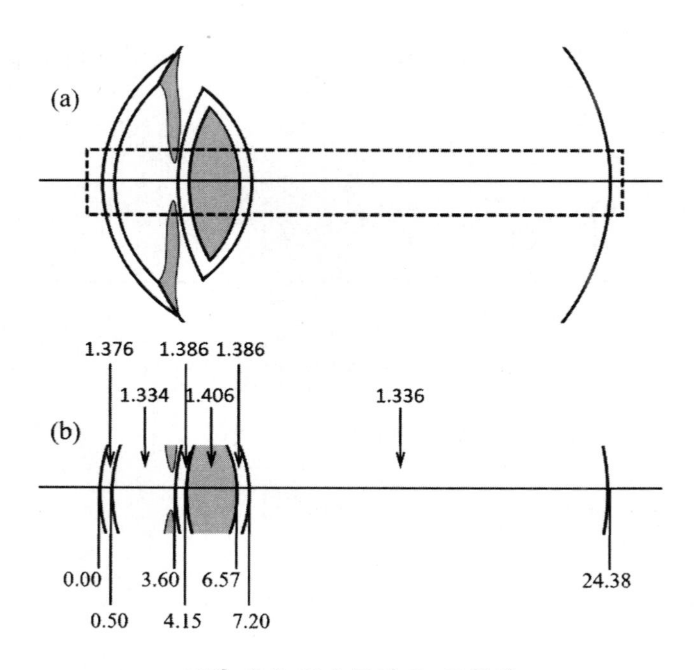

그림 G.8 굴스트란드 모형안

사람 눈은 그림 (G.8a)와 같이 각막, 수양액, 수정체 피질 전면, 수정체 핵, 수정체 피질 후면 그리고 유리체 순으로 구성되어 있다. 각각의 굴절률과 위치는 그림 (G.8b)의 중심선 위와 아래에 각각 표시된 것과 같다.

그림 (G.9)는 굴스트란드 모형안을 다중면으로 재구성한 것이다. 굴절률 $n_1 \sim n_6$는 그림 (G.8)에 표시되어 있다. 각각의 두께는 다음과 같다.

$d_1 = 0.50\,mm$, $d_2 = 3.10\,mm$, $d_3 = 0.55\,mm$
$d_4 = 2.42\,mm$, $d_5 = 0.63\,mm$, $d_6 = 17.18\,mm$

그림 G.9 굴절률과 두께

굴절률과 각각의 두께로 계산하면 환산 두께는

$\overline{d_1} = 0.363\,mm$, $\overline{d_2} = 2.324\,mm$, $\overline{d_3} = 0.397\,mm$
$\overline{d_4} = 1.721\,mm$, $\overline{d_5} = 0.455\,mm$, $\overline{d_6} = 12.859\,mm$

이 된다. Appendix F에 주어진 각 면의 굴절력을 이용하여, 굴스트란드 모형안의 환산 시스템으로 나타내면

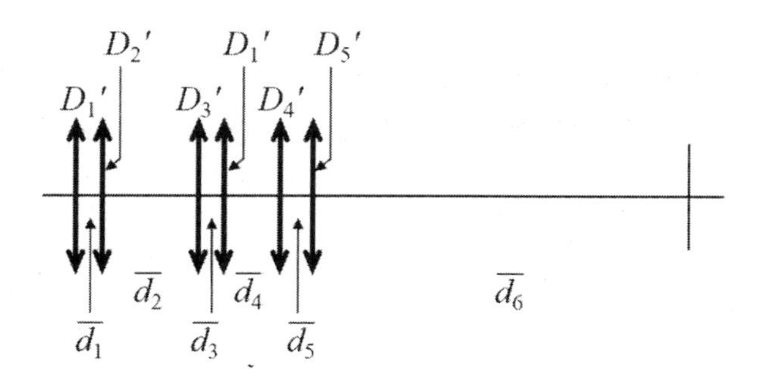

그림 G.10 환산 시스템

여기서, 각 면은 얇은 렌즈로 대체되고 각각의 굴절력은

$D_1' = +48.8312\,D,\ D_2' = -6.1765\,D,\ D_3' = +5.2000\,D,$
$D_4' = +2.5284\,D,\ D_5' = +3.4722\,D,\ D_6' = +8.3333\,D,$

이다. 그림 (G.10)은 환산 시스템이므로, 얇은 렌즈 사이를 포함한 모든 공간의 굴절률은 1이다.

[예제 G.3] 사람 눈의 환산 시스템을 이용하여 원거리 물체의 최종 결상점을 구하여라.

풀이: 얇은 렌즈 결상 방정식을 차례로 이용하여 계산한다.
먼저 먼 거리($s_1 = -\infty$) 물체에 대하여 첫 번째 렌즈의 결상점은

$$\frac{1}{s_1'} = \frac{1}{-\infty} + D_1'$$
$$s_1' = \frac{1}{D_1'} = \frac{1}{+48.8312\,D} = 0.02818\,m$$

이다. 두 번째 렌즈에 대한 물체 거리는 전달 방정식 ($s_{j+1} = s_j' - d_j$)를 이용하여 계산한다.

$$s_2 = s_1' - \overline{d_1} = 0.02818 - 0.000363 = 0.02782\,m$$

두 번째 렌즈에 대하여 결상 방정식을 이용하여 두 번째 렌즈의 상거리 s_2'를 계산한다. 이와 같은 과정을 반복하여 각 렌즈에 대한 물체 거리와 상 거리를 계산하면

렌즈 번호(j)	물체 거리 ($s_{j+1} = s_j' - d_j$)	상거리 ($s'_{j+1} = \frac{s_j}{1+s_j D_j'}$)
1	$-\infty$	20.479 mm
2	20.115 mm	22.969 mm
3	20.645 mm	18.644 mm
4	18.247 mm	17.442 mm
5	15.721 mm	14.907 mm
6	14.453 mm	12.899 mm

이 된다. 위 표에서 최종 상거리는 $s_6' = 12.899\,mm$ 이다. 즉 환산 시스템에서 무한 물체에 대한 상이 여섯 번째 렌즈 오른쪽으로 12.899mm 위치에 결상 된다.

실제 시스템에서 결상점은

$$s_6' \times n_6 = 12.899\,mm \times 1.336 = 17.233\,mm$$

가 된다. 즉 수정체 후면으로부터 17.233mm, 또는 각막 전면으로부터 24.433mm (= 17.233mm + 7.2mm)에 결상 된다. 이 결과는 실제 시스템에서 각각의 굴절 구면으로 계산한 결과와 정확히 일치한다.

G.2.3 두꺼운 렌즈 모델

사람 눈을 두꺼운 렌즈 모델은 두 면 사이 간격, 그리고 각 면의 굴절률을 다양하게 정의할 수 있다. 따라서 여기에서는 그 한 예를 소개하고자 한다.

굴스트란드 모형안은 그림 (G.8b)와 같이 6개의 구면으로 표시할 수 있고, 환산 시스템은 그림 (G.10)과 같이 역시 6개의 얇은 렌즈로 표현된다. 사람 눈에 의한 광학적 현상을 분석하는 데 있어 굴절면을 2개로 줄여 표현하면 복잡함을 줄일 수 있다.

각막의 굴절률과 수정체의 굴절력은 굴스트란드 모형안의 값을 사용하여 두꺼운 렌즈의 전면과 후면으로 대체한다. 또 두꺼운 렌즈 중심 두께는 굴스트란드 모형안의 수정체 위치로부터 결정한다. 이로써 한 모델을 도식화하면 아래 그림 (G.11)과 같다.

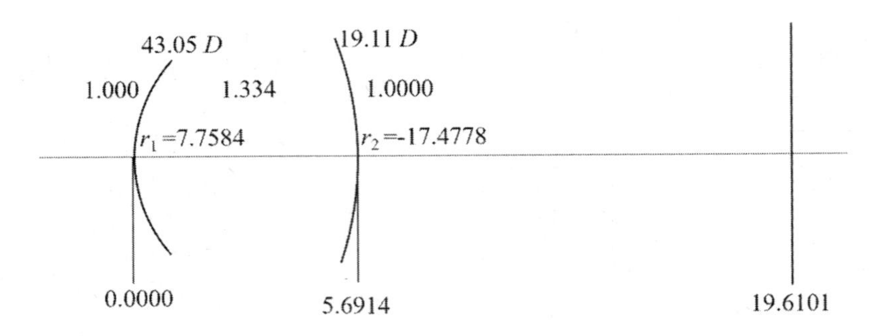

그림 G.11 사람 눈의 두꺼운 렌즈 모델

두꺼운 렌즈 모델의 제원은 아래와 같이 구할 수 있다.

1. 등가 굴절력

$$43.05D + 19.11D - \frac{5.6914 \times 10^{-3}m}{1.334} \times 43.05D \times 19.11D = 58.65\,D$$

2. $43.05D = \dfrac{1.334 - 1.000}{r_1} \Rightarrow r_1 = 7.7584\,mm$

3. $19.11D = \dfrac{1.000 - 1.334}{r_2} \Rightarrow r_2 = -17.4778\,mm$

4. $\dfrac{1.334}{f_1{}'} = \dfrac{1}{-\infty} + 43.05\,D \Rightarrow f_1{}' = 30.9872\,mm$

5. $s_2 = 30.9872\,mm - 5.6914mm = 25.2958\,mm$

6. $\dfrac{1.000}{s_2{}'} = \dfrac{1.334}{25.2958\,mm} + 19.11\,D \;\; = 52.7360D + 19.11\,D = 71.8460\,D$
   $\Rightarrow s_2{}' = 13.9187\,mm$

환산 시스템은 그림 (G.12)와 같다. 주변은 공기이고 두꺼운 렌즈 모델의 두 면은 각각 얇은 렌즈로 대체된다. 두 얇은 렌즈 사이 거리는 환산 거리

$$\bar{d} = \frac{d}{n} = \frac{5.6914\,mm}{1.334} = 4.2664\,mm$$

이다.

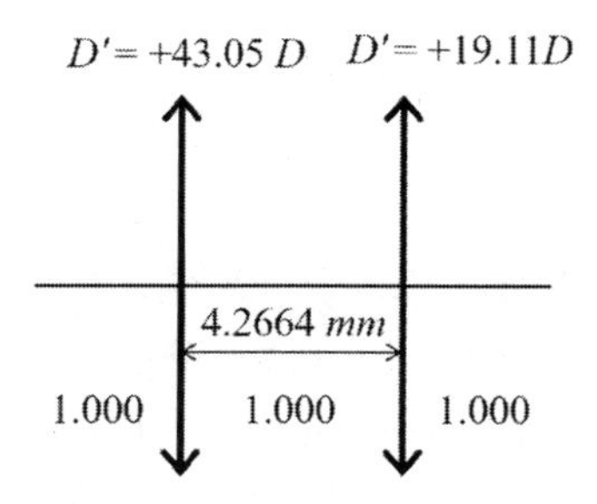

그림 G.12 두꺼운 렌즈 모델의 환산 시스템

H. 콘택트렌즈(Contact Lens)

비정시안은 교정 시술 또는 안경 렌즈, 콘택트렌즈를 착용함으로써 원거리 물체를 선명하게 볼 수 있다. 안경 렌즈로 교정하는 것과 콘택트렌즈로 교정하는 것에는 다소 차이점이 있다. 안경 렌즈는 안구로부터 정간 거리만큼 떨어진 안경 프레임에 고정된다. 콘택트렌즈는 각막 전면에 접촉 시켜 착용한다. 이에 따라 안경 렌즈와 콘택트렌즈의 굴절력에 다소 차이가 난다.

H.1 등가 굴절력

안경 렌즈의 중심 두께는 대략 1~2 mm이므로, 안경 렌즈의 곡률 반경 및 초점 거리에 비하여 매우 작다. 따라서 안경 렌즈는 얇은 렌즈로 취급 될 수 있다. 즉 안경 렌즈의 등가 굴절력은 전면의 굴절력과 후면의 굴절력의 합으로 근사할 수 있다. 즉

$$D_S' = D_1' + D_2'$$

이다. 여기서 D_S'는 안경 렌즈의 등가 굴절력이다.

콘택트렌즈의 중심 두께는 대략 0.2 mm이다. 콘택트렌즈의 중심 두께는 안경 렌즈의 중심 두께보다 얇다. 그렇다면 콘택트렌즈는 안경 렌즈와 마찬가지로 얇은 렌즈로 취급할 수 있을까? 결론은 콘택트렌즈는 얇은 렌즈로 취급할 수 없다. 그 이유는 콘택트렌즈의 전면과 후면의 곡률 반경이 작기 때문에 두 면의 굴절력이 안경 렌즈에 비하여 매우 크다. 따라서 콘택트렌즈의 중심 두께는 더 얇지만 굴절력 측면에서는 중심 두께 효과를 무시 할 수 없다. 즉 콘택트렌즈의 등가 굴절력은

$$D_C' = D_1' + D_2' - cD_1'D_2'$$

으로 쓰여지고, 마지막 항을 무시 할 수 없다. 예제로 안경 렌즈와 콘택트렌즈의 얇은 렌즈 취급으로 인한 오차를 비교해 보자.

[예제 H.1] 크라운 글라스 재질($n = 1.523$)의 안경 렌즈 교정 시력이 -6.0 D이고

중심 두께는 2 mm이다. 전면의 곡률 반경이 $r_1 = 160.000\,mm$인 경우, 각 면의 굴절력은 얼마인가?

풀이: 전면의 굴절력은

$$D_1' = \frac{n_{CR} - 1.000}{r_1} = \frac{1.523 - 1.000}{0.160} = +3.269\,D$$

이다. 평행광이 입사할 때, 전면의 초점 거리는

$$f_1' = \frac{n_{CR}}{D_1'} = 465.927\,mm$$

이다. 후면의 물체 거리는

$$s_2 = +465.927\,mm - 2.000\,mm = +463.927\,mm$$

이므로 물체 버전스는

$$S_2 = \frac{1.523 \times 1000}{463.927\,mm} = +3.297\,D\text{이다.}$$

교정 시력이 -6.0 D이므로 원점 거리는 안경 렌즈 전면으로부터

$$d_{fp} = 1000/(-6.000\,D) = -166.667\,mm$$

이다. 안경 렌즈의 최종 상은 원점에 맺히므로, 제2면의 상점은 원점이 되어야 한다. 따라서 제2면의 상 거리는

$$s_2' = -166.667\,mm - 2.000\,mm = -168.667\,mm$$

이고 상 버전스는 $S_2' = -5.929\,D$이다. 버전스 관계식 $S_2' = S_2 + D_2'$을 이용하여 후면의 굴절력을 계산하면

$$D_2' = S_2' - S_2 = -5.929\,D - 3.297\,D = -9.226\,D$$

이다. 등가 굴절력은

$$D_{eq}' = D_1' + D_2' - \frac{d}{n} D_1' D_2' = -5.918\,D$$

이고, 두 면의 단순 굴절력 합은

$$D_1' + D_2' = -5.957\,D$$

로 두 값의 차는 0.0396 D에 불과하므로 얇은 렌즈로 취급할 수 있다. 두 면의 굴절력 단순 합이 교정 시력 $-6.0\,D$와 다소 차이를 보이는 것은 계산 과정에서 소수점 처리 때문에 발생한 것이다.

[예제 H.2] TransAir 재질($n = 1.475$)의 콘택트렌즈 교정 시력이 -6.000 D이고 중심 두께는 0.2 mm이다. 콘택트렌즈 후면은 각막 전면 곡률 반경과 같아서 사이 공간 없이 밀착된다고 가정한다. 각막의 굴절률은 1.376이고 각막 전면의 굴절력은 +48.000 D이다. 콘택트렌즈의 각 면의 굴절력은 얼마인가?

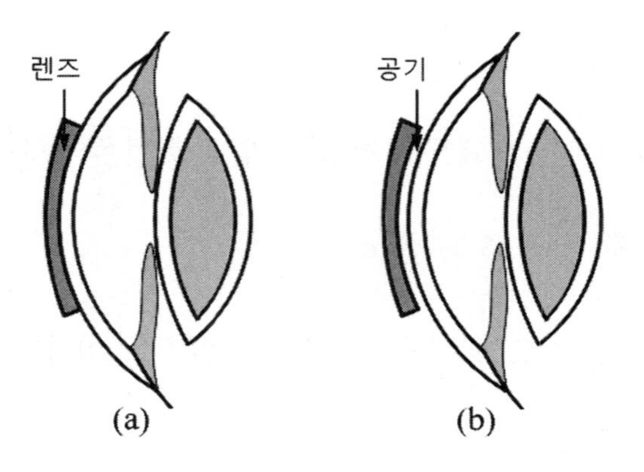

그림 H.1 (a) 실제 시스템 (b) 분리 시스템

풀이: 각막 전면의 굴절력이 +48.000 D이고 굴절률이 1.376이므로, 각막 전면의 곡률 반경은

$$r = \frac{1.376 - 1.000}{+48.000\,D} = 7.833\,mm$$

콘택트렌즈 후면의 곡률 반경은 각막 전면의 곡률 반경과 같다. 콘택트렌즈의 후면 굴절력은

$$D_2' = \frac{1.000 - 1.475}{7.833} \times 1000 = -60.638\,D$$

이다. 여기서 주의해야 할 점은 후면 굴절력을 계산할 때, 굴절률 1.000을 사용한 것은 콘택트 렌즈와 각막 사이에 아주 작은 공기층이 있는 것으로 간주하였기 때문이다. 서로 다른 매질의 경계면이 서로 접촉해 있는 경우라도, 아주 작은 공기층이 있는 것으로 취급하더라도 계산 결과에는 영향을 주지 않는다. 작은 공기층을 두는 것은 **분리 시스템**(exploded system)이라고 한다.

콘택트렌즈의 굴절력이 -6.000 D이므로 후면의 상 버전스를 버전스 관계식을 이용하여 계산하면

$$S_2 = S_2' - D_2' = -6.000\,D - (-60.638D) = +54.638D$$

후면의 물체 거리는

$$s_2 = \frac{n_{CR}}{S_2} = \frac{1.475}{+54.638\,D} \times 1000 = +26.996\,mm$$

중심 두께가 0.2 mm이므로, 전면의 상거리는

$$s_1' = s_2 + d = 26.996\,mm + 0.200\,mm = 27.196\,mm$$

전면의 상 버전스는

$$S_1' = \frac{n_{CR}}{s_1'} = +54.237\,D$$

이다. 원거리 물체로부터 평행광이 입사하는 경우 전면의 물체 버전스는 0이고, 전

면의 굴절력은 상 버전스와 같다. 즉

$$D_1' = S_1' - S_1 = +54.237\,D - 0.000D = +54.237\,D$$

전면의 곡률 반경은

$$r_1 = \frac{1.376 - 1.000}{+54.236\,D} = +8.758\,mm$$

이다. 콘택트 렌즈의 등가 굴절력은

$$\begin{aligned} D_{eq}' &= D_1' + D_2' - \frac{d}{n} D_1' D_2' \\ &= -60.638 + 54.237 - \frac{0.0002}{1.475}(-60.638)(54.237) \\ &= -5.956\,D \end{aligned}$$

이고, 두 면의 굴절력의 단순 합은

$$D_1' + D_2' = -60.638\,D + 54.237\,D = -6.401\,D$$

이므로 등가 굴절력과 차이는 0.445 D이다. 따라서 이 차이는 무시할 수 없는 값이므로 *콘택트렌즈는 얇은 렌즈로 취급될 수 없다.*

H.2 눈물 층 효과

콘택트렌즈 후면의 곡률 반경이 각막 전면의 곡률 반경과 일치하지 않는 경우, 콘택트렌즈와 각막 사이에는 눈물층이 형성된다. 눈물의 굴절률이 식염수의 굴절률과 유사 하기 때문에 또 하나의 얇은 렌즈 역할을 한다.

콘택트렌즈와 눈물 렌즈는 서로 접해 있기 때문에, 콘택트렌즈의 후면 정점 굴절력 D_v'와 눈물 렌즈의 굴절력 D'_t의 합은 원점 굴절력 D_{fp}' (또는 환자의 R_x)이다. 즉,

$$R_x = D_v' + D'_t$$

이다.

[예제, H.3] +8.00 D 원시안의 각막 전면 곡률 반경은 7.800mm이다. 굴절률이 $n=1.475$인 RGP 콘택트렌즈의 후면의 곡률 반경은 $r_2=+7.400\,mm$이라면 후면 정점 굴절력이 얼마인 렌즈를 처방해야 하는가? (눈물의 굴절률은 1.337)

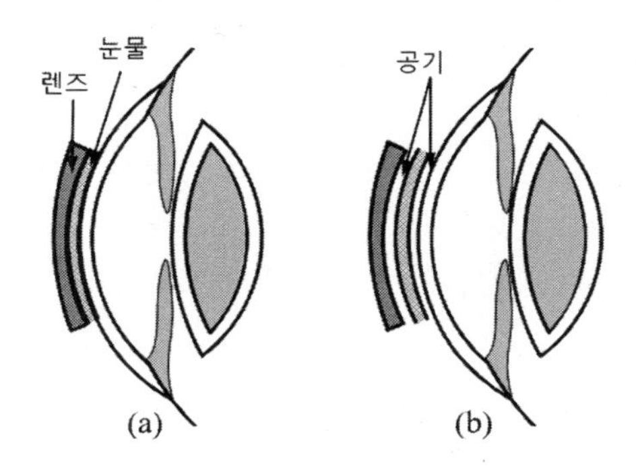

그림 H.2 (a) 실제 시스템 (b) 분리 시스템

풀이: 그림 (H.2b)의 분리 시스템을 적용하여 눈물 층 좌우에는 아주 좁은 공기층이 있는 것으로 취급한다. 눈물 층의 전면 곡률 반경은 콘택트렌즈의 후면의 곡률과 같다. 또한 눈물 층의 후면 곡률 반경은 각막의 전면 곡률 반경과 일치한다. 따라서 눈물 층 전면과 후면의 굴절력은 각각

$$D_1' = \frac{1.337-1.000}{7.400\,mm}\times 1000 = +45.541\,D$$

$$D_2' = \frac{1.000-1.337}{7.800\,mm}\times 1000 = -43.205\,D$$

이다. 눈물층의 두께는 매우 좁고, 눈물의 굴절력과 각막 그리고 콘택트렌즈의 굴절률 차가 크지 않기 때문에 얇은 렌즈로 취급할 수 있다. 따라서 눈물층 전체 굴절력은 두 면의 굴절력의 단순 합과 같다.

$$D_t' = D_1' + D_2' = +2.335\,D$$

처방해야 할 콘택트렌즈의 굴절력은 교정 시력에서 눈물의 굴절력을 뺀 값이어야 하므로

$$D_v' = R_x - D'_t = +8.000\,D - 2.335\,D = +5.665\,D$$

이다. 눈물층으로 인하여 교정 시력과 렌즈 처방 굴절력은 상당히 큰 차이가 있다.

그림 H.3는 각막 전면 곡률 반경과 콘택트렌즈 후면 곡률 반경 차이에 따른 눈물 렌즈의 굴절력이다. 즉 위 눈물 렌즈 전면 굴절력 계산에서

$$D_1' = \frac{1.337 - 1.000}{7.8 - \Delta r} \times 1000$$

으로 하여

$$D_t' = \left(\frac{1.337 - 1.000}{7.8 - \Delta r} + \frac{1.000 - 1.337}{7.8}\right) \times 1000$$

을 계산한 것이다. 곡률 반경 차이가 -0.5 mm에서 +0.5 mm 구간에서 눈물 렌즈 굴절력은 거의 선형적으로 변한다. 또 곡률 반경 차이가 0.1 mm 이면 눈물 렌즈의 굴절력은 대략 0.5 D이다

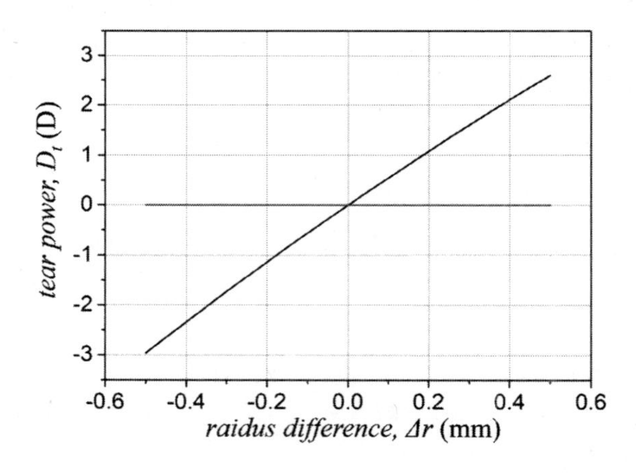

그림 H.3 곡률 반경 차에 따른 눈물 렌즈 굴절력

연습문제 풀이 및 해답

Chapter 1

[1.1]

$$f=\frac{v}{\lambda}=\frac{2.99\times10^{8}\ m/s}{560\times10^{-9}\ m}=5.34\times10^{14}\ Hz$$

[1.2]

$$t=\frac{1.50\times10^{11}\ m/s}{2.99\times10^{8}m/s}=501\ s=8.36\ \min$$

[1.3]

$$v=\frac{36.5\times2\ km}{1/(530\times8)\ s}=3.10\times10^{5}\ km/s$$

[1.4]

$$T=0.95\times0.99\times0.99\times0.99\times0.99\times0.95=86.69\ \%$$

[1.5]

$$d=\frac{300}{\tan5^{\circ}}=3429.02\ m$$

Chapter 2

[2.1]

(a) 20° (b) 70°

[2.2]

50°(아래 그림 참조)

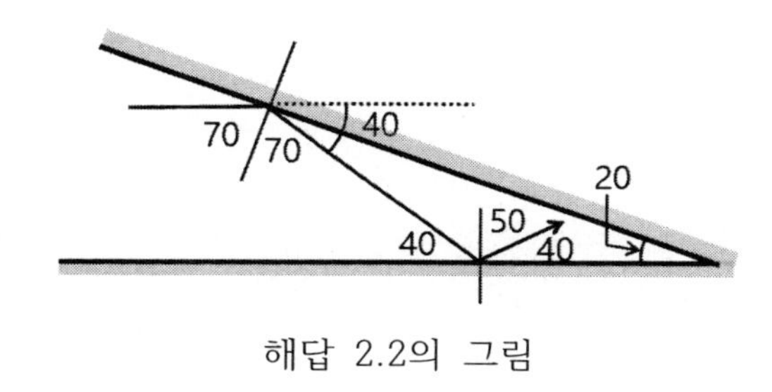

해답 2.2의 그림

[2.3]

J: $\left[\frac{(180-10)^\circ}{60^\circ}\right]=[2.8]=3$, K: $\left[\frac{(180-50)^\circ}{60^\circ}\right]=[2.2]=3$

180°/60°가 정수이므로, 상의 수는 3+3-1= 5개

[2.4]

(a) J 상과 K 상이 0°와 60°에서는 각각 3개씩 생기지만, $\frac{180}{60}$가 정수여서 마지막 상은 겹쳐 보임. 따라서 상의 수는 5개임. 상이 6개인 경우는 없음.

(b) 문제 그림 (2.4b) 참조

1. 눈과 J_2상을 윗 거울 표면까지 연결한다.

2. J_2는 J_1의 상이므로, 윗 거울 표면에서 J_1 방향으로 선을 긋는다.

3. J_1은 물체의 상이므로, 아래 거울면에서 물체까지 선을 긋는다.

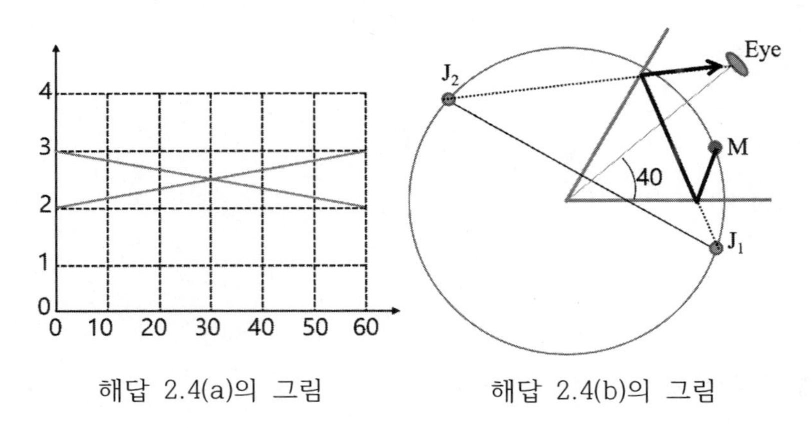

해답 2.4(a)의 그림

해답 2.4(b)의 그림

Chapter 3

[3.1]

$$n = \frac{2.99 \times 10^8 \ m/s}{2.15 \times 10^8 \ m/s} = 1.39$$

[3.2]

(a) $1\sin 30^\circ = 1.52\sin\theta'$

$$\theta' = \arcsin\left(\frac{1}{1.52}\sin 30^\circ\right) = 19.20^\circ$$

(b) $30.00^\circ - 19.20^\circ = 10.80^\circ$

[3.3]

(a) $\theta' = \arcsin\left(\frac{1.52}{1.33}\sin 30^\circ\right) = 34.85^\circ$

(b) $\delta = 30.00^\circ - 34.85^\circ = -4.85^\circ$

(c) $1.52\sin\theta_C = 1.33\sin 90^\circ$

$$\theta_C = \arcsin\left(\frac{1.33}{1.52}\right) = 61.05^\circ$$

(d) $n_{12} = \frac{n_2}{n_1} = \frac{1.33}{1.52} = 0.88$

[3.4]

(a) $\theta' = \arcsin\left(\frac{1.70}{1.33}\sin 30^\circ\right) = 39.72^\circ$

(b) $\delta = 39.72^\circ - 30.00^\circ = 9.72^\circ$

(c) $1.70\sin\theta_C = 1.33\sin 90^\circ$

$$\theta_C = \arcsin\left(\frac{1.33}{1.70}\right) = 51.48^\circ$$

[3.5]

(a) $1\sin 60^\circ = 1.42\sin\theta_1'$

$$\theta_1' = \arcsin\left(\frac{1.00}{1.42}\sin 60^\circ\right) = 37.58^\circ$$

(b) $\theta_2 = \theta_1' = 37.58^\circ$

$1.42\sin 37.58^\circ = 1.33\sin\theta_2'$

$$\theta_2' = \arcsin\left(\frac{1.42}{1.33}\sin 37.58^\circ\right) = 40.63^\circ$$

[3.6]

$$\cos\theta_1' = \frac{1.0}{x_1} \quad \rightarrow \quad x_1 = \frac{1.0}{\cos 37.58^\circ} = 1.26\ cm$$

$$\cos\theta_2' = \frac{1.0}{x_2} \quad \rightarrow \quad x_2 = \frac{2.0}{\cos 40.63^\circ} = 2.64\ cm$$

$$x = x_1 + x_2 = 3.90\ cm$$

$$OPL = n_1 x_1 + n_2 x_2 = 1.42 \times 1.26 + 1.33 \times 2.64 = 5.30\ cm$$

[3.7]

(a) $\theta_R = \arcsin\left(\frac{1.000}{1.51}\sin 45^\circ\right) = 27.92^\circ$

$$\theta_B = \arcsin\left(\frac{1.000}{1.52}\sin 45^\circ\right) = 27.72^\circ$$

$\Delta\theta = \theta_R - \theta_B = 0.20^\circ$

(b) $\Delta\theta = \theta_R - \theta_B > 0$이므로 적색이 큰 각으로 굴절

[3.8]

$n = 1.33, \quad n' = 1.52$

$n\sin\alpha = n'\sin\alpha' \quad \rightarrow \quad \alpha' = \arcsin\left(\frac{n}{n'}\sin\alpha\right)$

$s' = \frac{\tan\alpha}{\tan\alpha'}s$

1) $\alpha = 5.0^\circ \quad \rightarrow \quad \alpha' = 4.37^\circ, \quad s' = -28.60\ cm$

2) $\alpha = 20.0^\circ \quad \rightarrow \quad \alpha' = 17.41^\circ, \quad s' = -29.01\ cm$

3) $\alpha = 40.0^\circ \quad \rightarrow \quad \alpha' = 34.23^\circ, \quad s' = -30.84\ cm$

4) $\alpha = 60.0^\circ \quad \rightarrow \quad \alpha' = 49.27^\circ, \quad s' = -37.29\ cm$

[3.9]

$1\sin 45^\circ = 1.52\sin\alpha' \quad \rightarrow \quad \alpha' = \arcsin\left(\frac{1}{1.52}\sin 45^\circ\right) = 27.72^\circ$

$\varepsilon = \frac{d\sin(\alpha - \alpha')}{\cos\alpha'} = \frac{60\sin(45^\circ - 27.72^\circ)}{\cos 27.72^\circ} = 20.13\ mm$

[3.10]

$s' = \frac{n'}{n}s = \frac{1.33}{1.00}400 = 532.00\ cm$

[3.11]

$$s' = \frac{n'}{n}s = \frac{1.00}{1.33}20 = 15.04\ cm$$

[3.12]

$$s = \frac{n}{n'}s' = \frac{1.00}{1.33}3.00 = 2.26\ m$$

[3.13]

$$x = \frac{n'-1}{n'}d = \frac{1.52-1.00}{1.52}40 = 13.68\ mm$$

[3.14]

$$d-x = d-(\frac{n'-1}{n'})d = \frac{d}{n'}$$

$$\frac{150}{1.33} + \frac{20}{1.45} = 126.58\ mm$$

[3.15]

$$n' = \frac{nd}{d-x} = \frac{1\times 4}{4-1.5} = 1.60$$

[3.16]

(a) $\frac{1}{1.33}30 + \frac{1.33}{1.31}24 + \frac{1}{1.33}40 = 70.95\ cm$

(b) $30 + \frac{1.33}{1.31}24 + 40 = 94.37\ cm$

Chapter 4

[4.1]

(a) $1\sin 40^\circ = 1.49\sin\alpha_1' \quad \rightarrow \quad \alpha_1' = 25.56^\circ$

(b) $\alpha_2 = -90^\circ + [180^\circ - (30^\circ + (90^\circ - 25.56^\circ))] = -4.44^\circ$

(c) $\alpha_2' = \arcsin\left(\frac{1.49}{1}\sin(-4.44)^\circ\right) = -6.63^\circ$

(d)
$$\begin{aligned}\delta &= \delta_1 + \delta_2 \\ &= (|\alpha_1| - |\alpha_1'|) + (|\alpha_2'| - |\alpha_2|) \\ &= \alpha_1 - \alpha_1' + \alpha_2 - \alpha_2' \\ &= 40 - 25.56 + (-4.44) - (-6.63) \\ &= 16.63^\circ\end{aligned}$$

(e) $1.49\sin\alpha_c = 1\sin 90^\circ$

$\alpha_c = \arcsin\left(\frac{1}{1.49}\right) = 42.16^\circ$

(f) $\beta = \alpha_1' - \alpha_2$

$\alpha_1' = \beta + \alpha_2 = 30^\circ + (-42.16^\circ) = -12.16^\circ$

$1\sin\alpha_1 = 1.49\sin(-12.16^\circ)$

$\alpha_{최소} = \alpha_1 = \arcsin[1.49\sin(-12.16^\circ)] = -18.28^\circ$

(g) $\alpha' = \frac{\beta}{2} = \frac{30}{2} = 15.0^\circ$

$1\sin\alpha = 1.49\sin\alpha'$

$\alpha = \arcsin[1.49\sin(15.0^\circ)] = 22.68^\circ$

(h) $\delta_{최소격임각} = 2\alpha_1 - \beta = 2\times 22.68^\circ - 30^\circ = 15.37^\circ$

[4.2]

$1.52\sin\alpha_C = 1\sin(-90^\circ)$

$\alpha_C = -\arcsin\left(\frac{1}{1.52}\right) = -41.14^\circ$

$$\sin\alpha_{최소} = \frac{n'}{n}\sin(\beta + \alpha_c)$$

$$\alpha_{최소} = \arcsin\left[\frac{n'}{n}\sin(\beta + \alpha_c)\right]$$
$$= \arcsin\left[\frac{1.52}{1}\sin(60^\circ - 41.14^\circ)\right]$$
$$= 29.43^\circ$$

[4.3]

$$\alpha_c = \arcsin\left(\frac{1}{1.60}\right) = 38.68^\circ$$

광선이 전혀 투과하지 못하기 위해서는 $\alpha_{최소} = 90^\circ$

$$1\sin\alpha_{최소} = 1.60\sin(\beta - 38.68^\circ)$$
$$\beta - 38.68^\circ = \arcsin\left[\frac{1}{1.60}\sin 90^\circ\right]$$
$$\beta = 77.36^\circ$$

[4.4]

$\beta = 50^\circ$, $n' = 1.52$, $\alpha_1 = 30^\circ$

$$1\sin 30^\circ = 1.52\sin\alpha_1'$$

$$\alpha_1' = 19.20^\circ$$

$$\beta = \alpha_1' - \alpha_2$$

$$\alpha_2 = \alpha_1' - \beta = -30.80^\circ$$

$$1.52\sin(-30.80^\circ) = 1\sin\alpha_2'$$

$$\alpha_2' = \arcsin[1.52\sin(-30.80^\circ)] = -51.10^\circ$$

$$\delta = \alpha_1 - \alpha_1' + \alpha_2 - \alpha_2' = 30^\circ - 19.20^\circ - 30.80^\circ + 51.11^\circ = 31.10^\circ$$

[4.5]

$P^{\triangle} = 100\tan[(n-1)\beta]$

$4 = 100\tan[(1.60-1.0)\beta]$

$\tan[0.60\beta] = \frac{4}{100}$

$0.60\beta = \arctan 0.04$

$\beta = \frac{1}{0.60}\arctan 0.04 = 3.82^{\circ}$

$\delta = (n-1)\beta = 0.60 \times 3.82^{\circ} = 2.29^{\circ}$

[4.6]

$\delta = (n-1)\beta$

$\beta = \frac{\delta}{n-1} = \frac{2.3^{\circ}}{0.52} = 4.42^{\circ}$

$$
\begin{aligned}
P^{\triangle} &= 100\tan[(n-1)\beta] \\
&= 100\tan[(1.52-1)\frac{2.3^{\circ}}{0.52}] \\
&= 100\tan[\frac{0.52 \times 2.3}{0.52}] \\
&= 100\tan(2.3^{\circ}) \\
&= 4.01^{\triangle}
\end{aligned}
$$

[4.7]

$n = 1.60, \quad \beta = 2.50^{\circ}$

$P^{\triangle} = 100\tan[(n-1)\beta] = 100\tan[0.60 \times 2.50^{\circ}] = 2.61^{\triangle}$

[4.8]

$\delta = 5^{\circ}, \quad \beta = 6^{\circ}$

i) $\delta = (n-1)\beta, \quad n-1 = \frac{\delta}{\beta}$

$$n = \frac{\delta}{\beta} + 1 = \frac{5}{6} + 1 = 1.83$$

ii) $P^{\triangle} = 100\tan[(n-1)\beta] = 100\tan 5^{\circ} = 8.75^{\triangle}$

iii) $P^{\nabla} = \frac{100\pi}{180} 6^{\circ} = \frac{100\pi}{180} 6^{\circ} = 10.47^{\nabla}$

iv) $P^{\triangle} - P^{\nabla} = 10.51^{\triangle} - 10.47^{\triangle} = 0.04^{\triangle}$

[4.9]

$R_x = 12 - 10\cos 60^{\circ} = 12 - 5 = 7$

$R_y = 10\sin 60^{\circ} = 5\sqrt{3}$

$R = \sqrt{49 + 75} = 11.14^{\triangle}$

$\theta = \arctan\left(\frac{5\sqrt{3}}{7}\right) = 51.05^{\circ}$

[4.10]

$\theta = 180^{\circ} - 2(40^{\circ}) = 100^{\circ}$

$R = 2P\cos\frac{100^{\circ}}{2} = 30^{\triangle}$

$P = 23.34^{\triangle}$

Chapter 5

[5.1]

무한대

[5.2]

평행광선이 입사하므로 상점과 초점이 일치한다.

$$\frac{n'}{f'} = \frac{n'-n}{r}$$

$$f' = \frac{n'}{n'-n} r = \frac{1.52}{1.52-1.0} 40 = 116.92 \ mm$$

[5.3]

(a) $\frac{n'}{f'} = \frac{n'-n}{r}$

$$f' = \frac{n'}{n'-n} r = \frac{1.52}{1.52-1.33} 40 = 320.00 \ mm$$

(b) $\frac{n'}{s'} = \frac{n}{s} + \frac{n'-n}{r}$

$$\frac{1.52}{s'} = \frac{1.33}{-200} + \frac{1.52-1.33}{40}$$

$$s' = -800 \ mm$$

(c) $m_\beta = \frac{ns'}{n's} = \frac{(1.33)(-800)}{(1.52)(-200)} = 3.5$

[5.4]

(a) $\frac{n'}{s'} = \frac{n}{s} + \frac{n'-n}{r}$

$\frac{1.52}{s'} = \frac{1.00}{-200} + \frac{1.52-1.00}{-40}$

$s' = -84.44\ cm$

(b) $m_\beta = \frac{ns'}{n's} = \frac{(1.00)(-84.44)}{(1.52)(-200)} = 0.28$

$y' = m_\beta y = +3.33\ cm$

[5.5]

$\frac{n'}{f'} = \frac{n'-n}{r} \quad \rightarrow \quad f' = \frac{1.60}{0.60} 50 = 133.33\ mm$

$\frac{n}{f} = -\frac{n'}{f'} \quad \rightarrow \quad f = -\frac{1.00}{1.60} 133.33 = -83.33\ mm$

[5.6]

$\frac{n'}{s'} = \frac{n}{s} + \frac{n'-n}{r} \quad \rightarrow \quad \frac{1.52}{50} = \frac{1}{-200} + \frac{1.52-1.00}{r}$

$\frac{0.52}{r} = \frac{1.52}{50} + \frac{1}{200} \quad \rightarrow \quad r = +14.69\ mm$

[5.7]

$\frac{n'}{80} = \frac{1}{120} + \frac{n'-1}{60} \quad \rightarrow \quad n' = 2.0$

[5.8]

$y = 12\ mm, \quad r = -30\ mm$

$$\frac{1.52}{-100}=\frac{1}{s}+\frac{1.52-1}{-30} \quad \rightarrow \quad s=+468.75\ mm$$

$$y=\frac{n's}{ns'}y'=\frac{1.52\times 468.75}{1.00\times(-100)}12=-85.50\ mm$$

[5.9]

(a) $f'=\frac{n'}{n'-n}r=\frac{1.336}{1.336-1}5.75=22.86\ mm$

(b) $\frac{n}{f}=-\frac{n'}{f'} \quad \rightarrow \quad f=-\frac{n}{n'}f'=-17.11\ mm$

(c) $D'=\frac{n'}{f'}=\frac{1.336}{22.86\times 10^{-3}m}=+58.43\ D$

[5.10]

$s'=23\ mm, \quad r=6.5\ mm$

(a) $\frac{1.336}{23}=\frac{1}{s}+\frac{1.336-1}{6.5} \quad \rightarrow \quad s=+156.38\ mm$

(b) $\frac{1.336}{s'}=\frac{1}{-\infty}+\frac{1.336-1}{6.5} \quad \rightarrow \quad s'=\frac{1.336}{0.336}6.5=25.85\ mm$

무한 물체에 대한 상 거리 (25.85 mm)가 안축장 길이($f'=23.00\ mm$)보다 크기 때문에 원시안이다.

(c) $\frac{1.336}{23.00\times 10^{-3}}-\frac{1.336}{25.85\times 10^{-3}}=5.86\ D$

[5.11]

$r=60\ mm, \quad y'=\frac{ns'}{n's}y=-y$

$s'=-\frac{n'}{n}s=-\frac{1.52}{1}s=-1.52\ s$

$$\frac{n'}{s'} = \frac{n}{s} + \frac{n'-n}{r} \quad \rightarrow \quad \frac{1.52}{-1.52\ s} = \frac{1}{s} + \frac{1.52-1}{60}$$

$s = -230.77\ mm$

[5.12]

$y = 5\ mm, \quad r = -25\ mm, \quad s = -40\ mm$

$$\frac{1}{s'} = -\frac{1}{s} + \frac{2}{r} = -\frac{1}{-40} + \frac{2}{-25}$$

$s' = -18.18\ mm$

$$y' = -\frac{s'}{s}y = -\frac{-18.18}{-40}5 = -2.27\ mm$$

[5.13]

$y = 5\ mm, \quad r = +25\ mm, \quad s = -40\ mm$

$$\frac{1}{s'} = -\frac{1}{s} + \frac{2}{r} = -\frac{1}{-40} + \frac{2}{+25}$$

$s' = +9.52\ mm$

$$y' = -\frac{s'}{s}y = -\frac{-18.18}{-40}5 = +1.19\ mm$$

[5.14]

$s' = -300\ cm$

$$m_\beta = \frac{y'}{y} = -\frac{s'}{s} = 5$$

$$s = -\frac{s'}{5}$$

$$\frac{1}{s'} = -\frac{1}{s} + \frac{2}{r}$$

$$\frac{1}{-300}=-\frac{1}{300/5}+\frac{2}{r}$$

$r=+150\ mm$

[5.15]

$$s=\frac{1}{4}r$$

$$\frac{1}{s'}=-\frac{1}{s}+\frac{2}{r}=-\frac{1}{r/4}+\frac{2}{r}=-\frac{2}{r}$$

$$s'=-\frac{1}{2}r\ \ (=-2s)$$

$$m_\beta=-\frac{s'}{s}=-\frac{-2s}{s}=+2$$

[5.16]

$$\frac{1}{s'}=-\frac{1}{s}+\frac{2}{r}=-\frac{1}{-r/4}+\frac{2}{r}=+\frac{6}{r}$$

$$s'=+\frac{1}{6}r\left(=-\frac{2s}{3}\right)$$

$$m_\beta=-\frac{s'}{s}=-\frac{-2s/3}{s}=+2/3$$

[5.17]

$$\frac{1}{s'}=-\frac{1}{-3}+\frac{1000\times 2}{7.6}$$

$s'=3.80\ mm$

$$y'=-\frac{s'}{s}y=-\frac{3.80}{-3000}2000=-2.53\ mm$$

[5.18]

$$m_\beta = \frac{y'}{y} = -\frac{s'}{s} = -5$$

$$s' = 5\ s$$

$$s' - s = 4s = -4\ m, \quad s = -1\ m$$

$$\frac{1}{-5} = -\frac{1}{-1} + \frac{2}{r}$$

$$r = -1.67\ m$$

[5.19]

$$\tan\frac{\theta}{2} = \frac{2}{100}$$

$$\frac{\theta}{2} = \arctan\left(\frac{2}{100}\right)$$

$$\theta = 2.298^\circ$$

$$seg = r(1-\cos\phi) = 20[1-\cos(\arcsin(2/20))] = 0.100$$

$$\frac{1}{s'} = -\frac{1}{-100} + \frac{2}{20}$$

$$s' = 9.09$$

$$\tan\frac{\theta'}{2} = \frac{2}{9.09-0.10}$$

$$\theta' = 2\arctan\left(\frac{2}{9.09-0.10}\right) = 25.08^\circ$$

[5.20]

$$D' = \frac{1.52-1}{50\times10^{-3}\ m} = +10.40\ D$$

[5.21]

$$\frac{1.5}{s_1'} = \frac{1}{-400} + \frac{1.52-1.0}{150}$$

$s_1' = +1572.41\ mm$

$s_2 = s_1' - d = +1572.41 - 30 = +1542.41\ mm$

$$\frac{1}{s_2'} = \frac{1.52}{1542.41} + \frac{1.0-1.52}{-200}$$

$s_2' = 278.90\ mm$

$$m_\beta = m_{\beta 1} m_{\beta 2} = \frac{n_1 s_1'}{n_1' s_1} \frac{n_2 s_2'}{n_2' s_2} = \frac{1.0 \times 1572.41}{1.52 \times (-400)} \frac{1.52 \times 278.90}{1.0 \times 1542.41} = -0.71$$

$y' = m_\beta y = (-0.71) \times 15 = -10.66\ mm$

$$D_1' = \frac{1.52-1.0}{150 \times 10^{-3}} = +3.47\ D$$

$$D_2' = \frac{1.0-1.52}{-200 \times 10^{-3}} = +2.60\ D$$

[5.22]

$$\frac{1.52}{s_1'} = \frac{1}{-400} + 1.52 - 1.0 ver - 150$$

$s_1' = -254.75\ mm$

$s_2 = s_1' - d = -254.75 - 30 = -284.75\ mm$

$$\frac{1.0}{s_2'} = \frac{1.52}{-284.75} + \frac{1.0-1.52}{200}$$

$s_2' = -125.98\ mm$

$$m_\beta = m_{\beta 1} m_{\beta 2} = \frac{n_1 s_1'}{n_1' s_1} \frac{n_2 s_2'}{n_2' s_2} = \frac{1.0 \times (-254.75)}{1.52 \times (-400)} \frac{1.52 \times (-125.98)}{1.0 \times (-284.75)} = -0.28$$

$$y' = m_\beta y = (-0.28)\times 15 = -4.23\ mm$$

$$D_1' = \frac{1.52-1.0}{-150\times 10^{-3}} = -3.46\ D$$

$$D_2' = \frac{1.0-1.52}{200\times 10^{-3}} = -2.60\ D$$

[5.23]

$$\frac{1.52}{s_1'} = \frac{1}{-400} + \frac{1.52-1.0}{150}$$

$$s_1' = 1572.41\ mm$$

$$s_2 = s_1' - d = 1572.41 - 30 = 1542.41\ mm$$

$$\frac{1.0}{s_2'} = \frac{1.52}{1542.41} + \frac{1.0-1.52}{200}$$

$$s_2' = -619.38\ mm$$

$$m_\beta = m_{\beta 1} m_{\beta 2} = \frac{n_1 s_1'}{n_1' s_1}\frac{n_2 s_2'}{n_2' s_2} = \frac{1.0\times(1572.41)}{1.52\times(-400)}\frac{1.52\times(-619.38)}{1.0\text{times}1542.41} = +1.58$$

$$y' = m_\beta y = (1.58)\times 15 = 23.68\ mm$$

$$D_1' = \frac{1.52-1.0}{150\times 10^{-3}} = +3.46\ D$$

$$D_2' = \frac{1.0-1.52}{200\times 10^{-3}} = -2.60\ D$$

[5.24]

$$\frac{1.52}{s_1'} = \frac{1}{-400} + \frac{1.52-1.0}{150}$$

$$s_1' = 1572.41\ mm$$

$$s_2 = s_1' - d = 1572.41 - 30 = 1542.41\ mm$$

$$\frac{1.33}{s_2'} = \frac{1.52}{1542.41} + \frac{1.33 - 1.52}{200}$$

$s_2' = +37495.60\ mm$

$$y' = m_\beta = \frac{n_1 s_1'}{n_1' s_1} \frac{n_2 s_2'}{n_2' s_2} y = \frac{1.0 \times (1572.41)}{1.52 \times (-400)} \frac{1.52 \times (37495.46)}{1.0 \times 1542.41} 15 = -1077.77\ mm$$

$$D_1' = \frac{1.52 - 1.0}{150 \times 10^{-3}} = +3.47\ D$$

$$D_2' = \frac{1.33 - 1.52}{200 \times 10^{-3}} = -0.95\ D$$

[5.25]

$$\frac{1}{s_1'} = -\frac{1}{s_1} + \frac{2}{r_1}$$

$$\frac{1}{s_1'} = -\frac{1}{-25} + \frac{2}{24}$$

$s_1' = 8.11\ mm$

$s_2 = s_1' - d = 8.11 + 40 = 48.11\ mm$

$$\frac{1}{s_2'} = -\frac{1}{48.11} + \frac{2}{20}$$

$s_2' = +12.62\ mm$

$$y' = m_\beta = \frac{-s_1'}{s_1} \frac{-s_2'}{s_2} y = \frac{-8.11}{-25} \frac{-12.08}{48.11} 5 = -0.43\ mm$$

도립상은 두 번째 거울의 오른쪽 12.62 mm에 있고 크기는 -0.43 mm

[5.26]

$$\frac{1}{s_1'} = -\frac{1}{s_1} + \frac{2}{r_1}$$

$$\frac{1}{s_1{}'} = -\frac{1}{-25} + \frac{2}{-24}$$

$$s_1{}' = -23.08\ mm$$

$$s_2 = s_1{}' - d = -23.08 + 40 = +16.92\ mm$$

$$\frac{1}{s_2{}'} = -\frac{1}{16.92} + \frac{2}{20}$$

$$s_2{}' = +24.45\ mm$$

$$y' = m_\beta = \frac{-s_1{}'}{s_1}\frac{-s_2{}'}{s_2}y = \frac{-23.08}{-25}\frac{-24.45}{16.92}5 = -4.89\ mm$$

정립상은 두 번째 거울의 오른쪽 24.45 mm에 있고 크기 -4.98 mm

[5.27]

$$\frac{1}{s_1{}'} = -\frac{1}{s_1} + \frac{2}{r_1}$$

$$\frac{1}{s_1{}'} = -\frac{1}{-32} + \frac{2}{-16}$$

$$s_1{}' = -10.67\ mm$$

$$s_2 = s_1{}' - d = -10.67 + 40 = +29.33\ mm$$

$$\frac{1}{s_2{}'} = -\frac{1}{29.33} + \frac{2}{-32}$$

$$s_2{}' = -9.92\ mm$$

$$y' = m_\beta = \frac{-s_1{}'}{s_1}\frac{-s_2{}'}{s_2}y = \frac{-1067}{32}\frac{-9.92}{29.33}5 = -0.56\ mm$$

도립상은 두 번째 거울의 왼쪽 9.92 mm에 있고 크기는 -0.56 mm

[5.28]

$$\frac{1}{s_1{'}} = -\frac{1}{s_1} + \frac{2}{r_1}$$

$$\frac{1}{s_1{'}} = -\frac{1}{-20} + \frac{2}{-15}$$

$$s_1{'} = -12\ mm$$

$$s_2 = s_1{'} - d = 12 - (-20) = +8\ mm$$

$$\frac{1}{s_2{'}} = -\frac{1}{8} + \frac{2}{12}$$

$$s_2{'} = +24\ mm$$

$$y' = m_\beta y = \frac{-s_1{'}}{s_1}\frac{-s_2{'}}{s_2} = \frac{-(-12)}{-20}\frac{24}{8}(5\,mm) = 9\,mm$$

두 번째 거울의 왼쪽으로 24 mm, 크기는 9 mm

[5.29]

$n = 1.0,\ s = -\infty,\ s' = 2r$

$$\frac{n'}{s'} = \frac{n}{s} + \frac{n'-n}{r}$$

$$\frac{n'}{2r} = \frac{1.0}{-\infty} + \frac{n'-1.0}{r}$$

$$n' = 2.0$$

Chapter 6

[6.1]

$$S=\frac{1}{-0.25}=-4.0\ D$$

[6.2]

$$S'=\frac{1}{0.50}=2.0\ D$$

[6.3]

$$S=\frac{1}{-1.00}=-1.00\ D$$

$$S'=S+D'=-1.00+5.00=+4.00\ D\ \rightarrow\ s'=\frac{1}{S'}=+0.25\ m$$

$$m_{\beta}=\frac{S}{S'}=\frac{-1.00}{+4.00}=-0.25$$

$$y'=m_{\beta}y=-0.25\times 5.00=-1.25\ cm$$

[6.4]

(a) $S=\frac{n}{s}=\frac{1}{-2\ m}=0.5\ D$

$$D'=\frac{n'-n}{r}=\frac{1.67-1}{-1.0\ m}=-0.67\ D$$

$$S'=S+D'=-0.5+(-0.67)=-1.17\ D$$

(b) $s=\frac{n'}{S'}=\frac{1.67}{-1.17}=-1.43\ m$

[6.5]

$s = -150\ mm,\quad s' = 300\ mm$

$S' = \frac{n}{s'} = \frac{1.6}{0.3} = +5.33\ D$

$S = \frac{n}{s} = \frac{1}{-0.15} = -6.67\ D$

$D' = S' - S = 5.33 - (-6.67) = 12\ D$

[6.6]

$y = 12\ mm,\quad s = -100\ mm,\quad n' = 1.52$

$D' = 15.00\ D,\quad S = \frac{1}{-0.1} = -10.00\ D$

(a) $S' = S + D' = -10.00 + 15.00 = +5.00\ D$

(b) $s' = \frac{n'}{S'} = \frac{1.52}{5} = 0.30\ m$

(c) $m_\beta = \frac{ns'}{n's} = \frac{1.0 \times 300\ mm}{1.52 \times (-100\ mm)} = -1.97$

$y' = m_\beta y' = (-1.97) \times 12 = -23.68\ mm$

상의 위치는 +300 mm이고, 횡배율이 음(-)이므로 도립 실상이 맺힌다.

Chapter 7

[7.1]

(a) $A_1O = \frac{r_1}{r_1 - r_2}d = \frac{20}{20-(-20)}4 = 2.0\ mm$

(b) $A_1O = \frac{r_1}{r_1 - r_2}d = \frac{20}{20-\infty}4 = 0\ mm$

(c) $A_1O = \frac{r_1}{r_1 - r_2}d = \frac{20}{20-10}4 = 8.0\ mm$

[7.2]

(a) $\frac{1}{f'} = \frac{1.52-1.0}{1.0}\left(\frac{1}{20} - \frac{1}{-15}\right) \rightarrow f' = 16.48\ cm$

(b) $\frac{1}{s'} = \frac{1}{-20} + \frac{1}{16.48} \rightarrow s' = +93.75\ cm$

(c) $m_\beta = \frac{s'}{s} = -4.69$

[7.3]

(a) $\frac{1}{f'} = \frac{1.52-1.0}{1.0}\left(\frac{1}{20} - \frac{1}{15}\right)$

$f' = -115.39\ cm$

(b) $\frac{1}{s'} = \frac{1}{-50} + \frac{1}{-115.39}$

$s' = -34.88\ cm$

(c) $y' = m_\beta y = \frac{s'}{s}y = \frac{-34.88}{-50}2 = 1.40\ cm$

[7.4]

(a) $\frac{1}{f'} = \frac{1.52 - 1.0}{1.0}\left(\frac{1}{-40} - \frac{1}{-25}\right)$

$f' = +128.21\ cm$

(b) $\frac{1}{s'} = \frac{1}{-20} + \frac{1}{+128.21}$

$s' = -23.70\ cm$

(c) $y' = m_\beta y = \frac{s'}{s} y = \frac{-23.70}{-20} 5 = +5.92\ cm$

[7.5]

$\frac{1}{150} = \frac{1.67 - 1.33}{1.33}\left(\frac{1}{r} - \frac{1}{-r}\right)$

$r = 76.69\ mm$

[7.6]

$\frac{1}{150} = \frac{n' - 1.33}{1.33}\left(\frac{1}{50} - \frac{1}{-50}\right) \quad \rightarrow \quad n' = 1.55$

[7.7]

$m_\beta = \frac{s'}{s} = 5 \quad \rightarrow \quad s' = 5s$

$\frac{1}{s'} = \frac{1}{s} + \frac{1}{f'}$

$\frac{1}{5s} = \frac{1}{s} + \frac{1}{20} \quad \rightarrow \quad s = -16\ cm$

물체는 렌즈 왼쪽으로 16 cm

[7.8]

$$m_\beta = \frac{s'}{s} = 5 \quad \rightarrow \quad s' = 5s$$

$$\frac{1}{s'} = \frac{1}{s} + \frac{1}{f'}$$

$$\frac{1}{5s} = \frac{1}{s} + \frac{1}{-20} \quad \rightarrow \quad s = +16\ cm$$

물체는 렌즈 오른쪽으로 16 cm

[7.9]

$$S = \frac{1}{-1.5} = -0.67\ D$$

$$D' = \frac{1}{f'} = \frac{1}{0.8} = +1.25\ D$$

$$S' = S + D' = -0.67 + 1.25 = +0.58\ D$$

[7.10]

(a) $\frac{n}{f'} = (n' - n)\left(\frac{1}{r_1} - \frac{1}{r_2}\right)$

for $n = 1.000$

$$15 = (1.67 - 1.0)\left(\frac{1}{r_1} - \frac{1}{r_2}\right)$$

$$\left(\frac{1}{r_1} - \frac{1}{r_2}\right) = \frac{15}{0.67} = 22.39$$

for $n = 1.336$

$$\text{Power} = \frac{1.336}{f'} = (1.67 - 1.336)\left(\frac{1}{r_1} - \frac{1}{r_2}\right)$$
$$= 0.334 \times 22.39$$
$$= 7.48\ D$$

(b) $\frac{1}{f'} = \frac{26.4}{1.336}$

$$f' = \frac{1.336}{7.48} = 178.67\ mm$$

[7.11]

$$\frac{1}{s'} = \frac{1}{s} + \frac{1}{f'} = \frac{1}{s} + \frac{1}{150} = \frac{150+s}{150s}$$

$$s' = \frac{150s}{150+s}$$

$$m_\beta = \frac{y'}{y} = \frac{s'}{s} = \frac{900}{30}$$

$$s' = \frac{900}{30}s$$

$$\frac{150s}{150+s} = \frac{900}{30}s$$

$$s = -145.00\ mm$$

$$s' = \frac{900}{30}(-145.00) = -4350\ mm$$

[7.12]

$$f_1' = 500\ mm, \quad f_2' = -200\ mm, \quad f_3' = 400\ mm$$

$$D_1' = \frac{1}{0.5}, \quad D_2' = \frac{1}{-0.2}, \quad D_3' = \frac{1}{0.4}$$

$$D' = \frac{1}{0.5} + \frac{1}{-0.2} + \frac{1}{0.4} = -0.5\ D = \frac{1}{f'}$$

$f' = -2000\ mm$

[7.13]

(a) $\frac{1}{f_1'} = (1.52 - 1.0)\left(\frac{1}{\infty} - \frac{1}{-50}\right) = +\frac{0.52}{50}$

$\frac{1}{f_2'} = (1.67 - 1.0)\left(\frac{1}{-50} - \frac{1}{\infty}\right) = -\frac{0.67}{50}$

$\frac{1}{f'} = \frac{1}{f_1'} + \frac{1}{f_2'} \quad \rightarrow \quad f' = -333.33\ mm$

(b) $D' = \frac{1}{f'} = \frac{1000}{-333.33} = -3\ D$

[7.14]

$\frac{1}{s_1'} = \frac{1}{s_1} + \frac{1}{f_1'} = \frac{1}{-200} + \frac{1}{50} = \frac{3}{200}$

$s_1' = +\frac{200}{3}\ mm$

$s_2 = \left(\frac{200}{3} - 40\right) = +\frac{80}{3} = 26.67\ mm$

$\frac{1}{s_2'} = \frac{1}{s_2} + \frac{1}{f_2'} = \frac{1}{80/3} + \frac{1}{150}$

$s_2' = 22.64\ mm$

$m_\beta = \frac{s_1'}{s_1}\frac{s_2}{s_2} = \frac{200/3}{-200}\frac{22.64}{80/3} = -0.28$

$y' = -0.28y = -0.28 \times 20 = -5.66\ mm$

[7.15]

$$D' = \frac{1}{f'} = \frac{1000}{50} = +20\ D$$

Chapter 8

[8.1]

(a) $\frac{1.52}{s_1'}=\frac{1.0}{-150}+\frac{1.52-1.0}{50}$

$s_1'=407.14\ mm$

$s_2=407.14-30=377.14\ mm$

$\frac{1.0}{s_2}=\frac{1.52}{377.14}+\frac{1.0-1.52}{-50}$

$s_2'=69.30\ mm$

(b) $m_\beta=\frac{s_1'}{s_1}\frac{s_2'}{s_2}=-0.50$

(c) $y'=m_\beta y=-9.97\ mm$

[8.2]

(a) $\frac{1.52}{s_1'}=\frac{1.0}{-300}+\frac{1.52-1.0}{100}$

$s_1'=814.29\ mm$

$s_2=814.29-20=794.29\ mm$

$\frac{1.33}{s_2'}=\frac{1.52}{794.29}+\frac{1.33-1.52}{-80}$

$s_2'=310.12\ mm$

(b) $m_\beta=\frac{s_1'}{s_1}\frac{s_2'}{s_2}=-1.06$

(c) $y'=m_\beta y=-21.20\ mm$

[8.3]

(a) $\frac{1.0}{s_1{}'} = \frac{1.0}{-200} + \frac{1.0}{50}$

$s_1{}' = 66.67\ mm$

$s_2 = 66.67 - 12 = 54.67\ mm$

$\frac{1.0}{s_2{}'} = \frac{1.0}{54.67} + \frac{1.0}{-20}$

$s_2{}' = -31.54\ mm$

(b) $m_\beta = \frac{s_1{}'}{s_1}\frac{s_2{}'}{s_2} = 0.19$

(c) $y' = m_\beta y = 2.88\ mm$

[8.4]

(a) $\frac{1.0}{s_1{}'} + \frac{1.0}{-20} = \frac{2.0}{20}$

$s_1{}' = +6.67\ mm$

$s_2 = -6.67 - 25 = -31.67\ mm$

두 번째 거울 오른쪽 31.67 mm 위치에 첫 번째 상이 맺힘. 반사된 광선은 오른쪽 방향으로 진행하기 때문에 $+6.67 \rightarrow -6.67$로 적용.

$\frac{1.0}{s_2} + \frac{1.0}{-31.67} = \frac{2.0}{30}$

$s_2{}' = 10.18\ mm$

두 번째 거울 왼쪽 10.18 mm 위치에 두 번째 상이 맺힌다. 크기는

(b) $y' = m_\beta y = \frac{-s_1{}'}{s_1}\frac{-s_2{}'}{s_2} = 0.11 \times 5 = 0.54$

[8.5]

$$\frac{1.0}{s_1'} = \frac{1.0}{-150} + \frac{1.0}{50}$$

$$s_1' = 75.00\ mm$$

$$s_2 = 75 - 60 = +15\ mm$$

$$m_\beta = \frac{s_1'}{s_1}\frac{-s_2'}{s_2} = -1$$

$$s_2' = -30\ mm$$

$$\frac{1.0}{-30} + \frac{1.0}{15} = \frac{1.0}{f_2'}$$

$$f_2' = +30\ mm$$

[8.6]

$$\frac{1.0}{s_1'} = \frac{1.0}{-150} + \frac{1.0}{50}$$

$$s_1' = 75.00\ mm$$

$$s_2 = 75 - 200 = -125\ mm$$

$$m_\beta = \frac{s_1'}{s_1}\frac{s_2'}{s_2} = -1$$

$$s_2' = -250\ mm$$

$$\frac{1.0}{-250} = \frac{1.0}{-125} + \frac{1.0}{f_2'}$$

$$f_2' = +250\ mm$$

[8.7]

$$\frac{1}{s'} = \frac{1}{s} + \frac{1}{f'} = \frac{1}{-75} + \frac{1}{25} = \frac{2}{75}$$

$s' = 37.5\ mm$

(a) $m_\beta = \frac{75/2}{-75} = -0.5$

(b) $m_\alpha = \frac{n'}{n} m_\beta^2 = 0.25$

(c) $dx' = m_\alpha dx = 15.25\ mm$

[8.8]

$$\frac{n'}{s'} = \frac{n}{s} + \frac{n'}{f'}$$

$$\frac{1.5}{s'} = \frac{1}{-75} + \frac{1.5}{25} = \frac{3.5}{75}$$

$s' = 32.14\ mm$

(a) $m_\beta = \frac{1.0 \times 32.14}{1.5 \times (-75)} = -0.29$

(b) $m_\alpha = \frac{n'}{n} m_\beta^2 = \frac{1.5}{1.0}(-0.29)^2 = 0.12$

(c) $dx' = m_\alpha dx = 0.12 \times 64 = 7.64\ mm$

[8.9]

$$\frac{n_1'}{s_1'} = \frac{n_1}{s_1} + \frac{n_1' - n_1}{r_1}$$

$$\frac{1.5}{s_1'} = \frac{1.0}{-300} + \frac{1.5 - 1.0}{50}$$

$s_1{}' = 225\ mm$

$s_2 = 225 - 100 = +125\ mm$

$$\frac{n_2{}'}{s_2{}'} = \frac{n_2}{s_2} + \frac{n_2{}' - n_2}{r_2}$$

$$\frac{1.0}{s_2{}'} = \frac{1.5}{125} + \frac{1.0 - 1.5}{-50}$$

$s_2{}' = 45.46\ mm$

$$y' = m_\beta y = \frac{1.0 \times 225}{1.5 \times (-300)} \frac{1.5 \times 45.46}{1.0 \times (125)} 20 = -5.45\ mm$$

[8.10]

$$c = \frac{t}{n} = \frac{2.00\ mm}{1.60} = 1.25\ mm$$

$$m_{shape} = \frac{1}{1 - cD_1{}'} = 0.996885$$

$$m_{power} = \frac{1}{1 - dD_v{}'} = 0.982318$$

렌즈의 배율 m_{tot}은

$$\begin{aligned} m_{tot} &= m_{shape} m_{power} \\ &= 0.996885 \times 0.982318 \\ &= 0.979258 \end{aligned}$$

Chapter 9

[9.1]

(a) $D_m' = (n' - n)R = (1.52 - 1.0)15 = 7.8\ D$

(b) $D_M' = (n' - n)R = (1.52 - 1.0)20 = 10.4\ D$

(c) $D_C' = \dfrac{D_m' + D_M'}{2} = 9.1\ D$

(d) $f_m' = \dfrac{n'}{D_{y'}} = 0.1949\ m$

$f_M' = \dfrac{n'}{D_z'} = 0.1462\ m$

$f_c' = \dfrac{n'}{D_c'} = 0.1670\ m$

$f_m' - f_M' = 0.04872\ m$

[9.2]

(a) $D'_m = \dfrac{n' - n}{r} = \dfrac{1.52 - 1.0}{0.1} = 5.2\ D$

$D'_M = \dfrac{n' - n}{r} = \dfrac{1.52 - 1.0}{-0.25} = -2.08\ D$

(b) $D_{30}' = D_m' \cos^2 30^\circ + D_M' \sin^2 30^\circ = 3.38\ D$

$D_{120}' = D_m' \cos^2 120^\circ + D_M' \sin^2 120^\circ = -0.26\ D$

(c) $D_m' + D_M' = D_{30}' + D_{120}' = 3.12\ D$

[9.3]

(-)원주

$Q_{sph} = -3.00, \quad P_{cyl} = +1.00$

$Q\ DS \ \circ P\ DC \times \Phi \ \rightarrow \ (Q+P)\ DS \ \circ -P\ DC \times (\Phi \pm 90^{\circ})$

$(Q+P)\ DS \ \circ -P\ DC \times (\Phi \pm 90^{\circ})$

$$= (-3.00 + 1.00)\ DS \ \circ -1.00\ DC \times ((45 \pm 90)^{\circ})$$
$$= -2.00\ DS \ \circ -1.00\ DC \times 135^{\circ}$$

교차 원주

$Q\ DS \ \circ P\ DC \times \Phi \ \rightarrow \ Q\ DC \times (\Phi \pm 90^{\circ}) \circ (Q+P)\ DC \times \Phi$

$Q\ DC \times (\Phi \pm 90^{\circ}) \circ (Q+P)\ DC \times \Phi$

$$= -3.00\ DC \times (45 + 90)^{\circ} \ \circ (-3.00 + 1.00)\ DC \times 45^{\circ}$$
$$= -3.00\ DC \times 135^{\circ} \ \circ -2.00\ DC \times 45^{\circ}$$

[9.4]

$P_{cyl} = -1.50, \quad Q_{cyl} = -2.50, \ \Phi = 20^{\circ}$

$P\ DC \times \Phi \ \circ Q\ DC \times (\Phi \pm 90)^{\circ} \ \rightarrow \ P\ DS \ \circ (Q-P)\ DC \times (\Phi \pm 90^{\circ})$

$-1.50\ DS \circ -1.00\ DC \times 110^{\circ}, \ -2.50\ DS \circ 1.00\ DC \times 20^{\circ}$

[9.5]

원거리 물체에 대한 수직, 수평 초선은 그림 (9.10)의 비례식을 이용하여 계산한다.

(a) 수직초선: $f_M' = \dfrac{1000}{5D} = 200\ mm$

수평초선: $f_m' = \dfrac{1000}{2D} = 500\ mm$

(b) 수직초선: $\dfrac{f_m' - f_M'}{f_M'} D = \dfrac{500 - 200}{200} 50 = 75\ mm$

수평초선: $\frac{f_m{}' - f_M{}'}{f_m{}'} D = \frac{500-200}{500} 50 = 30\ mm$

(c) $D_c{}' = \frac{D_m{}' + D_M{}'}{2} = 3.5\ D,\quad f_c{}' = \frac{1000}{3.5} = 285.714\ mm$

$a = f_c{}' - f_m{}' = 285.714 - 200 = 85.714\ mm$

$b = f_M{}' - f_c{}' = 500 - 285.714 = 214.286\ mm$

$d = \frac{b}{f_M{}'} D = \frac{214.286}{500} 50 = 21.4286\ mm$

[9.6]

(a) $+3.00\ DS \;\Leftrightarrow\; +2.00\,DC \times 45^\circ$

$Q_{sph} = +3.00\,D,\qquad P_{cyl} = +2.00\,D$

$SE = Q_{sph} + \frac{P_{cyl}}{2} = +3.00\,D + \frac{+2.00\,D}{2} = +4.00\,D$

(b) $-3.00\ DS \;\Leftrightarrow\; -2.00 \times 135^\circ$

$Q_{sph} = -3.00\,D,\qquad P_{cyl} = -2.00\,D$

$SE = Q_{sph} + \frac{P_{cyl}}{2} = -3.00\,D + \frac{-2.00\,D}{2} = -4.00\,D$

(c) $-2.25\ DS \;\Leftrightarrow\; +1.50 \times 90^\circ$

$Q_{sph} = -2.25\,D,\qquad P_{cyl} = +1.50\,D$

$SE = Q_{sph} + \frac{P_{cyl}}{2} = -2.25\,D + \frac{+1.50\,D}{2} = -1.50\,D$

(d) $+2.00\ DS \;\Leftrightarrow +4.00 \times 180^\circ$

$Q_{sph} = 2.00\,D,\qquad P_{cyl} = +4.00\,D$

$SE = Q_{sph} + \frac{P_{cyl}}{2} = 2.00\,D + \frac{+4.00\,D}{2} = +4.00\,D$

Chapter 10

[10.1]

$$D' = \frac{1000(1.33)}{24} = 55.42\ D$$

$$55.42\ D = \frac{1.33 - 1.00}{r}$$

$r = 5.95\ mm$

[10.2]

$$D' = \frac{n'}{f'} = \frac{1000 \times 1.33}{21.56} = 61.69\ D$$

$$61.69\ D = \frac{1.33 - 1.00}{r}$$

$r = 5.35\ mm$

[10.3]

정시안이므로 원점은 무한대에 있기 때문에 $D_{FP} = 0$.

조절 자극은 $S = -0.5\ D$이고 버전스 관계식은

$0 = -0.5 + D_A$

$D_A = +0.5\ D$

[10.4]

$S = -1.00\ D$

이고, 최대 조절이 발생한 경우, 즉 근점에 대한 조절력이 적용된 버전스 관계식

$-0.75\ D = -1.00\ D + D_A$

$D_A = +0.25\ D$

[10.5]

최대 조절이 발생한 경우, 즉 근점에 대한 조절력이 적용된 버전스 관계식

$D_{FP} = S + D_A$

$-5.0 = S + 2.5$

$S = -7.5\ D$

$s = \dfrac{100}{-7.5} = -13.33\ cm$

[10.6]

최대 조절이 발생한 경우, 즉 근점에 대한 조절력이 적용된 버전스 관계식

$D_{FP} = S + D_A$

$+4.0 = S + 1.0$

$S = +3.0\ D$

$s = \dfrac{100}{+3.0} = +33.33\ cm$

Chapter 11

[11.1]

개구조리개 : 동공(조리개)

입사동 : 평면 거울에 의해 맺한 동공의 상

출사동 : 동공

시야조리개, 입사구, 출사구 : 평면 거울

[11.2]

개구조리개 : 동공(조리개)

입사동 : 구면 거울에 의해 맺한 동공의 상

출사동 : 동공

시야조리개, 입사구, 출사구 : 구면 거울

$$\frac{1}{l'}+\frac{1}{l}=\frac{2}{r} \Rightarrow l'=\frac{rl}{2l-r}$$
$$\tan\left(\frac{\omega}{2}\right)=\frac{d/2}{l},\ \tan\left(\frac{\omega'}{2}\right)=\frac{d/2}{l'}$$
$$\frac{\omega'}{\omega}=\frac{\tan^{-1}(d/2l)}{\tan^{-1}(d/2l')}$$

[11.3]

i) 개구조리개 찾기

물체 위치(왼쪽 무한대)에서 보았을 때 가장 작은 광학계

평행광이 입사하므로 렌즈의 크기는 25 mm

조리개는 렌즈를 통해서 보이므로 렌즈에 의한 위치 및 크기를 찾아야 한다.
위치는

$$\frac{1}{s'} = \frac{1}{-20} + \frac{1}{50}$$
$$s' = -\frac{100}{3}$$

크기는

$$\frac{s'}{s}20 = \frac{-100/3}{-20}20 = \frac{100}{3}mm$$

왼쪽에서 보았을 때, 렌즈는 25 mm 크기로 보이고, 조리개는 확대되어 33.3 mm 크기로 보이므로, 렌즈가 작아서 렌즈가 개구조리개이다. 렌즈가 가장 앞에 있으므로 렌즈는 개구조리개이면서, 입사동, 출사동이다.

ii) 입사구 위치: (렌즈 오른쪽 100/3mm)

시야조리개의 앞에 있는 광학계를 통해 보았을 때, 시야조리개의 상이 입사구

앞의 계산에 의해 렌즈에 의한 조리개의 상이 입사구인데, 렌즈 오른쪽 33.3 mm 위치에 입사구가 있음

iii) 입사구 크기

앞의 계산에 의해 크기는 33.3 mm

iv) 베네팅 50 %: 개구조리개 중심-시야조리개 끝단을 지나는 광선

v) 물체 시야각 : 개구조리개 중심 - 입사구 끝단

$$\tan\frac{\theta}{2} = \frac{50/3}{100/3}$$

$$\theta = 53.1^\circ$$

vi) 상 시야각: 개구조리개 중심 - 출사구 끝단

$$\tan\frac{\theta'}{2} = \frac{10}{20}$$

$$\theta = 53.1^\circ$$

[11.4]

i) 상의 위치

$$\frac{1}{s'}=\frac{1}{-100}+\frac{1}{50}$$

$$s'=+100$$

ii) 물체 위치에서 본 렌즈의 크기, 조리개의 크기 (겉보기 각)

$$\theta_L = 2\arctan\left(\frac{25/2}{100}\right) = 14.04^\circ$$

$$\theta_A = 2\arctan\left(\frac{33.3/2}{133.3}\right) = 14.03^\circ$$

조리개의 겉보기 각이 미소하게 작기 때문에 **조리개**가 개구조리개이다.

Chapter 12

[12.1]

$NA = n\sin\theta = 1\sin\theta = 0.4$

$\theta = \arcsin 0.4 = 23.58^{\circ}$

[12.2]

$$f/No = \frac{f'}{D}$$

$$D = \frac{f'}{f/No} = \frac{100}{4} = 25\ mm$$

[12.3]

$$f/No = \frac{1}{2NA}$$

$$NA = \frac{1}{2f/No} = \frac{1}{2\times 4} = 0.125$$

[12.4]

$$\omega = 1.22\frac{\lambda}{D} = 1.22\frac{589\times 10^{-9}m}{2.5\times 10^{-3}m} = 0.000287\ rad = 0.0165^{\circ}$$

[12.5]

(a) $NA = \sqrt{n_f^2 - n_c^2} = \sqrt{1.7^2 - 1.5^2} = 0.80$

(b) $\cos\alpha_C = \frac{\sqrt{n_f^2 - n_c^2}}{n_f} = \frac{0.80}{1.7} = 0.47\alpha_C = \arccos 0.47 = 61.93^{\circ}$

(c) $n_0 \sin\alpha = n_f \cos\alpha_C$

$$\alpha = \arcsin\left(\frac{n_f}{n_0}\cos\alpha_C\right) = \arcsin\left(\frac{1.75}{1}\cos 61.93^\circ\right) = 53.13^\circ$$

[12.6]

$$\omega = 1.22\frac{\lambda}{D}$$

$$s \approx f'\omega = 1.22\frac{f'\lambda}{D}$$

$$D = 2s$$

$$\frac{D}{2} = 1.22\frac{f'\lambda}{D}$$

$$D = \sqrt{2 \times 1.22 \times f'\lambda} = \sqrt{2 \times 1.22 \times (500 \times 10^{-3}) \times (589 \times 10^{-9})} = 0.85\ mm$$

[12.7]

$$s \geq f'\omega = (3.8 \times 10^8\ m) \times (1.22\frac{589 \times 10^{-9}\ m}{3\ m}) = 91.02\ m$$

Chapter 13

[13.1]

각막의 경우

$$V = \frac{n_d - 1}{n_f - n_c} = \frac{1.3771 - 1}{0.3818 - 0.3751} = 56.28$$

$$\epsilon = \frac{1}{V} = 0.01776$$

[13.2]

$$f_d{}' = 120 \ mm$$

$$\frac{1}{f_{d'}} = (n_d - 1)k \quad \rightarrow \quad \frac{1}{120} = (1.5231 - 1)k$$

$$k = \frac{1}{120(1.5231 - 1)} = 0.01593$$

$$\frac{1}{f_{F'}} = (n_F - 1)k$$

$$f_F{}' = \frac{1}{(n_F - 1)k} = \frac{120(1.5231 - 1)}{(1.5293 - 1)} = 118.59 \ mm$$

$$\frac{1}{f_C{}'} = (n_C - 1)k$$

$$f_C{}' = \frac{1}{(n_C - 1)k} = \frac{120(1.5231 - 1)}{(1.5204 - 1)} = 120.62 \ mm$$

$$LCA = \frac{n_F - n_C}{n_d - 1} D_d{}'$$
$$= \frac{n_F - n_C}{n_d - 1} \frac{1}{f_d{}'}$$
$$= \frac{1.5293 - 1.5204}{1.5231 - 1} \frac{1}{120 \times 10^{-3}\ m}$$
$$= 0.14178\ D$$

[13.3]

$$TCA = LCA \tan\theta = 0.1478 \tan(12^\circ) = 0.031416\ D$$

[13.4]

$$d = \frac{f_1{}' + f_2{}'}{2} = \frac{56 + 25}{2} = 40.5\ mm$$

$$k = \frac{f_1{}'}{f_2{}'} = \frac{56}{25}$$

$$\frac{1}{f'} = \frac{1}{f_1{}'} + \frac{1}{f_2{}'}$$

$$f' = \frac{f_1{}' f_2{}'}{f_1{}' + f_2{}' - d} = \frac{56 \times 25}{56 + 25 - 40.5} = 34.57\ mm$$

[13.5]

$k = 1.2, \qquad f_1{}' = 1.2 f_2{}'$

$$f' = 65 = \frac{f_1{}' f_2{}'}{f_1{}' + f_2{}' - d} = \frac{1.2 f_2{}'^2}{(2.2 - 0.7) f_2{}'} = \frac{1.2}{1.5} f_2{}'$$

$f_2{}' = 81.25\ mm, \qquad f_1{}' = 97.5\ mm$

Chapter 14

[14.1]

$$\sigma = \frac{r_2 + r_1}{r_2 - r_1} = \frac{100}{50} = -2$$

[14.2]

$$D' = (n-1)\left(\frac{1}{r_1} - \frac{1}{r_2}\right) = 0.6\left(\frac{1}{-30} - \frac{1}{r_2}\right) = -25$$

$$r_2 = 120.0\ mm$$

$$\sigma = \left(\frac{r_2 + r_1}{r_2 - r_1}\right) = +0.6$$

[14.3]

$$s = -0.2\ m, \quad r_2 = -r_1$$

$$S = \frac{1}{-0.2} = -5.0\ D$$

$$S' = S + D' = -5 + 15 = +10\ D$$

$$s' = \frac{1}{S'} = +0.1\ m \quad s = -0.2\ m$$

$$D' = (n-1)\left(\frac{1}{r_1} - \frac{1}{r_1}\right) = (1.5-1)\frac{2}{r_2} = 15\ D$$

$$r_1 = 0.1\ m, \quad r_2 = -r_1 = -0.1\ m$$

$$\sigma = \frac{r_2 + r_1}{r_2 - r_1} = \frac{0}{-0.2} = 0$$

$$p = \frac{s' + s}{s' - s} = \frac{0.1 + (-0.2)}{0.1 - (-0.2)} = -0.33$$

[14.4]

$$E_T = D'T_c = +8.00\left[\frac{2\times1.5\times\sin^2(15^\circ)}{2\times1.5\times\cos^2(15^\circ)}\right] = +8.77\,D$$

$$E_S = D'S_c = +4.00\left[1 + \frac{\sin^2(15)}{2\times1.586}\right] = +4.09\,D$$

따라서 15° 기울어짐에 따라 유효 렌즈 굴절력은 $+8.77_{sph} \circ\!\!\!\!\!= -4.68_{cyl}\times90^\circ$ 이 된다.

[14.5]

$$E_T = D'T_c = -7.00\left[\frac{2\times1.5\times\sin^2(10^\circ)}{2\times1.5\times\cos^2(10^\circ)}\right] = -7.29\,D$$

$$E_S = D'S_c = -2.00\left[1 + \frac{\sin^2(10)}{2\times1.586}\right] = -2.02\,D$$

따라서 10° 기울어짐에 따라 유효 렌즈 굴절력은 $-7.29_{sph} \circ\!\!\!\!\!= -9.31_{cyl}\times90^\circ$ 이 된다.

Chapter 15

[15.1]

$$M=\begin{bmatrix}1 & s'\\0 & 1\end{bmatrix}\begin{bmatrix}1 & 0\\ \frac{n_L-1}{r_2} & \frac{n_L}{1}\end{bmatrix}\begin{bmatrix}1 & d\\0 & 1\end{bmatrix}\begin{bmatrix}1 & 0\\ \frac{1-n_L}{n_L r_1} & \frac{1}{n_L}\end{bmatrix}\begin{bmatrix}1 & s\\0 & 1\end{bmatrix}$$

$$=\begin{bmatrix}1 & x\\0 & 1\end{bmatrix}\begin{bmatrix}1 & 0\\ \frac{1.5-1}{20} & \frac{1.5}{1}\end{bmatrix}\begin{bmatrix}1 & 2\\0 & 1\end{bmatrix}\begin{bmatrix}1 & 0\\ \frac{1-1.5}{1.5(-20)} & \frac{1}{1.5}\end{bmatrix}\begin{bmatrix}1 & 40\\0 & 1\end{bmatrix}$$

$M_{12}=0, \quad \rightarrow \quad x=-13.91\ cm$

렌즈 왼쪽 13.91 cm

$M_{11}=0.33$

배율은 0.33

[15.2]

$$M=\begin{bmatrix}1 & s'\\0 & 1\end{bmatrix}\begin{bmatrix}1 & 0\\ \frac{n_L-1}{r_2} & \frac{n_L}{1}\end{bmatrix}\begin{bmatrix}1 & d\\0 & 1\end{bmatrix}\begin{bmatrix}1 & 0\\ \frac{1-n_L}{n_L r_1} & \frac{1}{n_L}\end{bmatrix}\begin{bmatrix}1 & s\\0 & 1\end{bmatrix}$$

$$=\begin{bmatrix}1 & x\\0 & 1\end{bmatrix}\begin{bmatrix}1 & 0\\ \frac{1.5-1}{-20} & \frac{1.5}{1}\end{bmatrix}\begin{bmatrix}1 & 2\\0 & 1\end{bmatrix}\begin{bmatrix}1 & 0\\ \frac{1-1.5}{1.5(+20)} & \frac{1}{1.5}\end{bmatrix}\begin{bmatrix}1 & 40\\0 & 1\end{bmatrix}$$

$M_{12}=0, \quad \rightarrow \quad x=+40.0\ cm$

렌즈 오른쪽 40 cm

$M_{11}=-1$

배율은 -1

[15.3]

$$M=\begin{bmatrix}1 & 0\\ \frac{n_L-1}{r_2} & \frac{n_L}{1}\end{bmatrix}\begin{bmatrix}1 & d\\ 0 & 1\end{bmatrix}\begin{bmatrix}1 & 0\\ \frac{1-n_L}{n_L r_1} & \frac{1}{n_L}\end{bmatrix}$$

$$=\begin{bmatrix}1 & 0\\ \frac{1.5-1}{-20} & \frac{1.5}{1}\end{bmatrix}\begin{bmatrix}1 & 2\\ 0 & 1\end{bmatrix}\begin{bmatrix}1 & 0\\ \frac{1-1.5}{1.5(+20)} & \frac{1}{1.5}\end{bmatrix}$$

$$=\begin{bmatrix}0.97 & 1.33\\ -0.05 & 0.97\end{bmatrix}$$

$$=\begin{bmatrix}A & B\\ C & D\end{bmatrix}$$

$A=0.97$, $B=1.33$, $C=-0.05$, $D=0.97$

제 1초점 거리: $p=\frac{D}{C}=\frac{0.97}{-0.05}=-19.4\ cm$

제 2초점 거리: $q=-\frac{A}{C}=-\frac{0.97}{-0.05}=+19.4\ cm$

제 1주점 거리: $r=\frac{D-n/n_L}{C}=\frac{0.97-1/1.5}{-0.05}=-6.07\ cm$

제 2주점 거리: $s=\frac{1-A}{C}=\frac{1-0.97}{-0.05}=-\frac{0.03}{0.05}=-0.60\ cm$

제 1절점 거리: $v=\frac{D-1}{C}=\frac{0.97-1}{-0.05}=\frac{-0.03}{-0.05}=+0.60\ cm$

제 2절점 거리: $w=\frac{n/n_L-A}{C}=\frac{1/1.5-0.97}{-0.05}=+6.07\ cm$

Index

안경사를 위한 기하광학 3판

3판 1쇄 인쇄 | 2023년 8월 20일
3판 1쇄 발행 | 2023년 8월 25일

지은이 | 김 영 철
펴낸이 | 조 승 식
펴낸곳 | (주)도서출판 북스힐

등 록 | 1998년 7월 28일 제 22-457호
주 소 | 서울시 강북구 한천로 153길 17
전 화 | (02) 994-0071
팩 스 | (02) 994-0073

홈페이지 | www.bookshill.com
이메일 | bookshill@bookshill.com

정가 28,000원

ISBN 979-11-5971-525-9

Published by bookshill, Inc. Printed in Korea.